21 世纪普通高等学校数学系列规划教材

数学方法论与数学教学

徐献卿　纪保存　编著

杨　之　审定

中国铁道出版社

CHINA RAILWAY PUBLISHING HOUSE

内 容 提 要

本书是全国数学方法论研究中心重点课题研究成果。编者经过 10 余年的教学实践和研究,在对"数学方法论指导数学教学"系统探索与总结的基础上,撰写了此书.

本书论述了辩证唯物主义的数学观和数学文化教育观,阐述了数学方法论指导数学教学的理论、方法和途径,探索建立了 21 世纪的数学教育教学理论。本书尤其注重理论联系实际,引领读者如何更新观念、拓展知识、提高技能,从而增强数学教育素养.

本书适合作为高等师范院校数学教育专业教材,也可作为数学教师专业教育的教材或数学教师的教学参考书.

图书在版编目(CIP)数据

数学方法论与数学教学 /徐献卿,纪保存编著. —北京:
中国铁道出版社,2009.6(2018.1 重印)
(21 世纪普通高等学校数学系列规划教材)
ISBN 978-7-113-10086-5

Ⅰ. 数… Ⅱ.①徐…②纪… Ⅲ. 数学方法—方法论—高等学校—教材 Ⅳ.01-0

中国版本图书馆 CIP 数据核字(2009)第 100687 号

书　　　名：数学方法论与数学教学
作　　　者：徐献卿　纪保存　编著

策划编辑：李小军
责任编辑：李小军　徐盼欣　　　　　　编辑部电话：(010)63550836
封面设计：付　巍　　　　　　　　　　封面制作：李　路
责任印制：李　佳

出版发行：中国铁道出版社(北京市西城区右安门西街 8 号　　邮政编码:100054)
印　　刷：三河市宏盛印务有限公司
开　　本：787mm×960mm　1/16　　印张：20.75　　　字数：469 千
版　　次：2009 年 7 月第 1 版　　2018 年 1 月第 2 次印刷
印　　数：4 001～5 500 册
书　　号：ISBN 978－7－113－10086－5/O·192
定　　价：39.00 元

序　一

　　徐献卿、纪保存编著的《数学方法论与数学教学》是一部现代数学教育学方向的教科书.这本著作既有一定的理论性,又有鲜明的实用性.全书以数学知识为载体,解说了数学是什么,阐述了数学的教育功能,探索了数学方法论与数学教学的关系,介绍了数学教学设计的原理与方法,在附录中还对现代信息技术在数学教学中的应用提供了较为翔实的案例与资料.为我国广大的数学教师提供了必需的营养套餐.

　　数学是一门基础学科.数学教育在各级各类的学校中都占有重要的地位.然而,作为数学教育的课程设置一直是大有争议、值得在实践中认真探索的课题.实践证明,数学教育是以数学为载体的教育,通过必要的数学知识的学习,训练数学思维,发展数学能力,培养数学观念,提高创新意识,并逐步地了解数学文化,使受教育者能够融入现代的科学文化氛围之中,成为一个具有一定数学文化素养的现代社会的公民.这也就是人民大众的数学文化素质教育.这样的数学教育是整个学校素质教育的组成部分,必然对教师提出了更高的要求.要实现这个目标,显然几十年前的《数学教材教法》已经远远落伍了,后来的《数学教育学》也不能完全适应要求.因此,徐献卿、纪保存编著的《数学方法论与数学教学》,是在21世纪初为了适应数学教育新发展所作的一次有益的尝试!

　　20世纪80年代以来,改革开放带来了我国科学的春天和学术的繁荣以及教育事业的大发展.世界各国的先进教育理念,心理学等学科的新成就陆续不断地像春风一样吹进了中国.诸如[美]G·波利亚(1887—1985)的《数学的发现》、[荷兰]弗赖登塔尔(1905—1990)的《作为教育任务的数学》等学术著作的翻译出版,引起了国内对数学方法论与数学教育研究的热潮.因此,近30年来我国的数学教改实验,大都是为落实某一种教育教学理念为指导的试验.这些实验风起云涌,最终人们发现,作为一名数学教师,必须树立以学生为本的教育理念,必须有相当坚实的数学基础,必须以数学方法论为思想武器分析、研究教材,必须坚持启发式的教育方式,还必须坚持科学发展观做到与时俱进,才能真正胜任21世纪新时期的数学教育工作的需求.而《数学方法论与数学教学》一书正是按上述要求来编写的,努力体现上述的基本要求.本书的面世,适应了与时俱进的数学教育发展的新形势.

　　数学方法论的学习与研究一定要结合数学实际和数学教育实际.一定要通过

数学教学实践来领悟数学方法论的精神,才能正确地理解数学方法论,才能真正地用数学方法论指导数学教学工作.本来,数学教学与数学方法论是活生生地融合在人们的数学教育实践活动中的有机整体,如果分开来学习,是很难悟到其真谛、掌握其要领的.本书写作的特点是将二者结合在一起,融为一炉,这无疑为读者的学习引领了理论与实际相结合的正确途径,为还未走上数学教师岗位的大学生提供了学习的方便,也为岗前培训提供了相应的范本.特别是书中精选的大量的例题和每章后的练习题,为大家的学习提供了思考的余地和创新的空间.

我国的数学教育事业正在大发展的情势中,如何做到又好又快地发展是值得在实践中认真思考解决的新问题.我国数学教育学科也在飞速地建设和发展之中,具有中国数学教育特色的"数学学科教育学"需要几代人的探索、努力才可能不断完善,逐步完成.重要的是广大的数学教育工作者都在辛勤地耕耘、积极地探索,并且通过自己的实践总结成论文或专著,使这些涓涓细流不断地汇集成大江大河.这也正是我国数学教育学科发展的希望.应该说,本书不但是作者自己劳动的结晶,而且汇集了广大数学教育工作者的智慧和成果,并且进行了开拓与探索.既然是探索,难免有不完备的地方,需要在这本著作的使用中逐步充实、完善与提高.也希望广大读者提出宝贵的建议.以期再版时修订,使其日臻完善.

首都师范大学数学科学学院　周春荔

2009 年 5 月 1 日

序　二

一

翻读徐、纪二君关于数学教学法的力作《数学方法论与数学教学》，不禁想起一件匪夷所思之事.

20世纪60年代，我从师范大学毕业，先当老师，后参加数学教育教学研究工作，深感教学方式方法之重要：明确的教学目标，恰当的方式方法，往往吸引学生全身心地投入，课堂气氛活跃，教学效果好，事半功倍. 反之，则课堂混乱或沉闷，教得吃力而效果不佳. 然而，当年在大学作为课程学习的数学教学法，却是不受学生们欢迎的.

这到底是为什么呢？

是不是"书到用时方恨少"，大家尚未走上教学岗位，还不知道"教学法"重要呢？ 自然有这个因素. 但不全是. 反思当时的感受，大约有三点：一是它虽叫数学教学法，却没有数学味，是一般教学法加上简单的数学事例，没有数学的特征；二是它不像一门科学，有"原理"无论证，否则方法一大堆，互相之间并不关联，松散得像操作手册；三是缺少对教师、学生、教学过程的深入分析，没有令人信服的案例和课例，缺乏可读性、可学性.

二

正是这些原因，20世纪80年代以后，"数学教学法"逐渐被边缘化，淡出高师院校的"专业课"，取而代之的是《数学教育学》(名称来自前苏联斯脱利亚尔的著作《数学教育学》，其内容一部分是对原有"数学教学法"较为理论化的内容的概述，另一部分就是对波利亚《数学与猜想》一书的详细摘编). 同时，这一时期还有弗赖登塔尔的力作《作为教育任务的数学》摘译出版，该书用哲学的观点分析了众多的数学基本内容，自认为是一本数学教育哲学的书.

波利亚的三部著作《怎样解题》、《数学的发现》和《数学与猜想》是从数学方法论角度研究数学以及数学的教与学的，弗赖登塔尔则是从哲学的角度研究数学与数学的教与学.

这使我明白了那时的"数学教学法"总使人感到对数学与数学教学分析得不深不透、不痛不痒的根源，其在于：缺少哲学和数学方法论的观点，而对数学教学来说，这是根本的.

三

由上面看出,富于数学味、突出数学特征,运用哲学和数学方法论加以统摄,自成一个严谨的科学系统等三点,是数学教学法(或叫做"数学教材教法"、"数学教育学"都可以)的灵魂. 然而,20 世纪 80 年代至今,我们推出的"数学教育学",仍只不过是三论(教学论、学习论、课程论)的拼盘(且至今未见"书"出来);我们培养的数学教育"硕士"、"博士",多表现出"去数学化"、"去哲学化"的特征;我们进行的多项"数学教育改革实验研究"(方案、课题),不过是教育学、心理学或程序教学某一学说的推论,仍是缺乏数学味和哲学味. 由于严峻的环境和自身的种种缺陷,它们多是无果而终,杳无下文.

相比之下,我们倒是觉得"MM 教育方式"较为切合以上三点,具有较强的生命力. 大家知道,20 世纪的 30—50 年代,在中国,有数学家、教育家傅种孙通过暑期教员讲习会用数学方法论之精神(处理数学内容)培训教师;在美国,有 G·波利亚用"一般解题方法"、数学发现法等培训教师,都获得了很好的成效. 但这里的应用数学方法论于数学教学是零星的,只在培训教师上和"解题教学"这一环节. 徐沥泉特级教师设计的"MM 教育方式"则是对数学方法论在数学教育教学上的系统应用,是在弄清数学方法论原理到学生素质的转化机制的基础上,将其设计成为一种数学教学的理论——操作系统,称为"数学方法论的教育方式"(即"MM 教育方式"). 以栾慧敏、徐献卿为首的濮阳教育学院数学系 MM 课题组,在该院数学教育系进行了几轮实验,在实验过程中,经反复修改、讨论形成的 MM(HT)实验方案,本身就是实验成果的一部分,在"MM(HT)教育方式"的基础上撰写的中小学数学教学法专著《数学方法论与数学教学》一书,水平很高,作为高师院校数学教育专业学生的教材,是非常合适的.

四

说上面提到的《数学方法论与数学教学》这部著作"水平很高","非常适合作为高师院校数学教育专业的教材",不是瞎说的,是有根据的. 作为一个虔诚的读者,我从头至尾、逐字逐句地阅读了全书,用了不下一个月的时间,还帮助改动了一些欠妥的字句. 阅读中体会到,同我当年学习过的"数学教学法"对比,真是不可同日而语. 据我的粗浅体会,本书至少有如下的四大特征:

1. 具有浓郁的数学味

与波利亚、华罗庚、弗赖登塔尔一样,通过数学讲方法,通过对具体的数学问题的分析,概括出数学研究和数学教与学的方法,这是符合事物发展规律的.我们常说:钥匙就在锁中;那么最恰当的数学教与学的方法,应当就在数学之中.这样概括出来的教学法自然富有数学的特征.显然,我们这样说,并不排斥诸如教育学、(学习)心理学等对数学教学法的指导作用,但必须提升到哲学的层次,这样才能居高临下地指导.

2. 具有浓郁的哲学味

我们知道,"MM教育方式"充分运用傅种孙、波利亚、弗赖登塔尔、菲利克斯·克莱因和莫里斯·克莱因的数学教育思想,在发现的"数学方法论的基本原理到学生的素质"转化机制的基础上,通过巧妙而周到的设计,较为系统地把数学方法论(请注意,当时设计者徐沥泉先生是把"数学哲学研究"看做数学方法论的一部分来看待的)用到数学教学中,从而初步地实现了数学教育大师们的夙愿.在《数学方法论与数学教学》中,向未来的数学教师们较为系统地介绍了这种应用,从观念、意义和如何做几个方面做了清楚地论述.

3. 具有趣味性和可读性

本书不是单纯的抽象说教,而是在每次简短的说明后,都用"实例"加以"现身说法",在正文及附录中分析了300余个问题、事例、课例和案例.它们多为从数学史中采集的名题和当前数学教学中选取的优秀案例,丰富有趣且令人深思,不仅可帮助加深理解,有的案例本身就很值得做进一步的研究探索.另外,每一章后都附有"问题与课题"供读者研究、撰写论文之用.

4. 这决不是一本"操作手册"式的著作

作为一部按照全新的数学观、教育观和学生观指导下的数学教育著作,它要求并帮助读者(未来的数学教师)通过学习和研究,做到三项更新:观念更新,知识更新,技能更新(如学会对课堂进行混沌控制,学会并参与数学研究、教学研究,参与数学教育实验等).须知,站在一旁指指点点地阅读与执意参与其事地阅读,是完全不一样的.

最后,我愿意代作者说一句话.那就是为高师数学教育专业编著这样的"数学教学法"或数学教育学的教材,只是一种抛砖引玉式的尝试,读者、同学们还有很多质疑、建议和研究探索的空间,因为,离我国"数学教育学"的诞生时日尚远.

杨之

2008.12.于天宝陋堂

前　言

早在 1985 年前后,本人任范县一中数学教师时,偶尔阅读了波利亚所著的《怎样解题》《数学与猜想》和《数学的发现》,就被一个数学家、数学教育家大胆说"实话"吸引.

1997 年,任教濮阳教育学院中学数学教材教法课程. 1998 年,有幸结识了杨世明先生,在先生的引荐下,认识了周春荔教授,决定在濮阳教育学院数学系开展数学方法论指导下的高师数学教育方式(简称 MM(HT)教育方式)的实验研究工作. 随后,特邀杨世明先生、徐沥泉先生等来濮阳讲学,拉开了"数学方法论指导高等数学教学"实验研究的序幕.

在 MM(HT)教育方式的研究过程中,阅读学习了徐利治先生的专著《数学方法论选讲》,学习借鉴了徐沥泉先生亲自设计并直接组织实施的"贯彻数学方法论的教育方式,全面提高学生素质"数学教学实验(简称 MM 实验)的有关文章,深切感受到了高师院校开设数学方法论课程、研究构建数学方法论指导数学教学的教育理论以及进行数学教育改革的意义和必要性.

一门科学只有当它成功地应用了数学的时候,才臻于完善,也就是说一门科学的成熟与否,视其应用数学的程度而定. 既然数学教育是一门科学,那么数学教师理应运用数学本身的思想方法来组织数学教学. 每一位优秀的数学教育工作者都应当自觉地用数学的思想方法,指导自己的数学教学工作.

现代数学教育尽管成功地运用了现代教育学、心理学、生理学、认知科学以及脑科学等研究成果,但它在理论上有意无意地忽略了数学方法的指导作用,这不能不说是数学教育科学中的一大憾事.

2006 年,全国数学方法论与数学教学改革第八届会议在新疆昌吉召开. 在本届理事会议上,决定编写《数学方法论与数学教学》一书,本人不揣浅陋,冒昧请缨,有幸得到了全国数学方法论研究中心顾问王梓坤院士,中心主任、博士生导师林夏水先生,中心副主任杨世明先生、周春荔教授、徐沥泉先生、王光明教授等的肯定和各位理事的热情支持.

本书是全国数学方法论研究中心重点课题研究成果. 我们在认真学习和借鉴国内外数学方法论研究的理论成果、践行用数学方法论指导数学教学的基础上,结合自己多年的教学、研究经历和经验,编写了这部抛砖引玉之作,供同行们研究.

本书共四篇十二章：

第一篇，从数学的研究对象、数学的形式与内容、数学的思维方法和现代数学概观等方面，论述了数学是什么，阐述了数学的显形态和隐形态以及两种形态与数学思想方法的关系．

第二篇，主要阐述了数学的两大教育功能及其关系．

第三篇，论述了数学宏观方法和微观方法在数学教学中的作用，阐述了数学教学的总目标和数学教学的基本原则．

第四篇，从数学方法论指导数学教学理念出发，论述了数学教学设计的理论、方法、层次和应注意的问题．同时还从宏观和微观等方面，阐述了数学课堂教学的设计与实施．

本书有以下几个特点：

1. 突出了数学方法论对数学教学的指导作用，着重研究了数学方法论指导数学教学的理论和思想．

2. 理论联系实际．采用大量实例，帮助读者理解数学方法论指导数学教学的思想内涵，既有较强的可读性，又能对数学教学起到有效的启发和指导作用．

本书适合作为高师院校数学教育专业的教材，也可用于在职数学教师专业教育的教材，同时也可作为数学教师的教学参考书．

本书借鉴了大量 MM 教育方式的理论与实验研究成果，在此对奋战在 MM 教育方式研究与实践战线上的同仁表示感谢，对参考文献的作者也一并表示感谢．

几年来，高等师范院校数学教育的课程体系发生了微妙的变化，先后出现了《数学方法论》、《数学方法论与数学解题》等著作，但还未出现《数学方法论与数学教学》的著作．尽管我们进行了多年的实践与研究，但由于数学方法论指导数学教学在我国数学教育中的历史较短，再加之我们学识所限，本书的内容难免有缺憾之处，希望得到专家和同行们的批评与指正．

本书在编写过程中，得到了杨世明特级教师、周春荔教授、徐沥泉特级教师、郭璋特级教师和王光明教授的真诚帮助和大力支持，特此向他们表示衷心感谢．

徐献卿

2008 年 9 月于濮上园

目　　录

第四篇　数学教学设计

第一篇
数学是什么

数学,作为人类思维对现实世界的表达方式,反映了人们积极进取的意志,缜密周详的推理以及对完美境界的追求. 它的基本要素是:逻辑和直观、分析与构造、一般性和特殊性. 虽然不同的传统可以强调不同的侧面,然而正是这些相互对立的力量的互相作用以及它们综合起来的努力,才构成了数学科学的生命、用途及其崇高价值.

第1章　数学的内容与形式

我们知道,数学在现实世界的各个方面有着广泛的应用,以至于在现代科学技术、社会科学、日常生活的某些方面,如果不借助于数学,不与数学发生关系,就不可能达到应有的精确度与可靠性. 为什么? 这只有正确地认识数学内容的客观性,才能做出科学的回答.

§1.1　数学内容的客观性

就数学内容而言,大多具有明确的客观意义,数学是思维对客观实在的能动反映,许多数学内容都有它的现实原型. 就此而言,数学是人类所发现的.

一、数学内容的现实起源

我们知道,恩格斯对数学的定义是:"数学是研究现实世界中的数量关系与空间形式的一门科学."我们从数与形的起源来分析.

数学发展至今已形成了日益庞杂的分支体系,然而数与形这两个基本概念始终是整个数学殿堂的两大柱石. 数与形这两个概念的起源离不开现实世界,现实世界为数学的发展提供了必不可少的经验与材料.

例1 "数"的概念的起源.

"数"的概念起源于数(shǔ),要数就得有被数的对象.原始人采用"结绳记数"——就是把猎获物等现实物体集合与绳子的"结"的集合进行对应或与手指、脚趾对应.当然,这是认识数的初级阶段.

数学发展史的研究再现了人类认识数的过程.正如恩格斯所言:"人们曾用来学习计数,从而用来做第一次算术运算的十个指头,也可以是任何别的东西,但总不是悟性的自由创造物.为了计数,不仅要有可以计数的对象,而且还要有一种在考察对象时撇开对象的其他一切特性仅仅顾及到数目的能力,而这种能力是长期的以经验为依据的历史发展的结果."

由人类智慧所创造的"数",可以用来数各种集合中的对象的个数,它和对象所特有的性质(物理性或化学性等)无关.譬如数"三"是从包含三个东西的实际集合中抽象而得,它不依赖这些对象的任何特殊性质,也不依赖表示它的符号.对儿童来说,数通常总是和实际的对象连在一起的,如手指或珠子等.在早期的语言中,是通过对不同对象使用不同类型的数的语言来表达一个具体数的意义的.

我们不去过分追求从具体对象的集合转化到抽象数的概念的哲学性质,因此,我们把自然数及其两种基本运算——加法和乘法——当做已知的概念接受下来.

例2 "形"的概念的产生.

形的概念也是从现实世界中抽象出来的.物质世界中的物体以各种"形状"客观地存在着.伽利略(Galileo)说:"大自然以数学的语言讲话——这个语言的字母是三角形以及其他各种数学形体.""大漠孤烟直,长河落日圆."有文学家的合理形容,而原始树木是"直"的,满月是"圆"的,水晶和蜂巢是结构极其精巧规则的"多面体",向日葵的种籽排列是按"对数螺线(非同心圆)"排列的,有些植物绕竿攀援形成"螺旋线",则是数学家对大自然的"理解".古算书载:"今有木长三丈,围之三尺,葛生其下,缠木七匝,上与木齐,问葛长几何?"是从现实中抽象的数学问题.现代仿生学发现许多植物叶子的形状是自然形成的特殊闭曲线,如:

三叶草叶子满足方程式: $\rho = 4(1 + \cos 3\varphi + \sin^2 3\varphi)$.

睡莲叶子满足方程式: $(x^2 + y^2)^3 - 2ax^3(x^2 + y^2) + (a^2 - r^2)x^2 = 0$.

茉莉花瓣的形状是如下一族曲线: $x^3 + y^3 = 3axy$.

正如恩格斯所言:"几何学的结果不外是各种线、面、体或它们的组合.这些组合大部分早在人类以前就已经在自然界出现了(放射虫,昆虫,结晶体等)."[1]

人类对形的认识:"必须先存在具有一定形状的物体,把这些形状加以比较,然后才构成形的概念."[2]

我们有理由推想,角的概念很可能是来自对人的大小腿(股)或上下臂的观察,因为大多数的语言中,角的边常用股或臂来表示.譬如英文中,直角三角形的两直角边叫两臂,汉语中直角三角形两直角边中的一条叫股.

二、数学内容的发展

我们反对把数学看成与现实世界无关的观点,同时也反对把数学看成只是经验的科学.在数与形的概念形成以后,随着数学的发展,数学问题的来源呈现了极为复杂的情况.

例 3　微积分的产生.

微积分的产生有着明显的实践背景.最初求导数的流数法,就是人们纯粹地通过实验发现的,计算变速运动物体的瞬时速度或确定已知曲线切线的斜率,这就是微分学最初的两个基本问题;而求不规则平面图形的面积引起了最初的积分学.虽然这既不是从牛顿(Newton)和莱布尼茨(Leibniz)开始,也不是由他们完成的,但不可否认他们两人在其中起了决定性作用.

例 4　概率论的产生.

对有关概率问题发生兴趣,最初是由于保险业的发展.但是鼓舞伟大数学家思索的专门问题却来自于骰子和纸牌赌博.一个骑士德·梅雷向帕斯卡(Pascal)提出关于点子的问题,帕斯卡就这个问题(1654 年)与费马(Fermat)通信,建立了概率论的基础.惠更斯(Huygens)到巴黎时,听说他们二人的通信,并试图自己找出答案.1657 年惠更斯发表了论文《论机会游戏的演算》,这是概率论的第一篇论文.

例 5　网络几何学.

18 世纪东欧的哥尼斯堡城有如图 1-1 所示的七座桥.

居民经常沿河过桥散步,于是提出了一个问题:能否一次走遍七座桥,而每座桥只通过一次,最后仍回到起始地点呢?

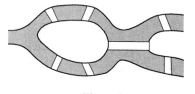

图 1-1

这个问题表面上看来很容易,但热心的人们始终没有找到这样的路线,最后问题传到了数学家欧拉(Euler)那里.欧拉证明了这样的走法根本不存在,并于 1736 年公布了他的结果,这就是著名的"七桥问题".欧拉对这个问题的研究,建立了网络几何学(图论)的基础,它与拓扑学有着密切的联系.

例 6　非欧几何(罗氏几何)的产生.

由欧氏几何第五公设的不显然性,许多数学家试图对公设进行证明.2000 多年来不得其结果.很多优秀的数学家给出的所谓证明都犯了逻辑循环的错误——偷用了与第五公设的等价命题,最后罗巴切夫斯基(Лобачéвский)断定第五公设不能证明,而另外的假设也不会推出矛盾,从而发明了非欧几何.

哥德巴赫(Goldbach)猜想和费马大定理也是由数学内部提出的.

由以上数例可知,数学(问题)的来源有的通过生产、生活、游戏等形式从外部世界所提出,也有是纯粹由数学内部所提出.但总体来看,大多数数学分支那些最初、最古老的问题,是起源于现实经验,是由外部现实世界提出.我们说数学内容是某种起源于经验的东西,是来自外部世界,正是在这个意义下而言的.

§1.2　数学是对客观实在的能动反映

数学是对现实世界的一种能动反映,是系统化了的常识.这种能动性表现在如下几个方面:抽象与数学化、发明与创造、想象与反思.

一、 抽象与数学化

现实世界的量的规定性并不是以孤立的形式出现的,是与质的规定性结合在一起的.但是,数学的抽象在于撇开现实事物的各种质的属性,从而得到纯粹的量的关系,这个抽象的过程称为:现实材料数学化.现实世界中的 5 头牛、5 只鹿、5 个手指头,在数学中均抽象为"5";圆月、车轮、圆木板抽象为"圆".经过抽象后的量及其量的关系,形成了一种思想事物,成为数学研究中处理的对象.

例 1　任意的六个人中,至少存在三个人,他们之间相互认识或相互不认识,请证明之.

分析：我们将六个人抽象为点 A、B、C、D、E、F,将认识或不认识分别抽象为实线或虚线,如图 1-2 所示.首先观察 AB、AC、AD、AE、AF 五条线,因为只有两种线型,所以某一种线不少于三条,无妨设 AB、AC、AD 三条线同种.继续观察 BC、BD,若其中有一条与 AB 同种,命题得证;若 BC、BD 同种,且与 AB 不同种,继续观察 CD,无论 CD 为何种,要么与 AC、AD 同种,要么与 BC、BD 同种.

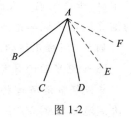

图 1-2

由以上分析可看出,数学的抽象就是将现实材料内容数学化,也就是将非数学内容组织成一个合乎数学要求的结构,这就是数学化.数学是现实材料"数学化"后形成一种思想事物,所以说数学亦是研究思想事物的一门科学.

二、发明与创造

从数学内容的客观性来看,数学是人们发现的,而就"数学化"后的数学对象而言,数学是人类发明的.人的思维可以创造出一系列更为抽象、更为高级、更为深刻、更为普遍的概念(数学对象),比如虚数、多元数、理想数、四维空间等.进一步研究这些纯粹量之间的变化和相互关系,也就是与纯粹"量"的逻辑范畴打交道,这里的"量"是一种广义的概念,既可以是"数",也可以是"形——结构".这个问题我们将在后面的章节中谈到.

人们对满足一定运算法则的数的研究创造了行列式及相关理论,对线性方程组的解法的研究创造了矩阵的概念,由某种满足一定运算的集合创造了群、环、域的概念,对数表的正名、数列概念的拓展创造了"数阵"的概念,等等.

三、想象与反思

联想与想象是思维能动性在数学中的集中表现,想象是数学的助产婆.在数学上也是需要联想的,甚至没有联想就不可能发明微积分.比如微分三角形就是联想的量,是在差分三角形的启示下设想的一种处于纯粹状态中的三角形;$n(n \geq 4)$ 维、无限维空间也是一种想象的量;进一步发展的抽象空间,把函数看成"点",这实际上是空间的某种想象中的模拟物. 无穷远点、无穷远直线本身只有借助丰富的想象才能理解.

数学中把圆柱体看成矩形绕一边旋转一周而成,把球看成是半圆绕直径旋转一周而得到,这都是借助想象. 当然这种想象是可以借助直观的. 事实上,没有想象也就不能有发明与创造.

反思可使数学更加严谨与活泼. 数学以一个提问者的身份出现,它借助与逻辑组合、一般化、特殊化等合情推理方法,巧妙地对概念进行分析、综合,提出富有成果的问题或新的对象. 因此,思维的这种自由、能动作用,本质上只是来自经验的初始概念和原理合乎逻辑的发展.

例 2 连续与可微.

当建立了连续、可微的概念后,很自然的要细致区分这两个概念,提出连续是否可微? 可微是否连续? 连续、可微都是局部定义的,如何推广到一个区域? 一个区域上函数的间断点可以有多少? 有在区间 $[0,1]$ 上有理点间断、无理点连续的函数吗? 如果存在,请找出来. 既然连续是可微的必要条件,是否存在每点都连续,但都不可微的函数? ⋯⋯数学发展中,它自身经常是这样一步步地为自己提出问题而想办法加以解决.

正是由于思维的能动作用,使现实中的"量"及"量的关系"抽象为数学概念——脱离具体质的内容,取得比其他科学更高的抽象形式,而后又由思维的能动作用得出了一系列更为抽象的思维创造物与想象物. 因此,思维的能动作用使数学王国开满了绚丽的花朵. 最终,数学表现出的想象的形式成为与现实对立、脱离外部世界的东西. 所以,我们说数学是活生生的辩证法.

§1.3 数学的形式与特点

数学的形式化是数学自身发展的结果. 通过公理化将数学形式化,发端于欧几里得(Euclid)的《原本》. 经过 2000 多年的发展,数学最终形成了形式化的体系. 数学,就其形式而言,又非客观世界的真实存在,而是创造性思维的结果,即主观的创造物,所以就形式而言,数学是发明.

从无定义的基本概念出发,来表达或定义其他的数学概念,无定义的基本概念亦称为原始概念,由原始概念定义的概念称为被定义概念或派生概念. 从一组不证自明的命题出发,经过逻辑证明其他数学命题,不正自明的命题称为公理或公设,其他经证明确认其正确性的命题称为定理,进而把数学知识构建成演绎体系. 人们通常把由基本(原始)概念、公理构成的演绎体系称为公理体系. 在进行符号化并进一步抽去其具体内容之后将形成形式化体系.

数学的公理体系并不是数学一问世就存在的,它有一个特定的发生、发展的文化背景. 公元前三世纪问世的《原本》,就是古希腊数学家欧几里得首次构建的、初步的公理化体系.

数学公理化在其发展中,已经超出了数学的范畴,而成为自然科学和社会科学表述的典范. 其他科学的公理化(亦说数学化)的程度已成为人们判定该门科学成熟程度的标志.

1899 年希尔伯特(Hilbert)的《几何基础》是数学公理化在近代发展的代表作,作为一个典范,在数学和其他科学发展中发挥着越来越大的示范作用.

公理化是数学与逻辑结合、发展而产生的.在近代数学发展中,数学的公理化不仅推动了有关数学基础的研究,而且也促进了数学的发展,非欧几何的产生就是明证之一.在现代数学的发展中,公理化的研究和应用也为计算机科学和其他科学技术的发展创造了条件.

数学作为描述其他科学的一种语言,具有一定的形式结构——语法;有一定的解释(模型)——语义;有一定的变换、生成、操作、运用方式——语用,所以它才能丰富多彩.

数学的公理化使数学具有了高度抽象的特点,作为人类创造的一种文化形态,被定格在了人类文化之中.它的精神鼓舞着人们去认识世界,也认识人类自己.

§1.4　数学形式的作用

数学高度抽象的形式,能够更深刻、更全面地反映现实.

一、抽象与现实

数学只是在形式上与现实相脱离,而在内容上则与现实世界密切地联系着.

许多抽象的数学概念、数学法则、数学思想都可以在现实中找到它们的原型.

例1　正、负数的现实原型是具有相反意义的量.相反意义的量也是生产与生活的需要,当然,是正或负可能有人为(规定)的因素.温度计可作为数轴的原型之一,温度上升或下降的过程与结果可以看做正、负数加减法则的原型.

例2　平行线的原型有直钢轨或麦垄.

例3　探照灯、激光的光束可作为射线的现实原型.

例4　用砖砌圆形烟囱,可以看做以直代曲的思想方法的原型.

例5　踢足球时,足球的传递(见图1-3)可以解释为向量加法的模拟物:$\overrightarrow{AB} + \overrightarrow{BC} + \overrightarrow{CD} + \overrightarrow{DE} = \overrightarrow{AE}$.

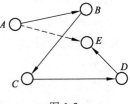

图 1-3

例6　阳光照射矩形玻璃窗的影子为平行四边形,可以看做射影变换的原型.

例7　几何上图形的全等,就是现实中两个物体贴附重合在一起的实际操作过程的模拟.

例8　画在橡皮膜上的图形,当对其进行拉伸变化时,可以看做拓扑变换的原型.

例9　n维空间这个极度抽象的概念,可以理解为n个独立变量确定的点的集合.这样,具有6个自由度的刚体可以看做6维空间中的"点","点"的运动可用来描述刚体的运动.

例10　在力学系统中,如梁的震动问题,具有无穷多个自由度,就要用无限维空间的几何学与微积分学来研究.

例11　1930年量子力学产生后,使用了一个新的"δ-函数",其定义如下:

$$\delta(x) = \begin{cases} 0 & \text{当 } x \neq 0 \\ \infty & \text{当 } x = 0 \end{cases}, \text{且} \int_{-\infty}^{\infty} \delta(x)\,\mathrm{d}x = 1.$$

对于 $\delta(x)$ 的原型,可用压强函数来说明:火车经过桥时,计算桥面受压情况. 为简单计算,只考虑一个轮子的压力与压强,从理论上看火车轮(一个)与桥面钢轨接触只是一个"点". 设车轮对轨道的压力为 1,接触点为坐标原点,钢轨为坐标轴. $x = 0$ 时(见图 1-4),压强为 $p(x) = $ 压力

图 1-4

接触面 $= \dfrac{1}{0} = \infty$;在 $x \neq 0$ 的点,因无压力,所以 $p(x) = 0$. 另外,我们知道压强函数积分等于压力,所以 $\displaystyle\int_{-\infty}^{\infty} p(x)\mathrm{d}x = 1$ 成立,故 $p(x)$ 是一个"$\delta -$ 函数".

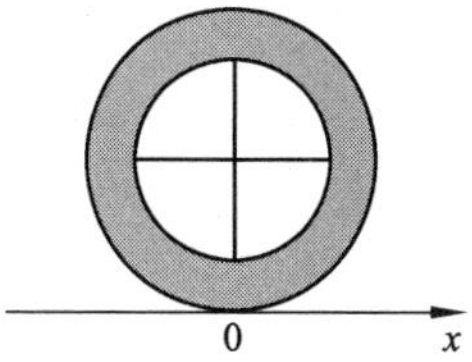

像"$\delta -$ 函数"这种被人们一时认为悖理的函数,也可以找到现实中的类似物,说明这个由思维创造的函数(形式)反映了现实与数学抽象形式的辩证关系. 而这个函数在量子力学中的成功应用,证实了它深刻地反映着现实内容.

例 12　虚数的产生及虚数与现实的关系.

16 世纪 30 年代,人们找到了求解一元三次方程的一般解法. 最早记载于卡尔丹(Cardano)的著作《重要的艺术》中.

任意给定实系数三次方程:$y^3 + ay^2 + by + c = 0$,令 $y = x - \dfrac{a}{3}$,方程可变换为:$x^3 + px + q = 0$. 其中 $p = -\dfrac{a^3}{3} + b, q = \dfrac{2a^3}{27} - \dfrac{ab}{3} + c$. 因此,只研究缺少二次项的三次方程即可.

对于一元三次方程:

$$x^3 + mx = n, \qquad\qquad ①$$

引入辅助的未知数 t、u. 令 $t - u = n, tu = \left(\dfrac{m}{3}\right)^3$,不妨设 $n > 0$,即 $t > u$. 那么

$$\begin{cases} t + (-u) = n \\ t \cdot (-u) = -\left(\dfrac{m}{3}\right)^3, \end{cases}$$

所以 t 与 $-u$ 是方程 $z^2 - nz - \left(\dfrac{m}{3}\right)^3 = 0$ 的两个根,于是 $z = \dfrac{n \pm \sqrt{n^2 + 4\left(\dfrac{m}{3}\right)^3}}{2}$,即

$$t = \sqrt{\left(\dfrac{n}{2}\right)^2 + \left(\dfrac{m}{3}\right)^3} + \dfrac{n}{2}, \qquad\qquad ②$$

$$u = \sqrt{\left(\dfrac{n}{2}\right)^2 + \left(\dfrac{m}{3}\right)^3} - \dfrac{n}{2}. \qquad\qquad ③$$

令 $x = \sqrt[3]{t} - \sqrt[3]{u}$,代入方程①检验知其为方程①的根.

在解①型的数字方程时,卡尔丹遇到了所谓"不可约情况":当②③不能在实数范围内求 t、u 的情况下,三次方程①却有正根. 例如,$x^3 - 15x = 4$,$\sqrt{\left(\dfrac{4}{2}\right)^2 + \left(-\dfrac{15}{3}\right)^3} = \sqrt{-121}$,这在实

数范围内是无意义的,所以不能用②③去求 t、u. 但是,$x=4$ 确是所给方程的根.

然而,如果从 $\left(\sqrt{-1}\right)^2=-1$ 出发,将 $\sqrt{-1}$ 依实数法则进行运算,却得出 $x=4$ 这一正确结果. 推演如下:

由②得 $t=2+11\sqrt{-1}=\left(2+\sqrt{-1}\right)^3$,由③得 $u=-2+11\sqrt{-1}=\left(-2+\sqrt{-1}\right)^3$. 所以 $\sqrt[3]{t}=2+\sqrt{-1},\sqrt[3]{u}=-2+\sqrt{-1}$,所以 $x=\sqrt[3]{t}-\sqrt[3]{u}=4$.

由以上分析可知,如果把 $\sqrt{-1}$ 当做一个数,按实数运算法则施行运算,公式 $x=\sqrt[3]{t}-\sqrt[3]{u}$ 就有了普遍性.

正是解一元三次方程所得到的经验,提示人们把 $\sqrt{-1}$ 设想成数,得出了虚数这种思维的创造物或想象物. $\sqrt{-1}$ 虽不是直接从现实世界得来,然而它亦不是先验的产物. 此后,1572 年意大利数学家邦别利(Bombelli)确定了复数的运算法则,人们类比实变函数建立了复变函数. 虚数这个在思维中开出的花朵又找到了几何解释,并在流体力学中得到了成功的应用,证实了 $\sqrt{-1}$ 确实是现实世界数量之间的一种合理关系的产物. 也说明数学的最纯粹的形式体现了人的认识的主观能动性.

抽象的数学成果最终成为其他科学新理论的仿佛是定做的工具,在 20 世纪下半叶又演绎出了精彩的一幕.

例 13 纤维丛上的联络.

广义相对论的发展,逐渐促使科学家们去寻找电磁场与引力场的统一表述. 统一场的探索后来又扩展到基本粒子之间的强相互作用和弱相互作用. 1954 年物理学家杨振宁和米尔斯(R. L. Mills)提出了"杨—米尔斯理论". 很快数学家注意到了此理论所需要的数学工具早已经存在,物理规范场实际上就是微分几何中的纤维丝上的联络.

纤维丛是很抽象的数学理论,表面上看与物理世界的结构无关. 实际上,规范场(电磁场就是一简单特例)的概念是和纤维丛理论里的一些数学概念相互呼应的. 见右表.

规范场术语	纤维丛术语
规范(或球面规范)	主坐标丛
规范型	主纤维丛
电磁现象	U_1 上的联络
电磁理论(不带单极子)	平凡的 U_1 丛的联络
电磁理论(带单极子)	非凡的 U_1 丛的联络
……	……

由于数学家发展纤维丛的理论完全没有涉及对物理世界的认识问题,杨振宁曾和陈省身谈及自己的感想,他说:"这令人困惑,因为你们数学家能无中生有地幻想出这些概念."陈省身立刻反驳道:"非也,非也! 这些概念并不是幻想出来的,它们是自然的,而又是真实的."[3]

数学家从自己的经验中确实感受到了数学的极度抽象形式只是在表面上掩盖着它的现实起源. 思维和客观世界服从了同样的规律,因而两者在自己的结果中不能相互矛盾,而必须彼此一致.

二、形式与概括

数学高度抽象的形式,使它具有了高度的概括性,达到了对事物量的最本质联系的认识,反映着各种不同类型的具体对象中量的共同规律.

例 14 二次函数 $y = \dfrac{1}{2}ax^2$ 反映着:

① 自由落体运动: $h = \dfrac{1}{2}gt^2$;

② 运动物体的动能: $E = \dfrac{1}{2}mv^2$;

③ 半圆的面积: $A = \dfrac{1}{2}\pi r^2$;

④ 直角三角形(见图 1-5)的面积: $S = \dfrac{1}{2}\tan \alpha \cdot b^2$.

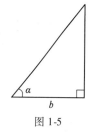

图 1-5

例 15 导数 $f'(x_0) = \lim\limits_{x \to x_0} \dfrac{f(x) - f(x_0)}{x - x_0}$ 刻画着:

① 运动物体的瞬时速度(x 表示时间, $f(x)$ 表示路程函数);

② 过曲线 $y = f(x)$ 上 (x_0, y_0) 点处的切线的斜率(如果在该处切线存在的话);

③ 物质的热比;

④ 电流的强度.

例 16 $u(x, y) = \dfrac{\partial^2 u}{\partial x \partial y} + a(x, y)\dfrac{\partial u}{\partial x} + b(x, y)\dfrac{\partial u}{\partial y} + c(x, y)u.$

① 在弹性力学中描写振动;

② 在流体力学中描写流体动态;

③ 在声学中表现为声压方程;

④ 在电学中表现为电报方程.

我们称上述 $u(x, y)$ 为双曲型偏微分方程,它反映着不同对象在数量上的共同属性. 正如列宁所说:"自然界的统一性显示在关于各种现象领域的微分方程式的惊人类似中."

例 17 欧拉示性数: $2 - 2P$.

如果我们用 V 表示闭曲面上点的个数,用 E 表示曲面上点与点之间的连线数(这些线除上述"点"外,无其他交点),用 F 表示曲面上被连线分成的区域数,用 P 表示闭曲面上的亏格——闭曲面上洞的个数. 则有: $V - E + F = 2 - 2P$.

当 $P = 0$ 时为简单的闭曲面. 简单多面体是简单闭曲面的特殊情况.

在初等数学中,这样的例子更是举不胜举!

三、理论与应用

正是由于数学理论具有高度的抽象性的特点,因此反映着物质世界多样的统一性,并决定着数学在现实世界中具有广泛适应性的特点.

数学高度的抽象性与广泛应用性的辩证统一,是数学成为打开一切科学大门的钥匙. 数学是自然科学的助产婆. 不仅所谓的精确科学,如物理、化学已越来越需要较多、较深的数学,甚至过去认为以描述为主、与数学关系不大的生物学、经济学等,也日益处于"数学化"的过程中.

例18　1926年,意大利数学家伏尔泰拉(V. Volterra)提出了著名的伏尔泰拉方程:

$$\begin{cases} \dfrac{\mathrm{d}x}{\mathrm{d}t} = ax - bxy \\ \dfrac{\mathrm{d}y}{\mathrm{d}t} = cxy - dy \end{cases},$$

成功地解释了生物学家观察到的地中海不同鱼种周期消长的现象(x表示饵食,即小鱼数,y表示捕食者,即食肉大鱼数),从此微分方程又成为各种生物链模型的工具.

从现实原型到数学模型再到应用的全程,反映了数学理论的螺旋式的发展.

现实中具体特殊事物(原型)	抽象→	数学形式——抽象性、普遍思维中的事物(模型)	应用→	现实中更广泛的、具体的、特殊的事物(现实)

一些抽象的数学理论一时得不到应用,往往是生产水平和科学理论及实践还没有达到它各自应有的水平.

例19　公元前200年,古希腊几何学家阿波罗尼乌斯(Apollonius)的"圆锥曲线论"经过了1 800年,才得到了在光学抛物镜和天体运动理论中的具体应用.

数学抽象思维的每一项能揭示某种规律性的贡献,不论其是否出自明显的应用目的,迟早总会得到应用. 希尔伯特20世纪对于积分方程的工作以及由此发展起来的无穷多个变量的理论研究,曾说:"完全是出于对纯数学的兴趣,我甚至管该理论叫'谱分析',当时根本没有预料到它后来会在实际的物理光谱理论中获得应用."

问题与课题

1. 如何理解纯数学最初的概念是起源于经验、来自外部的东西?

2. 试举几例,说明数学中有的内容有现实原型.

3. 如何理解数学是对客观现实的能动反映?

4. 在什么意义下,数学是发现的? 在什么意义下,数学是发明的?

5. 为什么说"任何数学概念都有现实原型"这句话是不对的? 恩格斯说"数学研究的对象是非常现实的材料",又说"数学研究的是思想事物",怎样理解这似乎是互相矛盾的说法?

6. 你怎样认识"数学的特点"?

7. 什么叫"数学化"? "学数学就是学数学化"这个说法是正确、全面的吗?

第2章 数学的方法与思维

与其他知识相比,数学是一门累积性很强的科学. 重大的数学理论总是在继承和发展原有理论的基础上建立的,它们不仅不会推翻原有理论,而且总是包含原有理论. 综观整个数学及其发展,我们会发现:数学的方法"作为人类思维的表达方式,反映了人们积极进取的意志,缜密周详的推理以及对完美境界的追求"(R. Courant 语). 数学作为一种文化,不仅是整个人类文化的重要组成部分,而且始终是推进人类文明的重要力量.

§2.1 数学思想方法的基本要素

人区别于其他动物的重要标志之一是有思想,会想方法. 作为人类文化的重要组成部分的数学,是"研究广义的量(即模式结构)的科学". 从数学哲学的本体论和认识论的角度来看,"数学是一种模式真理". 按照唯物辩证法的观点,数学模式在本体上具有两重性:就其内容而言,具有鲜明的客观意义,是思维对于客观实在的能动反映,很多数学模型都有它的现实原型;就其形式结构而论,数学并非客观世界的真实存在,又是主观思维的创造物. 从前者来说,数学是人们所发现的;从后者来讲,数学是人们所发明的. 数学的每一次发现或发明,都是建立在原有的基础之上的,表现出明显的积累性. 这个累积的过程,充分显示了数学的思想和方法,都是以决定数学向本质上的崭新状态过渡的杰出的科学成就为标志的,这中间伴随着认识论与方法论上的突破,伴随着数学思想方法的革命性变革. 这种变革,不像"大多数的学科里,一代人的建筑为下一代人所拆毁,一个人的创造被另一个人所破坏. 唯独数学,每一代人都在古老的大厦上更上一层楼". 充分体现了人类文明的进步和发展,表现出了浓郁的文化特点.

数学思想方法的基本要素是:逻辑与直观,一般与特殊,分析与构造.

从古希腊时代起,数学就使用一种特有的逻辑推理规则,来达到确定无疑的结论. 这种推理方式具有这样的严密性,对于每一个懂得它的人来说都是无可争辩的,因而结论也是无可争辩的. 这种推理模式赋予数学其他学科所不能比拟的精确性,成为人类思维方法的一种典范,并且日益渗透到其他知识领域,此乃数学影响人类文化的突出方面之一. 但这一点我们不能过分强调,因为在整个数学中,数学作为一种真理有其一定的适用范围,是相对真理.

数学的抽象并非人的凭空想象,它是建立在直观形象之上的. 在直观的基础上,人们通过逻辑方法,合情合理地运用人的思维能力,抽象出数学的对象和方法,创造出了现实中"没有"的一种特殊"形式"定格下来,被传承并发展着.

数学中的抽象与直观、演绎与归纳可以相互依存、相互支撑,直观是抽象的基础,抽象是直观的深化. 人们通过毫无拘束的直观猜想和令人信服的推理,可以征服一个蕴藏着无限财富的数学世界.

在数学的教学与学习中,要想把抽象的问题直观化、图表化,需要对数学问题深刻独到的理解.

在初等数学教学中,尤其是中小学数学教学中,运用图形表示有关数学问题,能够将抽象问题变得直观、形象、具体,从而提高学生的学习兴趣,增强学生的学习信心.

例 20 世纪 50 年代,华罗庚先生曾给当时的中学生出了一道几何题. 如图 2-1 所示,一个矩形 $ABGH$, $AB = 3AH$. 将其分成三个小正方形 $ACEH$、$CDFE$、$DBGF$. 连结 AE、AF、AG,求证:$\angle AEH + \angle AFH + \angle AGF = 90°$.

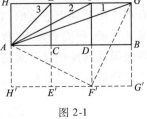

图 2-1

分析:此题的解法很多!但若充分考虑本题特点,可将抽象的推理变成直观的判断. 分别延长 HA、EC、FD、GB 到 H'、E'、F'、G'. 使 $AH' = AH$, $CE' = CE$, $DF' = DF$, $BG' = BG$. 即拼凑矩形 $ABG'H'$,连结 AF'、$F'G$. 易知 $\angle AFH + \angle AGF = \angle DAF' + \angle GAD = 45°$,命题得证.

数学是抽象的,但学会将抽象的东西加以直观化,对数学学习、研究、运用是有极大好处的.

与对抽象性的追求一样,数学在对宇宙和人类社会的探索中,追求最大限度的一般模式,特别是一般算法的倾向,在早期发展中就已表现出来. 埃及纸草书、巴比伦泥版文书及中国的古代算经等数学文献,虽然都是具体问题的汇集,但其中采用的算法大都具有一般性(尽管它们常常以具体或个别问题的形式出现). 底乘以高除以 2 这个面积公式,如果只对某个特殊三角形适用,那在数学上是几乎没有意义的,它应适用于一切三角形. 在本章后面的内容中,我们将会看到对普通法则的追求怎样引导笛卡儿(Descartes)解析几何的发明;微积分的创立也可以看成寻求一般性的无限小算法的结果……正是这种追求一般性模式的倾向,使数学具有了广泛的适用性. 没有哪一门科学在广泛应用上能与数学相比,数学越来越成为一种普遍的科学语言与工具,在推动其他科学和整个文化的进步方面起着不可替代的巨大作用.

从哲学的角度来说,数学反映了"一般性寓于特殊性之中"这一基本原理. 这种一般性与特殊(个别)性的联系,不仅在算法中,同时,在数学的一切概念和多数的数学命题中,都表现得淋漓尽致. 所以,学习数学有利于人们形成辩证唯物主义世界观,这在后面探讨数学的文化功能时还要专门论述.

在数学中,那种促进人们创造发明的要素,那种起指导和推动作用的直观要素,虽然不能用简单的哲学公式来表述,但它们却是任何数学成就的核心,在最抽象的数学领域也是如此.

数学作为一种创造性活动,还有艺术的特征,这就是对美的追求.

数学就是"数学化",学习数学就是学习"数学化". 这是数学动态观指导下的数学学习观. "数学化"作为一种活动,是一种创造性活动. 数学活动的目的之一,就是对美的追求. 英国数学家和哲学家罗素(B. Russell)说过:"数学不仅拥有真理,而且拥有至高无上的美……一种冷峻严肃的美,就是一尊雕塑. ……这种美没有绘画或音乐那样华丽的装饰,它可以纯洁到崇高的程度,能够到达严格的只有伟大的艺术才能显示的完美境界. "[4]罗素说的是一种形式高度抽象的美,即逻辑与结构的完美. 此外,数学创造过程中想象与直觉的运用也提供了数学美的源泉. 这种以简洁与形式完美,激励人对愉悦的追求,是数学影响人类文化的又一重要因素,也是数学教育能发挥美育功能的根本所在. 关于数学的美育功能在本书后面也要专门论述.

在当年希腊形式完美的演绎数学中,充分体现了那个时代理性化认识世界的倾向,也是那个时代的一个重要特征,其与理想化的雕刻交相辉映,这并不是偶然的.

数学的创造是建立在理性分析基础之上的. 发现、发明与创造在表现形式上似乎来自于灵感,而这种灵感实际上是"顿悟". 顿悟也可以说顿开茅塞,按照思维学的说法叫直觉思维. 直觉思维是对事物、问题、现象的直接领悟式的思维. 它表现在一种迅速的识别、敏锐的洞察和直接的理解. 它是"显意识"与"潜意识"相交融的结果.

在数学发展的历史长河中,在一个人学习研究数学的过程中,时常有"灵感"发生. 如阿基米德(Archimedes)由灵感而在澡盆中领悟到浮力定律. 在我们学习数学时,每个人几乎都有对一个数学问题长时间无思路、无办法,但突然一个灵感、创设一条辅助线、发现一个"公式"、发明一种办法就使问题得到解决的经历.

所谓"灵感"并不是什么神秘的东西,而是经过长时间的实践与分析思考,思维处于高度集中和紧张状态中,对所分析问题已基本成熟而又未完全成熟,一旦受到某种启示就会产生新思想、新构造,这正是所谓的"心有灵犀一点通". 所以说,数学是培养学生发现、发明和创新思维的最佳媒介体.

我们用清代王国维的诗来描述"学数学"的三种境界,他通过对三首词的"断章取义"来描述古今成大事业者都必须经历的这三种境界. 其境界一为:"昨夜西风凋碧树,独上高楼,望尽天涯路."其境界二为:"衣带渐宽终不悔,为伊消得人憔悴."其境界三为:"众里寻她千百度,蓦然回首,那人却在灯火阑珊处."这种描述恰当地反映了长期积累、准备迎接"灵感"发生的过程.

§2.2　数学中几种重大的思想方法

数学各个不同的发展时期,各个不同的领域,形成了各具特色的数学思想方法. 在相关的领域又充分反映了相关数学思想方法之间的辩证发展关系. 以下将根据算术、代数、几何、常量与变量、直与曲、有限与无限、近似与精确、偶然与必然等与中小学数学相关的内容,分别讨论这些领域中形成的数学思想方法,及其运用这些方法的思维方式.

从方法论的角度对数学思维方式的研究,实际上是在哲学和思维科学的意义上对数学的研究.

初等数学、高等数学乃至现代数学,从整体上来说,总存在已知与未知的矛盾. 已知与未知反映在数学的各个方面. 由已知的条件计算未知的数量,由已知的前提推证未知的结论,由已知的领域探索未知的领域,这是科学的基本任务,也是数学研究与数学教学的基本课题.

数学中的已知与未知,往往既界限分明,又相互依存、相互联系. 这就是对立的统一. 一个数学问题,总包含条件、结论两部分,即已知、未知两部分. 我们解决问题,总的来说就是想办法用已知达到认识、解决未知的目的. 这里所谓"想办法",从某种意义上说,办法也可能是未知的,需要"想"的. 总之,就是揭示已知与未知的内在联系,创设使未知转化为已知的条件,最后达到化未知为已知的目的. 而揭示联系是创设条件实现转化的关键.

一、算术到代数

算术的主要内容是研究有关自然数、分数和小数（有限小数）的性质和四则运算及其运用. 算术思维方法特点：只允许已知数参加运算，未知数处于被动地位——总是"等待"着由已知数计算出它的数值. 这实际上是把已知与未知的"个性"绝对化，对立起来了！算术的思维方式，是以现有的具体的、已知的、确切的数量符号（数字）出发进行思维，不允许有未知的数量（可以是符号）参与运算，因为它是未知的！这样一来，运用算术方法解决问题时，首先须根据要解决（求解）的问题，收集整理各种已知的数量，并根据它们之间的数量关系（往往要逆用这些关系）列出这些具体数字的算式，然后根据四则运算法则求出算式的结果.

例1 用算术方法解应用题.

对于同一个应用题，不同的人所列的式子往往不相同，列式是否正确，判断起来非常困难，即使最后答案相同也不能肯定其所列式子必有道理.

一个农夫有若干只兔和鸡，它们共有 50 个头，140 只足，问有兔几只？

解法一：$(140 - 50 \times 2) \div (4 - 2) = 20$（只兔）.

解法二：$140 \div 2 - 50 = 20$（只兔）.

两个式子，结果一样，解法正确吗？理由充足吗？很费琢磨.

使用解法一的同学可能是这样"想"的：若 50 只全是鸡，应有足 $50 \times 2 = 100$（只），多出的 $140 - 50 \times 2 = 40$（只）足是兔子的，而每只兔去掉了 2 只足，故还有 2 只足，所以兔子的只数是 $(140 - 50 \times 2) \div (4 - 2) = 20$. 有道理！

那么，使用解法二的同学是如何想的呢？是瞎猫碰着死耗子吗？这个同学解释到：把鸡的两只足捆在一起，看成"独脚鸡"；兔子的两只后足直立且并在一起，看成一条"后腿"，两只前腿抱着大萝卜，看成一条"前腿"，变成"双腿兔". 因为每只"双腿兔"比"独脚鸡"多计一只"腿"，共多计的"腿"数，也正是兔的头数. 奇思妙想，令人称赞！但若这位同学不解释，怎样能从 $140 \div 2 - 50 = 20$ 算式中看到他的思维过程呢？从教学的角度来说，这种解法适于"教"吗？

许多古老的算术问题，尽管人们煞费苦心地进行各种分类，什么行程问题、流水问题、工程问题、盈亏问题、分配问题、追及问题等，都是用这种思维方式——只允许已知数参与运算的方法表示未知（答案），但"列算术式"这一关，往往令学生匪夷所思，也就是揭示已知与未知的"算术"联系这一步不易完成. 对于一些含有多个未知量的问题，要想通过算术的思维方式解决，就更加困难.

相反，在代数中，人们不再把已知数与未知数的个性绝对化，明确承认未知的也是数，它和已知数是"一样"的，允许它（可用一个符号来代表）和已知数一起参加运算. 于是，整个解题过程就大为改观了，这时揭示已知数与未知数的联系，即列（代数）方程解决问题，可直陈直写. 然后通过解方程求出未知数，以运算代替逆向构思. 这样由算术的方法发展到代数的方法，实现了数学方法上的一次飞跃.

代数解题的思维方式其最关键是：把未知数（量）与已知数（量）同样看待，并一起组成关系式,即将相等的量以不同的式子表示,并以等号相连,列出方程,然后通过方程的同解变换求出未知量的数值.

代数的思维方法中有两点独到之处:

第一,代数的思维方法把未知数同已知数同等看待,方程体现了已知与未知的对立统一.

第二,代数的思维方法把等号的意义拓广了,它把两个值同形异的解析式联系了起来,形成一个等式,可以对它进行理论探索.从而提高了数学的"形式化"水平.

算术向代数的发展,使数学研究的范围扩大了,未知数已经作为一个抽象的符号进入了数学思维.研究对象的拓展,带来了数学内容的扩充,代数运算具有了算术所不具有的灵活性和普遍性,许多算术不能解决的问题,在代数中可以很容易地得到解决.

数学思维方法的改变带来数学自身的进步.数学从算术向代数的发展对整个数学的发展产生了重大而深远的影响.

例 2　对二次方程的求解,可以使人"创造虚数".在数学发展史上,在找不到确切意义时并不承认虚数的存在,在发现了虚数的几何意义之后,才解决了"存在"问题.继而提出高次方程"根式解问题",对五次及其五次以上方程的求解过程的研究发现它们并不存在根式解,却最终导致群论的诞生.

微分方程、函数方程的思想方法与代数方程的思想方法是类似的,只不过运算的概念变化了.

把代数的思想方法应用到几何问题上,最终导致了解析几何的问世.

二、几何学的发展与代数化

在数学的思维中,最先成为思维对象的是数量与空间图形.由前述可知,数学的发展是以数与形作为两个最基本概念的,数学思维的方法也是从这两个基本的数学对象开始发生发展的.在数学思维由算术向代数发展的过程中,以空间图形为对象的空间思维形式也得到了发展.

1. 空间与图形——空间思维的形式

在数学的发展中,数与形——数量与空间图形不是割裂的,而是与人们认识世界的水平相适应地发展的,长度、面积、体积的度量使人们的数量与空间观念紧密地结合在一起.

在中国古代,数量与空间思维形式的结合得到了长足的发展,在《九章算术》中有大量的例子.

例 3　勾股定理.

勾股定理的证明,采用了数量和图形相结合的方式,这首推中国古代数学家赵爽.他的传世著作《周髀算经》中给出了"勾股圆方图"及论释.他巧妙地应用将直角三角形拼成正方形的方法,给出了勾股定理的证明,如图 2-2 所示.易知,$4 \times \frac{1}{2}ab + (b-a)^2 = c^2$,即 $a^2 + b^2 = c^2$.尔后,又用它证明了与直角三角形有关的不少命题.

数量与图形相结合,并染上颜色,突出空间的形式,表现了古人数学思维的一大特征,这种特征,曾在中国古代数学中占有重要地位.

在数学解题中,数形结合也是一种重要的数学解题思维方法.

例4 如图 2-3(1)所示,图形由 14 个正方形组成,请问该图能否用形如图 2-3(2)所示的 7 个"8"字形所覆盖? 若能,请给出一种方法;若不能,请说明理由.

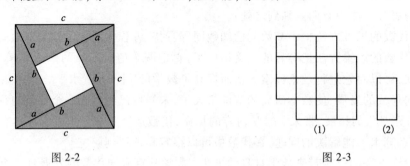

图 2-2   图 2-3

分析:如果用尝试的方法,试来试去,总是不行,但又说不清理由. 如果用"代数"的观点,用"1"或"2"给图 2-3(1)中的小正方形做上标记,相邻正方形不用相同的数字,不难发现,尽管共有 14 个小正方形,标"1"的有 8 个,标"2"的有 6 个;或者标"1"的有 6 个,标"2"的有 8 个. 若能用题设中两正方形相连的 7 个图形覆盖,标"1"或"2"的小正方形个数必相等……

在数学中,空间形式的研究最先形成了较为完整的体系,并对世界数学的发展产生了重大影响. 欧氏几何《原本》使空间观念的发展大大超越了代数观念的发展. 从公元前三世纪到后来的中世纪,几何学一直占据数学的主导地位,代数则处于从属地位. 古希腊的几何学有严谨的推理和直观的图形,把种种空间与图形性质的研究归结为系列的基本概念和基本命题的推理和论证. 当时,数学家都喜欢运用几何思维方式来处理数学问题. 欧氏几何《原本》中的数论问题,就是通过几何作图来解决的.

空间思维方式是数学中一个重要的思维方式,这种观念的形成是数学的一个重大发展,尤其是欧几里得用逻辑演绎体系为空间思维形式打造了广阔的天地,从而空间思维成为数学思维的重要思想方法.

2. 空间思维的发展

欧氏几何的成功,使几何学需要解决的问题越来越多,然而几何学对命题的证明几乎是一题一技巧,从而缺乏具有一般性的方法和规律性的认识.

代数学在 16 世纪有了突破性的发展,不仅创造了一套简明的字母符号,而且还成功地解决了二、三、四次方程的求根问题. 沉默了近千年的数量化思维开始"打入"空间思维占统治地位的舞台,并逐渐成为重要角色.

16 世纪的法国数学家韦达(P. Vieta)用代数思想和方法解决几何作图问题,并隐约出现了用代数方程表示曲线的思想. 而真正实现几何结构的数量化表示,把数和形统一起来,即把数量思维与空间思维有机结合起来,这一关键性的工作是由法国数学家笛卡儿完成的. 笛卡儿在吸收韦达等人的先进数学思想的基础上,创立了几何问题代数化的数学思维方法,它有两个主要特征:①用建立坐标系的方法,使平面上的点与有序数对之间建立一一对应关系;这样一来,每个几何对象和每一个几何运算都能纳入数的领域;②用方程表示曲线. 几乎与笛卡儿同时,法国另一位数学家费马也独立地提出了形与数结合的思想方法.

以解析几何为代表的代数与几何思维方法的结合,标志着几何代数化的新时代的到来,坐标实现了空间结构的数量化,代数与几何在新的起点上又结合在一起了.作为几何与代数结合的产物——坐标系的出现使数量思维和空间思维统一了起来,坐标系上的点、线、面和图形,又可以看做是抽象的数量关系,这使空间结构形式的研究转化成了数量形式的研究.

例 5　基本几何问题的代数化.

平面上一点 P 可用有序实数对 (x,y) 表示,记做 $P(x,y)$;曲线 l 可用方程 $f(x,y)=0$ 表示;点 $P_0(x_0,y_0)$ 在曲线 l 上,则 $f(x_0,y_0)=0$;P_0 不在曲线 l 上,则 $f(x_0,y_0)\neq 0$;两曲线 $l_1:f_1(x,y)=0$ 与 $l_2:f_2(x,y)=0$ 相交,则方程组 $\begin{cases} f_1(x,y)=0 \\ f_2(x,y)=0 \end{cases}$ 有解,否则无解;直线 l 可用方程 $Ax+By+C=0$ 表示;直线方向可用斜率 k 来刻画 $(y=kx+b)$,而 k 可用直线上两点的坐标来表示:$k=\dfrac{y_2-y_1}{x_2-x_1}$;点 P_0 到直线 l 的距离 d 为 $\dfrac{|Ax_0+By_0+C|}{\sqrt{A^2+B^2}}$;点 $P_1(x_1,y_1)$、$P_2(x_2,y_2)$ 的距离为 $|P_1P_2|=\sqrt{(x_1-x_2)^2+(y_1-y_2)^2}$;$M$ 是 P_1P_2 的中点,则 $M\left(\dfrac{x_1+x_2}{2},\dfrac{y_1+y_2}{2}\right)$;$M$ 为 P_1P_2 的 λ 分点,$\dfrac{P_1M}{MP_2}=\lambda$,则 $M\left(\dfrac{x_1+\lambda x_2}{1+\lambda},\dfrac{y_1+\lambda y_2}{1+\lambda}\right)(\lambda\neq -1)$;$l_1\ /\!/\ l_2$,则 $k_1=k_2$ 或 k_1 与 k_2 皆不存在;$l_1\perp l_2$,则 $k_1k_2=-1$ 或 k_1 与 k_2 中有一个为 0 而另一个不存在;$\triangle ABC$ 的面积是 $\dfrac{1}{2}\begin{vmatrix} 1 & x_1 & y_1 \\ 1 & x_2 & y_2 \\ 1 & x_3 & y_3 \end{vmatrix}$ 的绝对值;A、B、C 三点共线,则 $\begin{vmatrix} 1 & x_1 & y_1 \\ 1 & x_2 & y_2 \\ 1 & x_3 & y_3 \end{vmatrix}=0$;圆可用方程 $(x-x_0)^2+(y-y_0)^2=r^2$ 表示,其中 (x_0,y_0) 是圆心,r 为圆的半径;椭圆的(标准)方程为 $\dfrac{x_2}{a_2}+\dfrac{y_2}{b_2}=1$;双曲线的(标准)方程为 $\dfrac{x_2}{a_2}+\dfrac{y_2}{b_2}=1$;抛物线的(标准)方程为 $y_2=2px$ 等;A、B、C、D 四点共圆,则有 $\begin{vmatrix} x_1^2+y_1^2 & x_1 & y_1 & 1 \\ x_2^2+y_2^2 & x_2 & y_2 & 1 \\ x_3^2+y_3^2 & x_3 & y_3 & 1 \\ x_4^2+y_4^2 & x_4 & y_4 & 1 \end{vmatrix}=0$;……反之亦然.它们反映了解析几何的实质.

几何与代数的结合,使数学又向前迈了一大步.首先,数形结合,以数论形,对几何图形性质的讨论更广泛、更深入了,研究的对象也更广泛,方法更一般了.反之,数形结合,以形释数,几何为代数课题提供了几何直观.由于代数借用了几何的术语,运用了与几何的类比而获得了新的生命力.

例 6　线性代数正是借用几何学中的空间、线性等概念与类比的方法把自己充实起来而迅速发展的.

代数方法长于运算,几何图形形象直观,数形结合、互相促进使我们加深了对数量关系与空间形式的认识. 正如拉格朗日(J. L. Lagrange)所说:"只要代数同几何分道扬镳,它们的进展就缓慢,它们的应用就狭窄,但是当这两门科学结合成伴侣时,它们就互相吸取新鲜的活力,从那以后,就以快速的步伐走向完善."[5]并为创建微积分准备了数学工具.

坐标方法不仅为数学的进一步发展提供了基础,同时坐标概念本身也不断丰富起来. 斜坐标、极坐标、柱坐标、球坐标等也相继问世,并且坐标也从直观的二维、三维扩展到抽象的、非直观的多维和无穷维.

3. 思维方法转变的意义

从毕达哥拉斯(Pythagoras)"万物皆数"的数量观向柏拉图(Plato)的"世界由几何图形构造"的空间观的转变,形成了欧氏几何为代表的一种绝对空间观念,它所处理的空间中的点、线、面的相对位置及机械运动具有刚体的几何不变性. 这种绝对空间思维与数量思维结合而引起的空间思维转变,为数学的发展带来了活力.

解析几何的出现,使曲线变成了具有某种特殊性质点的轨迹,人的空间思维由静态转向动态.

空间思维与数量思维的结合,使原空间图形具有的明显直观性和经验性的特征开始转变,数量化的空间思维突破了直观性、经验性的束缚,向数量化从而向思维抽象化的方向发展. 现实空间是三维的,但是抽象空间却可以是多维的甚至无限维的. 抽象空间图形的性质和结构,大大地拓宽了人们原有的欧氏的空间思维.

空间思维与数量思维的结合,不仅使代数的一些对象具有了直观的几何意义,更重要的是人们对代数形式所表现的结果有了一种形象直观的模型思维追求. 这种结果实际上也大大丰富了代数的研究领域.

几何与代数的结合是数学发展的重要一步,它所使用的方法是数学中重大的方法之一. 其中,数量的关系可表示为一个直观或抽象的几何模型,而后者则帮助人们从不同的角度、不同的层次实现对隐蔽世界的理解和认识. 由平面上把点、曲线与数对、方程建立一一对应的思考与方法,启发数学家把一个个函数视为点,而把某类函数的全体视为空间,由此形成分析类数学中泛函分析这一活跃的数学分支.

三、常量与变量

在数学发展中,无论是算术、代数还是初等几何中,常量都是描述确定、静态物体的有力工具. 此时作为数量化思维方法或作为确定形态的空间思维方法,都难以描述和思考有关运动的问题. 但是,在现实世界中,却存在着运动着的事物.

常量与变量是数学中的两个基本概念. 常量是反映事物相对静止状态的量,而变量则是反映事物运动变化状态的量. 常量与变量的意义有着严格的区分,但是它们又是相互依存、相互渗透,在一定条件下可以相互转化的.

1. 常量与变量的相对性

例 7 常量在一定条件下具有任意性.

(1)代数式 $a^2 + a - 1$ 中的 a 可以看做常量,此时 $a^2 + a - 1$ 的值是一个确定的数;a 也可以看做变量,因为 a 可取任意数,此时 $a^2 + a - 1$ 也是变量.

(2)数学公式 $(a+b)^2 = a^2 + 2ab + b^2$,其中 a、b 既是常量,又具有任意性的性质,所以这个公式才有一般性.

(3)公式的一般性在某些条件下又有特殊性,$\sin(\alpha + \beta) = \sin\alpha\cos\beta + \cos\alpha\sin\beta$ 对任意实数 α、β 都成立. 当 $\alpha = \beta$ 时,$\sin 2\alpha = 2\sin\alpha\cos\alpha$;若以 $-\beta$ 代 β,则 $\sin(\alpha - \beta) = \sin\alpha\cos\alpha - \cos\alpha\sin\beta$.

(4)对于函数 $y = f(x)$,$y'_{x=x_0} = f'(x_0)$,x_0 是常数又具有任意性.

这种例子举不胜举!

例 8　变量在一定条件下可视为常量.

(1)关系式中 $y = ax^2 + bx + c$ 中,a、b、c 可作为参变数,这时 x、y 为主变量,当 $a \neq 0$ 时,可看为抛物线的一般方程(在 xOy 坐标系上开口朝上或朝下),或称为一元二次函数的一般表达式;$a = 0$ 时,在 xOy 平面上又表示直线;a、b、c 为常量时($a \neq 0$)表示一条抛物线或一元二次函数.

(2)在二元函数求偏导过程中,对 x 求导数就把变量 y 视为常量,对 y 求导数则视 x 为常数. 如若 $z = x^3 + 2x^2y^3 + e^x y$,则 $\dfrac{\partial z}{\partial x} = 3x^2 + 4xy^3 + e^x y$,$\dfrac{\partial z}{\partial y} = 6x^2 y^2 + e^x$.

2. 通过常量来刻画变量

运动总是通过静止来度量的. 物体的运动状态,总是用在一点处的运动状态即物体在该点处的"瞬时速度"——常量来刻画,即用物体在某时刻去过的"路程" $\mathrm{d}s$ 与它在该点运动的"时间" $\mathrm{d}t$ 之比 $\dfrac{\mathrm{d}s}{\mathrm{d}t}$ 来刻画,这要用极限法作为手段. 该问题我们在以后的"直与曲"和"有限与无限"中还要专门研究.

在几何变换中我们关注的是在某种几何变换下的不变量与不变性. 不变量与不变性是变换的本质特征.

例 9　各种几何变换的不变性与不变量.

(1)合同变换:①反射变换下,线段长度不变;角的大小不变;反射轴上的点是变换下的不动点. ②平移变换下,线段长度不变;角的大小不变. ③旋转变换下,线段长度不变;角的大小不变;旋转中心是变换下的不动点.

(2)相似变换:角的大小不变;对应线段之比不变.

(3)仿射变换:单比保持不变;平行线段的比保持不变.

(4)射影变换:如图 2-4 所示,交叉比 $\dfrac{AC}{CB} : \dfrac{AD}{DB}$ 保持不变.

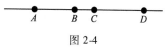

图 2-4

(5)拓扑变换:曲线闭合性,相交性,点与曲线的结合性保持不变.

例 10　正交变换下二次曲线有许多不变量.

给出二次曲线:

$$Ax^2 + 2Bxy + Cy^2 + 2Dx + 2Ey + F = 0, \qquad ①$$

在直角坐标系下进行平移或旋转可得:

$$A'x'^2 + 2B'x'y' + C'y'^2 + 2D'x' + 2E'y' + F' = 0, \qquad ②$$

这时 A' 与 A，B' 与 B，……，F' 与 F 可能不同，即 A、B、……、F 发生了变化. 但是，$I_1 = A + C = A' + C'$，$I_2 = \begin{vmatrix} A & B \\ B & C \end{vmatrix} = \begin{vmatrix} A' & B' \\ B' & C' \end{vmatrix}$，$I_3 = \begin{vmatrix} A & B & D \\ B & C & E \\ D & E & F \end{vmatrix} = \begin{vmatrix} A' & B' & D' \\ B' & C' & E' \\ D' & E' & F' \end{vmatrix}$ 是不变的. 因此，这三个不

变量通常称为基本不变量.

此外，对于单纯旋转来说，$K = \begin{vmatrix} A & D \\ D & F \end{vmatrix} + \begin{vmatrix} C & E \\ E & F \end{vmatrix} = \begin{vmatrix} A' & D' \\ D' & F' \end{vmatrix} + \begin{vmatrix} C' & E' \\ E' & F' \end{vmatrix}$ 也是不变的，但

在平移中则没有这个性质，因此，人们称 K 为半不变量.

在高等代数(线性代数)中，①式又记为：

$$Q(x,y) = a_{11}x^2 + 2a_{12}xy + a_{22}y^2 + 2b_1x + 2b_2y + c = (x,y,1)\begin{pmatrix} a_{11} & a_{12} & a_1 \\ a_{21} & a_{22} & b_2 \\ b_1 & b_2 & c \end{pmatrix}\begin{pmatrix} x \\ y \\ 1 \end{pmatrix} = 0. \qquad ③$$

③式中 $I_1 = a_{11} + a_{12}$，$I_2 = \begin{vmatrix} a_{11} & a_{12} \\ a_{21} & a_{22} \end{vmatrix}$，$I_3 = \begin{vmatrix} a_{11} & a_{12} & b_1 \\ a_{21} & a_{22} & b_2 \\ b_1 & b_2 & c \end{vmatrix}$（其中 $a_{12} = a_{21}$），这些基本不变量和半

不变量有很多用处，方程①所表示的曲线属于哪种类型，可用 I_1、I_2、I_3 及 K 的数值来判定，也可据它们来分类.

例 11　二次曲线：$a_{11}x^2 + 2a_{12}xy + a_{22}y^2 + 2b_1x + 2b_2y + c = 0$ 的分类.

设 λ_1、λ_2 是方程 $\lambda^2 - I_1\lambda + I_2 = 0$ 的根，其中 I_1、I_2 是例 10 中的不变量.

（1）$I_2 \neq 0$ 时，二次曲线方程可化为 $\lambda_1x^2 + \lambda_2y^2 + \dfrac{I_3}{I_2} = 0$ 的形式. 当 $I_2 > 0$ 时，若 $I_1I_3 < 0$，则

二次曲线表示椭圆；若 $I_1I_3 > 0$，则表示虚椭圆；若 $I_3 = 0$，则表示点. 当 $I_2 < 0$ 时，若 $I_3 \neq 0$，则表示双曲线；若 $I_3 = 0$，则表示一对相交直线.

（2）$I_2 = 0$，$I_3 \neq 0$ 时，可化为 $I_1x^2 - 2\sqrt{-\dfrac{I_3}{I_1}}\,y = 0$. 表示抛物线.

（3）$I_2 = 0$ 且 $I_3 = 0$ 时，可化为 $I_1x^2 + \dfrac{K}{I_1} = 0$. $K < 0$ 时，表示一对平行线；$K > 0$ 时，表示一对

虚的平行直线；$K = 0$ 时，表示一对重合直线. 其中 K 是例 10 中的半不变量.

例 12　曲线的曲率与密切圆的关系，也反映了通过常量来刻画变量，曲率是以密切圆曲率的不变来刻画的.

如图 2-5 所示，对于圆来说，平均弯曲程度 $\dfrac{\Delta\theta}{\Delta s} = \dfrac{1}{r}$ 为常数，半径相同的圆上各点的曲率值

一样；对于不同的圆来说，半径小的圆比半径大的圆弧弯曲得更厉害. 用半径的倒数来描述圆的曲率是一种很适合的选择. 但对一个弯曲程度各处不同的曲线，我们就遇到了一个变与不变的矛盾，即弯曲程度整体上的变与局部不变的矛盾，因而处理这类问题的基本思想，仍是局

部以不变代变,因为对于半径为 ρ 的圆弧有 $\dfrac{1}{\rho} = \dfrac{\Delta\theta}{\Delta s}$,如图 2-6 所示.

于是,当某一曲线在 S_0 处改变微小的 Δs 时,这一小段弧 Δs 可近似地看成圆弧并设所对圆心角为 $\Delta\theta$,如图 2-7 所示. 平均曲率为 $\dfrac{\Delta\theta}{\Delta s}$,当 $\Delta S \to 0$ 时,在 S_0 处的瞬时曲率为 $k = \lim\limits_{\Delta S \to 0} \dfrac{\Delta\theta}{\Delta s} = \dfrac{1}{\rho}$,其中 ρ 称为曲线弧在 S_0 处的曲率圆半径. 这样的处理正是体现了通过圆的不变曲率来认识和研究一般曲线的不断变化的(动的)曲率(速度、增长率、变化率何尝不是如此!).

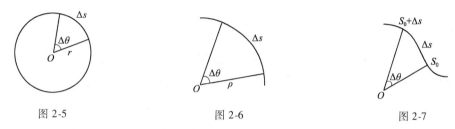

图 2-5   图 2-6   图 2-7

对曲线上某一点来说,实质上是以密切圆的曲率(不变)来刻画它的曲率的.

3. 通过变量来研究常量

有一类数学问题,要求我们计算出某一个确定的量——常量,但有时也并非易事,需要甚至必须借助于"常量变动"研究才能达到目的. 即把常量看做变量的暂驻状态进行处理.

例 13 双轨迹法作图. 已知 $\triangle ABC$ 中,$\angle A = \theta$,$BC = a$,AC 的中线 $BD = m_b$,如图 2-8 所示,求作 $\triangle ABC$.

分析:题中的角 θ、长度 a 及 m_b 都已给定(常量),但要直接作出同时满足上述三条件的 $\triangle ABC$,并非易事!

我们可以弱化条件,即保留一部分,暂丢开一部分,使未知"点"少受限制,定点变为满足一定条件的动点,得一轨迹;再保留另一条件,丢开其余条件,使未知"点"变动,从而得到另一轨迹. 两个轨迹的"交点"就是所要求的点. 这种思想是以变定常.

如图 2-9 所示,先作角 θ,在角 θ 的一边上选一适当的点为 B,以 B 为圆心、a 为半径画弧交角 θ 的另一边于 C. 延长 CB 到 E,使 $BE = BC = a$;以 E 为圆心、$2m_b$ 为半径作圆,交含有圆周角 θ 和弦 BC 的圆(θBC 的外接圆)于 A,则 $\triangle ABC$ 即为所求.

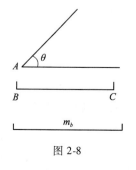

图 2-8

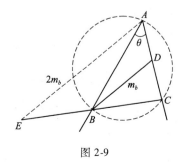

图 2-9

例 14 待定系数法.

已知一物体沿一斜面滑动,当其滑动 2 s 时,滑动的距离为 1 m,滑动 10 s 时,滑动的距离为 15 m. 求该物体滑动 16 s 时滑动的距离.

分析:我们知道,物体沿斜面滑动是一个匀加速运动,所以滑动的距离 s 与滑动的时间 t 之间满足关系式 $s = at^2 + bt + c$,其中 a、b、c 为待定系数. 由题意知 $\begin{cases} a \cdot 2^2 + b \cdot 2 + c = 1 \\ a \cdot 10^2 + b \cdot 10 + c = 15 \\ a \cdot 0^2 + b \cdot 0 + c = 0 \end{cases}$,求

得 $c = 0, a = \dfrac{1}{8}, b = \dfrac{1}{4}$,从而 $s = \dfrac{t^2}{8} + \dfrac{t}{4}$,所以 $s(16) = 36$ m.

在以上过程中,已知的和要求的都是常量,但我们如果直接由已知常数求出未知常数,是一件不容易的事情. 我们利用物体运动(匀加速)的规律——变量及其关系,先通过对可变量 a、b、c 的确定(为常量)——待定系数求物体运动的距离与时间的关系式,也就不难求得问题的答案了.

例 15 微积分基本定理: $\displaystyle\int_b^a f(x)\mathrm{d}x = F(b) - F(a)$,其中,$F(x)$ 是 $f(x)$ 的一个原函数.

定积分中,$A = \displaystyle\int_a^b f(x)\mathrm{d}x$ 的几何意义是由曲线 $y = f(x)$ 和直线 $x = a$、$x = b$、$y = 0$ 围成的曲边梯形的面积,是一个常量(这个常量一般情况下直接用定义是不易求出的). 由于 b 可以取各种不同的值,所以 A 就表示各种不同的面积了,于是常量 A 变量化了. 在证明过程中,我们用 x 代 b,从而得到关于 x 的函数:$A(x) = \displaystyle\int_a^x f(t)\mathrm{d}t$.

若 $f(x)$ 在 $[a,b]$ 上连续,我们可以证明 $\displaystyle\int_a^x f(t)\mathrm{d}t$ 就是 $f(x)$ 的一个原函数. 令 $F(x)$ 是 $f(x)$ 的任一原函数,则有 $F(x) = \displaystyle\int_a^x f(t)\mathrm{d}t + C$,其中 C 是任意常数. 这时,

以 a 代 x,有 $$F(a) = \int_a^a f(t)\mathrm{d}t + C = C;$$

以 b 代 x,有 $$F(b) = \int_a^b f(t)\mathrm{d}t + C = \int_a^b f(t)\mathrm{d}t + F(a);$$

所以, $$\int_a^b f(t)\mathrm{d}x = F(b) - F(a).$$

例 16 常数变易法.

一阶线性齐次微分方程 $y' + p(x)y = 0$ 是容易求解的. 因其可变成 $\dfrac{\mathrm{d}y}{y} = -p(x)\mathrm{d}x$,两边积分,得 $\ln y = -\displaystyle\int p(x)\mathrm{d}x + \ln C$,所以 $y = Ce^{-\int p(x)\mathrm{d}x}$.

而对于一阶线性非齐次微分方程 $y' + p(x)y = f(x)$,如何求解呢? 我们把对应的齐次方程的通解中的常数 C 看做变数 $C(x)$(关于 x 的函数),设其解为:

$$y = C(x)e^{-\int p(x)\mathrm{d}x},$$

求导数
$$y' = C'(x)\mathrm{e}^{-\int p(x)\,\mathrm{d}x} - C(x)p(x)\mathrm{e}^{-\int p(x)\,\mathrm{d}x},$$

代入原方程化简得
$$C'(x)\mathrm{e}^{-\int p(x)\,\mathrm{d}x} = f(x),$$

积分可得
$$C(x) = \int f(x)\mathrm{e}^{-\int p(x)\,\mathrm{d}x}\,\mathrm{d}x + C,$$

从而
$$y = C\mathrm{e}^{-\int p(x)\,\mathrm{d}x} + \mathrm{e}^{-\int p(x)\,\mathrm{d}x}\int f(x)\mathrm{e}^{\int p(x)\,\mathrm{d}x}\,\mathrm{d}x.$$

解答求面积、求路程等问题,常需把常量看做变量的暂驻状态或特定植,或变量在变化过程中的稳定趋势(极限值),作为变量的对立物与变量构成一个统一体时,才能使问题获得解决.

四、直与曲

直与曲是两个不同但互相关联的概念,从空间形式(直观)上看,直即平直,曲即弯曲;从数量关系上看,直即曲率为 0;曲即曲率不恒为 0;就数学形式(代数结构)而言,前者为线性方程的图形,而后者为非线性方程图形. 所以,直与曲的差别是明显的,这是两个对立的数学概念. 那么,它们之间是否存在着内在联系呢? 能否在一定条件下相互转化呢? 事实上,很多的线面是非直非曲、亦直亦曲的,存在着直与曲的中介状态,直与曲通过这中介状态实现转化.

1. 宏观上直与曲的辩证关系

具有渐近线的曲线,从宏观上反映了直与曲的辩证关系,它有如下特性,在曲线无限延伸时,曲线与其渐近线"彼此不断接近,最后完全'重合'". ＊

例 17　如图 2-10 所示,设曲线 $y = f(x)$ 的渐近线为 $y = kx + b$, 也就是说,当 x 要多大有多大时,曲线类似直线,但其上每一点的曲率仍不为 0.

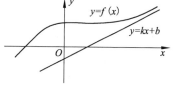

图 2-10

所以说,在无限延伸部分,你很难分辨出它是直线还是曲线,也可以说它是"亦直亦曲",它是直线和曲线的中介状态,既是"带有曲线性质的类直线",也可以说是"带有直线性质的曲线".

如果说曲线是直线,则平行的观念不适用了. 若说它们是"平行直线",则距离处处相等,但这两条"直线"是"彼此不断接近",不平行! 按照传统的观点,不平行就应相交,然而它们彼此不断接近而又不相交. "不平行必相交"这种非此即彼的观念在这里站不住脚了. 可见这两条"线"处于既不平行也不相交的一种中介状态. 可当 x 变为"∞"时,按实无穷观,两者即吻合二为一.

利用曲线与其渐近线的关系,可以在"整体"上"以直代曲",用渐近线来代替具有渐近线"部分"的曲线部分,化"非线性"为"线性".

2. 微观中直与曲的辩证关系

例 18　圆的面积.

在初等数学里,我们很早就接触到了圆面积的概念和公式. 我们将圆周 n 等分,与圆心连接将圆分成 n 个全等小扇形,如图 2-11(1)所示,然后将几个小扇形重新组合,构成一个"类矩形",

---

＊　学习微积分的人,应承认"实无穷观",才能自圆其说,而不陷入自相矛盾的境地. [6]

如图 2-11(2)所示. 当 $n \to \infty$ 时,"类矩形"的长(曲边)化为"直边",长度为圆周长的一半,若用 c 表示其周长,则"矩形"的长为 $\frac{1}{2}c$,宽为半径,用 r 表示,则圆面积为 $S = \frac{1}{2}cr$.

例 19　定积分的几何解释——曲边梯形的面积.

如图 2-12 所示的阴影部分,即由曲线 $y = f(x)$ 和直线 $x = a$、$x = b$、$y = 0$ 所围成的部分,称为曲边梯形. 其面积求法如下:

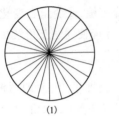
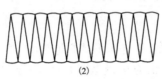
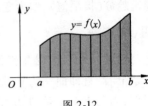

(1)　　　　　　　　　(2)

图 2-11　　　　　　　　　　　　　　　　图 2-12

第一步,用平行于 y 轴的直线把曲边梯形分割成许多小曲边梯形,在每个小曲边梯形中,把曲边看成直边. 于是,就可以用这些"小直边梯形"的面积近似地代替小曲边梯形的面积,实现了局部"以直代曲".

第二步,用小直边梯形面积之和整体上近似地替代曲边梯形的面积之值,当然这种替代是有误差的.

第三步,再把分割无限加细,近似程度会越来越好. 再取极限,即当最长小区间的长度趋于 0 时,就使小直边梯形面积之和转化为原来的曲边梯形的面积,误差消失. 这样一来,局部的"直"经过无限积累又反过来转化为整体的"曲",最后得到了曲边梯形的面积.

求曲边梯形的面积的过程,深刻地体现了"化曲为直"的辩证思想. 以上三步,实际上就是定积分中分割、替代、作和、取极限的过程,其思维过程是:

$$整体(曲) \xrightarrow{分割} 局部(以直代曲) \xrightarrow[取极限]{作和} 整体(曲)$$

这个过程也反映了由未知化已知,最后解决问题的策略.

在传统的中小学数学中,我们习惯于精确有限计算,久而久之,形成了一种规范,即共同接受的模式、假设、规则,但遇到曲边梯形面积时,这种常规无法解决问题!这时要求突破规范,发生观念上的变革!恩格斯在《自然辩证法》中写到:"当直线与曲线的数学可以说已经山穷水尽的时候,一条新的几乎无穷无尽的道路,由那种把曲线视为直线(微分三角形)并把直线视为曲线(曲率无限小的一次曲线)的数学开拓出来了."

例 20　计算曲线的弧长.

在直角坐标系中,弧长的微分 $ds = \sqrt{d^2x + d^2y}$(见图 2-13(1))是差分三角形,

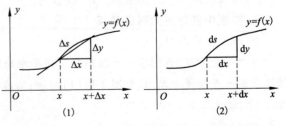

(1)　　　　　　　　　(2)

图 2-13

差分三角形中以弦代"曲边"得 $\Delta s = \sqrt{\Delta^2 x + \Delta^2 y}$. 当 $\Delta x \to 0$, $\Delta y \to 0$ 时,差分三角形变成图 2-13 (2)中的微分三角形(注:微分三角形本应是一个"点",为了方便观察,画成了可观察的三角形),从而有 $\mathrm{d}s = \sqrt{\mathrm{d}^2 x + \mathrm{d}^2 y}$ 这个弧长公式.

图 2-13(2)中的辅助三角形,即微分三角形的两个"直角"边(点)是由 $\mathrm{d}x$ 和 $\mathrm{d}y$ 构成的,"斜"边是弧(点),在这种情况下把弦等同于弧,或者说把弧等同于弦. 差分三角形是具体的、直观的,直角边为 Δx、Δy,弧 Δs 以弦代之. 但当 $\Delta x \to 0$, $\Delta y \to 0$ 时,差分三角形变成微分三角形. Δx、Δy 虽然为无穷小量,但 Δx、Δy 的关系却保存下来. 通过抽象,三角形成了"比点还小"的想象中的微分三角形,在这里实现了直曲等同.

例 21　极坐标系下曲线($\rho = a$)的弧长公式及圆的面积.

在图 2-14 中,xOy 为直角坐标系,Ox 为极坐标系. 利用坐标变换:$\begin{cases} x = \rho\cos\theta \\ y = \rho\sin\theta \end{cases}$,

则有:$\mathrm{d}x = (\rho'\cos\theta - \rho\sin\theta)\mathrm{d}\theta$, $\mathrm{d}y = (\rho'\sin\theta + \rho\cos\theta)\mathrm{d}\theta$,

所以:$\mathrm{d}s = \sqrt{(\rho'\cos\theta - \rho\sin\theta)^2 + (\rho'\sin\theta + \rho\cos\theta)^2}\,\mathrm{d}\theta = \sqrt{\rho'^2 + \rho^2}\,\mathrm{d}\theta$,

于是得极坐标下弧长微分公式为:

$$\mathrm{d}s = \sqrt{(\rho\mathrm{d}\theta)^2 + \mathrm{d}^2\rho}\quad (\rho'\mathrm{d}\theta = \mathrm{d}\rho).$$

那么,它的几何意义何在呢? 如图 2-15 所示,把 $\triangle NRM$ 看成是直角三角形,即 $\angle NRM = 90°$,这样有 $MR = \rho\mathrm{d}\theta$, $NR = \mathrm{d}\rho$. 此时,$\angle OMR = \angle NRM = 90°$,所以 OR 必须看成与 OM 是"平行"的.

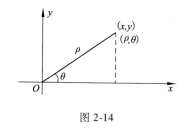

图 2-14

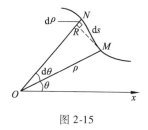

图 2-15

为了计算极坐标系下曲线的弧长,在微分三角形中实现了曲直等同,把不平行直线视为平行线.

"高等数学的主要基础之一就是解决这样一个矛盾:在一定条件下,直线和曲线'应当'是一回事. 高等数学还解决另一个矛盾:在眼前相交的线,只要离开交点五六厘米,就应认为是平行的,即使无限延长也不会相交. 可是,高等数学和用这些矛盾与其他一些更加尖锐的矛盾获得了不仅是正确的,而且是初等数学所完全不能达到的结果."[1]

以下我们计算圆的面积,如图 2-16 所示.

$$\sigma = \iint \mathrm{d}\sigma = \int_0^{2\pi}\mathrm{d}\theta\int_0^a \rho\mathrm{d}\rho = \frac{1}{2}a^2 \cdot 2\pi = \pi a^2.$$

图 2-16 中,$\mathrm{d}\sigma = \rho\mathrm{d}\theta\mathrm{d}\rho$ 的意义是将曲边"小环块"用"矩形块"

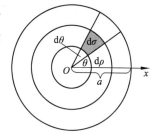

图 2-16

来代替,其中 $\rho d\theta$ 表示内环弧长,$d\rho$ 表示环宽.

3. 非线性问题线性化

在数学建模中,有时我们可能遇到经验曲线,经验曲线并非直线型. 怎么办? 方法很多,其中一种是以直代曲——非线性问题线性化.

例 22 已测得某水库水的体积 $V(\times 10^4 \text{m}^2)$ 和水深 $h(\text{m})$ 的如下相关数据:

h/m	0	5	10	15	20	25	30	35	⋯
$V/(\times 10^4 \text{m}^2)$	0	15	45	119	205	315	460	610	⋯

描点连线,如图 2-17 所示,类似抛物线. 建立模型: $V = ah^2$.

作变换 $h^2 = h'$,得

h'	0	25	100	225	400	625	900	1225	⋯
V	0	15	45	119	205	315	460	610	⋯

描点连线,如图 2-18 所示,类似于直线: $V = ah'$.

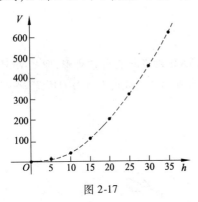

图 2-17

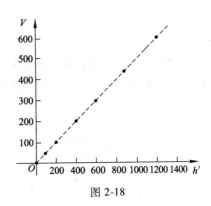

图 2-18

所以,$V = 0.504h'$,即 $V = 0.504h^2$.

至于 $a = 0.504$ 是如何确定的,将在近似与精确中再谈.

这个例子利用了"曲化直"和"直化曲"的思想.

通过直认识曲,把非线性问题线性化,是解决数学问题的思想方法之一.

线性函数 $y = kx + b$ 是最简单的函数,它的图像是直线. 在微分学中,可微函数在一小段上都可看做是接近于线性函数,因此产生了以线性函数局部代替非线性函数的方法.

例 23 设函数 $y = f(x)$,有(见图 2-19)

$$\lim_{\Delta x \to 0} \frac{\Delta y}{\Delta x} = \frac{dy}{dx} = f'(x),$$

即
$$\frac{\Delta y}{\Delta x} = \frac{f(x_0 + \Delta x) - f(x_0)}{\Delta x} = f'(x_0) + \alpha(0) \quad (\Delta x \to 0 \text{ 时},\alpha(0) \to 0),$$

所以,
$$f(x_0 + \Delta x) = f(x_0) + f'(x_0)\Delta x + \alpha(0)\Delta x.$$

当 Δx 很小时,有

$$f(x_0 + \Delta x) \approx f(x_0) + f'(x_0)\Delta x,$$

所以，　　　　$f(x) \approx f(x_0) + f'(x_0)(x - x_0) = f'(x_0)x + f(x_0) - f'(x_0)x_0.$

这表明，在 x_0 附近 $f(x)$ 可用一个线性函数近似代替. 用微分表示就是 $\Delta y \backsim \mathrm{d}y$，即以切线（直）代替曲线，这种方法推而广之成为分析数学中的一个重要思想——线性化思想.

例 24　在生产实践中，如果两个皮带轮固定，需要计算传动皮带的长度，如图 2-20 所示. 其中整个皮带的长度为：

$$\overset{\frown}{AB} + \overset{\frown}{BB'} + B'C' + \overset{\frown}{C'E'} + E'A' + \overset{\frown}{A'A}, \tag{①}$$

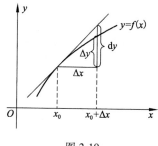

图 2-19

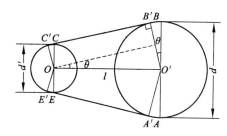

图 2-20

由于 $\overset{\frown}{BB'}$ 所对的角 θ 较小，故可用 $\sin\theta$ 代 θ（以直代曲），于是求得 $\theta \approx \sin\theta = \dfrac{d - d'}{2l}$，则 $\overset{\frown}{BB'}$

$= \dfrac{d}{2}\theta \approx \dfrac{d}{4l}(d - d')$，同理 $\overset{\frown}{CC'} = \dfrac{d'}{2}\theta \approx \dfrac{d'}{4l}(d - d')$. 所以

$$2(\overset{\frown}{BB'} - \overset{\frown}{CC'}) = 2\left[\dfrac{d}{4l}(d - d') - \dfrac{d'}{4l}(d - d')\right] = \dfrac{(d - d')^2}{2l}.$$

所以，皮带长度为：

$$\dfrac{\pi d}{2} + \dfrac{\pi d'}{2} + \dfrac{(d - d')^2}{2l} + 2\sqrt{l^2 - \dfrac{1}{4}(d - d')^2}$$

$$= \dfrac{\pi}{2}(d + d') + \dfrac{(d - d')^2}{2l} + 2\sqrt{l^2 - \dfrac{1}{4}(d - d')^2}.$$

这是皮带长的简便计算公式.

需要指出的是，在不同的问题中，直曲转化的条件是不同的.

例 25　如图 2-21 所示为半径为 r 的半圆，求其半圆周长.

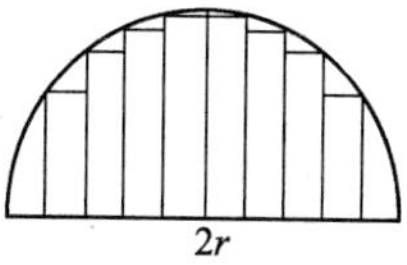

若用平行于直径 $2r$ 的小直线段代替所对应的曲弧，不论你分得如何"细"，结果求得半圆周长总为 $2r$，即等于圆周长的一半，这显然是荒谬的！

错误的原因在"以直代曲"的过程中，它们不是等价无穷小量，这说明直曲转化仅是一个数学思维方法，它的使用是有条件的，即实行的等价无穷小代换. 因此，数学思维方法可指导我们想问题，但不能替代做数学题. 这里我们说的以直代曲是一种科学的思想方法，它不是诡辩术！

图 2-21

$2r$

五、无限的思维

正整数序列 1,2,3,4,…是最早的也是最重要的无限数集. 这个序列没有末尾,没有"终结",这事实并不神秘,因为不论整数有多大,总有下一个整数 $n+1$. 但是,正如希尔伯特在《论无限》的讲演中谈到的:"没有任何其他问题能像无限那样,从来就深深地触动着人的情感. 没有任何其他观念能像无限那样,对人的理智起了如此激励和有效的作用. 然而也没有任何其他概念能像无限那样需要加以阐明了."

关于无限的本质的阐明,已远远超出了我们专业的范围,我们只能就数学涉及的无限来谈一些认识和应用.

在数学中,无限的表现形式有以下三个方面:其一,量上的无限多,自然数的元素无限多;其二,是无限远,如直线可无限延长;其三,无限逼近,表现为一个变化过程,数学中涉及一系列关于无限的运算等.

1. 常量思维中的无限

以常量为主要研究对象的初等数学,是描述确定的、静态事物的有力工具,此时,作为数量化思维方法或作为确定形态的空间思维方法,都不会描述和思考有关运动中无限的问题. 但是,在现实问题中却存在着无限的问题,也存在着运动的事物.

例 26　圆周率的探索.

中西古代数学家都在求圆周率时碰到了内接或外切多边形的边数无限增加的问题.

古希腊人用正多边形接近圆,最后内接正多边形"穷竭"了圆的面积. 穷竭的意义是:当圆内接正多边形的边数要多少有多少时,它与圆的面积之差可以小于任意给定的量(正数),这里运用了严格的但不含明确极限的间接论证法. 这种由公元前四世纪古希腊学者欧多克斯(Eudoxus)等人确立的方法,被欧几里得收入几何《原本》的第十二章中. "穷竭法"使古希腊避免了无限的数学问题带来的数学思维中的困难.

中国古代数学家们在数学思考中,自然直观地运用了无限的概念. 著名数学家刘徽在用圆内接正多边形说明圆的面积时,就认为当圆内接正多边形的边数无限增加时,圆的面积就等于圆内接正多边形的面积.

无论是古希腊对无限问题的"拒绝",还是中国古代数学对无限的直观理解和认可,都可以看出在常量数学思维中人们对无限还缺乏可操作性地理解. 在古代,无限还没有成为数学思维中的重要问题,同时也没有找到处理无限问题的方法.

例 27　"龟兔赛跑"——悖论新语.

一只乌龟和一只兔子赛跑,由于兔子比乌龟跑得快,兔子说:我先让你 100 m,然后我再跑. 乌龟说:这样好! 我想你是不可能追上我的. 你想啊,若你奔跑的速度即使是我的 10 倍,当你跑完 100 m,追到我起跑的地点时,我也跑了 10 m,当你再追上这 10 m,我又跑了 1 m,……,兔子即时懵了! 转而一想,说:我说不过你,咱们试试吧! 这里,乌龟用的是潜无穷观.

兔子为什么懵了? 用常量数学的思维方法是难以回答的,同时,也是潜无穷观在作怪.

2. 变量数学——无限的数学思维

无限问题的数学思维和数学表述,是由变量数学的发展来实现的. 变量数学的发展是由解析几何提供了直观前提,并且由无穷小计算方法——微积分的创立而最终完成的.

西方在 16—17 世纪是资本主义发展时期,自然科学和社会生产提出了一系列的数学问题,这些问题的核心就是要研究"变量"或"动点". 如天体运行的轨迹,抛物体运行的轨迹,以及变速运动物体的速度、加速度和路程等;求曲线在某点的切线和法线是由于研究光线在曲面上的反射角问题;运动物体在其轨道上任一点的运动方向问题;求变量的极值,如抛物体最大水平距离问题(最大射程的发射角);求行星绕日运行的近日点和远日点问题;计算曲线长度、曲边形面积、曲面体体积、物体的重心以及大质量物体之间的引力问题等.

解析几何提供了点的运行轨迹的直观描述,使变量进入了数学. 以牛顿、莱布尼茨为代表的数学家创立了无穷小的计算方法——微积分,使人们对数学对象的思考由常量进入了变量. 变量数学却把无限的变化给予了一种数学上的明确思维. 牛顿提出"瞬"的概念,并不是常量数学中数量和空间的直观概括,而是一种对无限问题的抽象思维的产物. 今天我们知道,微分是一种要多小有多小的变化的极限,而导数是改变量之比的极限,是函数的微分与自变量微分之商. 尽管当时牛顿及同时代的数学家们还没办法说清楚无穷小的准确数学内涵,但是把无限(这里主要指无穷小)的数学概念确切表示出来,并以此进行数学运算,却是以表述和操作变量的最重要的一种方法,即把无限(小)作为一个确切的数学对象,给予了数量化的表述.

无限的观念和无限的数学思维在微积分中的出现,使人类认识世界的能力有了根本性的提高. 无穷小在微积分中的确立,使人们第一次对无限的现象给出了一个确切的如同常量意义的表述,由此使人们大踏步进入了无限领域并由此展开了数学有关无限的思维. 以无限小为代表的微积分,作为实际应用所取得的成功,使人们默认为有关无限问题的最初数学描述,尽管当时还没有给出准确表述以至于招致对无穷小存在的怀疑和批评. 这时关于实无穷和潜无穷观的争议,使初生的微积分无所适从,直到徐利治教授提出"双相无穷"[6]的观念,才给极限概念和微积分以顺理成章的认识.

3. 有限与无限的差异

从有限发展到无限,是人们认识上的一次重大飞跃. 有限和无限存在着质的差异,这种差异表现在有限量之间的关系对无限量而言有时不再保持.

例 28　当 x 为有限数时,$x + 11 \neq x$;或 $x + 1 > x$;但当 x 无限大时,$x + 1 = x$,这是因为 $\lim\limits_{x \to \infty} \dfrac{x + 1}{x} = 1$,也就是说 $\infty + 1 = \infty$,即 ∞ 自身不能再被超越!

例 29　无限的"困惑".

一个有限集合与它的真子集不能建立一一对应关系,这是因为有限集合与它的真子集之间的元素个数不相等. 但对于无限集合,情况就不是这样. 如自然数可与其真子集——非负偶数集建立一一对应关系,也可以与它的真子集——平方数集建立一一对应关系. 甚至我们还可以在有理数集与自然数集之间建立一一对应关系.

据说,希尔伯特曾在一篇无穷大的讲演中,这样通俗地叙述了无穷大的性质:"我们设想有一家旅店,内设有限个房间,而所有的房间都已客满,这时来了一位新客,想订个房间.'对不起,'店主说,'所有的房间都住满客人了.'现设想另一家旅店,内设了无限个房间,所有房间也都客满了,这时也有一位新客来临,想定个房间,'不成问题!'店主说.接着,他就把1号房间里的旅客移至2号房间,2号房间的客人移至3号房间,……这样一来,新客人就住进了已被腾出的1号房间.

我们再设想一家有无限个房间的旅店,客已住满,这时来了(可数)无限多位要求订房间的客人.'好的,先生们,女士们,请稍等一会儿.'旅店主人说.他把1号房间的客人移至2号房间,2号房间的客人移到4号房间,3号房间的客人移到6号房间,4号房间的原客人移到8号房间,……现在所有单号房间都腾出来了,新来的无限多位客人可以住进去了."

这个比喻形象地揭示了有限与无限的差异!

例30 如图 2-22(1)所示,线段 a 和它的一部分——线段 b 上的点一样多吗?若以长度而论,a 显然比 b 长出线段 c. 但是,若考察 a 上点与 b 上的点,我们可以在它们之间建立一一对应关系,如图 3-22(2)所示.

之所以产生这种情况,就是无限与有限的差异. 从长度而论,a、b 都是有限的,长与短比较后可知;而线段 a、b 上的点确是无限的,这时就不能因为 b 比 a 短,就认为线段上 a 的点比线段 b 上的点多.

例31 如图 2-23 所示,$\triangle ABD$ 与 $\triangle ACD$ 的面积是有限数,且不相等!但它们中与 AD 平行的等长线段的条数(不可数)有无限多,所以等长线段条数相等.

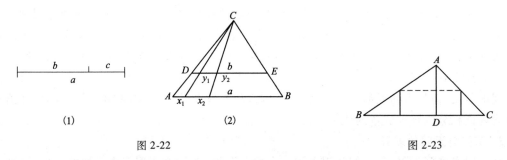

(1)　　　　　(2)

图 2-22　　　　　　　　图 2-23

例32 任意有限量 a 和任意大的数 b(确定的),总存在自然数 n,使 $na > b$. 这是著名的阿基米德公理.

但对于无穷小量 δ(非 0)和 1,就不能这样说,因为对任何有限自然数 n,都有 $n\delta < 1$. 此时,阿基米德公理不再适用!

学习数学,特别要注意有限与无限性质的差异.

例33 数的有限和式满足结合律、交换律以及分配律等. 但在无限多项和式中,就不能任意运用这些定律,否则谬也!如

$$s = \frac{1}{1 \cdot 3} + \frac{1}{3 \cdot 5} + \frac{1}{5 \cdot 7} + \cdots + \frac{1}{(2n-1)(2n+1)} + \cdots$$

$$= \left(1 - \frac{2}{3}\right) + \left(\frac{2}{3} - \frac{3}{5}\right) + \left(\frac{3}{5} - \frac{4}{7}\right) + \left(\frac{4}{7} - \frac{5}{9}\right) + \cdots + \left(\frac{n}{2n-1} - \frac{n+1}{2n+1}\right) + \cdots$$

$$= 1 - \left(\frac{2}{3} - \frac{2}{3}\right) - \left(\frac{3}{5} - \frac{3}{5}\right) - \left(\frac{4}{7} - \frac{4}{7}\right) - \cdots - \left(\frac{n+1}{2n+1} - \frac{n+1}{2n+1}\right) - \cdots$$
$$= 1$$

谬也！实际上，$s = \frac{1}{2}$. 要用极限方法，化无限为有限和的极限.

例 34　一个连续函数在任何有限区间上可积，但不能断定它在无限区间上可积，也不能断定它在无限区间上不可积.

例 35　一元函数与多元函数的极限问题，两者区别很大. 多元函数的极限问题要复杂得多！这是因为一个本质的原因：一元函数的极限只涉及两个（有限个）方向——即左、右两个极限；而多元函数要涉及无限多个方向，这也是有限与无限的质的不同反映.

4. 无限与有限的联系与转化

有限与无限既有区别，又有联系，在一定条件下，它们还可以相互转化.

例 36　对"龟兔赛跑"悖论的辨析.

兔子从生活经验（直觉）感知：即便是让乌龟先跑 100 m，因为自己跑得比乌龟快，所以，一定是可以追上乌龟的. 而乌龟将兔子追自己的过程分步考虑，先追上 100 m，再追上 10 m，……永远追不上！实际上，乌龟未能从数学的角度，去分析无限与有限的区别与联系，却将"兔追龟"过程无限细分，得出"追不上"的结论也是"自然"的. 而兔子的直觉偏不信这个邪，非要试一试，当然是追上了，但是，兔子又不能从理论上（数学的）说清这个问题.

现在我们帮兔子从数学上分析，说明兔追龟的道理.

按照乌龟对追击过程的分解：兔子先追击 100 m，再追击 10 m，再追击 1 m，……追及共行路程：$s = 100 + 10 + 1 + 0.1 + \cdots + 100 \cdot (0.1)^{n-1} + \cdots$，这是一个无穷级数求和问题！且是无限和. 为了计算无限和，先计算有限和：

$$s_n = 100 + 10 + 1 + 0.1 + \cdots + 100 \cdot (0.1)^{n-1}$$
$$= \frac{100 - 100 \cdot (0.1)^n}{1 - 0.1} = \frac{1\,000}{9}[1 - (0.1)^n].$$

按照兔子的经验可知：假定兔子的奔跑速度为：10 m/单位时间，乌龟的奔跑速度为 1 m/单位时间，兔子追上乌龟共用时间为 t（单位时间），则 $10t = 100 + t$. 解之可得：$t = \frac{100}{9}$（单位时间）. 所以兔子"追上"乌龟所行路程为：

$$s = 10t = 10 \times \frac{100}{9}\,\mathrm{m} = \frac{1\,000}{9}\,\mathrm{m}.$$

这说明无限和 s 是存在的！无穷过程是可以在有限时间内完成的. 事实上，兔子的最后一跳就越过了无穷多个分点，且无穷和是一个有限数. 用数学计算则为：

$$s = \lim_{n \to \infty} s_n = \lim_{n \to \infty} \frac{1\,000}{9}[1 - (0.1)^n] = \frac{1\,000}{9}.$$

从以上过程来看，无限和是由部分和（有限）开始，然后求极限而得到. 恩格斯曾说："在数学中，为了达到确定的、无限的东西，必须从确定的、有限的东西出发."[1]

一般地,若要求无穷级数

$$a_1 + a_2 + a_3 + \cdots + a_n + \cdots = \sum_{i=1}^{\infty} a_i$$

之和,可先求有限和:$s_n = \sum_{i=1}^{\infty} a_i$. 若极限 $\lim_{n \to \infty} s_n = s$ 存在,则定义 s 为上述无穷级数之和.

任何一个 $s_i (i = 1, 2, \cdots, n)$ 都是有限量,但又是可以超越的界限,最后达到"无限",是一个不能"超越"的界限,是一个"超越就是其自身的东西".

例 37　数学归纳法的实质.

数学归纳法是人们用有限认识无限的一种方法.

对涉及诸如自然数的命题:$P(1), P(2), P(3), \cdots$ 这是一个无限的命题序列,如果采用"常规"推理方法,要一个一个地去验证(证明),将永世不竭!

若采用数学归纳法:

(1)从有限入手,验证 $P(1)$ 为真;

(2)假设 $P(k)$ 为真,而推出 $P(k+1)$ 为真.

这样就建立了从 $P(k)$ 到 $P(k+1)$ 的转化环节. 从而论证了这个无限多个命题的正确性.

例 38　用数学归纳法证明:$f(n) = n^3 + 6n^2 + 11n + 12 (n \in \mathbf{Z})$ 能被 6 整除.

证明:略.

注:由 $f(n) = n^3 + 6n^2 + 11n + 12 = (n+1)(n+2)(n+3) + 6$ 可见,不用数学归纳法也可直接验证 $f(n)$ 能被 6 整除.

例 39　中国古代"割圆术".

中国古代"割圆术"蕴含着无限的思维方法. 为了研究圆的面积与周长,首先从圆内接正六边形开始割圆,得到正十二边形,以正六边形每边长 l_0 乘以半径 r,计算出内接正十二边形的面积 $S_1 = 3l_0 r$;再割成正二十四边形,其面积为 $S_2 = 6l_1 r$;……如此下去,割得越细,圆内接正 $6 \cdot 2^n (n = 1, 2, 3, \cdots)$ 边形的面积 S_n 与圆的面积 S 之差 $S - S_n$ 就越小——"所失弥少". "割之再割,以至不可割",则圆内接正多边形便与圆周合为一体,内接正多边形的面积就等于圆面积. 这是一个极限过程. 用现代符号表示,就是 $\lim_{n \to \infty} 6 \cdot 2^n l_n = l$(圆的半周长),即"则与圆周合体而无所失矣!"此时 $S_{圆} = lr = \pi r^2$,也就是"半周乘半径得积步"这一圆的面积公式.

刘徽正是通过有限的方法,利用极限的思想,达到了对无限思维的结果,在对无限的思维过程中证明了圆的面积公式——半周乘半径得积步! 并随之指出"圆周率"非"周三径一之率也"!

而"则与圆周合体而无所失"确实反映了刘徽的实无穷观.

由以上数例也可看出,数学中的极限概念是对量变过程中无限性的恰当描述,极限方法也是将无限化为有限,再通过有限把握无限思维结果的有效方法和有力的手段.

例 40　对极限定义的分析.

对于数列 $\{a_n\}$,对任意给定的小正数 ε,总存在 N,当 $n > N$ 时,有 $|a_n - a| < \varepsilon$,我们说 a 为

数列 $\{a_n\}$ 的极限,记为 $\lim\limits_{n\to\infty} a_n = a$.

以上定义包含两层意思:① 过程——n 无限增大而不终止;② 过程——a_n 随着 n 增大而有一个总势(稳定于 a 值). 也就是说,这一过程中,a_n 可以得到这样一个阶段,使 a_n 与 a 之间的任何(预先)设定的偏差界限 $\varepsilon > 0$,均可被超越(克服),而 a_n 也无限地靠近 a 而最终稳到(达到) a,从而把握住了 a_n 的无限变化过程.

再者,由于 a_n 的极限是 a,可以通过对 a_n 的研究达到对 a 的认识,也就是把有限 a 转化为对无限过程的把握.

极限定义中包含了三种推理:① 由 $\{a_n\}$ 找到 a,用的是合情推理;② 给定 $\varepsilon > 0$,通过计算找到 N,再证明 $n > N$ 时,$|a_n - a| < \varepsilon$,用的是演绎推理;③ 由 N 的存在和上述事实,断定 $\lim\limits_{n\to\infty} a_n = a$,用的是辩证推理(量变到质变,由无限趋近到达到,是实无穷观).

例 41　对 $\sqrt{2}$ 的认识.

我们知道,$\sqrt{2}$ 是一个无理数,即 $\sqrt{2} = 1.414\ 213\ 562\ 37\cdots$ 为无限不循环小数. 令

不足近似值	$a_1 = 1$	$a_2 = 1.4$	$a_3 = 1.41$	$a_4 = 1.414$	$a_5 = 1.414\ 2$	$\cdots$	$\lim\limits_{n\to\infty} a_n = \sqrt{2}$
过剩近似值	$a_1' = 2$	$a_2' = 1.5$	$a_3' = 1.42$	$a_4' = 1.415$	$a_5' = 1.414\ 3$	$\cdots$	$\lim\limits_{n\to\infty} a_n' = \sqrt{2}$

有意思的是:
$$a_n < \sqrt{2} < a_n'.$$

我们利用(无限多个)有理数认识了(有限)无理数.

而对于圆周率 $\pi = 3.141\ 592\ 653\ 589\ 793\ 238\ 462\ 6\cdots$ 的认识与把握,何尝不是如此呢?

这说明,通过无限可以进一步认识有限.

在数学中,我们常把有限数表示为多种形式.

例 42　函数 $f(x)$ 的泰勒(Taylor)展开式:
$$f(x+h) = f(x) + f'(x)h + \frac{f''(x)}{2!}h^2 + \cdots + \frac{f^{(k)}(x)}{k!}h^k + \cdots.$$

当 $x = 0$ 时,就是麦克劳林(Maclaurin)公式:
$$f(x) = f(0) + f'(0)x + \frac{f''(0)}{2!}x^2 + \cdots + \frac{f^{(k)}(0)}{k!}x^k + \cdots,$$

这需要 $f(x)$ 存在任意阶导数.

如 $f(x) = e^x$,则有
$$e^x = 1 + x + \frac{x^2}{2!} + \frac{x^3}{3!} + \cdots + \frac{x^n}{n!} + \cdots.$$

再令 $x = 1$,有
$$e = 2 + \frac{1}{2!} + \frac{1}{3!} + \frac{1}{4!} + \cdots + \frac{1}{n!} + \cdots.$$

以上四式,左边是有限形式,右边是无限形式;左边是简单形式,右边是整体复杂形式;左边是未知,右边是已知. 对立统一,两极相通! 这无论在认识函数性质或近似计算中都有极大好处. 数学把技术性与文化(哲学)性集于一身. "把某个确定的数,化为一个不确定的数的形式,从常识上说是荒谬的举动. 但是,如果没有无穷级数和二项式定理,那么我们能走多远呢?"[7] 这种荒谬的举动对数学的发展及应用确实有重大作用. 无穷级数便于进行数值计

算. 据此,我们可以制作数学用表.

例 43 拟合曲线与经验公式(内插与外推).

从实验中得到数据,我们可以在平面直角坐标系中描出有限个点,然后通过一定的方法画出经验曲线,而这条曲线由无限多个点组成,再经过拟合得出经验公式,这样就从有限中综合出了无限的规律,然后再由拟合得到的经验公式可以解决某些特殊点的数值,又回到有限.

例 44 连分数一例.

计算:$1 + \cfrac{1}{1 + \cfrac{1}{1 + \cfrac{1}{1 + \cfrac{1}{1 + \cdots}}}}$.

这是一个无限形式. 令 $x = 1 + \cfrac{1}{1 + \cfrac{1}{1 + \cfrac{1}{1 + \cfrac{1}{1 + \cdots}}}}$,则 $x = 1 + \dfrac{1}{x}$,无限化为了有限,解得 $x = \dfrac{1 + \sqrt{5}}{2}$

$\left(x = \dfrac{1 - \sqrt{5}}{2} \text{舍去} \right)$. 易知,方程 $x = 1 + \dfrac{1}{x}$ 可变形为 $x^2 = 1 + x$. 所以

$$x = \sqrt{1 + x} = \sqrt{1 + \sqrt{1 + x}} = \sqrt{1 + \sqrt{1 + \sqrt{1 + x}}} = \sqrt{1 + \sqrt{1 + \sqrt{1 + \sqrt{1 + \cdots}}}}$$

有限又转化为了无限.

无限的否定是有限. 一般来说,有限要比无限更具体,相对来说,较易把握.

例 45 形如 $4n + 3$ 的质数有无限多个(n 为正整数).

用有限来把握无限.

假设 $4n + 3$ 型的质数只有 k 个,分别为 $4n_1 + 3, 4n_2 + 3, \cdots, 4n_k + 3$. 令 $P_i = 4n_i + 3$ $(i = 1, 2, 3, \cdots, k)$,构造数 $N = 4P_1P_2\cdots P_k + 3$. 因为 n 为正整数,所以 $4n + 3 \geqslant 7$,即 $P_i \geqslant 7$. 又显然 N 不能被 P_i 中的任何一个整除,也就是说 P_i 都不是 N 的质因数.

若 N 为合数,即可分解为质因数的乘积. 而 $4n$、$4n + 2$ 型的数是偶数,当然不是 N 的质因数. 那么 N 的质因数中,只有 $4n + 1$ 型和 $4n + 3$ 型. 首先,不能全是 $4n + 1$ 型,这是因为 $4n + 1$ 型的乘积还是 $4n + 1$ 型. 故必存在 $4n + 3$ 型的质数,且异于 P_i,与 $4n + 3$ 型质数只有 k 个矛盾. 所以 $4n + 3$ 型的质数有无限多个.

无限观念的确立以及人们对无限的数学把握,给人类提供了认识宇宙也认识人类自身的一种方法,推动了数学的发展,也推动了人类文化的发展,促进了人类文明程度的提高.

六、近似与精确

近似与精确是一对哲学范畴,是人的思维在数学中的反映. 近似与精确作为一种数学思维方法,有着非常广泛的应用,逐次逼近就是一种重要的表现形式,也是科学领域中一种常用的思维方法. 在数学的发展、研究和学习中,许多数学问题无法用现有方法解决,也不能用简

单的原理、公式来解决,就须用逼近、验证、淘汰和选择的方法来逐次渐进地解决. 用近似与精确的思维方法解决数学问题,有时表现为逐次逼近;有时表现为逐渐缩小范围;有时还表现为实验与猜想. 极限方法、迭代方法、递归方法等都属于该思维方法的表现形式.

1. 近似与精确方法的产生

数学的发展是人们不断地发现问题,解决问题的过程. 在需要解决的新问题出现时,人们首先面临的可能是数学理论和方法的无能为力,为此人们只有"摸着石头过河",并俟机发现、发明新途径,找到"柳暗花明的新村".

例 46　古代人们在测量大地时,学会了计算最简单规则的图形的面积. 但是,要计算不规则(不熟悉、没有现成公式)的图形的面积时,只好用近似的方法.

古希腊阿基米德(Archimedes)曾用多边形面积来逼近抛物弓形的面积.

如图 2-24 所示,令 C、D、E 为抛物线弓形弧 $\overset{\frown}{AB}$ 上的点,过 AB 的中点 L 作直线 LC,再分别过 CA、CB 中点 M、N 作平行于 LC 的直线 MD、NE,交抛物线于 D、E,连接 DA、DC、EB、EC. 阿基米德根据抛物线的性质算出 $S_{\triangle CDA} + S_{\triangle CEB} = \dfrac{S_{\triangle ABC}}{4}$,进而用穷竭法求得了弓形 $\overset{\frown}{ABC}$ 的面积 S(用 $\triangle ABC$ 的面积表示).

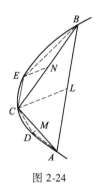

图 2-24

也就是利用弓形弧 $\overset{\frown}{AD}$、$\overset{\frown}{DC}$、$\overset{\frown}{CE}$、$\overset{\frown}{EB}$ 的中点,继续作三角形,根据抛物线性质,其面积仍用 $S_{\triangle ABC}$ 表示,求和有 $S = S_{\triangle ABC} + \dfrac{S_{\triangle ABC}}{4} + \dfrac{S_{\triangle ABC}}{4^2} + \dfrac{S_{\triangle ABC}}{4^3} + \cdots$.

令 $S_n = S_{\triangle ABC} + \dfrac{S_{\triangle ABC}}{4} + \dfrac{S_{\triangle ABC}}{4^2} + \dfrac{S_{\triangle ABC}}{4^3} + \cdots + \dfrac{S_{\triangle ABC}}{4^{n-1}}$,当 $n \to \infty$ 时,S_n "穷竭"了抛物弓形的面积 S.

S_n 就是 S 的近似值,随着 n 的增大,近似程度越来越高.

这是数学的一种重要思维方式,并且在解决相关问题时,经常被采用.

当然,此类例子举不胜举!

近似的,逐次逼近的思维方式是一种有利于创造性思维发挥作用的数学思维方法. 利用已有的知识、理论、方法,逐渐获得新问题的解答,或近似解答(可达到任意要求的精确度),也正是使人类不断进步的科学方法.

2. 近似与精确思维方法的发展

在解题时,如果不能一下子获得问题的精确结果,就要用近似的、逐次逼近的方法,先求得问题的近似解. 迭代法就是一种典型的逐次逼近方法,它是通过某种"过程"逼近精确解,并可求得满足误差要求的近似解.

例 47　求三次方程 $x^3 - 3x + 1 = 0$ 的根.

将原方程改造为适于迭代的形式:

$$x = \frac{1}{3 - x^2}. \tag{①}$$

先取 $x_0 = 0$ 作为其"根",代入①式右边,求得左边的 $x_1 = \dfrac{1}{3}$,再代入①式右边,求得左边

$x_2 = \dfrac{9}{26}$，……如此下去，得数列：

$$x_0, x_1, x_2, x_3, \cdots$$

这个数列收敛于 $x^* = 0.347\,3\cdots$，则 x^* 就是原方程的一个（近似）解.

一般地，方程 $p(x) = 0$ 若可改造成为适于迭代的形式 $x = \varphi(x)$ 且 $\varphi(x)$ 连续，给它一个初始近似值 x_0，求得 $x_1 = \varphi(x_0)$，$x_2 = \varphi(x_1)$，$x_3 = \varphi(x_2)$，$\cdots$，$x_n = \varphi(x_{n-1})$，$\cdots$，如果所得数列 $\{x_n\}$ 收敛，即 $\lim\limits_{n\to\infty} x_n = x^*$，则

$$x^* = \lim_{n\to\infty} x_n = \lim_{n\to\infty} \varphi x_{n-1} = \varphi\left(\lim_{n\to\infty} x_{n-1}\right) = \varphi(x^*),$$

因此，x^* 就是 $x = \varphi(x)$ 的一个解，也即 x^* 是 $p(x) = 0$ 的一个根.

其几何意义如图 2-25 所示. 其实质就是求 $\varphi(x)$ 的不动点. 此种方法的最大特点是"程序化"，可用计算机自动执行运算程序，得到满足要求的近似结果.

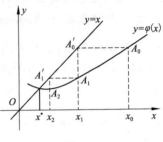

图 2-25

从理论上讲，形式整齐的线性方程组有简明易用的代入消元解法、加减消元解法，还有行列式解法——克莱姆（Gramer）法则. 似乎线性方程组的求解问题已完全解决. 然而，这仅仅是理论上的成果，当面对未知数非常多的线性方程组时，克莱姆法则并不好用！因为运算量大得惊人，且累积误差也会很大. 又因为没有将重复运算程序化，所以也不便使用计算机.

例 48　用代迭法解线性方程组：

$$\begin{cases} a_{11}x_1 + a_{12}x_2 + \cdots + a_{1n}x_n = b_1 \\ a_{21}x_1 + a_{22}x_2 + \cdots + a_{2n}x_n = b_2 \\ \cdots\cdots \\ a_{n1}x_1 + a_{n2}x_2 + \cdots + a_{nn}x_n = b_n \end{cases}.$$

解：把方程组简记为：$\boldsymbol{AX} = \boldsymbol{B}$，其中 $\boldsymbol{A}$ 为系数矩阵 $(a_{ij})_{n\times n}$，$\boldsymbol{X}$ 为列向量：$\boldsymbol{X} = (x_1 \quad x_2 \quad \cdots \quad x_n)^{\mathrm{T}}$，$\boldsymbol{B}$ 为列向量：$\boldsymbol{B} = (b_1 \quad b_2 \quad \cdots \quad b_n)^{\mathrm{T}}$.

首先，把方程按一定收敛条件改写为：

$$\boldsymbol{X} = \boldsymbol{A}'\boldsymbol{X} + \boldsymbol{B}',$$

其中，$\boldsymbol{A}'$ 为矩阵 $(a'_{ij})_{n\times n}$，$\boldsymbol{B}'$ 为列向量. 一般来说，$\boldsymbol{A}'$、$\boldsymbol{B}'$ 与 $\boldsymbol{A}$、$\boldsymbol{B}$ 不同；其次再把上式中的未知数列向量 $\boldsymbol{X}$ 记上不同的上标 $(n+1)$ 和 (n)，有

$$\boldsymbol{X}^{(n+1)} = \boldsymbol{A}'\boldsymbol{X}^{(n)} + \boldsymbol{B}'.$$

这时选初始值 $\boldsymbol{X}^{(0)}$，代入上式右侧，则可计算出左侧 $\boldsymbol{X}^{(1)}$，依次计算出 $\boldsymbol{X}^{(2)}$，$\boldsymbol{X}^{(3)}$，$\cdots$，直到 $\boldsymbol{X}^{m+1} = \boldsymbol{X}^{(m)}$，这时 $\boldsymbol{X}^{(m)}$ 就是所求得的近似解.

由以上程序，根据已知量来计算未知量的过程，产生了"算法"的概念. 所谓"算法"，简言之，就是对某一个问题，从适当给定的已知量出发，根据一个确定的法则，一次一次地进行运算，每一次运算都以前一次运算的结果数据为依据. 经过有限多次运算，能够算出未知量的值

（一般是近似值）．这样的规则我们称为算法．人们习惯上将这样得到的解称为"数值解"．

3. 近似与精确思维方法的应用

数学中近似与精确的思维方法基本可分为两类．

一类是对数学问题解法逐次逼近，即对数学问题先给出一个可行的或近似的初始解，然后以其为基础，按一定程序给出一个解的序列，这个解序列中每一项都是问题的近似解或特殊解，而该序列的极限或一般形式就是该问题的最后精确解．

例 49　已知数列 $\{a_n\}$ 是公差为 $d>0$ 的等差数列，首项 $a_1>0$，求

$$s=\frac{1}{a_1a_2}+\frac{1}{a_2a_3}+\cdots+\frac{1}{a_na_{n+1}}+\cdots.$$

解：先把无限化为有限，令

$$s_n=\sum_{i=1}^{n}\frac{1}{a_ia_{i+1}}=\frac{1}{d}\sum_{i=1}^{n}\left(\frac{1}{a_i}-\frac{1}{a_{i+1}}\right)=\frac{1}{d}\left(\frac{1}{a_1}-\frac{1}{a_{a+1}}\right)=\frac{1}{d}\cdot\frac{nd}{a_1a_{n+1}}=\frac{n}{a_1^2+na_1d},$$

$$s=\lim_{n\to\infty}s_n=\lim_{n\to\infty}\frac{n}{a_1^2+na_1d}=\frac{1}{a_1d}.$$

例 50　在数列 $\{a_n\}$ 中，$a_1=-\dfrac{2}{3}$，$a_{n+1}a_n+2a_{n+1}+1=0$．求 a_n．

解：$a_{n+1}=-\dfrac{1}{a_n+2}$，所以 $a_2=-\dfrac{1}{a_1+2}=-\dfrac{3}{4}$，$a_3=-\dfrac{1}{a_2+2}=-\dfrac{4}{5}$，$a_4=-\dfrac{1}{a_3+2}=-\dfrac{5}{6}$，

……

猜测：$a_n=-\dfrac{n+1}{n+2}$，代入 $a_{n+1}=-\dfrac{1}{a_n+2}$ 得

$$a_{n+1}=-\frac{1}{a_n+2}=-\frac{n+2}{n+3}=-\frac{(n+1)+1}{(n+2)+1},$$

所以由数学归纳法原理，知

$$a_n=-\frac{n+1}{n+2}.$$

例 51　设 n、k 为正整数，求和：$s_k=\sum_{i=1}^{n}i^k$ $(k=1,2,3,\cdots)$．

解：易知 $s_1=\dfrac{n(n+1)}{2}$，由于 $(x+1)^3-x^3=3x^2+3x+1$，令 $x=1,2,\cdots,n$，代入上式，相加可得：

$$(n+1)^3-1=3s_2+3s_1+n=3s_2+\frac{3n(n+1)}{2}+n,$$

从而可求出　　$s_2=\dfrac{n(n+1)(2n+1)}{6}.$

同理，利用 $(x+1)^4-x^4=4x^3+6x^2+4x+1$ 及 s_1、s_2 求出 s_3；然后逐次渐近的求出 $s_4,\cdots,s_k$ 的结果．

以上数例说明，利用近似与精确思维方法解决问题的程序如图 2-26 所示．

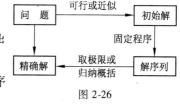

图 2-26

另一类是数学问题自身（范围或外延）的逐次渐进方法．即在研究数学问题时，从较大的

范围开始逐步缩小问题的范围(限制外延),通过对小范围的数学问题的解决,并对解法进行分析、综合等,获得原问题的解.

例 52　"四色问题"解决的启示.

"四色问题"——对于不论有多少个国家的一张连通地图,只需要四种颜色就可以区分任何相邻的国家.

有如下猜想:"把平面划分成任意个互不重叠的区域,总能够用数 1、2、3、4 之一来标示这些区域,使得任意两个相邻的区域都不是同一个数."

少于四种颜色肯定是不能够恰当地上色的,因为它可以包括四个国家,如图 2-27 所示,每一个都和其他三个相邻.

此猜想似乎是莫比乌斯(A. F. Mobius)在 1840 年首先提出来的,1850 年德·摩根(D. Morgan)再次提出. 1879 年开姆玻

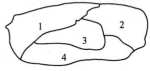

图 2-27

(Kempe)发表了一个"证明",但在 1890 年黑伍德(Heawood)在开姆玻的推理中发现了一个错误. 100 多年来四色问题引起了许多数学家的兴趣,对其证明的探索一直没有停滞过. 为了证明它,人们采用了缩小问题范围的方法.

最先证明,12 个国家,四色猜想成立.

1922 年,证明了国家数不超过 25 个,四色猜想成立.

1938 年,证明了国家数不超过 32 个,四色猜想成立.

1940 年,国家数达到 35 个时,四色猜想成立.

1969 年,国家数达到 39 个时,四色猜想成立.

最后,借助计算机,"证明"了这个数学命题.

例 53　将 $1\sim9$ 九个数字分成三组,排成三个三位数,使它们的比为 $1:3:5$,求这三个三位数.

解：数很多,我们采用缩小范围的办法. 设所求的三个三位数分别为 $\overline{a_1b_1c_1}$、$\overline{a_2b_2c_2}$、$\overline{a_3b_3c_3}$,且满足

$$\overline{a_1b_1c_1}:\overline{a_2b_2c_2}:\overline{a_3b_3c_3}=1:3:5. \qquad ①$$

显然 $a_1<2$,否则 $5\overline{a_1b_1c_1}\neq\overline{a_3b_3c_3}$,所以 $a_1=1$.

由于 $c_3\neq0$,因此 $c_3=5$,故 c_1 必为奇数,因此 c_1 只能取 3、7 或 9. 验证范围缩小了.

当 $c_1=7$ 时,$3\overline{a_1b_1c_1}=\overline{a_2b_2c_2}$,得 $c_2=1$,与 $a_1=1$ 重复,所以 c_1 只能取 3 或 9. 验证范围又缩小了.

当 $c_1=3$ 时,$c_2=9$,则 $\overline{1b_13}:\overline{a_2b_29}:\overline{a_2b_25}=1:3:5$,这时,$b_1$ 可能取 2、4、6、7、8,逐一验证,均不符合条件. 所以 $c_1=9$,从而 $c_2=7$. b_1 可能取 2、3、4、6、8,逐一验证后知,$b_1=2$.

于是,由①式可得三个三位数分别为 129、387、645.

在以上解题过程中,采用逐步逼近和淘汰选择,逐步缩小范围,从而使问题得以解决.

在进行逻辑推理时,有时我们也采取缩小范围的方法.

例 54　帽子问题.

有五顶帽子,其中三顶黄色,两顶黑色. 三个学生闭上眼均被戴上黄帽子(他们之前看过

五顶帽子),并把黑帽子藏起来. 请三个学生睁开眼睛,并回答自己戴的是什么颜色的帽子. 三个学生睁开眼睛互相看了一看,并且都犹豫好一会儿,然后几乎同时回答:自己头上戴的是黄帽子. 问他们是怎样判断的?

想知道三个学生的判断的依据,可通过缩小范围进行推理. 先考虑两个人,一顶黑帽子,不少于两顶黄帽子的问题.

现在是两个人,一顶黑帽,两顶黄帽. 当两个人闭上眼睛被戴上帽子,再睁眼看时,若有一人戴黑帽子,那么另一个人就会立刻说自己戴的是黄帽子(因为只有一顶黑帽子)! 两个人都犹豫,就说明谁也没有看见对方戴黑帽子,因此,两人几乎同时说自己戴的是黄帽子.

现在回到原来的问题. 对于其中的一个人来说,如果自己戴的是黑帽子,就变成了"两个人,一顶黑帽子"的问题了. 因此,他们两个人应该不必有什么犹豫,但是他们犹豫了,这说明我戴的是黄帽子.

我们将问题变更一下:有三顶黄帽子,两顶黑帽子. 将其中的三顶黄帽子给排成一列纵队的三个人戴上. 每个人只能看见前面的人戴的帽子,看不见自己的帽子,也看不见自己后面的人的帽子. 问谁知道自己帽子的颜色时,站在最后的一个人说不知道,中间的一个人也说不知道,两个人回答后,站在前面的人说自己戴的是黄帽子. 为什么?

若最后一个人看到前面两个戴黑帽子,他就可以判定自己戴黄帽子,可是现在他说不知道,可知前面不是两顶黑帽子. 若最前面的人戴的是黑帽子,中间的人就可以判定自己戴的是黄帽子,但中间的人也说不知道,所以最前面的人可判断自己戴的是黄帽子.

缩小问题范围解决问题的方法如图 2-28 所示.

近似与精确的思想在数学发展中有着重要的作用,对具体的数学问题的解决,体现了方法性和技巧性. 所以,它给人们提供了一种化难为易、提供了"下手"机会等思维途径.

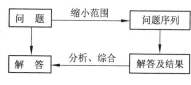

图 2-28

七、偶然与必然

1. 引子:一个有趣的故事

北宋天历皇佑年间,广源洲蛮族首领侬智高在南部不断扩展势力,建立"南天国"政权,五月陷邕州(今南宁),朝野震动.

公元 1053 年,大将狄青奉旨征讨. 大军到达桂林以南,狄青设坛拜神,说:"这次用兵,胜败没有把握." 于是拿了一百铜钱(币)(见图 2-29)许愿,说:"如果这次出兵能够打败敌人,那么这些铜钱(币)抛在地上,钱面(不铸文字的面)定然全部朝上."

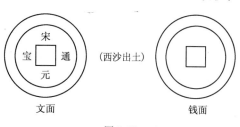

图 2-29

左右官员诚惶诚恐,可狄青慨然不理,固执如牛. 他举手挥洒,把铜钱(币)全部扔到地上,结果钱面皆朝上. 全军欢呼,声彻云霄.

狄青随令左右,取钉百枚,依照钱落地疏密,钉牢于地,随向天祈祷:"待凯旋,定谢神!"

由于军士人人认定神佑,战斗奋勇,狄青即平邕州.

回师,取钱,僚们观之,所抛钱两面皆钱面.

历史的一面轻轻翻过,大江东去,浪淘尽,千古风流人物! 给人留下永恒的启迪.

2. 随机现象

人类社会中所发生的各种现象,可分为两类:其一是具有必然性的,人们知其因便可推知其果,如水加热到 100 ℃时沸腾;石头不能孵出小鸡;其二是不确定现象,即知其因未必推知其果,如人类家庭生男生女,适当的条件下种子发芽等. 前者,为必然性学科研究的对象,后者为或然性学科研究的对象.

我们生活的世界充满着不确定性.

17 世纪以前的数学,还无法对或然性现象给出一种确切的描述,但这种现象广泛存在,人们天天面对着,无可奈何.

所谓随机现象,就是在一定条件下可能出现(或引起)某种结果,也可能不出现这种结果. 我们也把某种随机现象称为随机事件. 在随机事件中,因与果不存在必然联系,换句话说,因与果之间的联系具有偶然性. 譬如,投掷一枚硬币,它落地时,可以正面向上,也可能反面向上. 显然,对随机现象,确定性数学是无能为力的. 当你投掷一枚质地均匀的硬币时,确定性数学要预知落地后哪一面朝上是不可能的.

对于随机现象,看似无规律可循,但认真研究起来,可发现同类随机现象大量重复出现时,我们就会找到它特有的规律性.

例 55 抛掷硬币.

投掷一次硬币,正面朝上或反面朝上无法预知,但多次重复投掷,就会发现正面朝上的次数与总投掷次数之比在 1/2 左右摆动,且随着投掷次数的增加,这个比率越来越接近(当然可能并非单调的)1/2. 历史上有人在相同条件下重复进行多次试验,结果如下:

试验者	投掷次数 n	出现正面的次数 m	出现正面的频率 m/n
Buffon	4 040	2 048	0.506 9
Pealson	12 000	6 019	0.501 6
Pearson	24 000	12 012	0.500 5

这个例子说明在"偶然"性中起支配作用的"必然"规律是存在的,"出现正面"这一随机事件,在 n 次重复试验(如在同样条件下投掷硬币)中发生的频率是在 0.5 这个定数附近摆动,随着 n 的增大,这种稳定性更明显.

在物理学中,一个充气的容器内,单个分子的运动速度和方向是随机的,每个分子对器壁的压力大小也是随机的,但是,大量气体分子对器壁的压力大小总体上呈现出一种规律性. 同样,火灾、水灾、枪击和非自然死亡事件,每一个事件的发生都是随机(偶然)的,但在大量的长时间的数据统计中,就会发现一些规律.

大量的同类偶然事件所呈现的规律性,使人们想到用数学描述的可能. 即从大量出现的随机现象的统计规律,来推断整个对象系统具有的数量特征. 显然,这是一种不同于以往的数学思维方式,是一门崭新的数学分支——概率论.

3. 概率论的思维方法

随机现象的研究有着深远的社会历史渊源. 工业的发展提出了误差问题;航海及农业生产的发展产生的天气预报问题;商业的发展产生的贸易、股票、彩票以及银行业、保险业方面的问题等,都呼唤着一门分析随机现象的数学学科. 但是,由于随机现象的研究与以往研究方法的巨大差异,使确定性的数学理论很难派上用场,然而随机现象却借助于机会博弈等最简单的概率模型,逐渐发展了起来.

通常认为 1654 年数学家帕斯卡与费马的通信中研究赌博问题,就是概率论最早的文献,其中最有名的是赌金分配问题,给出了概率论中有关随机现象的最初数学表述,及用组合方法给出的数学解答. 他们的通信引起了荷兰数学家惠更斯的兴趣,惠更斯在 1657 年发表的《论赌博中的计算》是最早的概率论著作. 这些数学家在著述中给出了一批概率论基本概念(如数学期望)与定理(如概率加法、乘法定理),他们主要是以代数方法计算概率.

概率论作为一门独立数学分支,其奠基人是雅各布·伯努利(Jacob Bwenoulli),他在遗著《猜测术》中首次提出了后来以"伯努利定理"著称的"极限定理". 若在一系列独立试验中,事件 A 发生的概率为常数 p,那么对 $\forall \varepsilon > 0$ 以及充分大的试验次数 n,有

$$P\left\{ \left| \left(\frac{m}{n} - p \right) \right| < 3 \right\} > 1 - \eta \quad (\eta \text{ 为任意小的正数}),$$

其中 m 为 n 次试验中事件 A 出现的次数. 这个定理刻画了大量经验观测(试验)中呈现的稳定性.

拉普拉斯(Laplace)给出了概率的古典定义:事件 A 的概率 $P(A)$ 等于一次试验中有利事件 A 的可能结果数与该试验所有可能的结果数之比.

推动随机现象研究发展的最大社会动力来源于社会保险业的需要. 因为保险公司需要知道各种突发事件如水灾、火灾、意外伤害、意外死亡等出现的概率,以便确定自己的理赔金额和保险金额.

概率论的思想方法在保险理论、人口统计、财政预算、产品抽样检验中有着广泛的应用. 于是这个由赌博问题引发的有关随机现象问题的数学研究,迅速发展成一门十分活跃的数学分支.

概率论的基本问题是如何认识在随机现象背后的统计规律性,以往的确定性的数学没有遇到过这类问题,在概率论研究的初始阶段,人们通过对机会博弈的数学模型的研究来寻找答案. 但是,随着研究的深入,逐渐认识到随机现象复杂的模型结构.

从 19 世纪开始的古典概型研究中,概率计算主要使用排列组合方法,并将得到的结果给予概率解释. 现行中小学数学教科书中的概率统计的内容,皆出于这一时期的研究.

1933 年后,数学家提出了概率论的公理化体系,使概率论根植于集合论、测度论和实变函数论中.

4. 偶然与必然性的数学思维

事物间的关系,有必然性,也有偶然性. 确定性数学是研究必然性现象中的因果关系,概

率论却是从一种偶然现象——随机现象中来阐述事物发展变化的因果关系. 概率论作为一种思维方法,它跨出了数学表述、计算、解释的确定性领域,这是数学认识上的又一次飞跃.

从数学思维的意义来讲,概率论是一种从数量上研究偶然性,从而在考察偶然性因素的变化和关系中,寻找表达必然的、本质性数量关系的思维方法.

例 56   如投掷一枚硬币,出现正、反两面是随机的,正(或反)出现的概率(可能性的量化)为 1/2;掷两枚硬币,出现四种可能:(正、正),(正、反),(反、正),(反、反),两币正面皆朝上的概率(可能性的量化)为 1/4;……

概率论作为揭示偶然性与必然性关系的一门数学学科,它的产生、发展自然涉及人们对客观世界中必然与偶然现象之间关系的理解. 而历史上,人们曾受机械决定论的影响,只承认必然性,否定偶然性. 概率论的发展,伴随着人们数学观念的变革.

概率论的思维方式大大地推进了人们对随机现象的认识,从而也推动了人们对必然性和偶然现象关系的认识. 必然性与偶然性是不可分开的,人们正是通过偶然性的变化趋势与变化规律来理解必然性的本质的.

问题与课题

1. "字母代数"对数学的发展、对数学思维有什么影响?

2. 解析几何的出现对数学思维的意义是什么?

3. 举例说明在初等数学中研究的常量与变量的辩证关系.

4. 通过几何变换的不变量与不变性分析如何用常量来刻画变量.

5. 试由微积分基本定理的证明,分析通过变量研究常量的常数变易法.

6. 试分析图形概念的变革与几何学的发展.

7. 如何认识数学中抽象的空间概念?

8. 试分析数概念扩充中的基本矛盾.

9. 简述数集扩充的基本原则.

10. 在极限 $\varepsilon - \delta$、$\varepsilon - N$ 定义中,有哪几种推理?

11. 为什么说微积分中对无限(无穷)的表达是数学思维的巨大进步?

12. 从随机现象呈现的规律性说明偶然与必然之间的关系.

13. 通过导数概念分析有限化无限、又从无限认识有限的过程.

14. 解方程 $x = \sqrt{72 - \sqrt{72 - \sqrt{72 - \sqrt{72 - \sqrt{72 - x}}}}}$,并说明在解的过程中是如何运用有限与无限转化的思想进行分析操作的.

15. 什么是实无穷观、潜无穷观和双相无穷观?你在研究数学时,持怎样的数学观?

16. 在数学中,处置"无限"有哪些方法?

第3章 现代数学概观

科学知识的增长过程是非线性的,在19世纪变革与积累的基础上,20世纪数学呈现出指数式的飞跃发展. 现代数学不再仅仅是代数、几何、分析等经典学科的集合,而成为分支众多的、庞大的知识体系,并且在继续急剧变化发展之中.

纯数学的扩张、应用数学的空前繁荣以及计算机与数学的相互影响,形成了现代数学活动的三大方向.

§3.1 19 世纪数学的重大变革

19 世纪,在生产和科学实验推动下,数学发展突飞猛进,并开始进入现代数学时期. 在这个时期,对数学以前所积累的大量材料,需要在理论方面进行概括,做理论奠基工作.

群论的建立与研究代数方程的理论相联系. 我们知道,一元二次、三次、四次方程都有根式解. 这种根式解都是方程系数经过有限次代数运算(加、减、乘、除、乘方和开方)而组成. 那么五次及五次以上的一般方程是否能找到一般的求解公式呢? 19 世纪以前,人们还是相信可以找到的,但是,1824 年阿贝尔(Abel)严格证明了"当方程次数不小于五时,除特殊方程外,任何一个有理系数组成的根式都不可能是方程的根". 也就是说,五次及五次以上的方程,没有根式解. 那么问题又出现了,人们会问,哪些特殊的五次及五次以上的方程有根式解呢? 这就要找出高于四次的方程有根式解的充要条件. 法国数学家伽罗华(Galois)正是抓住了方程根的排列与方程能否有根式解的联系,发现每个代数方程必有反映其特殊性的置换群存在,利用"群"的性质给出了方程有根式解的充要条件,最终彻底解决了这个问题.

"群"这个十分抽象的新概念诞生了,伽罗华为群论的建立、发展作出了重要贡献.

群论的应用十分广泛,它除了在解决古希腊几何三大问题上有过应用外,在其他方面也得到了应用. 此后,更多的这类带有一种或者几种运算的对象系统,如环、理想子环、线性空间等,抽象的代数系统相继产生,使得代数学研究对象发生了重大变化,代数学的发展出现了崭新的面貌.

代数学由过去专门研究方程的解,发展成为研究各种代数系统的性质与结构的科学,《抽象代数学》形成了.

非欧几何的发现是数学发展中具有深远意义的事情. 起因是企图证明欧几里得几何的第五公设. 但经过 2 000 多年的探索未果. 19 世纪罗巴切夫斯基首先认定第五公设是不能证明的,然后用一个与它相反的命题来代替它,结果创立了罗氏非欧几何. 在非欧几何诞生之初,不仅受到冷落,甚至有人认为是荒谬的,因为人们还不能找到其"几何模型". 后来,克莱因等人相继对非欧几何做出了解释,证明了这种新几何的相容性(如 Beltram 的微分几何模型;Poincare 的复数平面模型;G. Klein 的射影几何模型).

例1 庞加莱模型.

法国数学家庞加莱(Poincare)给出了一个非欧几何模型,简单介绍如下(见图3-1):

(1)不包含直线 l 的上半平面为罗氏平面;

(2)上述半平面上的点,称为罗氏几何点;

(3)以 l 上任意点为圆心、任意长为半径,位于罗氏平面上的半圆称为罗氏直线.

对于如此规定的罗氏几何基本元素(罗氏点、罗氏直线、罗氏平面)来说,罗氏几何的基本命题(15 条公理)均可在模型中得以实现. 这里我们仅验证罗氏平行公理.

罗氏平行公理:过直线外一点,至少有两条直线与已知直线不相交.

如图 3-2 所示,设 a 为任一条罗氏直线,它与直线 l(l 上的点都不是罗氏点)交于 A_1、A_2 两点,P 为任一罗氏点(不在 a 上). 由欧氏几何知识,作 A_1P、A_2P 的中垂线分别交 l 于 B_1、B_2,再分别以 B_1、B_2 为圆心,B_1A_1、B_2A_2 为半径作罗氏直线(半圆)b 和 c,则 b 和 c 都过罗氏点 P,且都与 a 不相交.

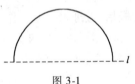

图 3-1

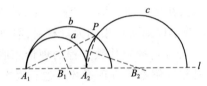

图 3-2

这样一来,如果罗氏几何系统中存在矛盾,必然会在欧氏几何系统中表现出来. 经过这样的处理,把罗氏几何系统的无矛盾性归结为欧氏几何系统的无矛盾性. 因此,只要承认欧氏几何系统的无矛盾性,那么罗氏几何系统也一定是相容的.

非欧几何的发现开阔了人们的眼界,几何学的意义扩大了,空间的概念扩展了. 1854 年黎曼(Riemann)完成了《论几何学作为基础的假设》的论文,对空间几何的概念做了深入而广泛的研究,提出并建立了黎曼几何学. 黎曼几何学与罗氏几何统称为非欧几何学.

当建立了 n 维空间、近代的抽象空间等更加普遍的概念之后,"空间"已不再是平常所说三维空间的简单推广和类比,而是与极其丰富的现实内容相联系着、反映着现实世界某种与空间形式相似的量的关系.

例2 n 维黎曼空间中点的运动可用来描述 n 个质点非自由系统的运动.

张量计算理论引入黎曼几何学后,在 20 世纪初成为爱因斯坦(A. Einsrein)发展相对论的有力的数学工具.

黎曼对于几何学的创造性工作开辟了拓扑学研究的新领域. 早期拓扑学起源于欧拉对于"七桥问题"的探讨,黎曼则对曲面同胚问题做了系统研究. 现在,拓扑学已发展成为包括组合拓扑、分析拓扑、点集拓扑在内的一门现代数学中的新分支.

近些年来,对于拓扑学的一些中心议题和研究相继取得了显著的成果.

例 3　突变理论.

法国数学家托姆(Thom)在奇点理论基础上,以结构稳定这样一个拓扑学命题为基本概念,提出了突变理论.

1972 年,托姆写了《结构稳定性和形态发生学》一书,提出了用曲面的奇点理论解释自然界的突变现象. 基本思想是:把一个系统的状态分为稳定和不稳定两类,系统在一点的稳定态就是某个函数在这点取极大值或极小值. 我们考察使函数的导数为 0 的那些点,其中是极值点的就是稳定态,非极值点(奇点)往往表示不稳定态,这样,奇点就可以描述种种突变现象.

托姆证明了:基本突变只有七种.

突变理论出现后立即受到重视,有人称它是"自微积分发现以来最伟大的一次智力革命". 许多人将它应用于各门实际科学中,提出了各种突变模型.

例 4　生物胚胎发育.

突变模型可从数学的角度描述生物胚胎发育过程中的不连续现象,开创了生物数学这样一个新学科.

19 世纪,数学分析开始转向逻辑基础的研究. 自柯西(Canchy)关于极限概念精确化开始,由外尔斯特拉斯(Weierstrass)、戴德金(Dedekind)及康托(Cantor)等人相继完成了连续统的理论,为数学分析理论奠定了基础. 其中康托集合论在数学发展中起了重大作用.

§3.2　纯数学的主要特征和趋势

纯数学是 19 世纪的遗产,在 20 世纪得到了巨大的发展. 20 世纪,数学前沿不断挺进,产生了令人惊异的成就,表现了如下主要特征和趋势.

一、更高的抽象化

更高的抽象化是 20 世纪纯数学的主要特征之一. 这种趋势,最初主要是受到两大因素的推动,即集合论观点的渗透和公理化方法的运用.

1. 集合论观点

19 世纪末由康托(Cantor)所创立的集合论,最初遭到许多数学家(包括克罗内克(L. Kronecker,)、克莱因(F. Klein)、庞加莱等)的反对,但到 20 世纪初,这一新的理论在数学中的作用越来越明显,集合概念本身就是高度抽象的. 集合已不必是数集或点集,而且可以是任意性质的元素集合,如函数集合、曲线集合,甚至是集合的集合. 这就使集合论能够作为一种普遍的语言进入数学的不同领域,同时引起了数学中基本概念(如积分、函数、空间)的深刻变革.

例 1　测度.

"测度"概念是通常"长度"、"面积"、"体积"概念对任意集合的推广.

例 2　函数.

"函数"概念是集合与集合的某种对应关系.

例 3   空间.

"空间"概念是说某集合赋予了"运算",并满足某些基本条件等.

集合论是现代数学中重要的基础,它的思想与概念已经渗透到几乎所有数学分支,以及物理学和质点力学等一些自然科学领域,并且改变了它们的面貌. 可以说,没有集合论的观点,很难对现代数学有一个深刻的理解.

集合论的创立不仅对数学基础的研究有重要意义,而且对现代数学的发展也有深远的影响.

例 4   集合论是研究无穷的数学工具.

集合论在 19 世纪诞生的基本原因,是来自数学分析基础的批判运动. 在 18 世纪,由于无穷概念没有精确定义,微积分理论遇到了严重的逻辑困难.

这是因为:长期以来,人们对有穷(有限)集合的概念并不陌生,并由有限集合的性质导出了若干几何公理. 譬如:通过一一对应比较集合的"大小",得出"整体大于部分"这一欧几里得公理.

而对于元素数目为无穷的集合,一般不予考虑. 因为,早在中世纪,人们就已经注意到这样的事实,如果从两个同心圆的圆心出发引射线,那么射线就在两个圆(周)的点与点之间建立了一一对应关系,然而两圆的周长是不一样的.

1638 年,伽利略发现:平方数的集合 $\{1,4,9,16,\cdots\}$ 虽然是正整数集合 $\{1,2,3,4,\cdots\}$ 的一部分,但是通过一一对应,可以证明它们的"数目"一样多. 伽利略认为,这显然违背"整体大于部分"的公理.

不仅伽利略,在康托之前的许多数学家也不赞成无穷集合之间使用一一对应的手段,因为它将出现"部分等于全体"的矛盾. 高斯(Gauss)明确表态:"我反对把一个无穷量当做实体,这在数学中从来是不允许的. 无穷只是说话的方式,……"柯西也不承认无穷集合的存在,他不能允许部分同整体构成一一对应这件事.

但随着数学的发展,数学证明中不可避免的要用到无穷集合,特别是分析的基础——实数的研究中,所有定义实数的方法都要用无穷集合. 这样一来,对无穷集合的研究势在必行,以至于在现代的基础教育——中小学数学的教材中,都不可避免地渗透了集合论的基本概念、语言和集合论的思想.

例 5   由"集合"导致的悖论.

1895 年,康托已经发现不加限制地谈论"集合的集合"会导致矛盾. 特别是罗素 1903 年出版的《数学原理》中给出了一个悖论,它涉及集合概念本身.

罗素悖论通俗的形式,即所谓"理发师悖论":某乡村理发师宣布了一条规则,他只给不自己刮脸的人刮脸. 那么,试问:理发师是否自己给自己刮脸? 如果他给自己刮脸,他就不符合他提出的规则,因此,他不应该给自己刮脸;如果他不给自己刮脸,那么根据他的规则,他就应该给自己刮脸.

罗素悖论出现在数学的基础——集合论中,因此使整个数学大厦动摇了! 当弗雷格(G. Frega)已经完成他的算术基础的两册原著《算术的基本法则》的最后一册时,听说了罗素这个悖论,当即在书的末尾悲哀地写道:"一位科学家不会碰到比这更痛苦的事情了,即在工作完成之时,他的基础垮掉了.当本书等待印刷的时候,罗素先生的一封信把我置于这种境地."戴德金原来打算把他的《连续性及无理数》第三版重印,这时也把稿件抽了回来.发现拓扑学中"不动点原理"的布劳威尔(L. E. Brouwer)也认为自己过去的工作都是"废话",声称要放弃不动点原理.

罗素悖论的"破坏力"还不仅局限于数学领域,只要把罗素悖论的陈述略加修改,即用逻辑的语言来表述,就可以推广到逻辑领域.

集合论中悖论的存在明确表示某些地方出了毛病,这就是著名的"第三次数学危机".

2. 公理化集合论(方法)

由于 20 世纪数学的发展是建立在集合论基础上的,为了基础的稳固,许多数学家致力于消除悖论.采用的方法之一就是把集合论建立在公理的基础上,即对集合加以适当限制,以排除所不应有的矛盾,由此产生了公理化集合论.

德国数学家策梅洛(E. Zermelo)在 1908 年采取希尔伯特的公理化方法回避悖论,他把集合论变成一个完全抽象的公理体系.在这个公理系统中,集合这个概念不加定义,而它的性质由公理来限制.这也是现代数学常用的方法.他引进了七条公理:

(1)外延公理:如果 $\forall x \in M$,有 $x \in N$;反之,$\forall y \in N$,有 $y \in M$,那么 $M = N$.集合由元素所决定.

(2)初等集合公理:

空集公理:∃"空集",它不包括任何元素,用 ∅ 表示.

单元素公理:如果 a 是任何一个对象,∃ $\{a\}$,它的元素是 a 且仅有 a.

无序对集合原理:假如 a 和 b 是两个对象,∃ $\{a,b\}$,它只以 a 和 b 为元素,而没有 a、b 之外的任何其他元素.

(3)分离公理:假如给定的集合论公式命题 $E(x)$ 对于集合 M 的所有元素都有定义,则 M 有一个子集 M',M' 包含且仅仅包含 M 中那些使 $E(x)$ 为真的元素.

(4)幂集公理:每一个集合 T 都对应另外一个集合 $P(T)$(T 的幂集),它以且仅以 T 的所有子集为元素.

(5)并集公理:集合 S 和 T 的并集 $S \cup T$ 以且仅以 S 的元素和 T 的元素为元素.

(6)选择公理:对于任一由非空集合组成的集合 S,存在一个集合 A,它与 S 的每一个元素都恰好有一个公共元.

(7)无穷公理:存在一个集合,它的元素恰好是所有自然数.

策梅洛公理系统把集合加以限制,使之不要太"大",他不把集合简单地看成一些集团或集体,它是满足七条公理的条件的对象.这样就排除了那些不适当的集合,从而消除了罗素悖论产生的条件.

H·外儿(H. Weyl)曾说过:"20 世纪数学的一个十分突出的方面是公理化方法所起的作用极度增长,以前公理化方法仅仅用来阐明我们所建立的理论基础,而现在它却成为具体数学研究的工具."

公理化方法的奠基人希尔伯特认为:点、线、面的具体定义本身在数学上并不重要,它之所以成为讨论的中心,仅仅是由于它们与所选择的关系和满足的公理. 希尔伯特公理体系虽然也是从"点、线、面"这些术语开始,但他们都是纯粹抽象的对象,没有特定的内容. 正如他本人曾经形象地解释的那样,不论是管这些对象叫点、线、面,还是叫桌子、椅子、啤酒杯,它们都可以成为这样的几何对象,对于它们而言,公理所表述的关系都成立. 这就赋予了公理系统的最大一般性,当赋予这些抽象对象以具体内容时,就形成了各种特殊的理论.

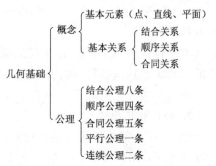

希尔伯特在所著的《几何基础》中,引进的基本(元始)概念,包括基本元素(元名)和基本关系(元谊). 引进的公理共分五组二十条,如右所示.

希尔伯特明确提出了对公理系统的基本逻辑要求:①相容性;②独立性;③完备性. 希尔伯特的公理化方法不仅使几何学具备了严密的逻辑基础,而且逐步渗透到数学其他领域,成为组织、综合数学知识,并推动数学研究的强有力的工具.

集合论的观点与公理化方法在 20 世纪逐渐成为数学研究的范式,它们互相结合,将数学发展引向高度抽象的道路.

例 6 "病态函数"与勒贝格积分.

集合论的观点在 20 世纪初首先引起了积分学的变革,从而导致了实变函数论的建立. 19 世纪末,分析的严格化迫使许多数学家认真考虑"病态函数".

(1)狄利克雷(Diirichlet)函数:(处处不连续)$f(x) = \begin{cases} 1 & \text{当 } x \text{ 为有理数} \\ 0 & \text{当 } x \text{ 为无理数} \end{cases}$;

(2)德国数学家外尔斯特拉斯在 1861 年给出了一个处处连续但却处处不可微的函数:

$$f(x) = \sum_{n=0}^{\infty} b^n \cos(a^n \pi x),$$

其中 a 是奇数,$b \in (0,1)$ 为常数,使得 $ab > 1 + \dfrac{3\pi}{2}$. 并研究这样一个问题:积分概念怎样推广到更广泛的函数类上去. 这方面首先获得成功的是法国数学家勒贝格(Lebesgue). 他运用以集合论为基础的"测度"概念,建立了所谓的"勒贝格积分". 勒贝格创造性地提出了分割函数值区间取和式极限的新思想,确立了勒贝格测度和积分理论,对积分学中的积分论实行了变革.

许瓦兹(Schwartz)等人从实际需要出发,对经典函数概念进行了拓广,提出并发展了广义函数论,为近代函数论、积分论、泛函分析及偏微分方程理论提供了新的概念与工具. 泛函分析是一般意义下的分析理论. 它是在抽象代数的新方法、几何空间概念的拓广以及分析奠基工作等方面的影响下,概括了当时数学分析,特别是积分方程、变分学、实变函数论的大量成果而建立起来的. 它可以看做无限维向量空间的解析几何与数学分析. 泛函分析中典型的研究对象是希尔伯特(无限维欧氏)空间. 关于希尔伯特空间的理论,如今已成为许多方面研究工作中的常用工具.

例7 "贝特朗悖论"与概率论公理化

1899 年,法国数学家贝特朗(J. Bertrand)提出:在半径为 r 的圆内随机选择弦,计算其长超过圆内接三角形边长的概率,根据"随机选择"的不同意义,可以得到不同的答案.

(1)考虑与某确定方向平行的弦,则所求概率为 1/2,如图 3-3(1)所示;

(2)考虑从圆上某固定点 P 引出弦,则所求概率为 1/3,如图 3-3(2)所示;

(3)随机的意义理解为:弦的中点落在圆的某个部分的概率与该部分的面成正比,则所求概率为 1/4,如图 3-3(3)所示(长度大于内接正三角形边长的弦的中点皆落在半径为 $r/2$ 的同心圆内,故所求概率为 $\pi(r/2)^2/\pi r^2 = 1/4$).

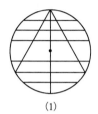 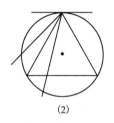 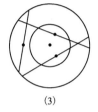

(1)　　　　　　　(2)　　　　　　　(3)

图 3-3

贝氏悖论说明:概率概念是以某种确定的实验为前提,这种实验有时由问题本身所明确规定,有时则不然. 矛头直指概率概念本身. 自此,拉普拉斯的古典概率定义开始受到猛烈批判.

1920 年代中期起,科尔莫戈罗夫(A. H. Konmoropob)开始从测度论途径探讨整个概率论理论的严格表述. 科氏公理化概率论中的第一个概念是"基本事件集合". 假设进行某种试验,这种试验在理论上应该允许任意次重复进行,每次试验都有一定的、依赖机会的结果. 所有可能结果的总体形成一个集合(空间)E,就称之为基本事件集合. 集合 E 的元素是抽象的、非具体的,正如几何学公理中的点、线、面等一样.

科氏提出了六条公理,整个概率论大厦可从这六条公理出发建筑起来. 科氏的公理体系逐渐获得人们的普遍承认. 由于公理化,概率论成为一门严格的演绎科学,取得了与其他数学分支同等的地位,并通过集合论与其他数学分支密切地联系着.

二、数学的统一化

抽象使数学进一步走向统一. 自 19 世纪以来,数学分支丛生,越分越细,交错发展,然而作为整体综合发展的趋势,在 19 世纪末 20 世纪初,就被某些有远见的数学家觉察到了. 他们设法找出数学各领域间潜在的共性,提出统一数学各部分的新观点、新方法.

例8 爱尔朗根纲领.

19 世纪后期,德国数学家 F·克莱因提出一个统一几何学的大胆计划. 1872 年,年仅 24 岁的他在爱尔朗根大学做了题为《关于现代几何学研究的比较考察》的演讲(后被称为"爱尔朗根纲领"),阐述了几何学统一的思想:所谓几何学,就是研究几何图形对于某类变换群保持不变的性质的学问,或者说任何一种几何学只是研究与特定的变换群有关的不变量. 克莱因用群论的观点来沟通当时的各种几何学. 凡是与一种几何学相对应的变换,其全体必组成一个"群". 相反地,凡是一种变换,其全体能组成"群"就可以对这一"变换群"研究的图形的不变性质而得到相应的几何学. 因为变换群不同,就有不同的几何学. 运动变换群——欧氏几何学;仿射变换群——仿射几何学;射影变换群——射影几何学等.

大数学家希尔伯特在 1900 年巴黎国际数学会议上所做的《数学问题》报告中,曾经这样提出问题:"数学会不会遭到像其他有些科学那样的厄运,被分割成许多孤立的分支,它们的代表人物很难相互理解,它们的关系变得更松懈了? 我不相信会有这样的情况. 我认为,数学科学是一个不可分割的有机整体,它的生命力正是在于各个部分之间的联系."

尽管 20 世纪以来,数学的发展也像其他科学一样,一方面不可避免地越来越细化,形成了众多的数学分支;另一方面,不同的分支相互渗透、结合. 20 世纪下半叶,数学科学的这种统一化趋势空前加强,不同数学分支领域的数学思想与数学方法相互融合,导致了一系列重大发现,以及数学内部新的综合交叉学科的不断兴起,从使用的数学方法而论,数学中不同分支的界限正在变得模糊. 也正像希尔伯特预言的那样:"数学理论越是向前发展,它的结构就变得越加调和一致,并且这门科学一向相互隔绝的分支之间也显露出原先意想不到的关系,因此,随着数学的发展,它的有机的特性不会丧失,只会更清楚地呈现出来."

尽管现代数学知识千差万别,在作为整体的数学中,使用着相同的工具与实体,存在着概念的亲缘关系,数学内部的这种统一性,也正是它能够作为科学的普遍语言的根源所在,必然为应用它的科学技术领域带来深远的影响. 正因为如此,数学家们对联系数学中不同领域与部门追求统一目标的工作,总是给予高度的评价. 数学科学的统一趋势保持下去,并继续成为 21 世纪数学的重要特征.

例 9 代数拓扑与微分拓扑.

拓扑学的基本对象是"流形". 流形是通常曲面的推广. 一个 n 维流形(按定义)是指具有下列性质的对象:它从任何一个局部看都很像通常的 n 维欧氏空间. 二维球面就是一个二维流形:任意一小片球面看上去都像一小片平面. 我们可以在任意流形的局部区域建立笛卡儿坐标系以及在此坐标系下的通常的微分运算. 如果能够在整个流形上建立协调一致的微分运算,就标注流形为"微分流形",而作为微分运算基础的、能覆盖整个流形的坐标系(类似于球面上的经纬线)被称为"微分结构".

以微分流形为基本对象的拓扑学叫微分拓扑学.

微分拓扑学中研究微分映射 $f:\mathbf{R}^n \to \mathbf{R}^m$ 的奇点性质的分支叫奇点理论. 1969 年,托姆在奇点分类基础上提出了一个描述突变现象的数学模型,从而为突变理论奠定了基础.

例 10 整体微分几何.

古典微分几何多是局部的.

整体微分几何以研究微分几何(小范围)性质与大范围性质之间的联系为目标.

纤维丛的概念反映了流形的固有的拓扑性质,它提供了从局部研究向整体研究过渡的合作机制. 因此,整体微分几何的研究与微分拓扑学便有不解之缘,纤维丛与示性数的引入,使整体微分几何的研究出现了突破,数学大师陈省身在这方面有奠基性的贡献.

例 11 代数几何.

代数几何原是伴随解析几何发展起来的以欧氏空间中的曲线和曲面为研究对象的分支，后来演变为研究若干代数方程的公共零点集(即代数簇)的几何性质的学科. 1939 年，范德瓦尔登(V. D. Waerden)利用交换代数的方法奠定了代数几何的基础. 1946 年韦依(A. Weil)发表《代数几何基础》，利用抽象代数的方法建立了抽象领域上的代数几何理论，以后代数几何的发展与代数拓扑、多复变函数、抽象代数、微分几何交织在一起，并取得了重大进展.

代数几何与代数数论的统一形成了所谓的"算术代数几何". 1994 年维尔斯证明费马大定理的工作，属于算术代数几何的范畴.

例 12　多复变函数论.

多复变函数论是单复变函数论的自然推广，在推广过程中，由于综合运用了拓扑学、微分几何、偏微分方程论以及抽象代数等领域的概念与方法，取得了长足的进展.

华罗庚在 1953 年建立了多个复变函数典型域上的调和分析理论，并揭示了其与微分几何、群表示论、微分方程、群上调和分析等领域的深刻联系，形成了中国数学家在多复变函数论研究方面的特色.

例 13　动力系统.

常微分方程定性理论等，成为动力系统理论的出发点.

动力系统的研究由于拓扑方法与分析方法的有力结合而取得了重大进步，借助于计算机模拟又引发了具有异常复杂性的混沌、分岔、分形理论，这方面的研究涉及众多数学分支.

例 14　偏微分方程与泛函分析.

偏微分方程论在以往主要是以幂级数为工具研究. 在 20 世纪，由于采取了泛函分析的观点与方法打开了全新局面.

现代偏微分方程与拓扑学、微分几何、多复变函数论等分支都有密切联系.

例 15　随机分析.

随机积分与随机微分方程为随机分析的发展奠定了基础. 自此，概率论向分析与几何领域渗透，产生了随机微分几何和无穷维随机分析. 1976 年马利安文(P. Malliavin)等用随机分析方法深刻地揭示了随机性数学与确定性数学的内在统一性. 随机分析的研究方兴未艾，并与物理学密切相关.

数学的有机统一性是这门科学固有的特点.

三、对数学基础的研究

奠定数学的严格基础，自古希腊以来就是数学家共同追求的目标，这样的追求在 20 世纪以前曾经历过两次巨大考验，第一次是不可公度量——无理数的发现；第二次是对微积分的基础——无穷小的争论. 而 19 世纪末分析基础化的最高成就——集合论，似乎给数学家们带来了一劳永逸摆脱基础危机的希望，庞加莱在 1900 年巴黎国际数学大会上宣称："现在，我们可以说，完全的严格性已经达到了."但是，在两年以后的 1902 年，罗素发现的简单明了的集合"悖论"，打破了人们的上述希望，引起了不少数学家的震惊，并进而重新引发关于数学基础的新争论. 如前所述，所谓罗素悖论是指：一个命题，如果由它的真可推出它的假，且由它的假又可推出它的真,则这个命题即称为悖论. 对数学基础的更深入的探讨及由此引起的数理逻辑的发展,是数学在 20 世纪的又一个重要趋势.

为了消除康托以相当随意的方式叙述的"朴素集合"中的悖论,如前所述,一条途径是将其公理化. 第一个集合论公理系统是 1908 年由策梅洛提出,后经弗兰克尔(A. Frankel)改进,形成了今天常用的策梅洛—弗兰克尔($z-f$)公理系统. 但是,$z-f$ 系统本身是否会出现新的矛盾呢? 也就是任何公理系统必须解决相容性问题,但 $z-f$ 系统的相容性至今没有证明. 因此,庞加莱形象地评论道:"为了防狼,羊群已经用篱笆圈起来了,却不知道圈内有没有狼?"

解决集合论悖论的进一步尝试,是从逻辑上寻找问题的症结,集合论公理化运动是假定了数学运用的逻辑本身不成问题. 但数学家们对这一前提陆续提出了不同的观点,并形成了关于数学基础的"三大流派",即以罗素和怀德海(Whitehead)为代表的逻辑主义、以布劳威尔(Brouwer)为代表的直觉主义和以希尔伯特为代表的形式主义.

1. 逻辑主义

逻辑主义派的基本思想在罗素 1903 年发表的《数学原理》中已有大致轮廓,罗素后来与怀德海合著的三大卷《数学原理》成为逻辑主义的权威性论述. 按照罗素的观点:"数学就是逻辑." 全部的数学都是由逻辑推出来的. 数学概念可借助于逻辑手段来定义,数学定理可以由公理按逻辑规则推出,至于逻辑的展开则是依公理化方法进行,即从一些不定义的概念和不加证明的公理出发,通过符号演算的形式来建立整个逻辑(数学)体系.

事实上,罗素和怀德海的体系一直未能完成,因为除了在很多细节上不清楚以外,在处理"无限"问题上也碰了壁. 尽管如此,逻辑主义的纯粹符号的形式实现逻辑的彻底公理化,特别是罗素、怀德海的《数学原理》第二卷、第三卷提出的"关系算术理论",建立了完整的命题演算与谓词演算系统,这一切构成了对现代数理逻辑的基本框架.

2. 直觉主义

直觉主义对数学基础采取了完全不同的观点. 直觉主义的先驱是克罗内克和庞加莱,但作为一个学派则是荷兰数学家布劳威尔开创的. 布劳威尔 1907 年在他的博士论文《论数学的基础》中提出了直觉主义的框架,1912 年以后又大大发展了这方面的理论. 直觉主义的基本思想是:数学独立于逻辑,数学的基础是一种能使人认识的"知觉单位"以及自然数列的原始直觉,坚持数学对象的"构造性"定义是直觉主义哲学的精粹. 按照这种观点,要证明任何数学对象的存在,必须证明它可以从正整数出发用有限的步骤构造出来. 因此,直觉主义不承认使用反证法的存在性证明. 在集合论中,直觉主义也是只认可可构造的无穷集合(如自然数列),这就排除了"所有集合的集合"那样的矛盾集合的可能性.

直觉主义关于有限的可构造性的主张导致了对古典数学中普遍接受的"排中律"(非真即假)的否定,对直觉主义来说,排中律仅存在于有限集合,对无穷集合不能用.

例 16 令 $x = (-1)^k$,其中 k 是 π 的十进小数表达式中第一个零的位数,在这个零之后连续依次出现了 $1, 2, \cdots, 9$. 如果这样的 k 不存在,则 $x = 0$. 通常认为,这样的数 x 是被定义好了的. 但对直觉主义者来说,"$x = 0$"这个命题的真假却不能确定,因为使命题真或假的 k 无法用有限步骤构造出来. 在这里排中律不能运用.

　　直觉主义提倡的构造性数学,在今天已成为数学科学中一个重要的分支,并与计算机科学密切相关.

　　但是,直觉主义的一个重要缺陷在于:严格限制使用"排中律",将视古典数学中大批数学珍品为"无物".这引起了许多数学家的不安甚至恼怒."如果听从他们所建议的改革,我们就要冒险,就会丧失大部分最宝贵财富!"希尔伯特如是说.希尔伯特还开列了将会丧失的财富"清单":无理数的一般概念;康托超限数;在无限多个正整数中存在一个最小数定理;等等.希尔伯特认为:"禁止数学家使用排中律,就像禁止天文学家使用望远镜一样."

3. 形式主义

　　希尔伯特在批判直觉主义的同时,提出了以"希尔伯特纲领"著称的形式主义纲领.该纲领的要旨是:将数学建成一个彻底形式化的系统.在这个系统中,人们必须通过逻辑的语句表述公式,用形式的程序表示推理:确定一个公式——确定这公式蕴涵另一个公式——再确定第二个公式,……,依此类推,数学证明便由这样一条公式的链构成.在这里,语句只有逻辑结构而无实际内容,从公式到公式的演绎过程不涉及公式的任何"意义",这是形式主义与逻辑主义的重要区别.

　　"元数学"是形式主义纲领的核心.所谓"元数学",就是这样一个设想——对于任何形式系统确定其相容性是其首要任务,而形式系统的相容性需要直接证明."元数学"也称为"证明论",其基本思想是:只使用普遍承认的有限性方法与符号规则,来证明在该系统中不可能导出公式 $0 \neq 0$. 这里有限性方法是通过引进一条所谓"超限公理"来保障的,借助于该条公理,将形式系统中的一切超限工具(如选择公理、全称量词等)皆归结为一个超限函子,然后系统地消去包含的所有环节.

　　有限性原则的采用吸取了直觉主义观点中的合理成分,但与直觉主义不同的是:形式化推理的进行要求保留排中律,这由超限公理的应用加以保障.

　　希尔伯特纲领提出后不久,附加了若干限制的自然数公理系统的相容性即获证明,这使人们感到,形式主义纲领为解决危机带来了希望.

　　例17　自然数公理系统.

　　1891 年,意大利数学家皮亚诺(G. Peano)构造了自然数的公理系统,它包括三个原始概念和五条公理.三个原始概念是自然数集、数 1、后继数(数 a 的后继数 a' 用表示),五条公理就是关于自然数的五个性质:

　　(1)1 是自然数;

　　(2)每一个确定的自然数 a,都有一个确定的后继数 a',而 a' 也是一个自然数(继元公理);

　　(3)1 不是任何自然数的后继数,即 $1 \neq a'$;

　　(4)一个数只能是某一个数的后继数,或者根本不是后继,即由 $a' = b' \Rightarrow a = b$;

　　(5)任意一个自然数的集合,如果包含1,并且假设包含 a,也一定包含 a',那么这个集合就包含所有的自然数.（注:现行中小学数学教材中的自然数,是扩大了的公理化系统）

　　出乎意料的是:1931 年,奥地利数理逻辑学家哥德尔(K. Godel)证明的一条定理,又揭示了形式主义方法的内在局限,明白无误地指出了形式系统的相容性在本系统内不能证明,从而使希尔伯特纲领受到沉重的打击,这就是著名的"哥德尔不完全性定理".

1930 年,在哥德尔定理引起了震动之后,关于数学基础的争论渐趋淡化,数学家们更多地专注于数理逻辑的具体研究,三大学派在基础问题上积累的深刻结果,都被纳入数理逻辑研究的范畴,从而极大地推动了现代数理逻辑的形成和发展.

四、数理逻辑的发展简述

用数学的方法研究逻辑,最先为莱布尼茨所提倡,19 世纪,布尔(G. Boole)等人为实现莱布尼茨的思想作出了努力并取得了实质进展. 但现代数理逻辑从内容到方法,主要是从 20 世纪关于数学基础的热烈争论中发展起来的.

20 世纪 30 年代,哥德尔证明了不完全性定理:任何一个充分丰富的形式系统(充分丰富是指它能够包含算术系统),如果它是相容的,那么它就是不完备的(即,该系统内存在语句 A,使得 A 与它的否定 $\bar{A}$ 在该系统内部都是不可判定的). 这个定理不仅在数理逻辑与哲学上有重要意义,而且它的证明过程中形成的技巧在数理逻辑发展史上也产生了很大影响.

英国数学家图灵(A. Turing)就是分析了歌德尔在证明不完全定理中的形式技巧而提出了一般机器概念,冯·诺依曼(John Von Neumann)等人则根据图灵的分析,在他的思路启发下,开始了现代意义下的数字计算机的设想与研究,在第二次世界大战期间,第一台电子数字计算机问世. 数理逻辑由于与电子计算机、自动化的工程技术问题相结合,得到了进一步发展,现已形成一门以命题演算、谓词演算、算法理论、递归论、证明论、模型论以及集合论等为主要内容的独立学科.

在解决其他数学分支中的一些难题时,数理逻辑也发挥着重要的作用. 例如研究模型论中发展起来的"非标准分析",它试着对数学分析中的无穷小概念给以新的刻画并加以推广,取得了一定成果,逐渐引起人们的关注. 在证明连续统假设与选择公理的独立性过程中,由美国数学家柯亨(P. Cohen)创造的著名的"力迫法",现已成为证明许多数学命题独立性的有力工具.

§3.3　现代数学应用概述

数学在不同领域的广泛渗透和应用,是它的一贯特点. 18 世纪是数学与力学结合的时代;19 世纪是纯数学迅猛发展的时代;20 世纪则可以说既是纯数学的时代,又是应用数学的时代. 特别是 20 世纪 40 年代以后,数学以空前的广度与深度向其他科学技术和认知领域渗透,加上电子计算机的推动,应用数学的蓬勃发展,已成为当代数学的一股强大潮流.

一、数学应用领域的广泛性管窥

19 世纪 70—80 年代,还是现代数学的发展早期,恩格斯就曾这样论述:"数学"在固体力学中是绝对的,在气体力学中是近似的,在流体力学中已经比较困难了,在化学中是简单的一次方程式,在生物学中等于"零". 从那以后,经过一个多世纪的发展,恩格斯所描述的状况发生了根本性的改观.

数学的应用突破了传统的范围,而向人类几乎所有知识领域推进.

例 1　数学与体育训练.

用现代数学方法研究体育运动是从 20 世纪 70 年代开始的. 1973 年,美国的应用数学家开勒(J. Keller)发表了赛跑理论,并用他的理论训练长跑运动员,取得了很好的成绩.（我们想,我国著名 110 米栏运动名将刘翔的短跑训练也离不开数学理论的指导.）

美国的计算机专家运用数学、力学、并借助计算机研究了铁饼投掷技术,提出了铁饼投掷理论,据此提出了改正投掷技术的训练措施.

下面我们选择一个简单的铅球投掷的例子.

例 2　在铅球投掷的训练中,教练关心的问题是投掷距离. 我们知道,距离取决于两个因素:速度和角度. 而这两个因素哪个更重要呢?

我们暂不考虑运动员的身体运动,只考虑铅球的出手速度与投射角度,并假设:

（2）投射角与投射的初速度相互独立;

（3）视铅球为一个质点.

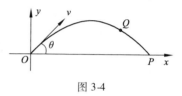

图 3-4

先考虑铅球从地平面以初速度 v 和投射角 θ 掷出,如图 3-4 所示. 设铅球 Q 在时刻 t 的坐标为 $Q(x(t), y(t))$,易得:

$$y = -\frac{g}{2v^2\cos^2\theta}x^2 + x\tan\theta, \qquad (*),$$

这就是运动方程. 为求落地点,令 $y=0$,得:

$$x_1 = 0, \quad x_2 = \frac{2v^2\sin\theta\cos\theta}{g} = \frac{v^2\sin 2\theta}{g},$$

x_2 是铅球落地点 P 的横坐标. 若 v 固定,则投掷距离是投掷角 θ 的函数. 当 $\theta = 45°$ 时,投掷距离最大,最大值为 $\frac{v^2}{g}$.

但实际上,铅球不是从地面出手,而是在一定高度 h 处出手,所以方程($*$)应调整为:

$$y = -\frac{g}{2v^2\cos^2\theta}x^2 + x\tan\theta + h,$$

令 $y=0$,解得:

$$x_{1,2} = \frac{v\sin 2\theta}{2g} \pm \sqrt{\left(\frac{v^2}{2g}\sin 2\theta\right)^2 + \frac{2hv^2}{g}\cos^2\theta}.$$

据此计算得下表:

$v/(\text{m/s})$	$\theta/(°)$	x/m	$v/(\text{m/s})$	$\theta/(°)$	x/m
11.5	47.5	14.929	11.5	36	14.960
11.5	45	15.103	11.5	41.2	15.187
11.5	42.5	15.182	11.5	41.6	15.189
11.5	40	15.169	11	41.6	14.032
11.5	38	15.092	12	41.6	16.365

由上表可知，$v = 11.5$ m/s 时，最佳角度为 $41.6°$，当 θ 在 $38° \sim 45°$ 之间变化时，产生的距离偏差为 0.097 m，即角度 16% 的偏度引起距离 0.06% 的偏差；速度为 $11 \sim 12$ m/s 时，引起距离 $14.032 \sim 16.395$ m 的偏差。这就是说，速度增加 9%，导致距离增加 16.8%. 这个结果表明，教练在训练运动员时，应集中主要精力来增加投掷的初速度.

当然，上述问题中，还有许多问题没有考虑到，如运动员转动、臂长、肌肉爆发力、铅球质量等.

例3 人口问题.

人口的变化率——增长速度与人口数量成正比，暂视人口数量为连续量.

设人口（某地区或国家）用 $y(t)$ 来表示，则 $\dfrac{\mathrm{d}y}{\mathrm{d}t}$ 就表示人口关于时间的变化率，用 $k(t)$ 表示之. 即 $k(t)$ 表示出生率与死亡率之差（净增长率），不考虑移出和移入，那么有

$$\frac{\mathrm{d}y}{\mathrm{d}t} = ky,$$

这一方程在人口学中叫马尔萨斯定律. 其解为：

$$y = Ce^{kt} \quad （C \text{ 为某一常数}）. \tag{$*$}$$

如果在 t_0 时，某地区（或国家）的人口数为 y_0，则 $y_0 = Ce^{kt_0}$，所以 $C = y_0 e^{-kt_0}$，代入 $(*)$ 式得：

$$y(t) = y_0 e^{k(t - t_0)}.$$

我们可以通过已知的人口变化确定并适当调整 k 的值，并由此预测未来若干年的人口数. 当然，人口受环境（包括资源、战争、瘟疫等）因素的影响，我们可以修改方程为：

$$\frac{\mathrm{d}y}{\mathrm{d}t} = ky - by^2,$$

其中，k, b 叫做生命系数，我们可以用这一方程预测人口增长.

数学正在向包括从粒子物理到生命科学，从航空航天技术到地质勘探在内的众多科学技术领域进军. 数学在物理学中的应用经历了一系列激动人心的重大事件；现代化学为了描述化学过程已少不了微分方程和积分方程，并且还有数学家都感到棘手的非线性方程；生物学不用数学的时代也已一去不返. 除了自然科学，在经济学、社会学、历史学等社会科学部门中，数学方法的应用也崭露头角. 与以往时代不同的是，数学在向外渗透过程中越来越多地与其他领域相结合而形成一系列的交叉学科. 如数学物理、数理化学、生物数学、数理经济学、数学地质学、数学考古学、……它们的数目还在增加.

例4 库普曼斯（Koopmans）1950 年发表了《生产和配置的活动分析》一文，用"活动分析"代替经典经济中的生产函数. 所谓"活动分析"包括两个基本概念：商品和活动. 商品用 $y_i (i = 1, 2, 3, \cdots, n)$ 定义，活动用一组系数 $a_{ij} (i = 1, 2, 3, \cdots, n, j = 1, 2, 3, \cdots, m)$ 定义. 例如，炼钢"活动"产出 1 t 钢，消耗 2 个人工、1 t 生铁、600 kW·h 电，系数 a_{ij} 形成活动矢量

$$(a_{1j} \quad a_{2j} \quad a_{3j} \quad a_{4j})^{\mathrm{T}} = (1 \quad -2 \quad -1 \quad 600)^{\mathrm{T}}.$$

其中，大于 0 表示产出，小于 0 表示投入. 一种商品可写成：

$$y_i = \sum_{j=1}^{m} a_{ij}x_j \quad (x_j > 0, i = 1,2,\cdots,n; j = 1,2,\cdots,m).$$

这相当于线性规划问题求解. 这种活动分析将"生产"描述为一系列各具固定投入与产出关系的活动,有利于用数学方法研究资源配置、效率与价格体系之间的对应关系. 库普曼斯与康托洛维奇(Канторович)同获 1975 年度诺贝尔经济学奖.

1954 年,德布洛(G. Debren)和另一位美国经济学家罗利用凸集理论. 不动点定理等给出了一般经济均衡的严格表述和存在性证明,德布洛的《价格理论》又使得这一理论体系公理化. 阿罗和德布洛先后获得 1972 年度和 1983 年度诺贝尔经济学奖. 其后,一般经济理论又有了飞速发展,其研究用到了微分拓扑、代数拓扑、大范围分析、动力系统等抽象的数学工具.

20 世纪应用数学发展的一个独特景观就是产生了一批具有自己的数学方法、相对独立的应用学科.

纯数学几乎所有的分支都获得了应用,其中最抽象的一些分支也参与了渗透.

在 20 世纪 60 年代,像拓扑学这样的抽象数学实际应用似乎还很遥远,然而,拓扑学在今天的物理学、生物学和经济学中扮演着重要角色. 在凝聚态物理中,分析晶体结构的"缺陷"及液晶理论中所用到的某些齐性空间中同伦群的计算,即使对专业的代数拓扑学家也是很难的问题;数论曾被英国数学家哈代(Hardy)看成"无用"和"清白"的学问,哈代说:"至今还没有人能发现有什么火药味的东西是数论或相对论造成的",并预言:"将来很多年也不会有人能够发现这类事情,"但在 1982 年以来,哈代所钟爱的"清白"学问——数论,已经在密码技术("公开密钥"系统)、卫星信号传输、计算机科学和量子场论等许多部门发挥重要的、有时是关键的作用.

事实上,单就物理中获得应用的前沿数学而言,所涉及的抽象数学分支就包括了微分拓扑学、代数拓扑学、大范围分析、代数几何、奇群与奇代数、算子代数、代数数论、非交换数学等.

二、现代数学应用的直接性

以往数学工具直接用于生产技术的事例虽有发生,但数学与生产技术的关系基本上是间接的;常常是先应用于其他科学(如力学、天文学),再由这些科学(理论科学)提供技术进步的基础. 20 世纪下半叶以来,数学科学与生产技术的相互作用正在加强,数学提供的工具直接影响和推动技术进步的频率正在加大,并在许多情况下产生巨大的经济效益.

例 5　数值模拟.

以计算流体力学为基础的数值模拟已成为飞行器设计的工具,类似的数值模拟方法正在被应用于许多技术部门以代替耗资巨大的"风洞"试验.

例 6　小波分析.

1980 年以来,以调和分析为基础的小波分析直接应用于通信、石油勘探与图像处理等广泛的技术领域.

例 7　算法与统计方法.

现代大规模生产的管理决策、产品质量控制等也密切依赖于数学中的线性规划算法与统计方法.

例8   医学检查技术.

现代医学仪器工业也离不开数学,如 CT、核磁共振仪等研制的理论基础主要是现代积分理论.

在积分几何中拉东(J. Rudon)变换 $f(x) = \int_{\xi} f(x) \mathrm{d}_{\xi} x$ 的基础上,设 I_0 是 x 射线穿入人体组织(图 3-5 中平面域 Ω)前的强度;I 是射线穿出后的强度;$f(x,y)$ 表示点 (x,y) 沿 l 变化时人体组织对射线的吸收系数(与组织密度有关),则

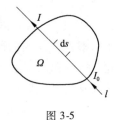

图 3-5

$$\frac{\mathrm{d}I}{\mathrm{d}t} = -f(x,y) \cdot I,\ I_{(t)}\big|_{t=0} = I_0,\ I = I_0 \mathrm{e}^{-\int_l f(x,y)\,\mathrm{d}s}.$$

记 $g = \ln \dfrac{I_0}{I} = \int f(x,y)\mathrm{d}s$,在 Ω 内,直线 l 与 Ω 从各个方向相交.若沿这些直线测出 g 值,则可由 g 定出函数 $f(x,y)$. 从而能根据测量所得的 g 值建立函数 $f(x,y)$,并进一步用计算机重建人体组织横断面图.

例9   金融数学一例.

20 世纪 70 年代,布莱克(F. Black)和斯科尔斯(Scholes)将期权定价问题归纳为一个随机微分方程的解,从而导出了相当符合实际的期权定价公式,布—斯公式:

$$C = SN(d_1) - Xe^{-r_f T} N(d_2),$$

其中,$d_1 = \dfrac{\ln(S/X) + r_f T}{\sigma \sqrt{T}} + \dfrac{1}{2}\sigma \sqrt{T}, d_2 = d_1 - \sigma \sqrt{T}, N(d_i) = \displaystyle\int_{-\infty}^{di} f(z)\mathrm{d}z\,(i = 1,2).$

布—斯公式被认为是金融数学方面的一项突破,它后来又被默顿(Merton)进一步完善,不仅在金融活动中行之有效,产生了巨大的利益,而且在数学上为随机分析、随机控制、微分方程、非线性分析、数值分析和数理统计等领域的发展带来极大的推动. 默顿和斯科尔斯荣获1997 年度诺贝尔经济学奖(应分享这一荣誉的布莱克不幸在 1995 年去世).

20 世纪数学空前广泛的应用,是与它的另一个特点——更高的抽象性共轭发展着. 一方面,数学领域正变得越来越抽象. 另一方面,数学的应用也变得越来越广泛. 核心数学创造的许多高度抽象的语言、构造、方法与理论,被反复地证实是其他科学技术和人类生产与社会实践中普遍适用的工具,这恰恰反映着数学抽象理论与客观世界之间深刻、复杂而奇妙的联系,数学的高度抽象性与内在统一性,不断地在更高层次上决定着这门科学的应用的广泛性.

§3.4   计算机与现代数学

电子计算机是数学与工程技术相结合的产物,是抽象数学成果应用的光辉例证,反过来,计算机正日益成为数学研究本身的崭新手段. 通过科学计算、数值模拟、图像显示等日益改变着数学研究的面貌,另一方面,计算机的设计、改进与使用提出的大量问题,又为数学中许多分

支的理论发展注入了新的活力、

一、计算数学的兴旺

计算机极大地扩展了数学的应用范围与能力,在推动科学技术进展方面发挥着越来越重要的作用.

例1　数值天气预报.

数值天气预报是利用计算机进行成功的科学计算的早期例子. 19 世纪末,挪威学者贝卡思(J. Bierkaes)指出天气预报的关键是求解有关的流体力学方程. 1922 年英国人理查森(Richardson)提出数值解法,并设想约需 64 000 名"工人"计算! 只好望洋兴叹,而寄希望于"朦胧的未来". 1950 年,冯·诺依曼领导的天气预报小组在第一台电子计算机 ENIAC 上完成了数值天气预报史上的首次成功计算.

20 世纪下半叶,与气象学一样,一系列科学与工程领域的实验开始依赖于计算机进行大规模计算,以至于现在的在计算机上模拟计算进行核试验.

计算能力固然重要,还有同样重要的是计算方法,这就导致了一门以原来分散在数学各分支间的计算方法为基础的数学分支——计算数学的诞生.

计算数学不仅设计、改进各种数值计算方法,同时还研究与这些计算方法有关的误差分析、收敛性、稳定性等问题. 误差分析可以看做是现代数值分析的发端,稳定性与收敛性一样,现在是数学分析中最基本的概念.

20 世纪 50—60 年代,一批适于计算机应用的计算方法应运而生.

特别的,计算机给微分方程离散化近似求解带来了无限前景;古老的差分法由于计算机的高速度而获得了新生;常微分方程数值求解中,经典的龙格—库塔法被改进为多种变形,以适应大规模计算的需要;在偏微分方程求数值解方面,一般差分格式的收敛性、稳定性的等价定理,使差分法的发展获得了稳固的基础;变分法与差分法的有机结合,创造出了有限元法.

20 世纪后半叶,一系列计算性应用学科,如计算力学、计算物理、计算化学、计算考古学等的形成,已使计算数学成为目前最兴旺的数学分支.

二、纯数学的研究与计算机

随着计算机的应用与改进,纯数学正在获得丰厚的回报,计算机已进入越来越多的数学领域,并且常常带来意想不到的成果,数学家只用纸和笔的时代将成为过去.

例2　四色定理获证的启示.

1976 年,哈肯(W. Haken)和阿佩尔(K. Appel)借助电子计算机"证明"了四色定理,最后的计算尽管花费了 1 200h. 但意味着计算机的应用不仅大大改变了数学的研究方式,而且从根本上改变了"证明"概念本身. 对产生"证明"的计算机程序的检验,也应该看做是一种有效的数学证明.

在计算机上进行人工不可能完成的巨量计算,不仅使数学家们得以验证一些已知的困难命题,而且还帮助他们猜测新的事实,发现新的定理. 通过计算归纳数学定理(命题),然后再用演绎法进行证明. 数学家们过去也常用这种方法. 如高斯、勒让德（Legendre）就是通过大量计算来猜测素数分布公式的（当时并未用计算机）. 这种方法的威力无疑由于电子计算机无与伦比的计算速度和图像显示功能而极大地加强了.

例3 孤立子和混沌的发现.

1965年，克鲁斯卡尔（Kruskal）和萨布斯基（Zabuusky）通过数值计算试验，意外地发现：两个同样的波相互碰撞后，各自保持波形，速度不变，却在计算机屏幕上显示出与人们直觉猜测相反的波动性质. 后来将这种波的性质称为孤立子（Soliton）. 在随后的二三十年里掀起了研究孤立子的热潮，孤立子是非线性波动方程的一类脉冲式解. 光纤通信、神经细胞脉冲传导、木星红斑活动等都显示出孤立子的性质.

作为20世纪重大数学成就的另一个例子是混沌（Chaos）的发现. 混沌现象的研究导致了混沌动力学的建立.

曼德尔布罗特（B. Mandelbrot）于1980年从较简单的函数 $f(x) = x^2 + c$（这里 x 是复变量，c 是复参数）开始，选某个初始值 x_0，根据规则 $x_{n+1} = f(x_n)$（$n = 0, 1, 2, 3, \cdots$）进行迭代，产生 x_1，x_2，x_3，$\cdots$. 他发现，对于一定参数值 c，迭代结果在某几个值（复平面上的点）之间循环（周期振动），这些值被称为"吸引子". 不同吸引子控制的复平面区域边界，构成一些具有自相似性质的"分形曲线"，不同的参数值 c，将产生吸引子的不同分布，而对于某些特定的参数值 c，迭代结果出现无规则振动（或者振动周期无限加倍）的现象，这就是所谓的"混沌". 更为神奇的是，曼德尔布罗特在混沌行为的背后又发现了许多隐藏着的有序现象. 从而通过计算机计算和图像显示，开辟了一个新的数学分支——混沌动力学，一个真正属于计算机时代的数学分支. 混沌不仅成为描述自然界不规则现象的数学工具，而且它所产生的那些变换无穷、精美绝伦的图案，还堂而皇之地进入了现代艺术殿堂.

三、计算机科学中的数学方法略述

计算机功能大大超越了单纯数学计算的范围，这种变革与进步从另一方面刺激着数学的发展. 现代计算机科学不仅离不开数理逻辑，而且借助数论、代数、组合数学乃至代数几何等众多数学分支的概念、方法和理论，展翅高飞. 同时新型计算机的研制还呼唤着新的数学方法，这是一个广阔的探索领域.

例4 组合数学.

组合数学也称组合分析或组合论，它有着古老的起源.

"幻方"，中国古代传说中有"洛书河图"，亦称"九宫数". 最早的三阶幻方如图3-6所示，将 1, 2, 3, $\cdots$, 9 这九个数字添入"九宫"，使每一行、每一列及对角线上的数之和相等.

4	9	2
3	5	7
8	1	5

图3-6

近代组合数学则是以莱布尼兹1666年发表的《组合的艺术》为起点，"组合"一词也是他首先引进的.

18、19世纪的数学家提出了一系列著名的组合数学（包括图论）问题：

哥尼斯堡七桥问题（参见§1.1 例5）.

36 军官问题:(欧拉)36 名军官来自 6 个不同的军团,每个军团 6 名且属于不同军阶,问能否将他们排成一个方阵,使得每行每列 6 名军官正好来自 6 个不同军团?

柯克曼(T. Kirkman)女生问题:女教师要为其女学生安排下午散步的日程表,15 人分成 5 组,每组 3 人,使得一周 7 个下午每两位女生恰好一同散步一次.

哈密顿(W. R. Hamilton)环球旅行问题:已知一个由一些城市和连接这些城市的道路组成的网络,问是否存在一条旅行路线,使起点和终点都在同一城市,而其他每个城市恰好都经过一次.

早期组合数学带有趣味性和益智魅力,而后的研究逐渐与数论、概率统计、拓扑学以及线性规划等领域的问题交织在一起,从而显示出理论和应用上的重要价值. 20 世纪下半叶,与电子计算机发展相结合使古老的组合数学获得了新的生机.

现代组合数学研究任意一组离散事物如何按一定规则安排成各种集合,包括这种安排的存在性、计数、构造与优化等. 由于对象的离散性,各种组合问题的计算量往往十分巨大,高速计算机自然为这些问题的求解提供了可能性,在计算机上解各种组合问题的实践对计算机科学,特别是其中与算法有关部分(如算法的有效性理论)的研究起到了推波助澜的作用.

例 5　模糊数学.

1965 年,美国数学家扎德(L. A. Zadeh)发表了论文《模糊集合》(*Fuzzy Sets*),开辟了一门新的数学分支——模糊数学.

模糊集合是经典集合概念的推广. 在经典集合中,元素与集合的隶属关系是确定的,这一性质可用特征函数 $X_A(x)$ 来描述:$X_A(x) = \begin{cases} 1 & \text{当 } x \in A \\ 0 & \text{当 } x \notin A \end{cases}$.

扎德将特征函数改为隶属函数 $\mu_A(x):0 \leq \mu_A(x) \leq 1$. 这里 A 称为"模糊集合",$\mu_A(x)$ 表示 x 对 A 的"隶属程度". 经典集合论要求隶属度只能取 0、1 这两个值,而模糊集合则突破了这一限制. 当 $\mu_A(x) = 0$ 时,$x \notin A$;当 $X_A(x) = 1$ 时,$x \in A$. $0 < \mu_A(x) < 1$ 表示 x 在一定程度如 20%、80%、……等属于 A. 这样,模糊集合就为由于外延模糊而导致的事物是非判断上的不确定性提供了数学描述.

由于集合论是现代数学的重要基石,因此模糊集合概念对数学产生了广泛的影响. 人们将模糊集合引进数学的各个分支,从而出现了模糊拓扑、模糊群论、模糊测度与积分、模糊图论等,它们一起构成了模糊数学.

模糊数学是事物复杂性表现的一个方面. 随着计算机的发展及其在日益复杂的系统中的应用,处理模糊问题的要求也比以前显得突出,这是模糊数学产生的背景. 由于人脑的思维包括有精确与模糊的两个方面,因此模糊数学在人工智能模拟方面具有重要的意义. 模糊数学已被应用于专家系统、知识工程等方面,与新型计算机的研制有密切的关系.

模糊数学理论和方法正在蓬勃发展,随着计算机的发展将获得进一步的难以预料的应用和提高.

例 6　机器证明.

计算机发展的最终目标是模拟人类智能,用机器代替人的思维,而不仅仅是计算工具. 20

世纪展现了制造人工智能机器的伟大曙光. 当然,在硬件突破上还有漫长的路要走. 目前科学家的目光更多地倾注于智能软件,并取得了长足的进步.

定理机器证明是人工智能发展的一个重要方面. 机器证明是指对一整类问题的一般的机械化证明,而有别于四色定理证明中那样通过完成必要的巨量数值或组合计算,来得出定理证明.

到目前为止,机器证明工作有两个方面的内容:一是基于数理逻辑与推理研究,其开拓者是波兰数学家塔斯基(A. Tarski)和美籍中国数学家王浩等. 王浩在 1960 年公布了他的成果,在一台速度不高的计算机(JBM704)上证明了罗素的《数学原理》中一阶逻辑部分的全部 350 条定理. 二是中国数学家吴文俊,1976 年以后开辟的定理机器证明的代数化途径. 其方法是将要证明的命题归结为代数命题,并有一整套高度机械化的代数运算程序,利用这一方法,已经实现了初等几何中主要定理的机器证明(1977 年),并且弄清了初等微分几何中主要定理的证明也可以机械化. 吴文俊的方法具有中国特色,国际上称为"吴方法",使中国学者在数学机械化领域处于国际领先地位. 为此,吴文俊获得了中国第一届最高科技奖.

定理机器证明在 1980 年后又有了很多推进.

早在 20 世纪 70 年代,数学家中已经有人展望"将来会出现一个数学研究的新时代,那时计算机将成为数学研究必不可少的工具". 20 世纪下半叶,计算机与数学科学之间的相互作用和相互影响充分表明,数学研究的这一新时代已经来临!

问题与课题

1. 19 世纪数学的重大变革有哪些?

2. 试参考初中数学教材,找出其中几何内容的"公理系统"(元始概念及公理).

3. 谈谈集合的理论在现行中小学课本中是如何渗透的?

4. 如何理解数学的高度抽象性和应用的广泛性之间的关系?

5. 数学的高度抽象性在数学发展中的主要作用是什么?

6. 如何理解现代数学应用的直接性?

7. 试述计算机与数学发展的关系.

8. 数学的"应用"与"实用"一样吗?陈省身先生说:"数学好玩","玩"(观赏、把玩)算不算"数学应用"?

9. 为什么说"实用主义"对数学教育是有害的?

10. 为什么对"公理系统"要提出"三性"(独立性、完备性、和谐性)的要求?

第二篇
数学的教育功能

纵观历史,数学的发展与人类的进步息息相关. 在当代,数学影响已经遍及人类活动的所有领域,成为推动人类文明的不可或缺的重要因素. 因此,现代社会也对公民的数学素养,进而对数学教育提出了新的要求.

徐利治教授曾谈到:"数学教育本应同时具有文化教育功能(培养人们优秀文化素养的功能)与技术教育功能两个方面的作用. ……数学还具有文化功能,这却是人们容易忽视的. 学习数学不仅能够掌握数学知识和计算方法,而且能够培养严谨的逻辑思维能力和机智的创造性思维能力,能够养成冷静、现实、公正的思维习惯和实事求是、有条不紊地处理问题的习惯. 数学教育的目的正是培养全面发展的人才,他们既会应用数学解决实际问题,又能掌握数学的精神、思想和方法……偏重数学的应用功能而忽视其文化功能,是数学教育中狭隘和短视的观念."

第4章　数学的技术教育功能

社会发展是影响数学教育目标、内容、教学方式和方法的一个极为重要的因素.

数学在其发生发展的早期,主要作为一种实用的技术或工具,广泛应用于处理人类生活及社会活动中的各种实际问题. 早期数学应用的重要方面有:事物、牲畜、工具以及其他生活用品的计数、分配和交换,房屋、仓库等的建造,丈量土地,兴修水利,编制历法等. 随着数学的发展和人类文化的进步,数学的应用逐渐扩展和深入到技术和科学领域.

从古希腊开始,数学与哲学建立了密切的联系. 近代以来,数学又进入了人文社会科学领域,并在当代使人文社会科学的数学化成为一种强大的趋势. 与此同时,数学在提高全民素质,培养适应现代化需要的各级各类人才方面也显现出强大而特殊的价值. 数学在当代社会之中,有许多出人意料的应用,在许多场合,它已经不再单纯的是一种辅助性工具. 数学已成为解决许多重大问题的关键性的思想与方法,由此产生的许多成果,早已悄悄地来到我们身边,逐渐地改变着我们的生活方式.

数学是研究量的科学,是人们对客观世界定量的把握和刻画,是人类思维过程和结果的辩证统一. 数学是人们生活、劳动和学习必不可少的工具,能够帮助人们处理数据,进行计算、推理和证明,数学模型可以有效地描述自然现象和社会现象;数学为其他科学提供了语言、思想和方法,是一切重大技术发展的基础;数学在提高人们的推理(包括演绎、合情和辩证推理)能力、抽象思维能力、直觉想象力和创造力,对艺术和美的鉴赏力等培养人、转化人诸方面有着独特的作用;数学是人类的一种文化,它的内容、思想、方法、语言和美是现代文明的重要组成成分.

§4.1 数学的"工具"教育功能

"工具":进行生产劳动时所使用的物质器具,进行思维、研究和决策的理论武器.

在人们的生产、生活和科学工作中,需要有各种各样的工具,而数学作为一种人们思维的特殊工具,在社会中"隐式"地存在着. 虽然它不像有形工具那样"看得见,摸得着",但它的作用从某种意义上讲,要远远超过那些有形的"工具". 如果能恰当地运用数学工具,就可能帮助我们认识社会,并帮助我们在推进社会和人类进步中发挥独特的作用.

例1 生活中的数据.

各种报刊、电视、广告、天气预报等的数据,可以引发人们一系列的联想,可以帮助人们做出果断的决策,可以使人们的工作生活达到最优化等.

现代人们生活中,须臾难离一些基本的数学知识. 我们可以设想,如果我们离开了数学(基础的),生活将会是什么样子!

例2 《枯井与宝剑》的故事.

从前有一个国王,想把王位传给两个儿子中的一个. 为了考察他们的能力和品性,国王对两个儿子说:"三天后,你们去某荒岛把埋藏的宝剑找回来."并告诉他们寻找的路径. "岛上有一口枯井和两棵大树,从枯井笔直地走到第一棵树下,向左转90°并继续走同样的步数,停下做上标记;然后回到枯井,笔直走到第二棵树下,向右转90°并走同样的距离,停下也做一标记,宝剑就埋在这两个标记正中."

老大为了抢先,次日悄悄地跑到了荒岛,两棵大树赫然在目,可找遍荒岛,毫无枯井的遗迹,结果老大颓然失望,扫兴而归.

小弟遵嘱,第三天约胞兄启程,哥哥称病不去. 弟弟在荒岛当然也找不到枯井,无奈之中,假设某处为枯井,几次尝试,得到的是同一个"中点",诚实又勤于动脑的弟弟终于悟出宝剑与枯井无关.

无独有偶,国外还有一个格摩难题,说的是:"有一张破旧发黄的羊皮纸,记述着海盗在一个荒无人烟的岛上埋有宝藏,同时还指示出了寻宝路线:从岛上"断头台"沿直线走向树A,记下走的步数,并向左转90°走同样的步数后停下来,立一标桩;然后回到"断头台",沿直线走向树B,到后右转90°继续走相同的步数,同样立一标桩,在二标桩连线的中点处挖掘,即会找到久埋的宝藏. 一个年轻的探险者,见到这张羊皮纸,兴高采烈地乘船前往,在岛上毫不费力地找到了 A、B 两棵树,可年代久远,"断头台"消失得无影无踪. 年轻的探险者只好失望而归."

格摩是为了揭示复数的奥秘而编此题的. 因乘以"i"的几何意义就是左转 90°……因此,格摩指出:如果这位年轻人熟悉复数的运算,他就会轻易地找到宝藏. 故事给人悬念,耐人寻味!

需要指出的是:《枯井与宝剑》中的第一棵树、第二棵树,不如格摩题中的 A 树、B 树明确,因而宝剑的位置便不唯一,而是关于两棵树连线对称的两处. 下面我们用几何知识作简要地分析.

如图 4-1(1)所示,设 A(树)、B(树)是平面上的二定点,C(断头台)在 AB 同侧可移动.

求证:无论 C 取在直线 AB 同侧的任何位置,DE(两桩连线)的中点 M 是定点.

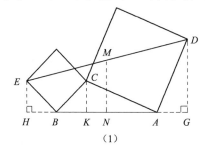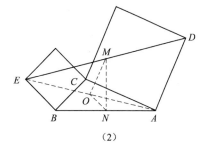

图 4-1

分析:易证 $\triangle ADG \cong \triangle CAK$,所以 $DG = AK$. 同理,$EH = BK$. 设 N 为 AB 的中点,则 MN 是直角梯形 HEDG 的中位线. 所以 $MN \perp AB$,且 $MN = \frac{1}{2}(DG + EH) = \frac{1}{2}AB$,所以 M 是定点. 实质上,M 是以 AB 为斜边的等腰直角三角形的直角顶点.

此题的证明方法很多,也可以连接 AE,令其中点为 O,如图 4-1(2)所示,M、N 分别是 DE 和 AB 的中点. 反复利用三角形中位线定理和正方形等边的变换,易得 $\triangle OMN \backsim \triangle CAB$,且相似比为 1/2,再由 $ON /\!/ BE$ 可得 $ON \perp BC$……可推出 $MN \perp AB$ 且是 AB 的一半.

数学的工具性是数学的技术教育功能之一,它可帮助人们在生产、生活和科学研究中解决实际问题. 数学也是理性思维的重要载体,运用数学的程度是衡量科学技术发展水平的一个重要标志. 现在,数学方法已渗透到科学技术的各个领域和社会生活的各个方面,成为一种具有普遍意义的方法. 各门科学技术的数量化和计算化已经成为当今科学技术发展的重要趋势,科学技术和社会科学所用到的数学分支越来越多(当然,对科学技术和社会科学的理性研究,也促进人们创造数学),而且许多极其抽象的数学理论都得到了重要的应用,甚至几千年来,一直作为纯理论研究的数论,它的许多结果如今也在计算方法、代数编程、组合论、计算机科学等领域得到了广泛的应用. 数学不仅为科学技术研究提供了一些数值方法和计算方法,还提供了抽象、概括、逻辑推理的工具,用来表达和概括对象的本身特点,探求新的规律. 因此,掌握一定的数学(工具),是现代人必备的素养之一.

例 3　搬进新居,小思帮妈妈将客厅的八扇活动窗框安上了新锁. 全部完成后,小思才发现自己的疏忽,没有把锁和钥匙预先标上相应的号码. 请帮小思想一下,怎样才能尽快使钥匙和锁配对? 最多需要试开锁多少次?

例 4 经济数学一例.

一旅馆有 200 间房间,如果每间房的租金定价不超过 40 元,则可全部租出;若每间房定价高出 1 元,则会少租出 4 间.设每间房出租后的服务成本费为 8 元,试建立旅馆利润与房价间的函数关系,并说明定价为多少时利润最大?

分析:设房租为 x 元/间,利润为 y 元.

当 $x \leq 40$ 时, $y = 200(x - 8)$;

当 $x > 40$ 时, $y = [200 - 4(x - 40)](x - 8)$.

所以,旅馆利润与房租间的函数关系为:

$$y = \begin{cases} 200x - 1\,600 & \text{当 } x \leq 40 \\ -4(x - 49)^2 + 8\,324 & \text{当 } x > 40 \end{cases}.$$

易知,当房价定价为 49 元/间时,利润最大.每天最大利润为 8 324 元.

经济数学已经不仅限于运用数学方法进行数字统计,而是试图运用数学工具来探求一些经济规律,发展经济理论,指导经济发展.在当代,相当一部分经济学家的研究成果高度的数学化,包括诺贝尔经济学奖获得者的工作.

数学作为工具的意义的增长不是偶然的,这是现代技术发展的要求.客观存在的一切事物都是质和量的统一体,考察事物,既要考虑其质的多样性,也要考察其量的规定性,而通过对事物的量的研究,往往能准确把握其质的多样性.

数学这种"隐式"工具,人们都在自觉或不自觉地应用着.我们数学教育的目的之一,就是通过数学教育,培养学生使用数学工具的能力和意识.数学的应用,既能激发学生学习数学的兴趣,使其明确地感受到数学对于自己是有用的,而且还能增进数学意识,形成和发展数学品质,进而逐步提高科学素养.

§4.2 数学的"语言"教育功能

数学是一种语言,语言是人们交流思想的有效工具,而数学有它自身的特点,因此也就有它自己的语言体系.

数学是一种特殊的语言,即用符号、公式、图形等表述内容的语言,而这种特殊语言又是大家公认的(约定俗成的).数学不仅是事实和方法的总和,而且也是用来描述各门科学和实验活动的事实和方法的语言.所以,人们可以利用数学这种特殊的语言来进行交流,达到科学技术的共同发展.

一、数学语言的特征

数学语言是改进了的自然语言,它有如下特征:[8]

1. 符号化的特征

数学符号是数学文字的重要形式,它构成了数学语言的基本成分.从数学符号的形成方式来看,现有数学符号大概可分为象形符号、缩写符号和约定符号三种.

象形符号是利用符号的形状特征唤起视觉表象,来反映数学概念的符号.数学的空间位置、结构或数量关系,经抽象概括就得到各种数学图形或图式,图形、图式、关系再经过缩小和改造就形成象形符号.它具有易识别性.

例1　平面图形的符号"∠"表示角;"⌒"表示弧;"△"表示三角形;"⊙"表示圆;"⊥"表示垂直;"∥"表示平行等都是原型的压缩符号.

例2　关系符号"="表示等于;"≠"表示不等于;"≈"表示约等于;"<"表示小于;"≥"表示大于或等于;"∈"表示属于,用以表示个体与总体之间的关系;"⊃"表示包含,用以表示全体与部分的关系等都是原型改造符号.

上述两例中的符号可由形思义地加以理解、记忆和运用.

缩写符号多是由数学概念的外文词汇的前一个或数个字母构成的缩写或改写,我们也可用汉语拼音的类似构造进行缩写.

例3　函数 function→f;实数集 real number→**R**;极限 limit→lim;任何一个(全部的) all (All)→∀;"d";"∫";"log";"sin";"cos";"max";"min";"∑";"∏"等均属于这类的符号.

这类符号最初需要以文字概念的记忆为基础,唤起表象,沟通思维活动.既由音思义,又由词及义.

约定符号的形成与思维活动的习惯和历史有关,并且具有思维的合理性的特点.

例4　习惯上,用 x、y、z、……表示未知数;用 a、b、c、……表示已知数;用大写字母 A、B、C、……表示点;用小写字母 m、n、l、……表示线段(长)或直线;用小写希腊字母 α、β、γ、……表示平面;其他如方幂 a^2 表示两个 a 相乘(面积)……;运算符号"−"、"+"、"×"、"÷"及其阶乘符号"!"等均属该类.

这类符号主要是通过规定或约定的简练性、合理性和习惯性来与思维活动共鸣,由义及形,形义一体地加以理解和运用.

所以,数学符号的科学性直接影响着数学语言的质量,影响着数学及数学教育的发展.

2. 按简化自然语言方向发展

数学语言是人类各种语言中最简洁的语言,具有独特的价值,它是科学语言的基础.

在宏观上来说,人们常以"成千上万"来形容多,再多就是"百万""千万"了,更多则是"亿万"……,而数学能做出更简洁,也更准确、更有力地表示.

例5　10^{28}、2^{86745} 这样巨大的数,一般语言说不清楚!

从微观上来讲,日常语言之中"失之毫厘,谬之千里",用一毫一厘来形容微小,还有形容体积之小的、时间之短的、距离之近的.

例6　任何日常语言没有比 10^{-15}、10^{-43}、……这样的一些表达更能说明问题了.它也更简洁,更明了.

例7　闭区间 $[a,b]$ 仅由 a、b、$[$ $]$ 这三个数学符号表示,但如果用一般语言表述就是:"大于或等于 a,且小于或等于 b 的一切实数的集合",除去标点符号,还得用2个符号,共18个汉字.

例8　作为有理数、无理数、代数数、超越数、实数、虚数之间关系之一的式子

$$e^{i\pi}+1=0,$$

是数学中五个特殊数 1、0、i、π、e 的大一统,用符号语言来表达是这样得简洁、明晰.

例9　勾股定理:直角三角形的两条直角边长 a 和 b 的平方和,等于其斜边长 c 的平方. 用符号语言表述就是: $a^2 + b^2 = c^2$.

数学语言有其独特之处,有其独特价值,它不仅是普遍语言无法代替的,而且构成了科学语言的基础. 越来越多的科学门类用数学语言表述自己,这不仅是因为数学语言的简洁性,而且是因为数学语言的精确性及其思想的普遍性与深刻性.

3. 数学语言比日常用语更准确

数学语言按克服自然语言含糊多义的毛病方向向前发展着,它比日常用语更准确.

例10　日常用语中的"是".

我家养的那匹马"是"马;白马"是"马,这里两次用到"是". 历史上曾出现"白马非马"之说. 曾传:若"白马'是'马,黑马也'是'马,所以白马'是'黑马",缪也!

如果我们用数学语言表述:我家养的那匹马用 a 表示,马(的集合)用 M 表示,"我家养的那匹马是马"可用 $a \in M$ 表示;这里的"是"表示"属于($\in$)"的意思. 白马(集合)用 B 表示,黑马(集合)用 H 表示,白马"是"马可表示为 $B \subset M$;黑马"是"马则为 $H \subset M$. 尽管 $B \subset M$,$H \subset M$,但 $B \ne H$. 即不会出现白马"是"黑马的谬论.

日常语言中的"是"一般表示三层意思:"属于"、"包含于"或"等同于",相对应的数学语言符号则为" $\in$ "、" $\subset$ "或" $=$ ". 因此说数学语言比日常用语更准确.

例11　数列的极限.

"一尺之棰,日去其半,万世不竭."但实际上,"去到"一定的次数后,则不能再"去"也!也就是说,数列 $\left\{\dfrac{1}{2^n}\right\}$,当 n "趋向于"无穷大时, $\dfrac{1}{2^n}$ "趋向于" 0. 而"趋向于"是一个较为模糊的描述!

用数学语言表示,任给小正数 ε,总 $\exists N$,当 $n > N$ 时,总有 $\dfrac{1}{2^n} < \varepsilon$,这里的小正数 ε,是多小呢?比任何给定的正数都小!用一般的语言很难表达清楚.

如果数列 $\{a_n\}$ 的极限是 A,即当 $n \to \infty$ 时, $a_n \to A$,也即任给小正数 ε,总 $\exists N$,当 $n > N$ 时,总有 $|a_n - A| < \varepsilon$. 用数学语言表述就是 $\lim\limits_{n \to \infty} a_n = A$,何等的简明.

极限是描述在无限过程中达到确定性结果的数学语言,是其他任何语言不能替代的.

数学语言的准确性也反映着数学思想的深刻性和数学方法的普遍性.

4. 数学语言具有越来越高的通用性和统一性

数学语言按扩充它的使用范围或表达范围的方向发展着. 因此,数学语言具有通用性.

数学语言(特别是它的符号语言)与一般语言相比,它较少民族性,较少区域性,它是世界上一种通用的语言.

数学语言是人类语言的组成部分,它与一般语言是相通的,而且可以说是以一般语言为基础. 一般语言掌握得如何,直接影响着数学语言的学习. 但是,一般语言学得很好的人,也不一定能掌握好数学语言. 因为,数学语言学习与数学学习相关.

一般语言具有民族性和地域性. 一般语言与民族、地域文化有着极其密切的联系,不同地域之间语言的差别可以很大,这种差别主要指符号与法则体系的不同. 数学语言也不能完全脱离民族性和地域性.

由于数学语言难以完全用数学符号表达,在一定程度上还要借助普通(文字)语言,因此,必然还有某种民族性和地域性.

例 12　在汉语中,"万"是固定单位,而英语一般以"千"为固定单位,如汉语中的"公斤"、"公里"、"吨"等,西方人的习惯是"千克"、"千米"、"千千克". 又在汉语中,大数按四位分段读,而英语是按三位分段读,如 123 4567 8901(英文是 12 345 678 901)用汉语读是一百二十三亿四千五百六十七万八千九百零一. 而按英文书写读是十二千千千三百四十五千千六百七十八千九百零一.

5. 数学语言的数学性

(1)可演算性. 数学符号简单、直观,反映了量的可运算性,关系的可变换性,特别是可构造成式的特征. 因而使数学语言成为可变换的语言(化简、化归、各种变形等). 反映出数学是"演算的科学"的本质特征,这在各种语言中是独一无二的.

(2)可形式化抽象性. 系统抽象的式子,可做广泛的解释,具有无比丰富的内容. 比如正比例函数式:

$$y = kx \quad (k \neq 0)$$

可分别表示牛顿第二定律 $F = ma$、匀速运动 $s = vt$、爱因斯坦质能公式 $E = mc$、……从而,我们可脱离它的具体内容,只看结构形式规律,这就是形式化抽象.

(3)可平面排列性. 数学符号的简洁有序,使它突破了普通语言"直线排列"的格局,采用平面(二维)排布形式,以便反映纵横联系. 如方程(不等式)组、矩阵、行列式、还有数阵:

$$\{a_{ij}\} = \begin{cases} a_{11} & a_{12} & \cdots & a_{1j} & \cdots \\ a_{21} & a_{22} & \cdots & a_{2j} & \cdots \\ \vdots & \vdots & & \vdots & \\ a_{i1} & a_{i2} & \cdots & a_{ij} & \cdots \\ \cdots & \cdots & \cdots & \cdots & \cdots \end{cases}$$

等,都是二维对象. 还可考虑更高维的数学语言结构. 这在各种语言中也是独一无二的.

数学语言的数学性,反映出量和研究量的方法的特征.

综上所述,由于构成数学语言的数学符号科学、简洁,而导致数学语言具有不同于一般语言的特殊性. 也就是具有科学性、简明性和通用性. 对数学语言的研究,不仅能促进数学及数学教育的发展,而且对人类精神文明和社会文明的进步也能起到积极的作用.

二、数学语言的教育功能

数学语言是数学学习的一个重要内容,它对学生有着重要的教育功能,其掌握情况应该可以看做学生数学水平的一个重要标志. 数学语言的教育功能的发挥是"显性"的.

例 13　对代数语言的掌握就标志着由小学数学水平到中学数学水平的过渡;对极限语言

的掌握则标志着由初等数学水平上升到高中数学水平;集合论语言的普遍适用则是现代数学发展的一个标志[8].

在数学的教和学的活动中,学生除了需要领会一般的自然语言的能力外,还需要逐步地了解和掌握数学中独有的语言特点,掌握数学语言的三种基本形式(公式、图形和符号)以及它们之间的互化.

数学语言作为一个表达科学思想的通用语言和数学思维的最佳载体,包含着多方面的因素,其中较突出的是文字语言、符号语言及图形语言,其特点是准确、严密、简明. 而数学语言是一种高度抽象的人工符号系统. 因此,它常成为数学教学的难点. 一些学生之所以害怕数学,一方面在数学语言难懂难学,另一方面是教师对数学语言的教学重视不够,缺少训练,以至不能准确、熟练地驾驭数学语言. "对数学中独特语言的理解和使用不当,使不少学生的数学学习产生困难或错误. 由于数学意义必须运用词语、符号等来传达,学生如果不能弄清或是不熟悉,不习惯数学语言的理解方法、规律和约定,那么就无法弄懂它们的意义,结果会引起理解问题."[9]

例 14 数学中"高"的概念.

几何概念中提到的"高"与日常生活中的"高"使用的是同一个字,但它们的意义却不相同. 前者中的"高"是图形顶点到对边的距离,如三角形的"高"有三条,是泛指的,每条高是相对于不同的底而言的. 而日常用语的"高",如"这幢楼很高",这里的"高"不表示具体数值,是形容词. 同时日常用语中的"高"一般指"水平面"以上,而数学中的"高"也可以是"深"……同时,在数学中,"高"有三层含义:一是高度(量词);二是"高线",即线段(名词);三是高所在的直线(如三条高相交于一点). 到底指什么,要根据上下文而定.

语言是思维的外壳,要说必先想,语言不能脱离思维. 人们的思维过程与结果,必须通过语言来表达,语言的磨练也将促使思维更严谨更灵活,从而使两者之间十分密切地联系在一起. 维国斯基在其《思维与语言》一书中,对二者的关系采取了辩证的态度. 即"思维能够促使语言的掌握,语言也可以促进思维的进步,但也不是绝对的. 思维活动可以促进数学语言由外部转向内部,再由内部转向外部,从而促进学生的数学学习."从某种意义上说,数学语言也是数学方法的一个重要方面.

三、重视数学语言的教学

数学教学语言是数学教学中使用的语言,它包括数学语言,但不完全是数学语言. 数学教学语言不可能完全具有数学语言的特点,在数学教学中使用语言还要考虑教学对象——学生的特点. 作为数学教师应该也必须允许学生用自己的语言表达"自己的"思想,但这不是最终目的,这是一个过程,这是因为数学语言的掌握不是一蹴而就,教师要有意识地进行引导,即保持其使用的语言中的数学术语的意义准确.

数学教学语言,既要注重简洁严谨,又要注重生动形象.

1. 数学教学语言首先要准确规范、简洁严谨

准确规范表现在:数学语言所表达的对象和意义应该是确定的、正确的,不能是模糊不清的,或模棱两可的. 特别是数学概念应该是科学上确定的概念,不能用暧昧、隐喻之词,也不能像汉语词典那样来互相解释.

例 15 数学语言不准确几例.

（1）把数学中的"垂线"说成是垂直向下的线；混淆了"数学中的垂线"的概念与日常"垂线"的概念.

（2）把"直角三角形中的直角边"说成"直角的边就是直角边"，省略了直角三角形这个大前提.

（3）把集合的元素的概念直接说成"元素就是个体".

等等.

当然，以上语言的产生都是有一定背景或前提的，在其相应的背景或前提下，上述说法也许不错；另一方面，学生在没有正确掌握相应的数学语言之前，也可能有类似的说法，这是他们理解过程中的一个层次，但作为教师，若有此说法，就显得不合时宜了.

简洁是数学美的特征，数学语言的简洁表现在用尽量少的词语，来表达数学对象及其之间的关系. 为此，在数学语言中，应重视数学符号的使用.

例 16 欠推敲的教学用语几例.

（1）要想求出一个平行四边形的面积，就必须知道这个平行四边形的底和高（知两邻边及其夹角、知对角线及其夹角等，都可求出平行四边形的面积）.

（2）要求一个小数的倒数，就必须把它化成分数（求一个小数的倒数，可先把它化成分数或用 1 除以这个小数等）.

（3）圆锥的体积是圆柱体积的三分之一（圆锥的体积是等底等高的圆柱体积的三分之一）.

（4）负数是正数的相反数（绝对值相等符号相反的两数互为相反数）.

2. 数学教学语言要生动形象，通俗易懂

教师的一举一动对学生都起着潜移默化的作用，因此要培养学生的数学语言表达能力，首先要求教师的语言要规范，给学生做出榜样. 而要想使学生喜欢数学、理解数学、教师的教学语言又要形象生动，使抽象的概念具体化，深奥的知识明朗化，复杂的问题简洁化.

总之，在数学教学中，教师的教学语言既要对学生起到表率作用，指导学生严谨准确地使用数学语言，又要善于引导学生弄清各种数学语言形式（文字、符号、图形）使用的条件，并根据需要在适当的条件下互相转化，以加深对数学概念的理解和应用.

教师应该认真研究数学教学语言，充分发挥数学语言的教育功能，以期更好地使学生理解数学，学好数学.

§4.3 数学的技术教育功能

数学是一门科学，这是人人都接受的观点，如果说数学也是一门技术，很多人恐怕要好好想想. 尽管在一些数学家、数学教育家的观念中，数学兼有科学与技术两种品质，但作为一名学生或者一名中小学数学教师，能真正理解、接受这种观点的，还不是很多. 可作为未来的一名数学教师——数学教育专业的学生，深刻地理解这种观点，则是必要的. 因为在未来的数学教学中，需要对数学的技术教育功能深刻理解，形成并发展自身的科学的数学教育观. 在本章前两节,我们已初步了解了数学的技术教育价值或技术教育功能,本节我们将进一步阐述数学的技术教育功能,它是科学数学教育观的一部分.

何为技术?技术,指人类适应自然和改造自然、推进社会进步的过程中,积累起来的在生产活动中体现出来的经验和知识,也泛指其他操作方面的技巧.数学技术,就是应用数学来认识自然与社会生活,并改造自然,发挥数学在社会生活中直接(操作方面的)作用.数学的技术教育功能,即是指通过数学教育,培养学生数学地思考问题的能力和包括学会数学本身,在头脑中建立良好的认知结构,有较强的解题应试能力等意识.

数学的技术品质在早期的直接表现是低水平的,或者是通过其他科学渗透性的加以应用从而得以体现的.而今日的数学,已不甘于站在后台,而是大踏步地从科学技术的幕后直接走到了前台.现代数学不只是通过科学间接地起作用了,其已经直接进入科技的前沿,直接参与创造生产价值——数学已经走到前线了!数学与计算机结合而产生的威力无穷的"数学技术",渗透到与人类生存息息相关的各个领域,成为一个国家或地区综合实力的重要组成部分.数学对国家与社会的建设和发展具有巨大作用,为此著名数学家王梓坤院士提出:"由于计算机的出现,今日数学已不仅是一门科学,还是一门普适性的技术,从航天到家庭,从宇宙到原子,从大型工程到工商管理,无不受惠于数学技术."

人们通过数学收集、整理、描述信息,建立模型,进而解决问题,直接为社会创造价值;数学不仅帮助人们更好地探索客观世界的规律,同时为人与人之间交流提供了一种有效、简捷的手段.数学在对客观世界定性把握和定量刻画的基础上,逐步地抽象概括,形成方法和理论,并进行应用,这一过程除逻辑和证明外,充满着探索与创造.

当前数学以空前的广度和深度向其他科学技术和人类知识领域渗透,而现在数学的应用(有时在计算机的帮助下)已形成了一股强大的潮流,这种潮流正以前所未有的势态影响着数学教育.

一、数学的技术品质,要求数学教育必须重视培养学生的数学应用意识

由第3章可知,20世纪下半叶,数学的最大进展之一是它的应用,数学的价值因此发生了深刻变化.这一变化必将对数学教育产生重要影响,最直接的一个结论就是数学教育要重视应用意识和应用能力的培养.数学的思维训练的价值和作用,科学语言的作用仍然是重要的,但"数学应用意识的孕育"、"数学建模能力的培养"、"联系学生的日常生活并解决相关问题"等方面的要求,则越来越处于突出地位.

在中小学,虽然我们不能把数学的教学变成应用数学的教学,但是,让学生了解数学的应用价值,特别是教师对"应用"的广义理解,通过数学应用的教学,潜移默化地使它在"转化人"中发挥更大作用,仍然是十分重要的.

引导学生数学地思考问题,孕育培养学生的数学应用意识,也就是说,在数学教学的过程中,要根据数学教学内容,联系学生熟悉的自然、社会、生活的相关实际,培养学生用数学的观点观察事物、分析事物,用数学解决问题的意识.久而久之,学生就会意识到:数学就在身边,数学是有用的,"我"离开数学则是无用的.从而激发学生学习数学的动机和兴趣,理解数学并不是仅仅为升学所用,还数学以本来面目,数学是"人生的需要,是制胜的法宝".

培养学生的应用意识,进而培养学生恰当的数学应用能力,能帮助学生对数学的内容、思想和方法有一个直观生动而深刻的理解,有助于学生正确认识数学乃至科学的发展道路,掌握数学用以分析问题、解决问题的思维方式,可以使学生进一步懂得数学究竟是什么!数学很有用,但其用处不仅仅在于它的哪一个公式有用,或哪一个定理有用,而是数学会提供给学生们很重要的一种思想方法,这种思想方法不但对于具体的学科的学习有很大作用,而且对今后做一切工作都会有用.

例 "登山省力"问题.

沿台阶拾级而上,除可"穷千里目"外.更可视为一个上乘的运动项目.但从日常上楼梯的经验中,可曾觉察我们所需付出的力量与两腿长度的关系?

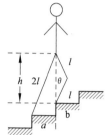

上楼梯时(见图 4-2),若前腿屈曲成的角 θ 较大,把自身重心上移的距离则较小.因此,若能找出 θ 与两腿长度的关系,便可以知道腿长的人上梯级是否较为轻松.

假设两腿由膝盖至盆骨及由膝盖至脚腕的长度皆为 l,而楼梯每级相隔距离和上升高度分别为 a 和 b.上楼梯时,后腿拉成一直线,设 θ 为前腿屈曲所形成的角.若身体重心(点)与前腿脚腕成一条直线,高度为 h,并和楼梯面垂直.由勾股定理和余弦定理可得以下两个方程:

图 4-2

$$(h+b)^2 + a^2 = (2l)^2, \qquad ①$$
$$h^2 = l^2 + l^2 - 2l^2\cos\theta, \qquad ②$$

由①②式消去 h,得

$$\cos\theta = \frac{a^2 - b^2 + 2b\sqrt{4l^2 - a^2} - 2l^2}{2l^2},$$

化简,得

$$\cos\theta = \frac{1}{2}\left[\left(\frac{a}{l}\right)^2 - \left(\frac{b}{l}\right)^2\right] + \frac{b}{l}\sqrt{4 - \left(\frac{a}{l}\right)^2} - 1.$$

一般来说,$l > a > b$,$90° < \theta < 180°$.从③式看到,较大的 l 值会产生较大的 θ.因此,腿长的人上楼梯会较一般人轻松.

由此我们还可得出:登山时,为了节省体力,一般不要跨太大的步子;选拔登山运动员时,可选择腿较长的人.

对于数学应用还存在一个误解,认为只要数学知识学好了,自然就会应用,其实不然.培养学生应用数学的意识是一件不简单的事情,它绝不是知识的附属产品.为了培养学生的应用数学意识,必须使学生受到必要的应用的实际训练,否则强调应用意识就会变成空洞的说教.因此我们说,培养学生的数学应用意识是一项不容易的数学教学任务,它牵扯到数学教育观念的变革以及数学素材的选用.

数学教育中要充分发挥数学的技术教育功能,必须重视数学应用的教学.数学教育要有助于学生建立对数学全面、正确地认识,使学生具有适应生活和社会所必需的数学能力,使他们能亲身运用所学的数学知识和思想方法去思考和处理问题.

二、充分发挥数学的技术教育功能

除能解决实际问题外,数学还提供了普遍适用并且强有力的思考方式——数学的思考问题的方式,包括直观判断、归纳类比、抽象化、逻辑分析、建立模型,将纷繁的现象系统化(公理化方法)、运用数据进行推断、最优化等,用这些方式思考问题,可以使人们更好地了解周围世界;使人们具有科学的精神,理性的思维和创新的本领;使人们充满自信和坚韧.也就是说,数学的技术教育功能的充分发挥,可促进数学的文化教育功能(将在第 5 章专门论述)的发挥,提高人类的文化素养和整体素质.

数学教育要使学生学会数学地思考问题.一提到数学地思考问题,许多人就把它等同于演绎推理能力,当然,这方面的培养是需要的,但如果我们只是注意数学的演绎思维就不够了,甚至会产生副作用,即形成思想呆板的状况.数学在表达和议论上是需要严格的,所以采用的是演绎的方法;但从实际问题抽象出概念和模型、构思证明方法等,则是一种归纳和直觉方法.归纳与演绎相结合,直观与抽象相结合才能抓住事物的本质,进而构成系统的抽象过程,这是一种独特的思考方式.数学更重要的是培养学生的这种思考方式,并将它应用于日常生活和工作.很多科学家、思想家用这种思维方式研究科学和社会问题,获得了巨大的成功.掌握并运用数学的思考方式,对于一个现代社会的公民来说是十分重要的.

问题与课题

1. 如何理解数学作为"工具"的价值?

2. 数学语言有哪些基本特征? 数学语言与一般语言的联系和区别是什么?

3. 论述数学语言的教育价值.

4. 数学语言与数学教学语言有什么联系和区别? 使用数学教学语言应注意哪些问题?

5. 简述数学的技术教育功能.

6. 如何通过充分发挥数学的技术功能,激发学生热爱数学,从而培养学生积极学习和热爱数学的情感和态度?

第5章 数学的文化教育功能

文化作为名词有两种含义. 从广义讲,即文明,是指人类社会的开化与进步的一般状态和程度,即人类在社会历史发展过程中所创造的物质财富和精神财富的总和;从狭义来说,是指意识形态以及与之相适应的制度和组织结构. 简而言之,由人创造的事物或对象都可以叫做文化.

数学是人类智慧的结晶,它作为社会进步的特点之一,是文化的重要组成部分. 众所周知,数学的发展是人类文明发展的重要内容. 美国数学家、数学哲学家怀尔德(Wilder)于1981年就提出"数学是一种文化体系". 文化作为动词,即文而化之,也就是说,数学学科对人类的发展有相当的教化功能. 如何认识数学的文化教育功能? 这是数学教育的一个基本理论问题,也是数学教育工作者为了卓有成效地进行数学教育而必须具备的一种数学教育理论修养——科学的数学教育观.

§5.1 概 述

数学的文化教育功能,即指数学在培养和发展人的文化素质品格方面的功能. 所谓人的文化素质品格包括:修养、信仰、道德、艺术、风格、认知能力和习惯等,这些都是经后天学习训练而获得的稳定的对人生长期发挥作用的基本品质. 当然,除数学外,其他教育也都有文化的基本教育功能,但是数学有自己特殊的文化教育功能. 然而,由数学在应用上的极其广泛性,特别是18世纪以来,由于微积分的发明,它在应用上的光辉成果,使数学的工具性越来越突出,以至于人们形成了这样一个观念:数学只是技术,从而掩盖了它所固有的文化品格. 就当前而言,数学教育中的功利主义观念很强,普通中小学把数学作为升入高一级学校的敲门砖,而大学的工科等学科的数学教育,更是向纯粹工具的观点倾斜. 数学的文化品格变成了少数数学哲学家的研究内容,数学的文化教育功能很少为广大数学教育工作者所重视,更很不为广大受教育者所了解. 20世纪著名数学家柯朗(R. Courant)在其著作《数学是什么》第一版的序言中说:"2 000多年来,掌握一种数学知识已被视为每个受教育者必须具备的能力. 数学这种在教育中的传统地位,今天出现了危机. 不幸的是数学教育工作者对此应负其责. 数学教学,逐渐流于无意义的单纯地演算习题的训练. 固然,这样可以发展形式演算能力. 但无助于对数学的真正理解,无助于提高独立思考的能力."

从历史上看,作为雅典智者学派的代表人物柏拉图曾在其学校门口张榜声明:不懂几何者,不许入内. 这并不是因为他的学校里所学的课程非要用到这样那样的几何知识不可,相反的,柏拉图的学校所设置的尽是关于社会、政治和伦理学的课程,所探讨的问题也都是关于社会、政治和伦理方面的问题,并由此而研究人们的存在、尊严和责任,以及他所面对的上帝与未知世界的关系,而不须几何作为工具. 柏拉图要求他的弟子们通晓几何学,绝非着眼于数学之工具品格,而是立足于数学的文化教育功能. 柏拉图学派的这种传统,对于西方文明发展的影响极其深远.

法兰西天才军事家拿破仑(Napoléon)青少年时代酷爱几何,曾受教于数学家拉普拉斯,具有良好的数学文化素养(但他不是数学家),凭他的经验和直觉,意识到数学对促进物质生产技术和提升人类精神文化素养的重要作用,1800年左右,曾提出:"国富民强要依靠数学发达."

英国律师至今要在大学里学习许多数学课程,这也不是其所学的那些法律课程都要以高深的数学知识为基础. 而是出于这样一种考虑,那就是通过严格适当的数学训练,使之养成一种坚定不移而又客观公正的品格,形成一种严格而精确的思维习惯,从而对他们的事业取得成功大有裨益.

数学在提高人们的推理能力、抽象能力和创造力等方面有着独特的作用,它作为一种文化形态,其内容、思想、方法和语言是人们养成文明习惯、塑造文明规范的重要载体.

一、数学文化的精神

数学发展至今,尽管分支众多,发展迅猛,但在其历史进程中,伴随而生并逐渐形成了一个独具特色的统一的数学思想方法体系.

所谓数学思想方法体系,是指人们在认识或处理各种问题的过程中,所表现出来的种种数学观念及思维方式. 它既涉及认识论方面的内容,又涉及方法论方面的因素. 其认识的客体包括数学研究的对象及其特性,研究途径与方法特点,研究成果的精神文化价值及对现实世界的实际作用,内部各种成果或结论之间的相互关系等.

数学方法上的重大突破,或是新的数学思想方法的诞生,不仅导致了新的数学分支的产生,提高了人们认识世界解决实际问题的能力,而且促使人们的观念发生变化,提供了科学的认识世界和对待世界的新途径.

例1　算术中,由于人们把已知数与未知数严格对立起来,只允许已知数参与运算,未知数完全处于被动地位,总是"等待"由已知数计算出它的值,不惜强迫逆向思考,人为地创造困难. 尽管对算术问题煞费苦心地进行各种分类,什么工程问题、流水问题、盈亏问题、鸡兔同笼问题等,但仍然使人们难于掌握. 代数中,人们不再把已知数与未知数对立起来,不再将其个性绝对化,而是明确承认未知数也是数,同已知数一样参与运算(用一个符号代表数),于是解题过程大为改变. 用列代数方程的方法,揭示已知数与未知数之间的联系,可以使解决问题的过程直陈直写,轻而易举. 正如牛顿所说:"要想解一个有关数目的问题或有关的抽象关系的问题,只要把问题里的日常语言翻译成代数的语言就成了."这就是代数(方法).

这种思想对微分方程、函数方程同样是有效的. 这就是方程思想.

例2　公元前3世纪至公元14世纪,几何学占据主导地位. 随着数学研究和应用范围的日益扩大,用几何方法来解决数学问题越来越困难. 16世纪代数学发生了突破性的变革,符号的系统使用和深入探索方程理论,使得代数从算术和几何的襁褓中分离出来,逐渐演变成一门独立的数学分支——代数学.

笛卡儿于1637年发明了解析几何. 其基本思想是:

(1)坐标观点:用有序实数(x,y)表示平面上的点的位置;

（2）代数方程表示曲线：即把有相互关联的两个未知数的方程 $F(x,y)=0$ 看成平面的一条曲线.

通过点动成线的思想把坐标法具体应用到建立曲线方程，再通过研究方程来研究曲线性质，真正实现了代数与几何的有机结合.

解析几何的发明，不仅仅是创建了一门新的数学分支，更重要的是引起了数学思想方法的重大变革，使得形与数、几何与代数统一起来. 不但如此，还开拓了代数学与几何新的研究领域，加速了微积分形成的历史进程. 1666 年，牛顿和莱布尼兹发明了微积分. 恩格斯指出："数学中的转折点是笛卡儿的变数. 有了变数，运动进入了数学；有了变数，辩证法进入了数学；有了变数，微分和积分也就立刻成为必要的了……""只有微积分才使得自然科学有可能用数学来不仅仅表明状态，并且也表明过程：运动."

例 3　"微积分学，或者数学分析，是人类思想的伟大成果之一，它处于自然科学与人文科学之间的地位，成为高等教育的一种特别有效的工具. 遗憾的是，微积分的教育方法有时流于机械，不能体现出这个学科是一种撼人心灵的智力奋斗的结晶；这种奋斗已经历了 2 500 年之久，它深深扎根于人类活动的许多领域，并且，只要人类认识自己和认识自然的努力一日不止，这种奋斗就将继续不已."（R. Courant 语）[10]

不仅如此，数学作为天文、物理和其他自然科学的有力工具，它的自身发展与广泛使用，使人类对宇宙的性质与结构的认识不断变化，从而影响人类宇宙观的演变.

"16 世纪以前的宇宙观的演变，其归根结底不过是数学模型的变换."[6]

"17 世纪牛顿和莱布尼兹不约而同地创建了微积分学，正是这一强有力的工具出现，才使牛顿得以建成那个时代的力学体系."[11]促使人们形成了早期的机械唯物主义的宇宙观.

例 4　爱因斯坦的时空关系相对性的发现，得益于非欧几何的诞生，它改变了人类的时空观，更重要的是促进了人类思想的大解放. 19 世纪以前，数学研究的对象还停留在人类直接经历的事物或现象之中，非欧几何的发现，则使人的思维，从直接经验向"人类悟性的自由创造物转化. 这种转变解放了人类自己，使人类理性走到了直接经验面前."

数千年来，哲学家和数学家梦寐以求，试图用某种统一的方法来研究和整理数学，建立数学的统一基础. 古希腊的毕达哥拉斯学派曾试图把数学统一于有理数，然而无理数的发现使这种设想宣告失败. 从而改变了人们的自然观，同时又促进了数学的发展. 后人又希望把数学统一十欧几里得几何之中，非欧几何的诞生使这一希望归于破灭. 17 世纪，莱布尼兹、弗雷格和罗素希望把数学统一于逻辑，但是运用逻辑方法推得的结论，有时表述极不通俗，令人费解，面对"无限性"则表现得无能为力，故希望再度破灭. 到了 19 世纪，在数学史上发生了两次重大的数学思想方法变革. 一是 1837 年康托创立了集合论，发现了无穷集之间可以比较大小，并具体证明了实数比自然数多，从而使人类的数学思维进入了无穷王国；二是数学家希尔伯特于 1899 年建立了新的公理化方法，重建了欧几里得几何基础. 由于集合论和新公理化方法的出现，标志着现代数学的诞生，推动了数学各个分支的统一，也再次带来奠定现代数学统一基础的希望. 然而，"悖论"的发现，又……

数学思想方法变革史，是人类文化史中极为重要的一部分. 数学思想是人类思想文化中的瑰宝,它不仅影响数学本身的发展,而且也影响着人类社会的其他各个领域. 数学思想方法在它产生和形成过程中,自始至终蕴含着一种理性主义的探索精神,这种精神激励人们"认识宇宙,也认识自己".

二、数学文化的特点

数学文化作为人类文化的重要组成部分,有其自己的重要特点.

1. 数学文化在追求一种完全确定、完全可靠的知识

数学的对象必须有明确无误的概念,其方法必须由明确无误的问题开始,遵循明确无误的推理规则,借以达到正确的结论. 数学方法不仅成为人类认识方法的一个典范,也成为人在认识宇宙和人类自己时必须持有的客观态度的一个标准. 就数学文化而言,达到数学真理的途径既有逻辑的一面也有直觉的一面,但就与其他科学比较而言,就影响人类文化的其他部分而言,它的逻辑方法是最突出的. 每个论点都必须有根据,都必须持之有理,无懈可击. 除了逻辑的要求和实践的检验以外,任何其他习俗、宗教的权威、皇帝的赦令都是无济于事的,这是一种追求真理的精神. "数学的这样的一种求真的态度,倾毕生之力用理性的思维去揭开伟大而永恒的谜——宇宙和人类的真面目是什么? ——人类文化发展到的高度标志."[11]这个伟大的理性探索,既是数学文化发展的方向,又是数学发展必不可少的文化背景,反过来,也是数学贡献于文化的最突出的功绩之一.

2. 数学文化追求最简单的、最深层次的、超出人类感官所及的宇宙的根本

从古希腊毕达哥拉斯学派起,人们就有一个信念,世界是合理的、简单的,因而是可以理解的. 这个世界的合理性,首先在于它可以用数学来描述,从古至今数学科学发展实现一次又一次重大的理论综合,所有这些研究都是在极度抽象的形式下进行的,人们一次又一次地看到宇宙的根本规律表现为一种抽象的,至少数学味很浓的设计图,这是一种化繁为简以求统一的过程,这不是幻想,而是现实.

3. 数学文化不仅研究着宇宙的规律,而且也研究数学自身

数学在发挥自己力量的同时,又研究着自己的局限性,从不担心否定自己. 数学在不断反思,不断自我批判,并且以此开辟自己前进的道路,是一种生命活力极强的文化. 数学在证明一个个定理,数学家就要问什么叫证明? 数学越发展,取得的成就就越大,数学家就要问自己的基础牢固否? 越是表面上看似没问题的地方,越要找出问题来. 当然,任何科学要发展都要变,"有不易才得以传承,无变异则不能发展",这是文化发展的规律,但是其他科学只有在与实际存在的事物、现象或实验的结果发生矛盾时才变. 唯有数学文化,时常是在理性思维感到有问题时就要变. 而且,其他科学中"变"的倾向时常是由数学中的"变"直接或间接引起的. 到了最后,数学开始怀疑起自身整体,考虑自己力量何在? 大概到了 19 世纪末,数学向自己提出问题:我真是一个没有矛盾的体系吗? 我真正提供了完全可靠确切无疑的知识吗? 我自认为是在追求真理,可是"真"究竟是指什么? 我证明了某些对象的存在,或者说我无矛盾地创造了自己的研究对象,可是它确实存在吗? 我如果不能真正地把这些东西构造出来,又是怎么知道它存在呢? 等等. 数学在整体上反思自己,解剖自己. 数学家、数学教育家齐民友先生对此做了精辟的比喻:"数学是一棵参天大树,她向天空伸出自己的枝叶,吸收阳光. 它不断扩展

自己的领地,在它的树干上筑有越来越多的鸟巢,它为越来越多的科学提供支持,也从越来越多的学科中汲取营养. 它又把自己的根伸向越来越深的理性思维的土地中,使它越来越牢固地站立. 从这个意义上讲,数学是人类理性发展的最高成就之一."[12]

4. 数学文化深刻地影响着人类的精神生活,它是人类创造的最伟大的精神财富

数学大大地促进了人的思想解放,提高并丰富了人类的整体精神水平. 从这个意义上讲,数学文化使人成为更完全、更丰富、更有力量的人. 古希腊欧氏几何的诞生,标志着有现代意义下的数学科学,它第一次提出了人类理性思维应该遵循的典范,也第一次提出了认识宇宙的数学设计图的使命. 欧洲文艺复兴时期的数学直接继承了古希腊的数学成就,终于成了当时科学技术革命的旗帜. 它的主题仍然是"认识宇宙,也认识人类自己". 哥白尼(N. Copernicus)对宗教很虔诚,他从不认为自己的学说有教义. 但他相信希腊人的思想,即宇宙是和谐的,是按数学模型设计的. 哥白尼的日心说"完全是来自希腊的数学理论. 无怪它的理论开始时只是得到了数学家的支持. 哥白尼以为自己找到了上帝设计宇宙的更和谐更简洁的数学方案,殊不知,他却彻底否定了上帝的宠儿——人——在宇宙中的中心地位".[13] 17 世纪数学的发展以微积分的问世达到顶峰,取得了极其辉煌的胜利. 这时,这个由希腊起源的文化,随着资本主义的兴起与发展,从地域上说是成了全世界的文化. 这时的科学技术的指导思想是机械唯物论,而数学(微积分)是其主要武器. 后来的非欧几何的出现是人类思想的一次大革命,说到底是一次思想解放,是把人从偏见下解放出来. 数学的对象越来越多的是"人类悟性的自由创造物",曾引起过多少人对数学的误解和指责,实际是人类的一大进步. 人在自己的成长中发现,单纯直接的经验去认识宇宙是多么不够. 人既然在物质上创造了自然界本来没有的东西——一切工具、仪器等来认识和改造世界,为什么不能在思维中创造出种种超越直接经验的数学结构来表现自然界的本来面目呢? 非欧几何的确立从根本上动摇了牛顿的时空观,为相对论的出现开辟了道路.

21 世纪信息时代的到来,使数学显得更加重要,因为高科技与高效率的经济管理本质是数学技术. 人们越来越认识到没有现代数学就不会有现代文明,没有现代数学的文化是注定要衰落的.

数学文化最根本的特征是它表达了一种探索精神. 数学的出现,确实为了满足人类物质生活需要,可是离开了这种探索精神,数学是无法满足人类物质生活需要的. 然而,悖论的出现,特别是哥德尔不完全定理的出现,使数学认识到自己的局限性. 数学使人类认识到自己"渺小的一面",使人类反思自己"改造自然"等狂妄口号,使人类认识自己不能干什么,不可干什么,"数学理性精神"中也应包括自知自限精神.

§5.2　数学的文化教育功能

既然承认数学是一种文化,那么作为一门文化的数学,理应对人的发展有相当的教育功能.

一、以"数"载"智",惠及人生

智,智慧,见识. 智力,指人认识、理解客观事物并运用知识、经验等认识问题、分析问题和解决问题的能力,包括记忆、观察、思考、想象、判断等. 智育:启迪智慧,开发智力的教育. 所谓数学的智育功能,是指数学在开发人的智力、发展人的认知能力方面的作用和意义.

1. 数学是培养思维品质的最理想的学科

每个正常人的思维能力的先天素质一般差别不大. 思维能力作为一种"潜能",只有训练才能转化为"显能",才能变成认知能力,而数学在此种训练中具有不可或缺的作用.

数学是培养推理能力的最理想学科. 推理能力不是天生就有的,而是后天获得的. 只有通过教育,才能形成和发展. 而数学在训练此种能力方面是最经济的. 人类的推理能力在于,在完全相信推理之前,可以用其他方法来确认推理要素的真伪,以及推理是否完美. 因为数学有如下特点:一是任何术语都被清楚地解释而无歧义;二是证明过程都是严格地合乎逻辑而不含糊,不受权威意见制约和限制;三是一些有悖于常理的概念与理论,只要它对数学的发展能起促进作用,就不会长期被人们所拒绝,因此,数学是适合推理的学科.

在数学中,人类的理性可以最大限度地发挥出来,并以此来促进人类理性的发展,人类的思维可以最大限度地解放,且"实事求是",能自知自限. 思维能力的核心是逻辑思维能力,数学是培养逻辑思维能力最经济的材料. 加里宁说:"数学是锻炼思维的体操."罗蒙诺索夫说:"至于数学,即使只不过是人们的思维条理,也应该学习."数学训练的思维能力不仅在于严格的逻辑推理,而且数学还是学习合情推理的优良素材. 数学本身既有严密的体系,又是生动活泼的发明创造,包括想象、类比、联想、归纳、直觉等方面,并表现得淋漓尽致. 学习数学是学习数学化. 因此,数学是学习发现问题、提出问题、分析问题、解决问题的思维程序,是培养探索解决问题能力的最经济的场所. 数学的思维功能是数学的文化教育功能最突出的体现,是数学思维价值体系中的核心部分. 数学思维从宏观上看是一种观念形态的策略创造. 数学在思维能力培养方面,应把着力点放在培养学生的数学意识上,让学生学会用数学的眼光、数学的方法去透视事物,数学意识是每一个现代人所必备的文化修养,而数学思想方法就是数学思维策略创造的结晶.

例1　无理数的发现,推翻了早期希腊人坚持的信念——给定任何两条线段,必定能找到第三条线段(也许很短),使得给定线段都是这条线段的整数倍——二线段可公度. 这种"不可能性"促使人们更深入地进行理性思考.

2. 数学可培养人对"一般性"的洞察力

所谓"一般性",是对自然、社会和人类生活认识发展的基本特征. 对"一般性"的洞察力是指分析、鉴别有关问题的能力,再经融会贯通后获得的抽象见解. 对"一般性"的洞察力从思维形式上看,就是直觉思维. 直觉思维为解决问题提供了最好的先导,可以帮助人们在思维时有所突破,有所创新. 对一般性的洞察力不仅关系到对个别事实和技巧的掌握,更重要的是获得对主要模式、联系和机制的总体看法,数学教育应面向每一个人,使他们具有对一般性的"洞察力". 这是因为数学思维除严谨性外,还具有灵活性、开放性和创新性. 承担这方面的任务对数学教育来说,乃是一种不寻常的使命.

例2　在宏观经济数学模型中,对经济学设想、数学的构成与其在计算机程序中的技术性描述应加以区分. 对数学模型的理解需要人们对"一般性"的洞察力. 反过来,通过数学建模,又可以培养人对"一般性"的洞察力.

3. 数学具有培养人的辩证思维能力的作用

数学是辩证的辅助工具和表现形式. 数学抽象思维具有辩证的特点:数学概念的形成,数学思想的更新,数学方法的演进,处处充满着辩证法. 在数学中,抽象与具体,理论与经验,量与质,直与曲,数与形,已知与未知,连续与离散,必然与偶然,有限与无限,精确与模糊,清晰与混沌等对立概念,在一定条件下可相互转化,这说明数学中充满着辩证法. 人们仅用形式逻辑思维方式认识数学是远远不够的,还必须用辩证唯物主义观点. "数学使思维产生活力,并使思维不受偏见、轻信和迷信的干扰."[13]因此,数学教育应重视学生辩证唯物主义世界观的培养.

总之,数学在开发人的智力,发展人的认识能力方面,不仅仅在于严格的逻辑推理,而且数学还是学习合情推理与辩证推理的课堂.

二、求真立德,以德育人

德,品行. 所谓德育,即思想和道德品质的教育. 数学的德育功能,是指数学在形成和发展人的人生观、价值观、个性特征、道德准则方面所具有的作用和意义. "要确立辩证的同时又是唯物主义的自然观,需要具备数学和自然科学知识".[1]数学教育对发展人们的辩证唯物主义世界观方面的作用毋庸置疑;然而,数学教育对学生的科学的人生观、价值观的形成和完善,对学生确立"道德基础和道德原则"的作用,在过来的数学教育中却没有得到应有的重视. 人的毅力,刻苦精神,对真理的追求,对问题实事求是的态度,协作共事的作风以及自知自限等人文修养和人文精神,都是做人的基本准则,又是高尚的人的基本品格,但不是与生俱来的,而是后天通过接受教育、学习、实践培养锻炼逐步形成并完善的,数学教育具有这个重要功能.

例 3　学生在解题过程中,往往要攻难克坚,胜不骄败不馁,要珍惜微小的进步,能够耐心等待"机会",当主要念头(机会)出现时全力以赴. 如果一个学生在学校里没有机会尽尝为求解而奋斗的喜怒哀乐,那么他的数学学习在最重要的地方失败了! 无论做什么事情,人的决心总会随着希望与失望,称心与挫折而波动摇摆. 解数学题也一样,当认为解答在眼前时,决心很容易维持;当陷入困境、无计可施时,决心则难于维持下去;当推测成为现实时,会欢欣鼓舞;当以某种信心所遵循的道路突然受阻时,不免垂头丧气,决心随之动摇. 只有"临危"而"受命",百折而不挠,才称得上意志坚强,才会受人尊敬和信守职责,才是具有高尚品格的人. 目标已定,就要锲而不舍. 不要轻视微小的进展,相反,要追求它们.

前苏联数学家、数学教育家辛钦(A. Я. Хинчин)曾说:"数学课对于培养正确与严密的思维能力方面的作用和意义,已经被人们讨论的很多了. 相反,关于数学课对于形成学生性格和道德个性方面的作用还没有被谁谈到过,这是十分清楚的. 从学科的抽象性讲,数学科学自然不能像历史、文学那样,为学生提供一个印象直接、伦理方面有助于性格形成的形象画面或激情. 但是,由此得出结论,认为数学课在形成学生的道德个性方面完全无能为力,则是最肤浅的看法."他说:"钻研数学科学必然会在青年人身上循序渐进地培养出许多道德色彩明显,并进而能够成为其主要品德因素的特点,这是数学教师应该承担的任务,把这一过程变得更加积极,把成果变得更加扎实,这对数学教育者来说是责无旁贷的任务."[14]在通过数学教育形成学生的性格特征中,他着重谈了四点:真诚、正直、坚韧和勇敢. 周春荔教授指出:"数学是一门论证科学,其论证的严谨使人诚服,数学的真理性使人坚信不疑,数学无声地教育着人们尊重事实,服从真理这样一种科学精神;数学是一门精确的科学,在数学演算中,来不得半点马虎,在数学推理中,更容不得粗心大意,粗枝大叶、敷衍塞责是与数学的严谨性格格不入的,因此数学使人缜密.学习数学可以造就人精神集中,做事认真负责;数学是一门循序渐进、逻辑性很强的抽象科学.学习数学,攻克具有挑战性的问题,会逐渐造就人们脚踏实地、坚韧勇敢、顽强进取的攀登奋斗的探索精神."[11]

一个人进入社会以后,由于长期没有机会应用数学,把所学的数学知识"都还给了老师".但是,他们当年所受的数学训练,却一直在他们的事业、生存方式和思维方法中起着重要作用;在数学学习过程中领悟到的数学精神、思想、方法,作为一种品格的力量,终身受用.所以说,数学不仅"益智",还可"载道".这些都体现了数学的德育功能.

三、"数""美"结合,以美启真

美,美是心借物的形象来表现情趣,是合规律与合目的的统一.即自然界的客观真理与人的主观感受和谐统一.所谓数学的美育功能,就是指数学在培养和发展学生的审美情趣和能力、以美启真方面的作用和意义.

从一般意义上来说,美有客观性也有主观性.客观性是美具有的一种不因人而异的客观属性.数学美是一种科学美,它的客观属性体现在具有数学倾向的美的因素、美的形式、美的内容等方面.美的主观性就是审美主体,即审美者自身,对美的感知其中包括审美者对美的感受水平、对美的鉴赏、对美的创造以及对美的方法的领悟.数学美的客观性和主观性是紧密联系的.美没有具体的表现形式,人们就无法去鉴赏;没有人对数学美的创造与追求,也就不会有数学美的存在.例如,黄金分割数$(\sqrt{5}-1)/2 \approx 0.618\ 033\ 98\cdots$,就是数学美的一个因素,这是因为它的几何结构具有美的形式,又具有"再生性".把这种分割用于建筑、音乐、美术中就能产生协调的比例、动听的节奏和优美的线条,给人们美的享受.正五边形对角线的交叉分割是黄金比,而人的思维活动的"心脑最佳频率耦合系数"也是以黄金分割数为中心.[15]这既是自然造化的巧合,又是数学规律的美的客观性与人类体验的主观性的和谐统一.因此,人们就受到启发而创造出美的数学方法——黄金数0.618优选法.

蜜蜂的构房方法与数学的极值理论完全吻合,能够使表面用料最省;台球的桌边反射与光线的镜面反射能够使通过的路程最短,与三角形的两边之和大于第三边的原理一致;著名的欧拉公式$e^{i\pi}+1=0$,把最重要的五个特殊单位常数统一于其中;祖冲之发现的圆周密率以其355/133的和谐形式呈现;刘徽的割圆术蕴含了变量数学的微积分方法且反映了无限与有限、近似与精确、曲与直的转化和统一;秦九韶(或海伦)的三斜求积公式以其轮换对称的排列出现.如此等等,都是数学美的具体体现.

1. 数学美的"两性"与审美情趣的培养

数学有丰富多彩的美的因素,古今中外的数学家、哲学家对数学美的内容都有过研究和论述.古希腊亚里士多德(Aristotle)认为数学"美的主要形式就是秩序、匀称和确定性".我国著名数学家徐利治教授指出:"作为科学语言的数学,具有一般语言文字和艺术所共有的美的特点,即数学在其内容结构上、方法上也都具有自身的某种美. 数学美的含义是丰富的,数学概念的简单性、统一性,结构系统的协调性、对称性,数学命题和数学模型的概括性、典型性和普遍性,还有数学中的奇异性等都是美的具体内容." 法国著名数学家庞加莱认为:数学美"是不同部分的和谐、对称,是其巧妙的协调,是所有那种导致秩序,给出统一,使我们立刻对整体和细节有清楚的审视和了解的东西". 我国著名的思维科学家张光鉴认为:"美的感受是客观的运动、发展的相似性与人脑中存储的信息'相似块'之间的相互的和谐与共鸣,"[16]美的感受也是一种意境. 爱美之心,人皆有之,美即是真,而数学就是这样一门"既真又美"的科学.

综上可认为,数学美的主客观性特征主要有以下几个方面:简洁美(包括符号美、抽象美、统一美)、和谐美(包括对称美、形式美、相似美)、奇异美(包括神秘美、有限美、常数美).

(1)简洁是数学美的基本特征之一. 数学研究避重就轻,以简取胜. 千言万语说不清,讲不完;千头万绪,虽理还乱的现象,如果处理得当,用数学语言可以"一言蔽之". 数学归纳法就是典型:两句话胜过讲千万句,这当然不是笑话. 数学是客观事物的量的关系和空间形式的高度抽象、概括和统一,而经过人们不同程度抽象以后所获得的数学形式和结构,总是在不同的范围内以符号的简单形态呈现. 不仅如此,简单还在于体现"对困难和复杂问题的简单回答". 例如对数的发明和二进制数的研究及在计算机上应用,就是为了追求计算的简单.

(2)和谐是数学形式在不同层次上的协调. 数学形式和结构的对称性,数学命题关系中的对偶性等都是数学对称性的自然体现. 如形与数的对应关系,圆形、球体、正多边形、正多面体、旋转体和圆锥曲线等各种几何图形,给人以完善、对称的美感. 在高等几何中,点与直线的对称性表现为对偶原理. 在数学解题方面,对称方法和反射方法使问题解决的过程简洁明快,这些都是对称美的体现.

数学中的各种具体内容和形式之间存在着大量的类似和相近的现象,这些都表现为某种意义的和谐性. 包括数学图形与式子的相似,数学关系和结构的相似,数学规律和方法的相似,数学命题的相似等. 正是由于客观相似的存在,人们才能运用已知的数学模式,通过归纳、类比、想象、猜想等合情推理去探索数学新规律,发现新知识. 相似的因素及关系使得数学中的特殊化与一般化、移植与模拟发挥着数学的猜想和发现的功能. 因此可以说:相似美也是一种创造美.

数学推理的严谨性和无矛盾性也是和谐性的一种体现. 和谐性还表现在某种意义上的不变性. 数的概念的一次次扩张和数系的统一,运算法则的不变性是和谐性的另一种表现. 几何中的圆幂定理是相交弦定理、切割线定理的统一形式;拟柱体积公式是柱、锥、台、球等各种几何体的万能公式. 还有三角中的万能代换,解析几何中的圆锥曲线的统一公式等都是数学关系和谐统一的明显例证.

总之,和谐就是协调、统一、秩序. 是指若干事物相互共处,相辅相成. 一场成功的音乐会,管、弦、锣、鼓和声演出,为一好例. 在数学研究中,不论空间形式或是数量关系在一定条件下所有命题、公式虽各有个性,却从无矛盾;即使条件变了,命题的形式还能通过对称、对偶、对应等手段和谐地变换着.

例 4　在平面直角坐标系中,设 $\triangle ABC$ 三顶点坐标分别为 $A(x_1,y_1)$、$B(x_2,y_2)$、$C(x_3,y_3)$,则其面积为

$$S_{\triangle ABC} = \frac{1}{2} \begin{vmatrix} x_1 & y_1 & 1 \\ x_2 & y_2 & 1 \\ x_3 & y_3 & 1 \end{vmatrix}.$$

在四面体中有对应计算方法:设四面体 $A\text{-}BCD$ 在空间直角坐标系中,四顶点坐标分别为 $A(x_1,y_1,z_1)$、$B(x_2,y_2,z_2)$、$C(x_3,y_3,z_3)$、$D(x_4,y_4,z_4)$,则其体积为

$$V_{A\text{-}BCD} = \frac{1}{6} \begin{vmatrix} x_1 & y_1 & z_1 & 1 \\ x_2 & y_2 & z_2 & 1 \\ x_3 & y_3 & z_3 & 1 \\ x_4 & y_4 & z_4 & 1 \end{vmatrix}.$$

又设 $\triangle ABC$ 的三边长分别是 a、b、c,有其面积的海伦(Heron)公式:

$$S_{\triangle ABC} = \sqrt{p(p-a)(p-b)(p-c)}, \quad p = (a+b+c)/2.$$

它等价于秦九韶公式:

$$S_{\triangle ABC} = \frac{1}{2} \sqrt{a^2 c^2 - \left(\frac{a^2 + c^2 - b^2}{2} \right)^2}.$$

后者又可以用行列式表示如下:

$$S_{\triangle ABC}^2 = \frac{1}{16} \begin{vmatrix} 0 & 1 & 1 & 1 \\ 1 & 0 & c^2 & b^2 \\ 1 & c^2 & 0 & a^2 \\ 1 & b^2 & a^2 & 0 \end{vmatrix}.$$

而如果四面体 $A\text{-}BCD$ 的棱长分别是 $AB=a,AC=b,AD=c,BC=l,CD=m,DB=n$,那么体积为

$$V_{A\text{-}BCD}^2 = \frac{1}{288} \begin{vmatrix} 0 & 1 & 1 & 1 & 1 \\ 1 & 0 & l^2 & m^2 & n^2 \\ 1 & l^2 & 0 & c^2 & b^2 \\ 1 & m^2 & c^2 & 0 & a^2 \\ 1 & n^2 & b^2 & a^2 & 0 \end{vmatrix}.$$

命题因推论、推广、开拓进入新的境界,新旧虽有区别,但仍是和谐地前后统一着.

例5 1792年,柏林天文台台长、德国天文学家波德总结前人的经验,整理发表了一个"波德定律",为人们计算太阳与诸行星之间的距离提供了一个经验法则. 设地球与太阳的距离是10,则太阳到各行星的距离分别是(如下表):

行 星 名	水 星	金 星	地 球	火 星	木 星	土 星
与太阳的距离	4	7	10	16	52	100
距离减4后	0	3	6	12	48	96

上面表格下一行中:若12与48之间添上24,不计前项,其余各项是一个公比为2的等比

数列. 1781 年,天王星被发现,它与太阳的距离为 192(按上面规律应为 $92 \times 2 + 4 = 196$,与 192 甚接近!). 从数列的和谐上看,人们怀疑在位于 28 的位置上还应有一颗小行星. 天文学家忙碌了 20 年,1801 年 1 月 1 日,意大利天文学家皮亚齐偶然在那个位置上发现了一颗行星,数学家高斯给出了确立行星轨道的方法,同年 12 月 7 日,人们找到了这颗小行星,它被命名为谷神星. 这个例子突出说明自然界的规律性的美的特点,也给出了追求数学美的特点在探索自然规律中的作用.

(3) 奇异美是指数学中的和谐或统一在一定条件下的破坏,是数学中新思想、新理论、新方法对原有习惯法则和统一格局的突破. 奇异性的特征是新颖、奇特、神秘、出人意料. 在数学发展史上,挪威数学家阿贝尔关于"五次及五次以上一般形式的代数方程不可能有根式解"就是一个奇异的结论. 这在当时是一个难以置信的结果,非常神秘. 正是这种奇异性的驱动,使后来的伽罗华创造了群论,从而使代数学的研究由局部性转向系统结构的整体性分析. 非欧几何的创立,哈密顿四元数的发现,欧氏几何中尺规作图不能问题(三等分角、化圆为方、倍立方)以及平面上不存在整数格点的正三角形等都是奇异美的典型表现. 集合论中的悖论以及微积分中狄利克雷函数(§3.2 例 6);δ-函数(§1.4 例 11);外尔斯特拉斯函数(§3.2 例 6)等奇异函数,都是对奇异美追求的结果. 奇异性是和谐统一性的升华,而新的和谐统一又是奇异美的进一步发展.

所谓数学直觉实际就是审美直觉. 人们对数学美的追求和创造,很大程度上促进了数学的发展. "感受到自然和人类的美,并用美丽的语言讴歌她,这就是诗歌;用美的色彩和形态表现她,这就是绘画;而感受到存在于数和形的美,并以理智的证明去表现她,这就是数学". [17]

(4) 数学美的辩证性或辩证美:数学中的转化、变换(其中存在着不变)体现着数学美. 黄金比、自相似性体现着再生美. 有时一件事相反两面都是美,如有完全美又有破缺美,有直观美又有抽象美,有形式美又有理性美,有外在美又有内在美,有明晰美又有混沌美,有单纯美又有混合美,等等. 丑到极端又是美,美丑可互化,等等. 而数学美本身又是客观与主观的辩证统一.

2. "以美启真"是数学思维的重要策略

"以美启真"是指用美的思想去开启数学真理的大门,用美的方法去发现数学规律、解决问题. 数学与科学知识之所以能给人以美的感受和力量,就在于秩序、和谐、对称、整齐、结构、简洁、奇异,这些都是使人们产生美感的客观基础,而数学恰恰集中了美的这些特点,并以纯粹的形式表现出来. 关于数学美的作用,阿达玛(J. V. Neumann)曾指出:"我认为数学家无论是选择题材还是判断成功的标准,主要地是美学的." 又"数学家成功与否和他努力是否值得的主观标准,是非常自然的,美学的,不受(或近乎不受)经验的影响." 数学家哈代则更是明确地表示:"若要问及研究工作的未来是否能产生卓有成效的结果,严格地说,我对此真的一无所知,但审美直觉可以告诉我们的,除了美感以外,就看不出任何东西能够帮助我们去做预见了." [18] 这正是对数学审美创造的深刻体验和精辟概括. 正因为数学理论和方法高度地、深刻地反映出美的特征,所以自然地能给人以美的享受,并能使人们在学习、研究过程中,潜移默化地遵循数学的审美原则去分析问题和解决问题. 因此,人们学习和研究数学,最能有效地增长审美意识和审理美能力.

由上所论,可知数学具有美育功能.因此,理所当然地数学应成为培养人的人文修养的重要载体.同时,对数学自身发展所具有的创造性的审美价值,要求我们在数学教学过程中,引导、培养学生感受数学美的能力,以期达到"以美启真"的效果.所以,充分发挥美育功能,也是数学教育的一个重要策略.

数学,作为人类思维的表达形式,反映了人们积极进取的意志、缜密周详的推理以及对完美境界的追求,不同的数学传统可以强调不同的侧面,然而正是这些相互对立的力量的相互作用以及它们综合起来的努力才构成数学科学的生命、用途和崇高的文化价值.公元 5 世纪新柏拉图学派导师、哲学家普洛克鲁斯(Proclus)曾说:"数学是这样一种东西:它提醒你有无形的灵魂;它赋予你所发现的真理以生命;它唤起心神,澄清智慧;它给我们的内心思想增添光辉;它涤尽我们有生以来的蒙昧与无知."

人类最大的特征是:"具有随着时代的节拍不断进步发展的性质,即具有发明发现和创造创新的能力.而这种能力正是一切其他生物几乎不具有的独特本领."致力于启发和培养这种本领,乃是人类最大的责任和义务.米山国藏指出:"我历来认为,要启发人类独有的这种最高贵的能力,莫过于妥善和利用数学教育."数学教育"绝不是单纯的传授数学知识,而是陶冶一个人的情操,锻炼一个人的思维,提升一个人的素质的综合水平,这就是数学教育的文化原则".

§5.3　关于数学的文化教育功能的思考

一、数学的文化教育功能的时代性

《中国教育改革和发展纲要》明确指出:"世界范围的经济竞争,综合国力的竞争,实质上是科学技术的竞争和民族素质的竞争.从这个意义上讲,谁掌握了面向 21 世纪的教育,谁就能在 21 世纪国际竞争中处于战略主动地位."发展基础教育是发展我国教育的重中之重,而提高受教育者的素质,是国富民强的必由之路.在素质教育中,数学教育又处于突出地位.特别是,社会正由工业化时代进入信息化时代,信息化社会很重要的一个特点就是数量化和数量思维.数量化和数量思维的基础语言和工具是数学.

从历史的角度看,数学在社会中的作用总是随着时间不断变化.乍一看,这种变化仅存在于发展之中.数学越来越与社会中新产生的活动领域联系在一起.因此,数学往往倾向于渗透进和定性的改变那些产生它的活动领域.计算机的出现和普及则构成了数学在社会中作用的另一种(最新的)变化.数学和计算机之间的关系是双向的,它们互为工具.没有数学,计算机难以存在,而且绝对没有如此的重要性.反过来,计算机为解决以前难以妥善处理的数学问题(数学模型)和任务提供了新的可能.计算机成为各种数学活动中极为有效的,有时甚至是必不可少的工具和放大器.但重要的是,它们并没有从原则上改变数学活动的本质.计算机只是放大信号,生产信号的仍然是人,是人的数学意识、数学思想方法等.计算机不能取代数学.在计算机被广泛应用的今天,数学将是通用技术,人人都必须掌握.因此,数学素养将是新世纪合格公民素质结构中的一个重要组成部分."数学是属于所有人的,因此,我们必须将数学交给所有的人．"但是，"通过教育使每个人都成为数学专业人员，或者是专家，是既不现实也不必要的．然而只要付出一定的努力，就有可能使普通公民具有专门知识方面的洞察力．"[19]总的来说，确定普通教育中特别的数学成分还是一项不寻常的研究任务．而培养人们对数学(量化)的意识是数学教育的重要任务．

在传统的教育方式下，我们面临着这样一个严肃的问题：许多学生拒绝接受数学教育．这是由于数学的某些特性以及数学的不当的教育方式方法造成的．如果数学对于普通人的日常生活和社会的作用不被人们所了解，那么他们怎么会自找麻烦忍受着不小的痛苦去学习数学？从数学方法论指导下的数学(MM)教育方式大面积推广和取得的数学教学效果看，我们找到了解决这个问题的办法．另一方面，多数青年人都了解这样一个经验和社会学的事实：尽管原因不明，数学毕竟是获得教育和就业机会的关键．"数学对我是没用的"，但同时我知道，如果没有数学我就是没用的．

二、数学的技术教育功能和文化教育功能的关系

"技术"，也是"文化"，我们这里强调数学的文化教育功能，是基于这样一个事实，由于数学在应用上的极端广泛性，以至于人们渐渐淡忘了数学那固有的且更为重要的文化本质．传统数学教育中功利主义观点日益强化，数学的文化功能不为广大数学教育工作者所重视，当然也不为广大受教育者所了解．故此，我们这里故事重提，特别强调了数学的文化(素质品格)的教育功能．

数学的技术教育功能和文化教育功能不是对立的，它们是相辅相成的．当我们把数学教育的着眼点放在充分发挥两个"功能"上时，即会发现发挥数学的技术教育功能，有利于数学的文化教育功能的发挥；反之，学生数学文化素养的提高又有助于数学技术的掌握和运用，特别是更有利于数学技术的自觉运用．数学的技术教育是发挥文化教育功能的有效载体之一，数学的文化教育功能又是技术教育功能的升华．

数学的技术教育功能的发挥，对于不同的人、不同的专业，有不同的层次要求，这要根据教育中的数学成分和专业特征以及个人特点，适当把握，恰当定位，所以技术教育具有个性．而数学的文化教育功能则是共性的东西，不论怎样的数学内容，何种职业，哪一个人，都要充分接受数学的文化素质品格教育，这不仅是必要的，也是可能的！数学的技术性是"显形态"，而数学的文化功能是"潜形态"．数学的技术教育功能的发挥是直接的，数学的文化功能则是间接的，是渗透性的．

三、数学的文化教育功能的局限性

数学的文化教育功能对提高人的整体素质的作用是巨大的，但绝不是说数学的文化教育对人的素质的提升是万能的．数学学科与其他学科一样，都具有文化的共性教育功能，它与其他各个学科及各种教育资源共同组成了教育的体系，互相取长补短，共同发挥着教育的整体功能．本章着重强调了数学的文化教育功能的独特性的一面，但绝不是说数学的文化教育功能的充分发挥，可以替代其他学科的文化教育功能．所说"数学不仅益智，还可载道"，仅强调了数学在培养人文修养的人文精神的重要独特作用．如果认为数学的文化教育功能是无所不能无所不包，那是言过其实；而忽视数学的文化教育功能则是数学教育的失策．

最后,引录《数学家言行录》一书中的若干条,再次阐述数学文化在陶冶人的情操,提升人的素养中的作用:

数学能够集中和强化人们的注意力,能够给人以发明创造的精细和谨慎的精神,能够启发人们追求真理的勇气和自信心……数学比起任何其他学科来,更能使学生得到充实,更能增添知识的光辉,更能锤炼和发挥学生们探索真理的独立工作能力. ——Edillmann

教育孩子的目标应该是逐步地组合他们的知和行. 在各种学科中,数学是最能实现这一目标的学科. ——Lmmanuel Kant

数学能唤起热情和抑制急躁,净化灵魂而使人杜绝偏见与错误,恶习乃是错误混乱和虚伪的根源,所有真理都与之抗衡. 而数学真理更有益于青年人摒弃恶习. ——Joun Arbuthnot

每一门科学都有制怒和消除易怒情绪的功效,其中以数学的制怒功效最为显著.

——Rush

问题与课题

1. 如何理解数学的理性精神与特点?
2. 数学的文化教育功能集中体现在哪几个方面?
3. 数学的文化教育功能与技术教育功能有什么关系?
4. 有时说"数学的文化(文而化之)功能",有时说"文化教育功能",有什么区别和联系?

第三篇
数学方法论与数学教学

数学是在人类社会文明发展过程中逐渐形成的一门科学,数学的每一次重大发现或发明,都伴随着认识方法上的突破,伴随着数学思想的创新与变革,推动着社会和科学技术的进步,推动着人类文明的发展."数学方法论主要是研究和讨论数学的发展规律、数学的思想方法以及数学中发现、发明与创造等法则的一门学问."[20]数学方法论揭示了数学的本来面目,指导着数学教育的正确方向.

第6章　宏观数学方法论与数学教学

数学发展史是人类社会科学技术发展中的一个重要组成部分,数学发展的巨大动力源泉与社会实践及技术发展的客观要求紧密相连,所以数学科学的发展规律,可以从数学发展的丰富材料中归纳、分析出来,可以从人类智慧的发展中分析出来.撇开数学的内在因素,数学的发展规律应属于数学宏观方法的范畴.

宏观数学方法论包括:数学观问题、数学美问题、数学心理问题、数学家成长规律和数学史等几个方面.一般认为,上述问题与数学教学关系不大.其实不然,本章仅就上述问题与数学教学的关系进行讨论.

§6.1　数学观与数学教学

数学观当属数学哲学范畴.

数学在本体上具有两重性,就其内容而言,具有明确的客观意义,是思维对客观实在的能动反映,任何数学对象归根结底都有它的现实原型,所以数学是人们发现的;就数学的形式而论,数学并非客观世界中的真实存在,只是创造性思维的产物,是思想事物,即人类理性的创造物,所以数学又是人们发明创造的.

一、数学内容的客观性与数学教学

在日常生产生活中,有许多实际问题都可成为数学问题,换言之,用数学可以解决很多实际问题.譬如在经济方面,工程进度、人口增长、收入变化、国民经济产值变化等,对它们的研究,可以产生数学,如方程、函数等相关内容;反过来.数学又为上述问题的解决提供了工具.在现实中,上述问题随处可见,数学从现实中抽象出来,又在现实中得到应用,正是数学的高度抽象性,决定了它的广泛应用性.

抽象又使得"表面上远离一般人经验的数学"难以理解,给数学教学带来了异常的困难.

数学既有其精密性的一面,又有其实验性的一面.波利亚认为,数学具有两重性,它既是一门系统的演绎科学(数学结构形式),又是一门实验性的归纳科学(数学发展过程).因此,数学教学应充分体现数学的两个侧面,使学生受到全面的数学教育.

例1　"零存整取"储蓄与等比数列.

某人从 2007 年 1 月份起参加零存整取储蓄.每月存入 a 元,月利率为 r.如果银行每月按复利计算,求一年(12 个月)后该储户共获本息多少钱?

这是一个目前大多数家庭都会涉及的经济问题.按复利(下月把前月的本息作为该月的本金付息)计算,则年(第 12 个月)末本息共为:$a(1+r)+a(1+r)^2+a(1+r)^3+\cdots+a(1+r)^{12}$,

即一年后本息共计:
$$s_{12}=\frac{a(1+r)\left[(1+r)^{12}-1\right]}{r}.$$

实际上,这是一个等比数列求和问题.

我们继续考虑相反的问题.一个人贷款买房,现借贷资金为 50 000 元,计划 5 年还清,每月等额还款,贷款月息为 3‰.用两种还款方式:①借款当日即扣除该月还款;②借款下月该日还款.问两种方式每月各还款多少元? 并比较哪种方式还款划算.

为了书写方便,我们先把问题一般化.现视借贷资金 a 元,计划 n 个月还清,月息为 r,并设每月还款 x 元.则:

① 借款当日还 x 元,余(待还)$a-x$ 元.

下月该日还 x 元,余 $(a-x)(1+r)-x$ 元 $=a(1+r)-x(1+r)-x$ 元.

第三个月该日还 x 元,余 $\left[(a-x)(1+r)-x\right](1+r)-x$ 元 $=a(1+r)^2-x(1+r)^2-(1+r)-x$ 元.

……

第 n 个月该日还 x 元,余 $a(1+r)^{n-1}-x(1+r)^{n-1}-x(1+r)^{n-2}-\cdots-x(1+r)-x$ 元 $=0$ 元.即:　$a(1+r)^{n-1}=x(1+r)^{n-1}+x(1+r)^{n-2}+\cdots+x(1+r)+x$ 元 $=\dfrac{x\left[(1+r)^n-1\right]}{r}$ 元.

所以
$$x=\frac{ar(1+r)^{n-1}}{(1+r)^n-1}\text{元}.$$

将 $a=50\,000$,$r=3‰$,$n=60$(5 年是 60 个月)代入上式,可求得 $x\approx980.83$ 元.

② 借款下月该日还款 x 元.

第 n 次还款日还款后余 $a(1+r)^n - x(1+r)^{n-1} - x(1+r)^{n-2} - \cdots - x(1+r) - x$ 元 $=0$ 元.

即　　$a(1+r)^n = x(1+r)^{n-1} + x(1+r)^{n-2} + \cdots + x(1+r) + x$ 元 $= \dfrac{x\left[(1+r)^n - 1\right]}{r}$ 元.

所以　　　　　　　　　　　　$x = \dfrac{ar(1+r)^n}{(1+r)^n - 1}$ 元.

将 $a = 50\,000, r = 3‰, n = 60$ 代入上式,可求得 $x \approx 983.33$ 元.

比较两种方式还款总额,可知哪种方式还款划算.

上述"实际问题"得出了"数学结果",该结果似乎是对银行和贷款人是重要的. 而对学生来说,更重要的是"数学过程". 同时也说明数学是以现实为研究对象的.

例 2　三角形的内角和.

"三角形内角和"定理是数学中的基本且非常重要的定理,它的应用非常广泛. 传统的数学教学往往只是注重定理的确认(演绎证明)和使用,而忽视了该定理证法的发现过程.

我们设想,在初等几何的萌芽时期,关于三角形内角和等于一个平角,其发现"可能"是在实验的基础上进行的.

先(实验)用割补法变革三角形.

我们把 $\triangle ABC$ 三个内角剪下来拼在一起,于是三角形内角和产生过程立刻呈现出来(见图 6-1). 如果实验比较精确的话,线段 CE 几乎与 CF(BC 的延长线)重合,即 $\triangle ABC$ 的内角和可能等于 $180°$,(当然现代学生也可能用量角器量出三角再求和,也可能得出接近或等于 $180°$ 的结论!)这个数学实验虽不能算"证明",却帮我们建立了猜想以及猜想成立的前提和条件,而且还提示了证明的途径和方法.

证明:如图 6-2 所示,延长 BC 到 P,过 C 作 $CD /\!/ AB$(根据平行公理,它是唯一的),则 $\angle 1 = \angle A, \angle 2 = \angle B$. 因 B、C、P 共线,所以 $\angle A + \angle B + \angle C = \angle 1 + \angle 2 + \angle 3 = 180°$.

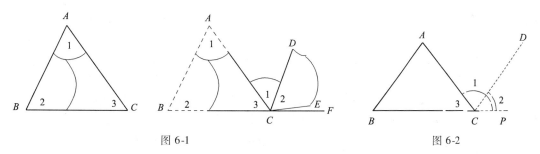

图 6-1　　　　　　　　　　　　　　　图 6-2

应当注意的是:"证明"中不得引用实验的结果,否则证明无效. 证明中用了欧氏平行公理,说明它在欧氏几何中成立.

人类的抽象思维能力正是在数学的创造与发展的过程中不断发展的,离开了数学发展的动态过程,人们对抽象的分析与结论既不能理解,更不能掌握.

一些事物的运动表现出速度、加速度、时间、距离之间的关系. 这类问题一般可用代数方程和函数等数学工具给予解决. 在数学中,一些追及问题、行程问题一直是数学不断发展进步的动力之一.另外,从数学教育及数学学习的意义上看,运动事物的数学描述终于导致高等数学的发明和研究.

例3　水以速度 v 流进锥形容器,容器是倒圆锥形状.如图6-3所示,底的半径为 a,高为 b.当水深为 y 时,求水表面上升的速率.

并在 $a=4$ m,$b=3$ m,$v=2$ m^3/min,$y=1$ m 时,求速率的值.

现在我们需要弄清的问题是:水深为 y 时水面上升的速率是什么? 速率是水深 y 随时间的变化率,即导数.用 $\dfrac{\mathrm{d}y}{\mathrm{d}x}$ 表示.

实际上,水的"体积" V 也在变化,它的变化率是 v.即 $\dfrac{\mathrm{d}V}{\mathrm{d}t}=v$.其中 V 是在 t 时刻容器中的水量(体积).

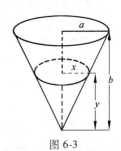

$$V=\frac{\pi x^2 y}{3}\qquad (x \text{ 为 } t \text{ 时水面的半径}),$$

由 $x:y=a:b$,可知

$$\frac{\mathrm{d}V}{\mathrm{d}t}=\frac{\pi a^2 y^2}{b^2}\cdot\frac{\mathrm{d}y}{\mathrm{d}t}=v,$$

所以

$$\frac{\mathrm{d}y}{\mathrm{d}t}=\frac{b^2 v}{\pi a^2 y^2}.$$

图 6-3

若 $a=4$ m,$b=3$ m,$v=2$ m^3/min,$y=1$ m,则 $\dfrac{\mathrm{d}y}{\mathrm{d}t}=0.358$ m/min.

本题具有重大意义,它可作为发洪水时某水库指导泄洪的模型,对水位上升做出预测,为分洪滞洪提供决策.当然,这还需要进行积分处理.

现代科学的发展表明,具有确定性事物是比较少的,而带有随机性、统计性特征的事物是比较普遍的.在现行的中小学数学教材中,概率或统计类数学问题的学习和初步研究也就具有普遍意义了.

概率与统计类的实际问题的来源相当广泛,随机性事件的"试验"结果、气候的变化、环境监测、疾病的传播、民意测验、商品抽样检查、股票走势变化、彩票的抽奖等,都是此类数学内容的实际背景.因此,我们说正确认识此类数学问题的客观性和必要性对学习是十分重要的.

数学内容的客观性要求我们的数学教学,要尽可能地联系实际,通过学生感受数学的现实性,体会学习数学的实实在在的价值,这对增强兴趣,获得学习数学的动力,深刻理解"数学也许对'我'是无用的,但是离开数学学习,'我'则是无用的"将有很大帮助.

数学教学不只是解题训练,数学教师要更新数学教学观念,注重数学内容与学生的实际生活的联系,把学生从单纯公式、定理的逻辑推演,引向注重分析和认识实际问题,包括他们身边许多"好玩"的东西.

事实上,现实生活中存在着大量与中小学数学相联系的问题,学会把具体问题转化为数学问题,然后再应用学到的数学知识把它们解决,这样的数学教学,效果远远胜于机械的数学公式、定理的记忆和重复性的题海训练.

例 4　温度控制仪的故事.

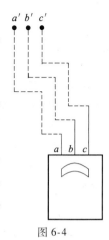

图 6-4

上海某饭店各房间的室内温度由控制室统一调整.一位施工师傅发现控制室内仪表指示的温度与室内的实际温度存在差异而总是调整不好,后来查出原因,是因为从高层房间到控制室的距离过长,三相电的三根电线因折转有长有短,造成电阻有异,结果仪表上出现了偏差.任何万用表都不能一头放在十几层楼房间的 a' 处,另一头放在底楼控制室的 a 处(见图 6-4).那么如何来测量这三根电线的电阻呢?

一位学过代数的青年师傅想出了办法.他假设 x、y、z 分别是 aa'、bb'、cc' 间的电阻,这是三个未知量,电表不能直接测出这三个数.然而可以把 a' 和 b' 连接起来,在 a 和 b 处测得电阻 $x+y$ 为 l,再将 b' 和 c' 连接起来,在 b 和 c 处量得 $y+z$ 为 m,同理连接 a' 和 c',可量得 $x+z$ 为 n.这样得到三元方程组

$$\begin{cases} x+y=l \\ y+z=m, \\ x+z=n \end{cases}$$

于是解出 x、y、z,仪表就可以调整了.

这显然是就一个具体问题构建一个三元一次方程组(数学模型)的过程.传统的三元一次方程组的教学只要求记住代入法、加减消元法等解题技巧,然后列出方程解应用题.可以看出,这样的数学教学无法解决前面提到的问题.这个问题的核心是,要把现实中的具体问题转化成一个数学模型,然后再通过解方程而解决实际问题.

如果把上面的问题写成应用题:"如果我们可以量得 aa' 和 bb' 两线串联后的电阻为 l,bb' 和 cc' 串联后的电阻为 m,cc' 和 aa' 串联后的电阻为 n,试问三线的电阻各是多少?"学生就很容易列出三元一次方程组解决这个问题.但相比之下,在实际背景下的问题,远远难于改写后的应用题.因为,将实际问题化成一个数学问题,要用数学的思想、数学的方法去思考和分析问题,是一种创造性思维的工作,它显然要比让学生直接在题海中学习数学的解题方法,更能发挥数学的教育功能,不仅能形成和发展学生的数学品质,而且能培养学生的一般科学素养.

二、数学形式的创造与学生能力的培养

数学的形式(包括概念、命题等模型和运演方式等)是人们在深入认识和理解数学本质的基础上创造出来的.数学诞生伊始,就进入不断创制符号、构造模型和运演方式的过程.这种创建,不仅使数学理论得以发展,同时也促进了人类的进步,对人类文化的发展做出了贡献.从这方面来分析,我们的数学教学应当让学生亲历数学形式发明创造过程,亲历数学建构过程,来培养其创新意识和创造能力.

数学教学要适当地让学生经历数学的抽象和获得的过程,而不是把现成的结果告诉学生.要鼓励学生的"再创造",要根据学生的实际水平,选择合适的素材,精心设计,恰当指导,共同面对.要积极创造机会,创设让学生"再创造"的教学情境.

例 5　"e"的发现.[21]

e 是一个无理数,以 e 为底的对数称为自然对数."自然"在哪里?

创设情境,提出问题.

按复利计算利息的一种储蓄,本金为 a 元,每期利率为 r,记本利和为 y,存期为 x,写出本利和 y 与 x 的关系式.

易知:
$$y = a(a+r)^x.$$

现将 1 元钱定期一年存入银行,年利率按 2.25% 复利计算,存 10 年后会变成 $(1+2.25\%)^{10} \approx 1.28$ 元.复利计息本利之和的多少由计息周期决定.可按一年为一计息周期,也可以半年、三个月、一个月或一天计息.计息周期愈短,本利和愈高.

分析实验,猜想结论.

能否按每分钟计息一次,或每秒计息一次(从理论上说)? 若按每秒计息一次或每瞬间计息一次,那么本利和是多少?

我们将公式 $y = a(1+r)^x$ 推广到一个能对任意计息间隔都适用的复利计算公式.为方便起见,设年利率为 100% = 1,本金 $p = 1$,存期为一年.

① 每年计息一次,一年后本利和为 $y = (1+1)^1 = 2$;

② 每半年计息一次,周期利率为 $\frac{1}{2}$,一年后本利和为 $y = \left(1 + \frac{1}{2}\right)^2 = 2.25$;

③ 每 4 个月计息一次,周期利率为 $\frac{1}{3}$,一年后本利和为 $y = \left(1 + \frac{1}{3}\right)^3 = 2.370\ 370\ 370\cdots$;

④ 每月计息一次,周期利率为 $\frac{1}{12}$,一年后本利和为 $y = \left(1 + \frac{1}{12}\right)^{12} = 2.613\ 035\ 290\cdots$;

⑤ 每天计息一次,周期利率为 $\frac{1}{365}$,一年后本利和为 $y = \left(1 + \frac{1}{365}\right)^{365} = 2.714\ 567\ 482\ 02\cdots$;

……

任意选择计息周期,不妨设计息周期为一年的 $1/10^8$,一年后本利和为

$$y = \left(1 + \frac{1}{100\ 000\ 000}\right)^{100\ 000\ 000} \approx 2.718\ 281\ 786.$$

随着计息周期的缩小,计息周期数在增大,本利和也随之增大,但似乎不会任意膨胀,猜想:最终本利和不会超过 2.72 元.

当 $n \to \infty$ 时,$\left(1 + \frac{1}{n}\right)^n \to e$.

实际上,e 是一个无理数,$e = \lim\limits_{n \to \infty}\left(1 + \frac{1}{n}\right)^n$.

若以 e 为底,必能实现指数(对数)与其幂(真数)同步均匀增长的对称性,这是因为 $(e^x,$ 完美、自然,所以称以 e 为底的对数 $\log_e x = \ln x$ 为自然对数!且 $(\ln x)' = \frac{1}{x}$.

要培养学生的创新意识和创新能力,教师就要创设教学情境,给出一个现实的问题.引导学生在具体情境中,运用所学过的数学知识创造(再创造)出新(对学生而言)的数学知识,然后再去解决现实问题.

例6 机会的大小.

两人参加某项比赛,三局中二局获胜者为赢.现在已经进行了第一局比赛,甲获胜、乙输.问:通过未来两局比赛,甲一定赢吗? 赢的机会是多少?

我们在每局比赛中,甲胜记为 H,甲输(乙胜)记为 T.

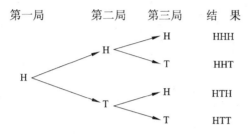

| 第一局 | 第二局 | 第三局 | 结　果 |

一般来说,学生会说:甲获胜的可能性大!"可能性大"是什么? 由上述分析可知,甲胜的可能性为 3/4,乙获胜的可能性为 1/4.由此说明,在竞赛开局获胜者,通过以后的比赛,获胜的机会较多,占有较大的优势.因此就有了这样一句祝福的话,祝您旗开得胜,马到成功.

三、数学知识的两种形态与数学教学

1. 数学知识的两种形态

传统的数学观认为:数学知识是指那些用数学术语或数学公式、符号来表达的系统知识,形态上具有陈述性和程序性的特点,具有"显性"特征,是"定形"的知识.我们也称这种知识为数学显性知识或数学知识的显形态.持这种观点的数学教师,在进行数学教学时,往往让学生想办法记住数学知识(包括概念、命题、题型和方法等),为了强化记忆,要求学生做大量的重复性练习,美其名曰:熟能生巧.固然,学习数学需要一定量的练习.

科学的数学观认为:数学知识具有显形态(显性知识)和隐形态(隐性知识)两种,显知识可用数学术语或数学公式来表述,具有系统性、陈述性和程序性的特点,具有公开的和社会性的性质;而隐性知识是在个人的数学活动过程中形成的,有时不能或很难用言语、文字或符号表述的——只可意会,不可言传的个人知识,这种知识是不系统的、潜在的、个性化的,是具有过程性的动态知识.

也有人把数学知识的显形态称为结果性知识,数学知识的隐形态称为过程性知识.

显性知识的生存要依靠隐性知识,隐性知识几乎支配着整个"数学活动",是获得显性知识的向导;而隐性知识只有转化为显性知识,才具有公开性和社会性,也可得以交流、传播和保存、传承.显性知识是隐性知识的升华.

隐性知识与人们的活动和观念之间具有更强的"亲和性",因为它是学生个体在特定的数学活动情景中的特定的心理体验,渗透着那些不可言喻的、下意识或潜意识的个性感受,对于学习者而言是鲜活的、有生气的,是温暖而亲切的.

这是对"两种形态"的第一种分析.对数学更重要的是第二种分析,即数学有"学术形态"和"教育形态"两种.[22]

这里有一个故事,古希腊数学家、哲学家托勒密(Ptolemy)为了制造"弦表",他证明了一个命题:圆内接四边形对边乘积之和,等于两条对角线之积(后人称为托勒密定理).他遵循古希腊传统,只展示定理和证明,却没有写出发现的过程.笛卡儿半是诙谐、半是辩证地说:"并不是古希腊哲学家看轻发现过程,而是太重视了,以致不愿公诸于世."阿贝尔对此十分不满,就拿高斯当出气筒,说:"他像一只狡猾的狐狸,在沙地上一面走,一面用尾巴抹掉走过的足迹."

但仔细分析一下,不难发现,出现上述情况的原因是多方面的.当一个人集中精力攻克一道难题时,往往全神贯注地盯住事情本身的进展,而无暇他顾.再说,不少难关的突破,关键的发现,有时是"灵感"的结果,很难说清"是怎样发现的".至于把关键突破后,还要把推理过程用简练、保险(演绎)的方式,尽快记录和整理,可能也需要很长时间,哪还有精力去"反思发现过程"呢?

更为重要的是,数学不容忍冗繁的主题以外的内容,而要求见解严谨简练的表述(我国的文言文、甲骨文更简练).就连挖苦高斯的阿贝尔本人,他于1824年自费印发的关于"五次方程没有根式解"的论文,也只有6页.由于推理过程的凝练,致使包括高斯在内的学者权威们不解其意.这是受重结果、轻过程,重数学结论、轻获取结论的思维方式和思维观念的影响而造成的.

总而言之,这了适应整理、记录、呈报和发表的需要而产生的数学知识的学术形态,至少有如下特征:

(1)按定义—定理—证明的顺序和演绎推理的要求呈现,显得环环相扣,十分严谨.

(2)用通俗的数学语言,并引入科学的数学符号系统表述,显得标准规范.

(3)省略并行、显然的推理和征引命题的证明,有的证明只是简述、凝练,显示了数学的简洁美.

(4)割舍拉杂的背景描述和探索猜想思维过程的交待,显得很纯粹.

这种严谨、规范、简练、纯粹,使它呈现的内容便于审查、检验、印制和交流.

至于数学课本,在编写时,为了使学习者容易理解,采取若干措施进行了处理.如略述背景、限用符号、系统编排、详述证明过程、删难就易、……但出于某些原因(内容不能太多,演绎不能割舍,思维过程难以寻觅等),它们还未能脱离"学术形态"的许多特征,尽管它已具备了若干"教育形态"的特征.

正如人们不仅要看小说、剧本,而且还要看戏和电影等,数学学习也既需要学习数学基础知识、基本技能,还要培养思维能力、探索学习和研究的方法并培养锻炼相关品质.因此,便于学习的课堂数学知识的教育形态就成为必要的了.它有如下特征:

(1)按问题—探索—猜想—证明的顺序和归纳—演绎的要求,用多样化的方法呈现,具有一定的建构性、返璞归真性.

(2)具有必要的背景(如人文、历史、理论和实际背景)描述和情境创设.

(3)注重方法论因素的揭示、渗透和使用,力求为学习者创造亲历知识产生过程和作出发现、再发现的机会.

（4）在保证内容科学性的条件下，可采用如下的表述策略：①运用通俗、形象的日常用语，仅使用最必要的符号.②采用"扩大公理系统"或声明可证法，略去命题艰难烦琐的证明，进行必要且恰当地解释.③必要的证明要详尽，规范.④构筑完整的知识网络，不随意断路拆桥，以免加大理解难度和延长化归过程.⑤对原始或难度大的概念，采用"淡化形式，注重实质"，在运用中掌握的策略.

易见，这些特征主要因"教学的需要"而形成，充分反映了正确的数学观和科学的数学教育理念.我们应当清楚地看到，它与"学术形态"既有一致的方面，也存在着差异.

2. 科学数学观指导下的教学原则

在数学教学中，教师首先要进行科学的教学设计，创设有利于学生产生数学隐性知识的情景，这是因为数学的显性知识与人们的活动和观念之间具有一定的"偏离性"，隐性知识与人有相当的"亲和性".在此基础上，引导学生将自己个性化的数学隐性知识转化为数学的显性知识，这是因为显性知识具有公开性和社会性的特点，便于表述、交流、掌握和运用.数学教学应有利于学生有目标地进行"数学活动"，使学生在活动中，首先要培养学生的数学意识；其次，教师应理解数学活动的多样性、动态性和复杂性.正因为如此，教师的教学活动要精心设计，总体把握，适时引导，点拨生华.

精心设计是指，创设有益于学生经历"数学化""再创造"的教学情境，即数学知识的教育形态，这种情境有利于学生建立数学意识，学习活动目标明确，学习过程优化、集中.

总体把握则又要求教学设计，要有利于学生个人的隐性知识的产生，教师要"敢放手"给学生，使学生真正地积极参与其中，充分发挥主观能动性，产生自己的"成果".

适时引导是说构建以学生自主探究、合作交流（包括生生交流，师生交流）为特征的学习平台，更好地培养学生的反思、概括、表达的能力，创设隐性知识转化为显性知识的平台；使学生养成良好的学习习惯——善于反思，体验过程，领悟规律，享受学习带来的成功喜悦.

点拨升华指的是通过学生的主动参与，更加充分地展示思维过程，教师可根据所发现的问题、不足和成功之处（有些可能是出乎意料的），巧拨其谬，画龙点睛，使学生将数学知识的教育形态转化为学术形态.

§6.2　数学美在数学教学中的指导作用

在第 5 章中，我们讨论了数学的美育功能.实际上，识美、赏美也是一种数学思维方式，用美创美则是一种数学思想方法.

数学用其特有的语言，包括图形、符号构成了它特有的形式，这种形式往往带着一副冰冷的面具，挡住了数学的光彩，令人生畏，许多学生感受到数学是受冷酷无情的法则统治的王国，不易理解，更不易接受.如果数学教学能揭开这副冷酷的面具，充分挖掘它所蕴含的美的因素和好"玩"的一面，使学生能够感受到数学的美，并能鉴赏它、玩味它；为学生创设一个和谐、愉悦的学习情境，使他们能在美的雨露中开启心灵，那么索然无味的公式、定理、概念、符号等将会变成一串串令人赞美神往的珍珠,激发起学习数学的兴趣和欲望.进而引导学生掌握数学的美学方法,充分发挥数学的美育功能,将收到事半功倍的效果.

一、数学教学要引导学生审美、赏美

数学美是数学对象与数学方法在人们头脑中的能动反映.数学活动是一种心智活动,本身就带有理性审美的要求;数学在其内容结构上、方法上都具有自然的或人类创造的那种美:具体、形象、生动、奇巧.

例1 以少对付多.

钱币只须有一分、二分、五分、一角、二角、五角、一元、二元、五元、十元、……就可以简单地支付任何数目的款项.

数学大师欧拉曾研究过天平所备砝码的最优(少)问题,并且证明了:若有 $1, 2, 2^2, \cdots, 2^n$ (g)的砝码,只允许将其放在天平一端,利用它们可以称出 $1 \sim 2^{n+1} - 1$ 之间的任何整数克物体的重量,…….

另外,我们很容易体会到,一个定理(或习题)证明(或解法)的方法改进(简化)了,将认为是做了一件漂亮的工作,即它是美的.

数学教学应当把数学美"明示"出来,使学生带有科学的审美观点去看待数学,理解数学,运用数学.

例2 数学的形式美反映了数学的内在美.

"凤凰展翅"数:

$$12\ 345\ 678\ 987\ 654\ 321$$

是哪个数的平方?

如果引导学生看出:

$$
\begin{array}{r}
1\ 1 \\
\times\ 1\ 1 \\
\hline
1\ 1 \\
1\ 1 \\
\hline
1\ 2\ 1
\end{array}
\qquad
\begin{array}{r}
1\ 1\ 1 \\
\times\ 1\ 1\ 1 \\
\hline
1\ 1\ 1 \\
1\ 1\ 1 \\
1\ 1\ 1 \\
\hline
1\ 2\ 3\ 2\ 1
\end{array}
\qquad \cdots\cdots \qquad (*)
$$

即,$11^2 = 121$,$111^2 = 12\ 321$,……则不难得出结论.

请再注意,$(*)$ 式中,上部分是"矩形"——中心对称、轴对称;中部分是"平行四边形"——中心对称;下部分——中点对称、轴对称.

数学美有时是隐藏的美,是深邃的美,美在数学内部.由于美的本质的复杂性与每个人的数学活动不尽相同,对数学美的认识深度也有所差异.教师在教学中,要引导学生去发现美、鉴赏美.

例3 一个不等式的"图"解.

设有正数 a、b、c、m、n、p,若 $a + m = b + n = c + p = k$,则必有

$$an + bp + cm < k^2.$$

这是一个不等式问题,可用"图"来证明,结论几乎是显然的.

构造边长为 k 的正方形 $ABCD$,且令 $DF=a$,$DG=AH=n$,$AG=BH=b$,$BE=p$,$CE=c$,$CF=m$. 作相应的矩形 I、II、III,如图 6-5 所示.

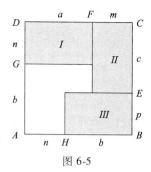

由 $S_{ABCD} > S_I + S_{II} + S_{III}$,有 $k^2 > an+bp+cm$.

此解法能使学生感受到方法的巧(美)妙和"图"的魅力!

图 6-5

数学中蕴含着无穷的魅力,有着使人入魔的趣味,这是由于它的美. 数学教学应引导学生发掘(现)数学中的美. 学生数学学习能力的增强,从某种意义上说,也是对数学美追求的结晶.

正如数学家莫尔斯(H. M. Morse)所说的那样,数学中的发现与其说是一个逻辑问题,倒不如说它是神功驱使,没有人懂得这种力量,但那种对美的不知不觉的追求必定起着重要的作用.

数学审美心理要求人们对反映到头脑中的数学形态、数学理论结构有一种超越操作运算层面的意识,即审美意识,它包括审美情趣、审美观念、审美感受、审美能力、审美理想等. 从层次上讲,一个人的审美情趣有四个层次,分别是美感、美好、美妙,直到形成美觉.

数学追求的目标是:从混沌中找出秩序,使经验升华为规律,将复杂还原为基本,于"丑"中找到美.

二、以美激趣、由趣生爱、因爱而索

在数学教学中,让学生通过数学活动感受数学的美,可激发学生学习数学的兴趣,产生学习数学的内驱力和创造的激情. 要使学生在数学活动中得到一种愉悦,一种自觉欣赏,使自我能力得以表现,这是一般的数学教育方式难以达到的. 这就要求数学教师在数学教学过程中,要认真挖掘数学中美的因素,找到"好玩"的东西,引导学生感受到数学的美,进而认识到数学是美的,是好玩的,方法是妙的. 冯克勤院士在谈到怎样的数学教师才算优秀时,引用法国数学家托姆与两位古人类学家讨论的故事:我们的祖先由于什么动机保存了火种? 一位古人类学家说是由于火可以用来取暖;另一位古人类学家则认为是由于火可以用来做成熟食,味道鲜美而可口. 而托姆则发表了不同的观点,认为人类保存火种的最原始动机,是由于在漫漫的黑夜里被光彩夺目的火苗所吸引,对美丽的火焰着了迷. 冯克勤院士联想着:"如果你能使学生都有一个好的分数(数学考试成绩),那只是一个合格的教员,但学生们(哪怕是班上一小部分)在你所教的数学课上对数学着了迷,看到数学的'火焰'光彩夺目,那才是一位优秀的教员."

例 4　"抽象"的美.

抽象是数学中经常用到的一种方法,也是数学的重要特点之一. 所谓抽象是指不能具体体验到的,即①看不到,听不到,摸不到的;②无法体验(或与现实脱节);③难于想象的. 而数学可帮助我们理解抽象,用心灵感受抽象. 数学抽象也是有魅力的——当然是美的.

(1)如图 6-6 所示,在一个半圆的内部,有三个小半圆,其直径与大半圆直径重合. 问:大半圆的半圆周长与三个小半圆半圆周长之和谁大?

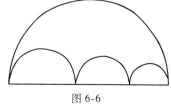

图 6-6

（2）有一根很长的绳子,恰好绕地球赤道一周.如果把绳子再接长 15 m,绕地球赤道一周悬在空中,你能想象得出:在赤道的任何一个地方,一个身高 2 m 的人可以从绳下自由穿过吗?

不借助数学方法,单凭想象或经验,是想不清的,特别是第二个问题,因谁都无此经验,所以只有借助数学.

"在对日益增大的数学知识总体进行简化和统一化时,抽象是必不可少的工作".高度的抽象性为数学创造提供了极大的自由空间,数学家们依靠抽象与想象,"建造"出了一个宏伟无比而又十分精巧的数学世界.

艺术在追求美,数学也追求美,二者都崇尚真、崇尚创造、崇尚对束缚的解脱、崇尚和谐、崇尚对人的超越.

艺术发展了,数学发展了,人类社会进步了.

§6.3   数学史、数学教育史对数学教学的影响

数学与数学教育科学同其他科学一样,都有它发生和发展的过程.数学教师虽然承担着具体的教学工作,但始终不能离开对数学的形成和发展及数学教学的整体规律研究的大背景.也就是说,在具体的数学教学过程中,也要从数学及其数学教育科学发展整体历史发展中寻求教学设计素材,领悟到进一步深入研究的思路,当然也需要借鉴他人的教学经验.换句话说,数学史、数学教育史、自己或他人的教学经验,对数学教育有相当的影响.

我国的数学教育名家,包括数学特级教师,都是在了解了历史上相关数学家或数学教育专家乃至当今同行的相关研究成果之后,确立自己对某问题的切入点和方法,从而形成了自己独特而有效的教学方法,继而形成带有自己特点的教学风格.

一、史学分析法对数学教学的影响

在具体数学课题的教学研究中,从数学发展历史中寻求教学设计的灵感,从而研究教学目标和教学方法,我们称为史学分析法.

史学分析法首先要收集含有研究课题的相关资料,然后经过认真研读和剖析,从他人的工作中获取成功的经验和失败的教训,寻求并确定自己解决这个问题的切入点和突破口.因此,"史学分析法"既是历史经验的归纳法,也是历史经验的综合分析法,本质上是经验归纳与理性的统一.

例1   函数概念的形成和发展.

"函数"是现代数学中的一个重要概念,在中小学数学教学中,占有很突出的地位.函数概念不是一下子建立起来的,小学开始渗透,初中建立初步概念,高中才能确立较为严谨的函数概念.经过整个中学阶段,才形成大体上完整、科学的函数概念,使这个在数学发展中经历了数百年才完成的过程,对于现代人来说,得以十几年内大体完成.

起初,当人们在数学中只是研究那些固定的量时,却在现实中看到了各种变化的量:水位在变,气温在变,运动的物体位置在变等.因此,逐渐有了"变化的量"的概念和研究它的需要.

继之,人们看到了一个量在变化时,往往影响(或伴随)另一个量的变化.比如,物体运动时,时间的变化伴随着位置的变化,速度的变化引起运行方式的变化等.并发现匀速运动,路程与时间成正比,用数学符号描述为

$$s = vt,$$

其中 s 表示路程,v 表示速度(常量),t 表示时间.还有匀加速运动中路程与时间的关系是

$$s = \frac{1}{2}at^2 + v_0 t + s_0,$$

其中 s_0 是计时时已走的路程,v_0 是加速前物体的运动速度,亦称初速度,a 为物体运动的加速度,即速度的变化率.

在代数中,看到许多的代数式,如 $3x^2 + 2x - \frac{1}{2}$、$\frac{1}{x}$、$(x+t)(x-t)$ 等.如果用一个字母表示这些式子,即有 $y = 3x^2 + 2x - \frac{1}{2}$、$z = \frac{1}{x}$、$w = (x+t)(x-t)$,这样就形成了一些公式.在这些公式中,$x$ 或 t 的变化,会引起 y、z 或 w 的变化.为了描述变量之间的这种相关性(可由公式建立的),人们引进了函数的概念:在一个变化过程中,有两个变量 x、y,当 x 变化时,也引起 y 按一定法则(由一个公式给出)的变化,那么 y 就叫做 x 的函数.

这个最初的函数概念,紧紧地把变化和一个"表达式"(由公式给出)连在一起.但是,后来又发现了一些应该叫做"函数"的对象,却不符合这个定义的要求.如若用 $[x]$ 表示不超过 x 的最大整数,$[2.5] = 2$,$[\pi] = 3$,$[-2] = -2$,$[-0.1] = -1$,……,则 $y = [x]$ 也应该是一个函数;又如,邮局规定:不超过 20 g 的信件邮资为 1.20 元,超过 20 g 不超过 40 g 的信件邮资为 2.40 元,……这显然也应该列入函数之列.但是,第一,当 x 变化时,y 或 u 未必发生变化,如 $x = 1.2$、1.3、…、1.99 时,$y = [x]$ 的值都是 1;当 x 在 20.1~40 之间变化时,u 总等于 2.4;第二,在 x 与 y(或 u)之间,并没有一个可以用来计算的表达式;对 y 来说,$[x]$ 只表示"取整数部分";对 u 来说,却是分段表达的数.因此,或者修改函数的定义,或者不承认上面两个是函数.

反复斟酌,数学还是选择了前者,因为"一个变,另一个跟着变"中的本质(从数学角度来说)的东西,一不是"变",二不是式子,它的本质何在?是对应,就是 x 有一个值,y 就有一个确定的值和它对应.找到这个对应值当然要确定一个法则(一个式子或多个式子,图表,图像,箭头等),但不必限定必须是一个"算式",至于确定的值,可以相同,也可以不同,从而把变和不变(变量和常量)统一在定义之中,于是函数的定义成为:在一个变化过程中,有两个变量 x、y,对于 x 在一定范围内的每一个值,y 都有唯一确定的值和它对应,则 y 就叫做 x 的函数.记为:$y = f(x)$.

这已经是比较严格的定义了,进一步严格是抽去"变化过程"等等.用集合与映射来描述,本质已没有什么不同了.

此定义来之不易,我们稍微回顾一下它的形成过程.首先,从实践中观察到变量和相关的变量,为了确切地描述这一事实,也为了定量地描述许多自然规律,引进了函数概念,也就是归纳地引进了概念.数学家波利亚在名著中,反复谈到数学具有"系统的演绎科学"和"实验性的

归纳科学"两个侧面的观点,表明数学科学不仅是演绎的,同时又是归纳的,提出了辩证地认识数学的理念.这是一个正确的数学观.其次,由于发现新的对象应当算做函数,却被拒之门外,为了吸收这些对象,我们修改定义,去掉非本质的限制条件,从而使概念变得更加完整和成熟.

数学中的每一个概念,如数的概念、角的概念、距离的概念、三角函数的概念、式的概念等,都有一个发生发展的过程,研究其发生发展的历史(过程),有助于我们数学概念的教学,使我们的数学教学更加符合数学的发展规律,更加符合人的认知规律,有利于学生理解、掌握并运用所学数学.

二、数学史料的教育价值

数学发生和发展的历史也是人类文明进程的一部分,渗透着鲜明的理性精神,这种理性精神不仅推动了数学的发展,也是人类社会文明的重要组成部分.

以数学史为素材,适时适当揭示数学知识产生和发展的过程,也可以对大部分学生来说枯燥、乏味、冷冰冰的不近人情的数学变得有趣且富有人情味,适当的史料可以成为数学的兴奋剂.

例2 勾股定理的几种证法.

勾股定理有多种证法,这里我们选择有代表性的两种证法.

(1)古希腊数学家普鲁塔克(Plutarch)的面积分割法.如图6-7所示,设直角三角形的两直角边与斜边分别为 a、b、c,以此直角三角形为基础作出两个边长为 $a+b$ 的正方形.由于这两个正方形内各含有四个原来全等的直角三角形,除去这些三角形后,两个剩余部分的面积显然应相等,即第一个图形中以斜边 c 为边长的正方形面积等于第二个图形中分别以 a 和 b 为边长的两个正方形面积之和.

(2)我国古代数学家赵爽(三国时期人)的出入相补法.如图6-8所示,以直角三角形的勾和股为边长的两个正方形的面积之和为 a^2+b^2.将两个正方形中所含的两个直角三角形移补到箭头所示位置,得到一个以原直角三角形之弦(斜边)为边长的正方形,其面积为 c^2.因此 $a^2+b^2=c^2$.

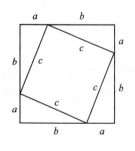 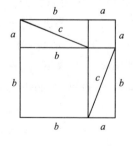

图 6-7

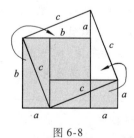

图 6-8

证法简洁优美.

在数学关节点处铺垫数学史料,可以培养学生正确的数学发展观,同时也能引导学生通过搜集相关数学史料进行数学学习习惯的培养和自学能力的提高,增进学习数学的兴趣.

例3 概率教学导引.

概率论产生于17世纪中叶,当时刺激数学家首先思考概率问题的却是赌博中的分赌金问题.探讨赌博有关的问题产生了一门研究随机现象规律的学科,现代概率论已成为一个非常庞大的数学分支,已广泛应用于人口统计、人寿保险等范畴.……

让学生了解这些事实,更加深入地理解数学产生的背景与来历,不仅可以增加学生的兴趣,还可以使其认识到数学并不是花果山石猴,而是父母双双有来历,使学生感到数学就在我们身边,它与我们的日常生活和科学技术有着密切的联系,它并不是一门神化的学科,从而揭开了数学神秘的面纱.

三、数学家的故事与数学教学

数学的发展虽然有其一定的客观背景,但与数学家们的孜孜追求和探索发现也是分不开的.数学家面对挫折执著追求的故事,对于学生正确看待学习中的困难,树立学好数学的信心会产生潜移默化的作用,并可培养学生严谨的学习态度和锲而不舍的探索精神.

例4 欧拉的故事与欧拉定理.

欧拉是数学史上多产的数学家之一,被称为数学英雄.他从19岁开始发表论文,直到76岁,一生共写了800多本(篇)书籍和论文,其中在世时发表了700多篇.欧拉有如此多的成果,与他顽强的毅力和孜孜不倦的治学精神有关:他31岁右眼失明,晚年视力极差,最终双目失明,但他从没有停止对数学的研究.19世纪伟大的数学家高斯曾说过"研究欧拉的著作永远是了解数学的最好方法".欧拉对"哥尼斯堡七桥问题"的研究开创了"图论"这门学科.他发现不论什么形状的凸多面体,其顶点数 V、棱数 E、面数 F 之间总存在关系: $V - E + F = 2$. 此式称为欧拉公式.欧拉是如何发现这个公式的?他用什么方法研究的?可由此引入欧拉定理(公式)的教学.

学习是一个累积和领悟的过程,知识的掌握犹如傍晚之星,初见一星,旋见一星,又见数十星、数百星,以致点点繁星,灿烂布满天空.

例5 数学家谷超豪的故事.

在2002年的世界数学家大会上,世界数学联盟主席帕利斯在开幕词中谈到,中国数学之树是由若干位数学家培养起来的.在他提到的数学家中,长期在国内工作尚健在的数学家有两位,一位是吴文俊,一位是谷超豪.

谷超豪先生于1926年出生,浙江温州人.他从小对数学感兴趣,小学三年级学除法,谷超豪被除法中的现象迷住了:1被3除,那就是0.333…一直循环下去,除不尽,但是可以用循环小数表示,这让他觉得,数学里面有非常神奇的东西.

到了中学,一次数学老师出了一道题,一个四边形,每边边长都是1,问面积是不是1?许多同学都肯定的回答是1,谷超豪说不是.因为,四边形每边都是1,你可以把它压扁,变成一条线,这样面积就差不多没有了,所以面积不一定是1,可以是1,也可以比1小很多.

老师对谷超豪的想法特别欣赏.当时,谷超豪还不知道菱形面积公式,而是从形状的变化来说明这个问题的.但这种求新变化的思维方式却在他浙江大学毕业后多年的研究中真正显现出来.20 世纪末,法国科学院的一位院士,把谷超豪数学成果的风格概括为"幽雅、独特、深入、多变".

谷超豪先生还对台风非常感兴趣,每次台风来,他都非常注意听预报,并且非常留心当时的风向,为什么呢?因为根据当时的风向和台风的几何特性,数学家就可以跟天气预报作出同步判断,并且可以比试一下谁更准确.

数学即人生.数学家谷超豪爱用他倾心的诗词述说对数学之树的景仰与爱慕:人言数无味,我道味无穷.良师多启发,珍本富精蕴.解题岂一法,寻思求百通.幸得桑梓教,终身为动容.

总之,数学史料作为理解数学的一种情感"调料",能激发学生学习数学的兴趣,调动学生的学习态度,有助于学生理解和掌握数学.

1. 有利于激发学生的学习兴趣

爱因斯坦说:"兴趣是最好的老师,它远远胜于责任心."如果用历史故事和轶事点缀枯燥的数学问题,学生的学习兴趣会更加浓厚.数学发生发展的历史过程终会使学生明白:数学并不是一门枯燥呆板的学科,而是一门不断进步的生动有趣的学科.那些为数学拼搏一生、奉献一生的数学家的故事,为此作着耐人寻味的注释!"叙述数学家如何跌跤,如何在迷雾中摸索前进,并且如何点点滴滴地得到和汇集他们的成果,应能使任何钻研数学的新手鼓起勇气",当然也能使任一学生鼓起学好数学的勇气.

2. 有利于激发学生民族自豪感和积极的情感态度

数学研究的成果是无国界的.但研究的过程,领先的发明创造,又打上了民族的标记.中国古代数学成果被命上外国人名(如勾股定理被称为毕达哥拉斯定理,祖暅原理被称为卡瓦列利原理,杨辉三角被称为帕斯卡三角等)时,我们会感到义愤.谈到祖冲之、刘徽、秦九韶的数学成就,我们会感到自豪.他们的成就证明了中华民族是一个富有数学才华的民族.中国是数学的故乡(之一),自秦汉到明清以前,历时 1 800 多年,代表着数学的主流,明清之后日衰,主流西移,开始了外国人名充塞数学文献的时代,……中华儿女有志气,有信心,按陈省身先生的"猜想",在 21 世纪把中国建设成为世界数学强国.因此,数学史志教育就不能光"吃"老祖宗了,我们要用当代数学史,其中,自 20 世纪 80 年代以来,中国初等数学研究的光辉历史,值得大书大讲,因为成就巨大,创新多多,在很多方面冲到了世界前列.

数学家的传记、逸闻、趣事可以启发学生的人格成长;数学家们那种追求真理的科学精神、不迷信权威的批判精神、敢为人先的创新精神无疑是正在成长中学生最好的精神食粮,能够激发学生的学习热情、学习兴趣和快乐的内心体验;确立正确的学习态度和宽容的人生态度.

3. 有利于学生对数学知识的理解

数学知识与历史知识是互补的.通过数学史料,能帮助学生对所学内容的理解,了解数学问题、概念、定理、公式和思想方法的来龙去脉,了解对它们引入的动机和产生的后果,可帮助学生进行返璞归真地学习.譬如,函数的概念是由莱布尼兹最早引进数学,用来表示"曲线上的点的横坐标、纵坐标、切线长度的量",通过几次演变,最后成为课本上的"对应说"、"映射说".学生了解了函数概念的演进过程,也就比较容易理解函数概念的本质.同时,学生在获得概念的认识活动中还体验了数学的抽象过程又是怎样完成的,透过概念的抽象定义,具体感受到数学的认识活动的实质.将间接经验内化为自身的数学思维能力,从根本上理解概念为何如此规定,从而达到对数学概念的深层次的理解.

4. 有利于学生从整体上把握所学知识

通过数学史料,能够让学生了解到数学发展的历史面貌,把握数学发展的整体形象,从整体上加以认识把握、组织良好的认知结构.整体概貌不仅可使学习的数学内容相互联系,更使他们跟数学思想的主干也联系起来.“学生不仅获得了一种历史感,而且通过从新的角度看数学史料,将对数学产生更敏锐的理解力和鉴赏力.”

数学史料还有利于学生了解数学的文化价值和应用价值.

四、数学教学经验对数学教学的影响

数学教学是一项技能,是一门科学,也是一门艺术.

怎样才能掌握数学教学技能技巧,如何达到数学教学较高的艺术境界? 又如何使自己的数学教学工作更加科学化,逐步形成具有自己特点的数学教学风格? 这想来很复杂,做来有难处.但是只要有成为数学教育家的远大志向,满怀浓厚兴趣,坚定追求充分发挥数学教育两大功能,把职业当事业,一步步地坚持做下去,虚心汲取他人的教学经验,时常反思自己的教学所得,刻苦学习数学哲学、数学方法论、现代数学教育理论,坚持参与相关的(如 MM)数学教育实验,并结合自己的特点,改造成为自己的教学方法,不是照搬、硬套;在自己的教学过程中,每次课后,自己认真总结得失,勤于进行哲学思考,勤于与人合作交流,用研究的态度去对待每一节课,皇天不负有心人,坚持下去,就会成功.

$$\S 6.4 \quad 数学学习心理与数学教学$$

数学学习过程并不是一个被动接受的过程,而是一个主动建构的过程.也就是说,数学知识与能力不能从一个人迁移到另一个人,一个人的数学知识必须基于对经验的操作、交流,通过反思来主动建构.这就是建构主义的数学学习观,或称为数学学习建构学说,也可看做是数学学习的心理方法,它对数学教育有着积极的指导意义.

一、数学学习建构学说

作为一种数学学习心理方法的建构主义数学学习观,属于数学宏观方法论的范畴,它表明以下数学学习观念.

1. 数学学习活动是一个“内化”过程

数学学习心理是学生在数学学习过程中的心理过程,不仅与一般认知过程有关,而且也与数学的特点有关.首先与数学的特殊抽象性(形式化)有关.数学的理论,包括概念、法则和数学思想方法等,都有高度的概括性和抽象性,它比其他任何一门学科的知识更抽象,更概括.抽象和概括的过程是一个“内化”的过程,通过适当的符号化,通过同化或顺应来实现;其次是同数学的严谨性有关.这种严谨性要求新的"结论"须通过推理论证才会被认可.而严谨的结论呈现在学生面前时,因略去了它的发生、发现的曲折过程,而显得"生殊突然",学生因认生而倍感困惑.因此,学生在学习数学的形式化、符号化时,需要老师精心设计模拟数学发现、发明和创造等发展过程的情境,引导学生亲历这个过程,在这个过程中"内化"数学,而后再转为"外化".这个过程是引导学生积极思考、深入理解的过程.因此,数学形式化(外化)的教学,还需还原为能使学生"内化"的情景,这就是数学教学的本质.

2. 数学学习是一个主动建构的过程

原有的数学知识、经验是新的数学知识建构的基础.新授数学知识(信息)的内化、建构过程要经过图式、同化、顺应和平衡四种形态,必须经过学习主体的感知、消化、改造,才能纳入其数学认知结构,才能被知觉和掌握.在这个过程中,伴随着学生的心理、生理上的变化,必须是学生主动参与,无法由他人代替.主动参与不仅是动口和动手,更重要的是动脑,就是要主动研究问题,并借助逻辑组合、推广、限定、类比,巧妙地分析综合,提出新的、富有"成果"的问题.这对教师而言就要创造一个有利于学生主动建构的环境.对学生而言,应充分利用教师提供的有利条件,充分发挥自己的主观能动性,"跳一跳"以期取得最佳效果.这也是学生学会学习的过程.

3. 数学建构过程是一个不断发展深化的过程

数学发展深化过程靠的是严格的定义和逻辑推理,学习者按自己原有的图式去同化或顺应新知识,必须通过自己头脑的加工建构新图式,所得的新图式往往带有认知者自己的某种特色,认知未必完全和准确,可能发生错误或缺陷.通过练习、运用来发现错误,修补缺陷,通过反例"检测"知识,深入体会,这是一个不断"建构—反思—再建构"的过程,这样才能保证认知结构的正确性,并使建构持续进行.

4. 数学建构活动具有社会性质

就学生的数学学习过程而言,尽管数学建构活动最终是由学习者自己独立完成,别人无法替代,但是必须是在一定的"社会环境"之中进行.在这个"社会环境"中,我们首先看到的是由教师和同班同学构成的"学习共同体",其次也不能忽视家庭、学校、社会对于学生认知活动的影响.这种影响往往是在交流、竞争、传言、询问中而实施的.

5. "建构"与"理解"

学生对教师讲解或从书本上读到的知识(信息)有一个"理解"或"消化"的过程.数学建构学说下的"理解"或"消化"并非只是弄清教师(或课本)的"本意",而是依学习者自己的知识、经验做出"解释",与自己的认知结构"接头",使新材料在学习者头脑中获得特定的意义.一旦与自己已有的知识经验建立了实质性的、非任意性的联系,学习者即有"我会了"、"我明白了"的感觉,这是一种"建构性理解",属于理解的较高层次.

6. "掌握"的特征

学习者对数学知识是否真正掌握,建构的如何?要看能否给别人讲懂,讲明白,说清楚,让别人"知道了",这是一块试金石,也是掌握知识、形成正确认知结构的一个根本特征.这就是"助人者会获得更大帮助"的理论依据.

二、数学建构学说下的教学基本原则

1. 主体—主导原则

既然数学学习是一个主动的建构过程,而学生是数学学习的主体.那么,在教学中就必须突出学生的主体作用:数学知识、技能和思想方法的获得,都必须经过学生自己感知、消化、改造,使之适应自己的数学认知结构,才能被理解和掌握.另一方面,这个过程又不能由学生随意为之,而是要在深谋远虑的设计者、组织者、参与者、指导者和评估者,即教师的指导下进行,教师起主导作用.主体要充分利用教师指导的有利条件,但又不能等和靠,要发挥自己的主观能动性,用"在老师指导下自己建构"的方式去学习.

2. 适应—创新原则

我们知道,数学知识的学习与学生的经验、思维、密切相关,但该学习多少知识,学习怎样的知识,却不应按年龄"定量"分配,因为这种"相关"不是线性的;另一方面,按同化—顺应—平衡的原则,学习的内容则又不能过于浅易和贫乏,而是需要具有一定难度和量的新内容,以便激发他们的好奇心和探索、创新的欲望.即使是"复习",也不应单纯"重复",不能用"煮夹生饭"式,而是要换一个角度,纵横变换、改变提法,以保持新鲜感和产生新的领悟.浅显陈旧的材料会使学习者"倒胃口",不利于青少年克难攻坚的优秀品质的培养.

3. 教—学—研协调原则

按认知的建构原则,教师的教学,师生、生生之间的交流讨论,都是为了学生更好的领悟和建构.提供质高量足的信息,调动学生手、脑、口、眼、耳等各个认知感官,积极行动,加速和优化原有认知结构对新信息的加工(同化或顺应)的进程,合作学习,研究性学习,探索式教学等,都是教—学—研同步协调原则的体现,是建构的主体性与社会性结合的体现,是数学学习共同体功能的整体发挥.

数学学习在一定程度上,总是要重复历史的主要进程,即重现人类对数学的建构过程,但"采用"的是简练快捷的方式.对学生来说,很难"直接吸收",而必须通过与教师及同学的交流,通过反思、检验、改进、发展才能真正理解和掌握.

4. 问题—解决原则

有成效的数学建构活动应建立在问题—解决原则上,要从问题的提出,甚至从某种思维失误开始,引发概念冲突,理论与实践冲突,必须与可能冲突,呼唤新知新法,再通过学生自己的探索和再创造,以及对社会建构(表达、交流、辩论、调整等)的参与,获得问题的解决,然后通过反思与实践,提出新问题,进入下轮问题—解决,形成良性循环.

5. 个体—共同体认知一致性原则

学习是学习主体的主动建构,每个人的建构都有自己的特征.但是,按照生物发生律,每个个体的认知都在某种程度上重复共同体(历史上看)认知的整个过程.因此个人的知识的建构必然带有某些人类共同的特征.也就是说,教师如果按数学发生、发展的大体过程(或模拟)进行数学教学设计(返璞归真),则学生比较容易理解,因为学生的建构过程在一定程度上因循着数学知识的发生、发展、发明和发现过程,个体与共同体应当是基本一致的,但也不排除变异和创新.

6. 优化—创新原则

学习是发展,是观念的不断变化.知识就是某种观念.因此,知识"无法"传授,传递的只是信息.学习者对这些信息作观念上的分析与综合,进行有选择的接收和加工处理.因此,经常作阶段性总结,弄清知识间的内在联系,进行信息压缩,头脑编程,并存储于头脑之中,即优化认知结构体系.譬如,解完一道题或一组题后,进行必要的反思,把有价值的题和解进行思维模块存储于深层记忆,以便在需要时快速检索,准确提取,这样所学的知识才能抓得着,用得上.此外,认知是一个不断发展和深化的过程,因此学习者的认知结构也有一个不断发展、不断重构的优化过程.在这个发展过程中,学习者改革观念,进行创新,这对数学学习是十分有益的.

问题与课题

1. 数学知识可以从不同角度进行"两种形态"的分析,这对数学学习有什么指导意义?

2. 教师如何妥善利用"动态数学观"进行数学教学? 试举例说明.

3. 如何理解科学数学观指导下的数学教学原则?

4. 试述数学美对数学学习中情感的影响.

5. 分析数学史料的教育价值.举例说明如何用数学史料创设数学学习情境.你怎样认识"近20年来"中国初等数学研究的历史?

6. 如何理解数学学习过程中对知识的"内化"和"外化"? 试举例说明.

7. 建构主义学习观的要点是什么? 它预示着哪些教学原则?

第7章　微观数学方法论与数学教学

微观数学方法包括观察、实验、归纳、类比、联想、猜测等合情推理方法,数学模型法、公理化方法和抽象分析法等形式逻辑推理方法、辩证推理方法以及一般解题方法.微观数学方法在指导学生的数学活动方面,具有较强的可控性和可操作性,是培养学生科学思维素养的有效工具,是学生形成和发展数学品质的必由途径.

§7.1　观察、实验与数学教学

观察、实验是科学研究中极为重要的常用方法,是收集科学事实、获取科学研究一手材料的重要途径,是形成科学理论最基本的实践活动.

在数学中,数学学习研究的对象是一种形式化的思维材料,它虽起源于"经验",但是经过了抽象化的处理,这些非物质的对象能够进行观察和实验吗?实践表明,是完全可以的.因为数学系统的符号化,实际上是一种物化,并"付诸"研究对象的全部信息.从而数学在具体的研究和表述中,使用的符号和图形等形式,成为数学对象的替身,这些"看得见,摸得着"的东西,就是我们观察、实验的对象.但毕竟数学中的观察、实验等实践活动与其他科学实验有一定的差异.

在传统的数学教学中,忽略了观察与实验的作用,过分偏重形式而强调逻辑思维能力、计算能力等.而今天,随着数学研究与数学教学手段的现代化,特别是计算机与多媒体技术的普遍使用,数学观察、实验在数学学习和教学中,应充分显示它的重要性和有效性.

一、观察、实验对数学学习的意义

学习数学应重视学习数学活动,重视在数学活动中学会观察、实验,提高数学地观察事物的能力,获得个体数学活动的经验,并运用数学解决问题,提高个体对数学的兴趣,增强学习数学的信心.

在数学教学中,引导学生积累学习经验,就是指教师不仅教会学生掌握数学概念、学会数学运算、理解并能进行数学理论或结论的表述,更重要的是引导学生自己观察、实验,得到自己对数学概念、数学运算、数学理论的个体经验和个人理解.

事实上,在数学发展史上,数学家成功的重要因素之一,就是他们都有自己观察与实验做出发现、发明的独特经历.最好的学习方式是自己去发现.因此,观察与实验对学习意义重大.

例1　高斯的故事.

数学家高斯小时候计算 $1 + 2 + 3 + \cdots + 100$ 时,就不是逐个去加,而是通过观察与实验:
$$1 + 100 = 101, \quad 2 + 99 = 101, \quad 3 + 98 = 101, \quad \cdots, \quad 50 + 51 = 101,$$
最后发现所求结果是 50 个 101,相乘而得.

　　在中小学数学教学中,许多数学对象的性质可由观察与实验的结果得来.

　　对数学对象进行观察与实验是数学实践活动的重要形式.

　　例2　于振善称"面积"的故事.

　　于振善是一位木工出身的数学教师,他有非常高明的手艺和出众的数学才能,后来成为河北大学的教师.于振善的家乡在河北省清苑县.有一年,清苑县分了一块土地给邻近的县,县长想知道清苑县的面积究竟有多大.因此,县政府的干部了不少脑子,请教了一些人,可是谁也没有好的办法.后来有人找到了于振善,他利用他精湛的木工手艺和出众的数学才能,巧妙地解决了这一问题.

　　他先找来一块质地均匀木板,把两面刨得溜光.设这块木板的面积为 $a(\mathrm{m}^2)$,重量为 $b(\mathrm{kg})$,那么木板单位面积的重量是 $\dfrac{b}{a} = c(\mathrm{kg/m^2})$.

　　他把地图绘在木板上,然后用钢丝锯把这块"木地图"锯下来,一称"木地图"的重量为 $d(\mathrm{kg})$,那么清苑县的面积应该是 $\dfrac{d}{c} = e(\mathrm{m}^2)$.

　　值得指出的是,传统意义上的数学实验是指用手工的方法,利用实物模型或数学教具进行实验,主要目的是用于某些数学事实、结论的发现、具体验证或直观解释性说明.现代数学实验则是以信息技术为工具,以数学应用软件为平台,模拟实验对象,结合数学模型而进行实验.现代数学实验不仅具有传统数学实验的验证结论和增强直观性的功能,更重要的是创设了数学活动的环境,使人置身于一个"数学实验室"之中,进行观察并尝试错误,发现并做出猜想,进行测量、分类,或是设计算法,通过运算检验、或是提出反例予以否定,等等.既有验证、有猜想,又通过实验做出发现,具有科学实验的特点.

　　一个人做数学实验的机智,同样也能反映其数学水平.

　　例3　小护士巧测液体.

　　一位医学教授想考考他的护士的数学水平,他拿来一个盐水瓶,里面装有近乎瓶子容积一半的液体,让护士用最简单的办法,判断一下瓶中的液体的体积等于、大于或小于容积的一半.聪明的小护士只是颠倒了一下瓶子就得出了答案,为什么?

$$(1)\ x > 1 - x,\ x > 1/2;$$
$$(2)\ x = 1 - x,\ x = 1/2;$$
$$(3)\ x < 1 - x,\ x < 1/2.$$

　　例4　1840年,英国和法国的天文学家发现海王星就是运用数学进行观察实验的结果,当时的天文学家们观察到天王星的运行有"失常"现象,按照当时的天文理论,造成这种现象是由于外力的作用,于是开始了一种思想实验——理论实验,一次又一次设计这颗未知星体的运行轨道,使之与观察到的"失常"现象发生误差越来越小,最终这种观察与实验所获得的未知行星的轨迹,在预定的地点被观测到了.实际上就是用观察实验检验了行星运行轨迹的数学理论.

　　例5　费马的一个数学实验.

　　在数学史上,费马因观察到:$2^{2^0} + 1 = 3, 2^{2^1} + 1 = 5, 2^{2^2} + 1 = 17, 2^{2^3} + 1 = 257, 2^{2^4} + 1 = 65\,537$ 都是质数,从而猜想 $2^{2^n} + 1$ 形的数都是质数,但欧拉继续进行了实验,结果

$$2^{2^5} + 1 = 4\ 294\ 967\ 297 = 641 \times 6\ 700\ 417$$

就不是质数. 后来又有人发现了 $2^{2^{23}} + 1$ 也不是质数.

　　欧拉是一位数学(活动)家. 欧拉说:"今天人们知道的数的性质,几乎都是由观察发现,并且早在证明其真实性以前,就被发现了. "

　　例 6　尺规作正十七边形的故事.

　　尺规作图是一个实验的过程. 人类很早以前就会用尺规作正三角形、正五边形和正十二边形. 但是在作正七边形、正十一边形和正十七边形时,却遇到了极大的困难. 作正十七边形这个历史上的难题后来被高斯在大一时做出来了. 高斯不仅在实验的基础上完成了正十七边形的尺规作图,而且还证明了:凡边数为费马素数($2^{2^n} + 1$ 形的素数)的正多边形可用尺规作出,当边数为素数但不具有这种形式时,这样的正多边形不能用尺规作出. 为纪念高斯,后来人们将高斯的纪念塑像的底座制成了正十七棱柱形.

　　高斯的成功不仅解决了正十七边形的尺规作图问题. 更为奇妙的是,他把 $2^{2^n} + 1$ 形的素数与正多边形的尺规作图联系了起来,并丰富了相关的数学理论.

二、观察与实验在数学教学中的应用

　　观察、实验方法在数学中的应用可大体分为两个层次. 其一是运用观察和实验来寻求猜想,做出发现;其二是应用观察和实验来寻求解决具体数学问题的途径. 在数学教学中,通过观察和实验可加深对知识、方法的理解和认识.

　　在中小学数学教学中,一些作为推理的原始概念和基本性质(定理)以及一些理论证明比较复杂,学生又难于理解,往往先通过观察和实验来发现,并"肯定"其(猜想)正确性,数学教学中的"发现法"一般以此为基础. 譬如,用剪拼说明三角形三内角和等于一个平角,用折叠来说明图形对称,用实物容积的测量来证实祖恒原理,等等.

　　通过观察和实验,可以使少年儿童产生学习数学的欲望,培养学生学习数学的兴趣和信心. 传统的中小学数学教育对培养学习兴趣和树立自信没有给予足够的关注,从而使有的学生丧失了学习数学的兴趣和信心.

　　数学观察与实验活动是被用来观察实际生活(经验)中存在的数量关系问题、空间结构问题. 比如,通过观察几何图形各元素间的相互位置,同时自己动手"画"——实验一下,然后悟出一些数学上的结论. 进而表述为命题,…… 在这个过程中,数学的技术教育功能和文化教育功能都得以发挥.

　　通过观察寻找特征,发现突破口;通过观察与已有方法的联系,或通过观察已知与未知找出它们之间的联系,并由此解决问题;等等,都是"观察"在解题中的作用.

　　例 7　计算 $\sqrt{7 - 4\sqrt{3}}$.

　　显然根号下的式子无法直接计算,但观察试作发现它可配凑成完全平方式,即 $7 - 4\sqrt{3} = (2 - \sqrt{3})^2$. 从而联想到此类根式的一般化简方法.

例8　计算 $1+3+5+\cdots+99$.

观察图 7-1: $1=1^2,1+3=2^2,1+3+5=3^2,1+3+5+7=4^2,\cdots\cdots,1+3+5+\cdots+99=50^2$,

进一步(猜想):

$$1+3+5+\cdots+(2n-1)=n^2,$$

联想:

图 7-1

$$1+2+3+4+5+\cdots+100$$
$$=(1+3+5+\cdots+99)+(2+4+6+\cdots+100)$$
$$=2\times(1+3+5+\cdots+99)+50$$
$$=2\times2\ 500+50$$
$$=5\ 050.$$

鼓励学生用观察与实验的方法,积极参与对数学材料的处理,可调动学生学习数学的积极性.

随着现代技术的进步,数学实验的重要性及其表现形式愈加生动和具体,过去只能在想象中完成的事情,现在可以在"数学实验室"中完成,并且一些悬而未决的数学难题也可能借助"数学实验"而得到解决.如"四色问题",在数学上化归为 1 936 种情形,每种情形的证明都可以化为数学的逻辑判断,可以用计算机来做.但计算机的"证明"至今没能获得普遍承认.

数学实验可以通过计算机提供的数据、图像及动态表现,有了更多的观察、探索、试验和模拟的机会,在此基础上,可产生顿悟和直觉,形成猜想,再利用演绎推理,对猜想进行证明或证伪.

三、观察、实验与数学证明

数学证明是指从公理、公设、定理、定义等出发,通过形式逻辑演绎地推导出结论.中学的平面几何定理,许多都是通过观察和实验猜想出来的,想成为"定理",必须经过严格的证明.原因有三:①观察和实验的对象,只是数学研究的对象(数量关系和空间形式)的替身,而不是本身;②观察和实验必然有误差;③观察和实验的材料是有限的,只能获得特殊命题,而涉及无限多的对象的一般命题,只有通过证明来确立.在数学中,观察、实验、操作,是没有证明功效的.

作为数学教育,即使是中小学数学教育,数学本身的特点决定了观察实验等数学活动,也只有启迪发现、促成猜想的作用.认为它可以代替证明的想法和做法都是错误的.

例9　图形的移动.

在初等几何中,常常把一个图形移动使之与另一个发生关系(如重合),这里"移动"如果符合一定的条件,就确认为是证明的步骤,如几何中讲的"运动"的三种形式:平移、旋转、翻折.按日常理解的几何图形的移动显然不是严格的逻辑证明形式.《九章算术》中,我国古代数学家发明了一种"出入相补原理"(又称"以盈补虚法").当求三角形面积时,如图 7-2 所示,把三角形变换成等面积的矩形,然后再求面积,则可认为是严格的推理.

图 7-2

对中小学数学学习而言,由于初等数学特定的内容,使之运用观察与实验来作为一种逻辑证明之前的补充导引,有助于学生学习数学,也有助于对数学的直观理解.

例 10　直线分割平面.

平面上有 n 条两两相交但无三线共点的直线,把平面分割成多少部分?

观察(图 7-3)实验的结果:

直线数 n	1	2	3	4	5	⋯
分割平面部分数 S_n	2	4	7	11	16	⋯

对数据作"实验性"处理: $S_1 = 1+1 = 2, S_2 = 1+1+2 = 4, S_3 = 1+1+2+3 = 7, \cdots\cdots$

猜想:
$$S_n = 1+1+2+3+\cdots+n = \frac{1}{2}n(n+1)+1.$$

再观察,发现: $S_1 = 2$,且 $S_2 - S_1 = 2, S_3 - S_2 = 3, S_4 - S_3 = 4, \cdots\cdots, S_n - S_{n-1} = n.$

上面 $(n-1)$ 个式子相加,得:
$$S_n - S_1 = 2+3+4+\cdots+n = \frac{1}{2}n(n+1)-1.$$

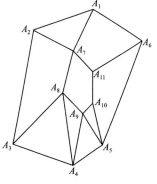

图 7-3

所以,
$$S_n = 1+1+2+3+\cdots+n = \frac{1}{2}n(n+1)+1.$$

通过观察实验获得结果之后,还要证明,这是数学独有的要求,是数学的严谨性特点决定的. 本题我们很容易用数学归纳法证明之. 但需要指出的是:在利用归纳假定时,仍然离不开观察!

中小学数学教学中,应当善于利用观察和实验来猜想数学结果和寻找证明的途径.

例 11　寻找欧拉公式 $V - E + F = 2$ 的证明途径.

关于简单多面体的顶点数 V 、棱数 E 和面数 F 满足关系式 $V - E + F = 2$,就是通过观察实验猜出来的. 下面寻找证明的途径.

我们将其"挖去"一个面,在剩余部分中,只需证明 $V - E + F = 1$.

设想简单多面体可拉长或缩短. 将其剩余部分延展成一个平面图形"网络",如图 7-4 所示. 去掉棱 A_1A_2 ,棱少了一条,面也少了一个,顶点不变,所以 $V - E + F$ 的值不变;再去掉棱 A_2A_3 、 A_2A_7 ,则棱又少了两条,顶点少了一个 A_2 ,面也又少了一个,所以 $V - E + F$ 的值还不变;再去掉棱 A_3A_4 、 A_3A_8 ,则棱又少了两条,顶点又少了一个 A_3 ,面也又少了一个,所以 $V - E + F$ 的值还不变;同理,再去掉棱 A_4A_5 、 A_4A_9 , $V - E + F$ 的值也不变;再去掉棱 A_5A_6 、 A_5A_{10} , $V - E + F$ 的值也不变;再去掉面 $A_7A_8A_9A_{10}A_{11}$,则面又少一个,棱又少了 4 条 A_7A_8 、 A_8A_9 、 A_9A_{10} 、 $A_{10}A_{11}$,顶点少了 3 个 A_8 、 A_9 、 A_{10} ,所以 $V - E + F$ 的值还不变;又最后剩下的四边形中 $A_1A_7A_{11}A_6$,有 4 个顶点,4 条棱,1 个面,所以 $V - E + F = 4-4+1 = 1$. 这样,一条可能的证明途径或思路,就呈现在眼前.

图 7-3

例 12　函数概念的教学.

在函数概念教学中,若能让学生在教师所"创设"的教学情景中,对"熟悉"而亲切的经验进行反思与"观察",并从"实际经验"中抽象(在教师的帮助下)出自己体会的函数概念,这样学生获得的"函数"概念才是鲜活的,才是生动而有趣的,用起来才会得心应手.

学生通过观察与实验,并进行冷静地反思,是理解抽象的函数概念的最好途径.

观察与实验是数学发现、发明与创造的重要途径,因此也是培养和发展学生能力的基本方法之一,是运用返璞归真教学原则的重要手段之一.

在数学教学中,让学生通过观察与实验来发现数学公式、数学理论,用来解决实际问题,不仅可培养学生观察与实验的能力,而且最终可培养并提高学生解决实际问题的能力.

初等数学是数学的基础部分,它研究的对象通常更适于"观察"和"实验",所以对初等数学的教学来说,观察与实验都有着重要的意义和重大的作用.

§7.2　合情推理与数学教学

合情推理,又称似真推理,一般统指归纳、类比、推广、联想等这些思维和推理过程. 物理学家的归纳论证、律师的案情分析、历史学家的史料辨析和经济学家的统计推断都是合情推理.

数学证明是演绎推理,演绎推理是可靠的,无可置辩的和终决的. 而合情推理是有风险的,可争议的和暂时的,…… 我们所学的新知识往往包含着合情推理.

一、合情推理在数学中的意义

"数学通常被看做一门演绎科学,以最后完成的形式出现的定型数学,好像是仅含证明的纯演绎性的材料. 然而,这仅仅是它的一个侧面,数学的创造过程同任何别的知识的创造过程是一样的. 在证明之前,你得先猜测这个定理的内容;在作出完整的证明之前,你得先推测证明的思路;你得先把观察到的结果加以综合、分析;你得一次又一次地进行尝试. 数学家创造性工作的成果是演绎推理,即证明,但这个证明是通过合情推理,通过猜想而发现的". 这是波利亚(G. Polya)论述"数学的二重性"时的脍炙人口的名言,是一个数学家大胆说实话的结果. 波利亚还语重心长地说:"只要数学的学习过程稍能反映出数学的发明过程的话,那么就应当让猜测、合情推理占有适当的位置."

数学从形式看是一个由逻辑推理构成的体系,在思维进程的意义上它是从一般到特殊的推理论证. 从被确认的前提出发,通过逻辑推理带来对结果的确认,每一步都是可靠的,是无可置疑的,因而这种逻辑推理确认了逻辑上可靠的数学知识,同时好建立了严谨的数学体系. 实际上,这种数学的逻辑结构只是建构后的表现形式,而形成这种演绎科学之前,数学理论必有一个探索发现的过程. 这种探索发现的过程作为一种思维方式是一种合乎情理的似真推理过程,即合情推理.

合情推理在数学的创造性思维中发挥着重要作用. 这是因为,创造所面临的是一个前人没有论证过的问题. 所以按合乎情理的方向,按照自己认为可能的正确的方向去进行推理、探索可能得到的结论,探索可能运用的方法,是合情推理发挥作用的地方.

在数学的学习中,要求学生运用自己掌握的数学知识去解决问题,那么他们的个体体验必有一个自我形式的合情推理过程,即按照自己认为可能合乎情理的推理,可能正确的方向来试探,尝试一下自己的办法、想法是否正确. 从这个意义上来说,对于数学学习者,合情推理是必须学会运用的思维方式.

合情推理有如下特征:主动性、情感性、理由的不充分性和目标的不明确性.

数学中的合情推理方式有多种,最常用的是类比推理和归纳推理.

二、类比推理

1. 类比的意义

类比推理是指根据两个不同对象的某些方面(如特征、属性、关系等)的相同或相似,推导或猜想出它们其他方面可能具有相同或相似的思维形式. 它是思维进程中由特殊到特殊的推理方式. 波利亚在论及类比推理时,特别强调日常的对比、比较和类比的区别:对比是比较某种类型的相似性,这种相似性是某些方面的一致性,这种一致性有时是很模糊的;类比则是把关于对象某些方面一致性的模糊性认识廓清,即把相似之处化为明确的概念.

在数学发展中,类比推理使数学家获益良多,有许多重大发现是通过类比完成的. 开普勒(Kepler)说过:"我珍视类比胜过任何别的东西,它是我最信赖的老师,它能揭示自然界的秘密,在几何学中它是最不容忽视的. "

例1 三角形与四面体的类比.

类比推理一:三角形的三条中线相交于一点(三角形的重心),且该点将每条中线分成 $1:2$ 两部分;四面体的四条"中线"——顶点到对面(三角形)重心的连线相交于一点,且该点将每条"中线"分成 $1:3$ 两部分,这是类似的.

类比推理二:三角形的面积(二维度量)$S = \dfrac{1}{2}ah$(其中 a 为三角形某边长,h 为该边上三角形的高);同四面体的体积(三维度量)$V = \dfrac{1}{3}sh$(其中 s 为四面体某面的面积,h 为该面上四面体的高)是类似的.

类比推理三:在 $\mathrm{Rt}\triangle ABC$ 中,$\angle C = 90°$,其三边 a、b、c 有勾股定理:$c^2 = a^2 + b^2$;而直角四面体 $D-ABC$(顶点 D 的三面角的三个平面角是直角),它的四个侧面积 S_D、S_A、S_B、S_C 之间的关系是相似的. 按照勾股定理的形式可猜想为:

$$S_D^3 = S_A^3 + S_B^3 + S_C^3, \qquad \qquad ①$$

或

$$S_D^2 = S_A^2 + S_B^2 + S_C^2. \qquad \qquad ②$$

易证①式不成立,而②式成立.

类比推理结论不一定正确! 但是这种推理的作用远远比它的缺陷大得多. 这是因为自然界从宏观到微观的各个方面,同类事物的相似性远远大于它的差异性. 在数学中也一样.

我们再考虑：

类比推理四：关于三角形有余弦定理

$$c^2 = a^2 + b^2 - 2ab\cos C.$$

我们于是猜想四面体应有类似关系：

$$S_D^2 = S_A^2 + S_B^2 + S_C^2 - \boxed{?}$$

其中 S_D 表示顶点 D 所对面的面积，其余同．式子 $\boxed{?}$ 是什么？形式一时写不出来，比照余弦定理及其推导过程进行类比，看能否得出结果．如图7-5所示，

$$c = a\cos B + b\cos A, \tag{③}$$

$$a = c\cos B + b\cos C, \tag{④}$$

$$b = a\cos C + c\cos A. \tag{⑤}$$

由④、⑤分别得

$$\cos B = \frac{1}{c}(a - b\cos C), \tag{⑥}$$

$$\cos A = \frac{1}{c}(b - a\cos C). \tag{⑦}$$

把⑥、⑦代入③，整理得

$$c^2 = a^2 + b^2 - 2ab\cos C.$$

对于四面体，可进行类似推导．如图7-6所示，$\triangle DBC$ 在 $\triangle ABC$ 上的射影三角形为 $\triangle FBC$．

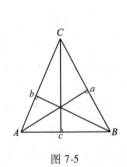

图 7-5

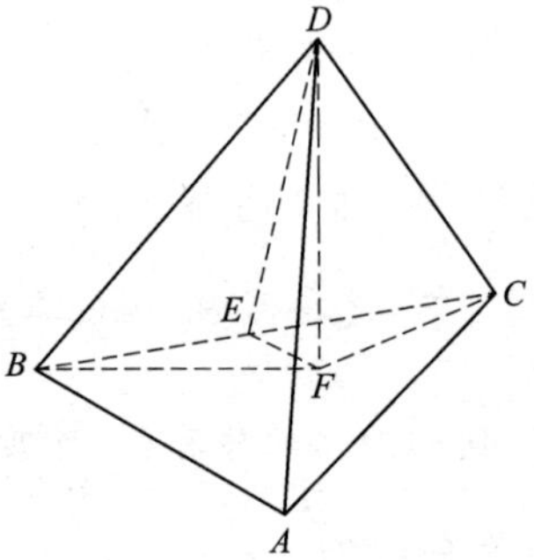

图 7-6

$$S_D = S_A\cos\theta_{AD} + S_B\cos\theta_{BD} + S_C\cos\theta_{CD}, \tag{⑧}$$

其中 θ_{CD} 表示二面角 $A-BC-D$，其余同．

$$S_A = S_D\cos\theta_{AD} + S_B\cos\theta_{AB} + S_C\cos\theta_{AC},$$

由此得，

$$\cos\theta_{AD} = \frac{1}{S_D}(S_A - S_B\cos\theta_{AB} - S_C\cos\theta_{AC}),$$

同理，

$$\cos\theta_{BD} = \frac{1}{S_D}(S_B - S_A\cos\theta_{BA} - S_C\cos\theta_{BC}),$$

$$\cos \theta_{CD} = \frac{1}{S_D}(S_C - S_A \cos \theta_{AC} - S_B \cos \theta_{BC}).$$

把上述三式代入⑧,整理得

$$S_D^2 = S_A^2 + S_B^2 + S_C^2 - 2(S_A S_B \cos \theta_{AB} + S_B S_C \cos \theta_{BC} + S_C S_A \cos \theta_{CA}).$$

可见,不仅结论可类比,方法也可类比.

2. 类比的类型及在数学教学中的作用

类比推理给人的启示有时是巨大的. 在数学教学中,类比推理经常地使用.

(1)类比类型.

① 简单共存类比:根据对象属性之间具有简单共存关系而进行的类比. 推理模式为:

$$A \text{ 具有属性 } a,b,c,d$$
$$\underline{B \text{ 具有属性 } a,b,c}$$
$$B \text{ 可能具有属性 } d$$

例 2　多项式的四则运算与整数的四则运算之间的类比就是简单共存类比;另外,分式的运算法则与分数的运算法则之间的类比;整数指数幂和分数指数幂的乘法法则之间也有类似之处. 实数乘法的符号法则与函数复合后的单调性判别法可以进行类比. 它们也大致属于简单共存类比.

② 因果类比:就是根据对象的属性间可能有的同一种因果关系而进行的类比. 推理模式为:

$$A \text{ 属性中 } a,b,c \text{ 与 } d \text{ 有因果关系}$$
$$\underline{B \text{ 属性中 } a',b',c' \text{ 与 } a,b,c \text{ 相同或相似}}$$
$$B \text{ 属性中 } d' \text{ 与 } d \text{ 可能相同或相似}$$

例 3　平面上的三角形可与空间的四面体类比,这是因为三角形是"最简单"的平面多边形,四面体是空间中最简单的几何体(原因特征),所以它们有很多类似的性质(结果特征).

实际上,平行四边形与平行六面体也可进行因果类比.

③ 对称类比:即根据对象属性之间具有的对称性而进行的类比. 推理模式为:

$$A \text{ 属性中 } a,b,c \text{ 有 } f(a,b,c)$$
$$\underline{\text{属性 } b,c,a \text{ 与 } a,b,c \text{ 对等(称)}}$$
$$A \text{ 属性中 } b,c,a \text{ 可能有 } f(a,b,c)$$

例 4　三角形中,由余弦定理的一个式子可对称类比得到另两个式子.

对称类比的依据是一个对象中同类部分间的"地位"相同,无任何部分特殊.

④ 协变类比(数学相似类比法):即根据对象属性之间有某种确定的协变关系(即函数变化关系)而进行的类比. 其推理模式有两种类型.

第一,两对象有若干属性相似,且在两者的数学方程式相似的情况下,推出它们其他属性也可能相似.

$$A \text{ 具有属性 } a,b,c,\text{且对 } A \text{ 有 } f(x) = 0$$
$$\underline{B \text{ 具有属性 } a',b',\text{且对 } B \text{ 有 } f(x') = 0}$$
$$B \text{ 可能有属性 } c' (\text{因为 } f(x') = 0 \text{ 与 } f(x) = 0 \text{ 相似})$$

第二,两对象的各种属性在协变关系中的地位与作用相似,推出它们的数学方程式也可能相似.

$$A \text{ 具有属性 } a,b,c,\text{且对 } A \text{ 有 } f(x)=0$$
$$\frac{B \text{ 具有属性 } a',b',c',\text{且 } a',b',c' \text{ 与 } a,b,c \text{ 相似}}{B \text{ 可能 } f(x')=0}$$

例5 因为两点确定一条直线及(平面)上两条直线确定一个点(可能是无穷远点)都正确. 请看:如果"若两个三角形的三对对应顶点的连线共点,则这两个三角形对应边(线)的交点共线"正确,那么"若两三角形的对应三线(边)的交点共线,则这对三角形的对应顶点的连线必共点"正确.

⑤ 综合类比:是根据对象属性的多种关系的综合相似而进行的推理. 推理模式为:

$$A \text{ 具有属性 } a,b,c,d \text{ 以及它们之间的多种关系}$$
$$\frac{B \text{ 具有属性 } a',b',c',d' \text{ 及它们之间的多种关系}}{\text{由 } a,b,c,d \text{ 的量值可能推出 } a',b',c',d' \text{ 的量值}}$$

数学中常用的类比有:

低维与高维的类比(又称为类推):二维的情形可类推到三维的情形,从三维的情形可类推到四维的情形,甚至 n 维的情形;数与形的类比;有限与无限的类比:如无穷级数、积分在许多方面同有限和可以类比;微分法同有限差分法可类比;线性齐次方程同代数方程可类比等.

(2)类比在数学中的作用.

① 提出新问题,得到新发现. 类比可培养学生萌发联想,学会发现问题,提高"洞察力".

例6 空间 n 个平面最多能把空间分成几部分?

这是平面分割空间问题. 由问题内容易联想到与它相似的问题:平面上 n 条直线最多能把平面分成几部分. 若后者是我们所熟悉的问题,就可以进行类比.

我们知道,平面上 n 条直线最多能把平面分成 $F(n)=\dfrac{1}{2}(n^2+n+2)$ 个部分(平面块). (参见§7.1例10)这是平面上 n 条直线(一维的)分割平面(二维的)所得到的块数表达式,这个表达式是 n 的二次式,且分母为2. 运用类比推理,用 n 个平面(二维的)分割空间(三维的)所得的块数 $\Phi(n)$,就可能是 n 的三次式,且分母可能是3. 假设

$$\Phi(n)=\frac{1}{3}(an^3+bn^2+cn+d),$$

其中 a,b,c,d 是待定系数,可用实验和方程法求出. 先通过实验得:$\Phi(1)=2,\Phi(2)=4,\Phi(3)=8,\Phi(4)=15$. 再列方程:

$$\Phi(1)=\frac{a+b+c+d}{3}=2, \qquad \Phi(2)=\frac{8a+4b+2c+d}{3}=4,$$

$$\Phi(3)=\frac{27a+9b+3c+d}{3}=8, \quad \Phi(4)=\frac{64a+16b+4c+d}{3}=15,$$

联立后解得:$a=\dfrac{1}{2},b=0,c=\dfrac{5}{2},d=3$,于是猜想

$$\Phi(n) = \frac{n^3 + 5n + 6}{6}.$$

为了证明这个猜想,我们可以仿照处理直线分割平面问题的方法,用归纳法(后面再讲)建立递推关系:用 n 个平面分割空间得到块数 $\Phi(n)$ 后,再增加一个平面时,这个增加的平面与原来的 n 个平面有 n 条交线,这 n 条直线把新增加的平面分割成 $F(n) = \frac{1}{2}(n^2 + n + 2)$ 个平面块,而这些平面块的每一块把它所在空间一分为二,因而增加了 $F(n)$ 个空间块,所以 $n+1$ 个平面把空间分割成的块数是 $\Phi(n+1) = \Phi(n) + F(n)$,即 $\Phi(n+1) = \Phi(n) + \frac{n^2 + n + 2}{2}$,这个关系是正确的.

实际上,如果我们用 n 个点(0 维的)分割直线(一维的),所得部分(线段或射线)记为 $S(n) = n + 1$(易知),则亦有

$$F(n+1) = F(n) + S(n).$$

例 7　欧拉曾将有限次方程中的根与系数的关系,类推到无限次方程的根与系数的关系,发现

$$\frac{\pi^2}{6} = 1 + \frac{1}{2^2} + \frac{1}{3^2} + \frac{1}{4^2} + \cdots + \frac{1}{n^2} + \cdots.$$

由于 $\frac{\sin x}{x} = 0$ 有解 $\pm \pi, \pm 2\pi, \pm 3\pi, \cdots, \pm n\pi, \cdots$,与代数方程

$$(x^2 - \pi^2)(x^2 - 4\pi^2)(x^2 - 9\pi^2)\cdots = 0$$

类比,则有

$$\frac{\sin x}{x} = a_0 \left(-\frac{x^2}{\pi^2} + 1 \right)\left(-\frac{x^2}{4\pi^2} + 1 \right)\left(-\frac{x^2}{9\pi^2} + 1 \right)\cdots,$$

易知上式右端 x^2 的系数为

$$-a_0 \left(\frac{1}{\pi^2} + \frac{1}{4\pi^2} + \frac{1}{9\pi^2} + \cdots + \frac{1}{n\pi^2} + \cdots \right),$$

即

$$-\frac{a_0}{\pi^2} \left(1 + \frac{1}{2^2} + \frac{1}{3^2} + \cdots + \frac{1}{n^2} + \cdots \right),$$

另一方面,由 $\sin x$ 的幂级数展开式又可求得

$$\frac{\sin x}{x} = 1 - \frac{x^2}{3!} + \frac{x^4}{5!} - \frac{x^6}{7!} + \cdots,$$

所以

$$-\frac{1}{3!} = -\frac{a_0}{\pi^2} \left(1 + \frac{1}{2^2} + \frac{1}{3^2} + \cdots + \frac{1}{n^2} + \cdots \right),$$

另外,通过比较常数项可知 $a_0 = 1$,这是因为 $\lim\limits_{x \to 0} \frac{\sin x}{x} = 1$.

所以

$$\frac{\pi^2}{6} = 1 + \frac{1}{2^2} + \frac{1}{3^2} + \frac{1}{4^2} + \cdots + \frac{1}{n^2} + \cdots.$$

② 可用来检验猜想. 即对一般性的猜想,可以由特例的结论给予反驳. 换句话说,对"个别"情形不成立的结论,"一般"也不成立.

例 8 对 $N = 2^n - 1$ 的数 $(n \in \mathbf{Z}_+)$，通过计算可得：

n	1	2	3	4	5	6	7	8	9	10	…
N	1	3	7	15	31	63	127	255	511	1 023	…

我们不难看出，当 n 为 2，3，5，7 时，N 为素数. 猜想："n 为素数时，$N = 2^n - 1$ 为素数".

但 11 为素数，而 $N = 2^{11} - 1 = 2\ 047 = 23 \times 89$ 却不是素数而是合数. 因此，猜想不真.

结论：当 n 为素数时，$N = 2^n - 1$ 不均为素数.

三、归纳推理

归纳推理是认识事物的一种初始方法. 人们看到某一只乌鸦是黑的，再看到的另一只乌鸦还是黑的；你看到的乌鸦是黑的，他看到的乌鸦也是黑的；濮阳的乌鸦是黑的，信阳的乌鸦也是黑的；中国的乌鸦是黑的，外国的乌鸦也是黑的. 于是人们归纳得出"天下乌鸦一般黑"！这就是归纳推理. 合情推理中所谓的归纳，是不完全归纳推理，又称为经验归纳法或实验归纳法. 这是一种从特殊到一般，从经验事实或实验事实到理论的一种寻求真理和发现真理的方法.

应用合情推理中的归纳推理可以从个别事实中看到真理的端倪，受到启发而提出假设和猜想. 所以合情推理中的归纳推理是一种重要的数学发现的方法.

1. 归纳推理的意义

归纳推理所得到的判断，可能真，也可能假，其真假有待于证明. 也就是说"单凭观察所得到的经验，是决不能充分证明必然性的". [7] 尽管如此，它仍然是人们认识和发现真理的入门步骤.

人们认识数学，首先是通过观察，凭借直觉概括和机敏灵活的判断，对数量关系和图形的性质得到一些感性认识，然后再向理性认识飞跃的. 那么，从感性认识如何向理性认识飞跃呢？归纳与概括是一个不可缺少的步骤. 由归纳和概括得到判断的过程叫归纳推理. 进而如果所得判断得到证明或检验，就成了正确的命题. 因此，归纳推理是科学发现的重要步骤和方法. 数学中的多数正确内容，都是数学家运用自己的经验，通过归纳、观察，大胆猜测出问题，并最终给出巧妙的证明予以确立的. 牛顿、爱因斯坦等的科学成果，在相当大的程度上都是从特殊事实出发，经过归纳推理，提出大胆猜测或结论，再引出更一般、更广泛的结论，从而推动了科学的发展. 数学家高斯曾说过，他的许多定理都是靠归纳发现的，证明只是补行的手续.

在数学学习研究中，往往要从特殊的、个别的、简单的、局部的事实出发，探究、概括出一般规律，再予检验和证明. 因此，在学会观察、实验的基础上，掌握归纳方法，对学好数学是非常重要的.

在中小学数学教学中，引导学生学会运用经验归纳法，对于培养学生的创造性思维品质非常重要. 波利亚曾说"从各个方面来看，数学是学习归纳推理合适的材料".

2. 归纳推理的类型

按照所考察的对象是否全面，归纳法可分为完全的和不完全的两种.

（1）完全归纳法.

完全归纳法，是根据对某类事物的全体对象的考察，发现它们都具有一种属性，从而得到这类事物都具有这种属性的一般性结论的推理方法. 完全归纳法又分为穷举法、类分法和数学归纳法三种.

① 穷举归纳法. 穷举归纳法是对具有有限个对象的某事物进行研究时,将它的每一个对象逐个进行考察,如果它们都具有某种属性,就得出这类事物具有这种属性的一般性结论的归纳推理.

穷举法主要适用于当研究的某类事物只含有限个对象,并且数目较小的情况.

② 类分法. 类分法是指对具有多个(包括无限多)对象的某类事物进行研究时,将这类事物划分为互相排斥的,且其外延之和等于该类事物的几个子类,并分别对各子类进行考察. 如果这些子类都具有某些属性,就得出这类事物具有这种属性的一般性结论的归纳推理. 当然,穷举法也可看做类分法的一个特殊情况.

例 9　某商店有 3 kg、5 kg 两种包装的糖果,数量极为充足,保证供应. 求证:凡购买 8 kg 以上整公斤的糖果时,都可以不用拆包.

分析:$8 = 5 + 3, 9 = 3 \times 3, 10 = 5 + 5, 11 = 3 \times 2 + 5, \cdots\cdots$ 故问题的实质是要证明 $N \geqslant 8$ 且 N 是自然数时,一定存在非负整数 m 和 n,使得 $N = 3m + 5n$.

类分:$N = 3k$,或 $N = 3k + 1, N = 3k - 1$(按模 3 分类),$k \in \mathbf{Z}, k \geqslant 3$.

(ⅰ)当 $N = 3k$ 时,$3k = 3m + 5n$,只要取 $m = k, n = 0$ 即可;

(ⅱ)当 $N = 3k + 1$ 时,由于 $3k + 1 = 3(k - 3) + 5 \times 2$,只要取 $m = k - 3, n = 2$ 即可;

(ⅲ)当 $N = 3k - 1$ 时,由于 $3k - 1 = 3(k - 2) + 5 \times 1$,只要取 $m = k - 2, n = 1$ 即可.

例 10　对于正整数 $n(n \geqslant 2)$,将其分成若干个正整数之和,要使各和数之积最大,如何分?

分析:显然,对于 2 或 3,不宜将其分成若干数之和,这是因为,拆分必然出现 1,而 1 作为因数,不可能使积增大;同理,对其他数的拆分,也不能有 1,因此,对于 4,有 $4 = 2 + 2$,而 $2 \times 2 = 4$,因此 4 拆分与不拆分效果一样;对于 5,有 $5 = 2 + 3$(不考虑顺序,下同),$2 \times 3 > 5$,所以 5 要拆分成 $2 + 3$;对于 6,有 $6 = 2 + 2 + 2$,或 $6 = 3 + 3$,而 $3 \times 3 > 2 \times 2 \times 2 > 6$,所以 6 要拆分成 $3 + 3$,同时也说明,当拆分结果中有 3 个 2 时,可改成 2 个 3,这样才能使乘积最大;对于 $7, 7 = 2 + 2 + 3$ 时,可使和数的乘积最大;当 $n \geqslant 8$ 时,由例 9 知,n 可表示成若干个 3 与至多 2 个 5 的和,而 5 要拆分成 $2 + 3$. 综合以上分析可得,把正整数 $n(n \geqslant 2)$ 分成若干个 3 与至多两个 2 的和时,可使各和数的乘积最大.

在论证时,将一个子类看做一个对象,那么类分法也是穷举法,统一起来看,完全归纳法可以看做以分类为基础的一种论证方法. 由于完全归纳法是穷尽了被考察对象的每一类(个)以后才作出的结论,因此结论是确凿无疑的,故这是一种严格的推理方法.

③ 数学归纳法. 这是依据自然数的递推性质设计的一种完全归纳法. 在此不再举例.

(2)不完全归纳法.

不完全归纳法是根据对某类事物部分的考察而得出这类事物都具有这种属性的一般性推理方法. 它又可以分成枚举归纳法与因果关系归纳法.

① 枚举归纳法. 枚举归纳法是根据某类事物的几个特殊对象具有某种属性从而作出这类事物都具有这种属性的一般性结论的推理方法. 其步骤可概括为"实验—归纳—猜测."归纳

猜测是"合情"的"或然"的推理,其结论可能正确,也可能不正确.

② 因果关系归纳法. 因果关系归纳法,也称科学归纳法. 它是指以某类事物的部分对象的因果关系作为前提,从而得出一般性结论的推理方法.

例 11 有一数列,已知 $a_1 = \sin\theta, a_2 = \sin 2\theta, a_k = 2\cos\theta a_{k-1} - a_{k-2}(k > 2, k \in \mathbf{N})$,求通项 a_n.

分析:由于
$$a_3 = 2\cos\theta\sin 2\theta - \sin\theta = \sin 3\theta + \sin\theta - \sin\theta = \sin 3\theta,$$
$$a_4 = 2\cos\theta\sin 3\theta - \sin 2\theta = \sin 4\theta + \sin 2\theta - \sin 2\theta = \sin 4\theta,$$
$$\cdots\cdots$$

归纳猜想:
$$a_n = \sin n\theta.$$

3. 归纳推理在数学教学中的应用

在数学教育和学习中,不完全归纳法的应用一般可分为发现、猜测问题的答案和发现、猜测解决问题的途径两种. 完全归纳法可用于证明,这是大家都知道的.

(1)用归纳法发现问题的答案(结论).

对于数学问题,运用不完全归纳法可以由一些特殊的事实来猜测可能存在的一般性结论,这种归纳法具有抽象概括的功能,可以引导人们发现问题的结论. 不过这种方法只是合情推理,结论的最后确认,还需要严格的证明.

几何学中"两点之间线段最短"是亿万人、万亿次的经验归纳得出的认识;正方形边长与对角线长之比为"方五斜七"也是木工由归纳得出的经验数据;矩形的面积公式、圆的面积公式,最早也是人们从实践经验中归纳出来的. 比如,埃及古代的草纸文献(公元 1650 年左右)中,就记载了圆面积的经验公式:$S = \dfrac{8}{9}d^2$(d 是圆的直径),相传这个公式是由数谷粒归纳出来的:将谷粒铺满圆面和以其直径为边长的正方形(也即圆的外切正方形),然后数谷粒数,看它占正方形中谷粒数的比例,经过多次实验结果得出这个数约为 $\dfrac{8}{9}$.

例 12 由 $1^2 = 1, 2^2 = 1 + 3, 3^2 = 1 + 3 + 5, 4^2 = 1 + 3 + 5 + 7, \cdots\cdots$你能猜测出什么结论? 你能证明所得结论吗?

猜测:$n^2 = 1 + 3 + 5 + \cdots + (2n - 1)$.

证明:略.

例 13 怎样的两个数具有这样的性质:它们的乘积等于它们的和. 你能得出一般结论吗?

分析:
$$2 \times 2 = 4, 2 + 2 = 4;$$
$$\frac{3}{2} \times 3 = \frac{9}{2}, \frac{3}{2} + 3 = \frac{9}{2};$$
$$\frac{4}{3} \times 4 = \frac{16}{3}, \frac{4}{3} + 4 = \frac{16}{3}.$$

于是猜测:
$$\frac{n+1}{n} \times (n+1) = \frac{n+1}{n} + (n+1) \quad (n \text{ 为正整数}).$$

此式不难证明,故略.

我们还会发现,n 为正整数的限制是多余的!

观察一定要从对象的数学形式、数学结构上去分析,寻求其共性,才能得出比较深刻的猜想,有利于找出合乎规律的认识.

例 14　$2^{2^0}=2,2^{2^1}=4,2^{2^2}=16,2^{2^3}=256,2^{2^4}=65\ 536,\cdots\cdots$ 如果猜想 2^{2^n} 的末位数为偶数,显然正确.但不深刻;如果猜想当 $n>2$ 时,2^{2^n} 的末位数为 6,则比较深刻.你能证明吗?

例 15　给出一组勾股数:$(3,4,5)$;$(5,12,13)$;$(7,24,25)$;$(8,15,17)$;$(20,21,24)$;$(360,319,480)$;$(2\ 400,1\ 679,2\ 929)$.你能发现什么?

猜想：勾、股、弦三个整数中,必有一个是 3 的倍数;也必有一个是 4 的倍数;也必有一个是 5 的倍数.

能证明吗?

通过观察和归纳,可以发现很多有趣的事实,正如高斯所言"在数论中由于意外的幸运颇为经常,所以归纳法可以萌发出极漂亮的新的真理".

所以,学好归纳推理是提高数学素养和创新意识的重要途径.

例 16　在微积分产生初期,多项式函数的求导法则纯粹是实践经验中归纳产生的.比如,在磨抛物镜片的实践中,对抛物线 $y=x^2$ 的各点切线斜率已获得丰富的实践数据,导数公式 $y'=2x$ 最初就是根据实践经验数据"凑出来的".

牛顿的方法(用现代符号表示)是:
$$y+\mathrm{d}y=(x+\mathrm{d}x)^2=x^2+2x\mathrm{d}x+\mathrm{d}^2x$$
$$\mathrm{d}y=2x\mathrm{d}x+\mathrm{d}^2x$$

镇压 d^2x 可得 $\mathrm{d}y=2x\mathrm{d}x$,所以 $\dfrac{\mathrm{d}y}{\mathrm{d}x}=2x$.

这个方法看似"无理",即在数学推理上不严密,是"错误"的!但是后来被证明(用极限方法),结果是正确的."这是人们纯粹实验(归纳)发现的",尔后获得证明.[23]

当然,作为不完全归纳法的合情推理,所获结论有时也会在最后的逻辑论证中被否定,即原来的猜想是错误的.但从数学教育的角度看,学生自己用合情推理所获结果,即使被证明是错误的,他们也获得了数学体验、数学兴趣和认识了数学的(实验)过程.对于他们数学素养的提高仍是大有裨益的.同时,也可有效发挥数学的教育功能.

(2)用归纳法发现解题途径,为获得理性认识指引道路.

运用归纳法,可以由处理特殊问题的方法或思路中,归纳概括出一般问题的处理方法或思路.费马数 $F(n)=2^{2^n}+1$,虽然由归纳得出的结论——$F(n)$ 是素数,后来被欧拉证明是错误的,但是费马数的形式结构,却启发出高斯的正十七边形作图方法.

在几何教学中,辅助线的添设一直是解题难点,有些学生得出"三角形中线倍延伸"、"四边形问题对角线"、"两圆相切公切线"、"两圆相交公共弦"等,都是(经验)归纳的产物.其实,这样添设辅助线只是多数情况下见效,并不总是见效.可见,(经验)归纳产生的认识判断,不一定是正确的,哪些是正确的,还要通过理论或实践来确认.

作为合情推理的归纳推理,其"合情"的本质在于"矛盾的一般性寓于特殊性之中". 通过研究"特例"来解决一般数学问题,是探索和发现数学(问题解决)方法的重要途径之一.

例 17　如图 7-7,设 $\odot O_2$ 内切 $\odot O_1$ 于 A,$\odot O_1$、$\odot O_2$ 半径分别为 r、$r'(r > r')$,任作一直线垂直于连心线所在直线,并使其在连心线同侧分别交 $\odot O_1$ 和 $\odot O_2$ 于 B、C,求证:$\triangle ABC$ 外接圆的面积为定值.

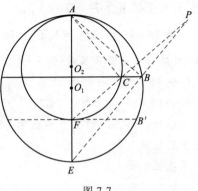

图 7-7

分析:由 $BC \perp O_1O_2$ 且交 $\odot O_2$ 于 C,C 的"位置"有一般性,即有一定的任意性. 我们先考察其特殊位置,设连心线 O_1O_2(过 A 点)分别交 $\odot O_1$ 和 $\odot O_2$ 于 E、F,则 F 是 C 的"特殊位置". 过 F 作 $FB' \perp O_1O_2$,且交 $\odot O_1$ 于 B'. 则 $\triangle AB'F$ 是 $\triangle ABC$ 的特殊位置,其外接圆直径为 AB',显然

$$AB'^2 = AE \cdot AF = 4rr'$$

是定值,从而面积也是定值. 对于一般情形,连结 EB、FC,并延长交于 P. 因为 $\angle ABP = \angle ACP = 90°$,所以 A、C、B、P 四点共圆,从而 AP 是 $\triangle ABC$ 外接圆直径. 由"特殊情形"得到启示,只要证明 $AP^2 = AE \cdot AF$ 即可,这不难通过相似三角形来加以证明.

例 18　设 a、b、c 都是正数,求证:

$$a^n + b^n + c^n \geqslant a^p b^q c^r + a^q b^r c^p + a^r b^p c^q.$$

其中,$n \in \mathbf{N}^+$,p、q、r 为非负整数,且 $p + q + r = n$.

分析:令 $p = 2$,$q = 1$,$r = 0$,有

$$a^3 + b^3 + c^3 \geqslant a^2 b + b^2 c + c^2 a,$$

可以发现

$$\frac{2a^3 + b^3}{3} \geqslant \sqrt[3]{a^3 \cdot a^3 \cdot b^3} = a^2 b,$$

$$\frac{2b^3 + c^3}{3} \geqslant \sqrt[3]{b^3 \cdot b^3 \cdot c^3} = b^2 c$$

$$\frac{2c^3 + a^3}{3} \geqslant \sqrt[3]{c^3 \cdot c^3 \cdot a^3} = c^2 a.$$

由此启发:

$$\frac{pa^n + qb^n + rc^n}{n} \geqslant a^p b^q c^r,$$

$$\frac{qa^n + rb^n + pc^n}{n} \geqslant a^q b^r c^p,$$

$$\frac{ra^n + pb^n + qc^n}{n} \geqslant a^r b^p c^q.$$

三式相加即得原式. 证明略.

在合情推理中,类比推理与归纳推理的差异是明显的. 归纳推理是从特殊到一般,是一种纵向思维;类比推理是借助两个系统某部分的相似或一致性进行横向思维. 在实际解题中,两种推理相辅成,成为合情推理中相互配合、相互利用的重要的方法.

例 19　算术—几何平均不等式的发现(模拟)过程.

若 $b_i > 0 (i = 1, 2, \cdots, n)$,则 $(b_1 - b_2)^2 \geqslant 0 \Rightarrow \dfrac{b_1^2 + b_2^2}{2} \geqslant b_1 b_2$.

类比：$\dfrac{b_1^3 + b_2^3 + b_3^3}{3} \geqslant b_1 b_2 b_3$.

验证：$b_1^3 + b_2^3 + b_3^3 - b_1 b_2 b_3$

$$= (b_1 + b_2 + b_3)(b_1^2 + b_2^2 + b_3^2 - b_1 b_2 - b_2 b_3 - b_3 b_1)$$

$$= \frac{1}{2}(b_1 + b_2 + b_3)\left[(b_1 - b_2)^2 + (b_2 - b_3)^2 + (b_3 - b_1)^2\right] \geqslant 0.$$

类比联想：$\dfrac{b_1^4 + b_2^4 + b_3^4 + b_4^4}{4} \geqslant b_1 b_2 b_3 b_4$. 这由 $\dfrac{b_1^4 + b_2^4}{4} \geqslant \dfrac{b_1^2 b_2^2}{2}$,$\dfrac{b_3^4 + b_4^4}{4} \geqslant \dfrac{b_3^2 b_4^2}{2}$,$\dfrac{b_1^2 b_2^2 + b_3^2 b_4^2}{2} \geqslant$

$b_1 b_2 b_3 b_4$ 很容易验证!

转而归纳推理,把类比推理的结果推广,得出猜想：

$$\frac{b_1^n + b_2^n + b_3^n + \cdots + b_n^n}{n} \geqslant b_1 b_2 b_3 \cdots b_n.$$

令 $b_i = \sqrt[n]{a_i}\,(i = 1, 2, 3, \cdots, n)$,于是又有：

$$\frac{a_1 + a_2 + a_3 + \cdots + a_n}{n} \geqslant \sqrt[n]{a_1 a_2 a_3 \cdots a_n}.$$

其中,$a_i > 0, i = 1, 2, 3, \cdots, n$.

对此结果我们还需要给出严格的证明后,才能确认!

类比推理和归纳推理配合运用,通过联想、限定、推广、猜想等,可以发现数学问题的结论或解决的途径,作出创造性的成果,所以创造性思维有时还需要不同的合情推理的相互配合.

§7.3　数学猜想及其教育价值

数学猜想,是指人们根据已知的某些数学知识和某些事实,对数学的某些理论、方法等提出一些猜测性的判断. 由于它没有严谨的理论依据,因此其真伪性难以判断. 尽管如此,数学规律的发现与证明方法的获得,往往还是要经历一个不甚严格的过程,这个过程对学习者是十分重要的. 然而正如数学家高斯所说："瑰丽的大厦建成后,应拆除杂乱无章的脚手架. "发现证明的思路作为大厦的脚手架拆除了,把证明中的思想方法作为建筑图纸收入档案中或被抛弃了,"干净利落"的结论呈现在我们面前. 我们本节所研究的问题是:如何寻找到"瑰丽大厦的建筑图纸"？ 如何恢复建造大厦的"脚手架",把凝固的东西溶化开来,找到数学家探索的足迹,也就是探索数学规律与发现证明方法,从而通过数学教学提高学生的分析问题和解决问题的能力.

数学猜想是利用归纳、类比、推广、联想等合情推理方法对数学的一种探索和研究,是数学发现、发展的一种方式. 数学猜想也引导着数学的发展方向,由于它是在未知领域得出的判断,因此它又是一种创造性思维的方式. 著名数学家牛顿说过："没有大胆的猜测就没有伟大的发现". 日本数学家小平邦彦认为:"数学中的结论三分之一是证明出来的,三分之一是计算出来的,还有三分之一是猜出来的." 了解数学猜想的形成方式,掌握数学猜想的特征,学习数学猜想中提出与解决问题的思维方法,对于数学学习和数学教育有着重要的意义.

一、提出数学猜想的途径与方法

数学猜想的提出有各种不同的背景原因和思维方法,以下介绍几种主要的途径与方法.

1. 由直观的、简单的事实产生数学猜想

数学与现实有广泛联系,有些数学问题就直接来源于现实,同时,事物的复杂性又寓于简单性之中. 数学猜想有时可以由现实生活中的问题(直观的事实)直接引发,若能抓住简单问题的本质属性,往往能提出有价值的数学猜想.

例1 摆硬币游戏.

两个人轮流在圆桌上摆放同样大小的硬币,每次摆放一个,硬币彼此不能重叠,也不能有一部分在桌面边缘之外. 谁先摆不下硬币,就算谁输. 试证:先摆硬币的人有办法使对方必定输.

分析:圆桌越大,可摆的硬币就愈多,情况就愈复杂! 若设想桌子与硬币一样大小,易知:先摆者必胜! 于是猜想:先摆放硬币者,有办法使对方必定输. 这是因为先把硬币摆在桌面中心位置,然后每次摆放在对手摆硬币的中心对称位置即可. 这个个别情形是一般的简化,但反映着一般的本质属性.

在以上问题中,圆桌不是必要条件,关键在其中心对称性. 把原题中的圆桌换成任何一个中心对称形状的桌面均可!

例2 车站设置问题.

一个厂区道路示意图如图7-8所示,实线是大公路,可跑公交车,工厂的七个分厂 A_1、A_2、A_3、A_4、A_5、A_6、A_7 分布大公路两侧,有一些小公路用虚线表示,与大公路连接. 现在要在大公路上设一个汽车站,问该车站设在大公路的什么位置最好? 如果在 P 地又建了一个分厂,并沿虚线修了一条小公路,那么这时车站设在什么地方最好?

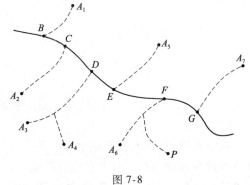

图 7-8

分析:(1)简化. 不计工厂人数,仔细分析,小公路是由工厂分厂到车站的必行之路,从各分厂沿小公路到大公路的路程总和是定值,不影响车站位置的选定,所以只要研究设在大公路的何处,各路口到车站的距离总和最小就可以了!

(2)从简单情形入手. 两个路口情况:即 B、C 两个路口(见图7-9),显然,车站设在线段 BC 上任一点(包括端点,下同),由车站 X 到两路口距离之和是 $|BX| + |XC| = |BC|$ 为定值;否则,若车站设在线段 BC 或 CB 的延长线上 X' 处,则有 $|BX'| + |X'C| > |BC|$. 可见两个路口时车站设在两路口或其间的任一处即可.

(3)三个路口情形. 如图7-10所示,B、C 是两个路口,车站可设在线段 BC 的任一点处,C、D 也是两个路口,车站也可设在线段 CD 的任一点处,所以车站设在 C 处最好. 这是因为

$$|BX| + |CX| + |DX| = |BD| + |CX| \geqslant |BD|,$$

只有当 $|CX| = 0$ 时最好,即车站设在 C 处.

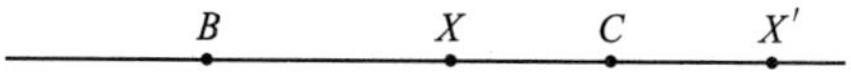

图 7-9 　　　　　　　　　　　　　　　　　　图 7-10

依次继续下去,可以发现规律. 猜想:若路口为偶数个,则车站设在中间两个路口之间的任一处均可;若路口为奇数个,则车站应设在正中间的路口.

我们可以用数学归纳法证明上述猜想,也可用解析法证明之,这里从略.

(4) 回归原问题. 总共六个路口,故车站应设在 D 处或 E 处或 DE 之间大公路的任何一处. 当然,若考虑各分厂的人口数量,可考虑加权问题. 如果新建的分厂小公路,不与大公路直接相连,则不影响车站的设置,也即 P 厂不影响车站的设置;如果新建分厂的小公路直接与大公路相连,设新增加的一个路口为 H,即路口依次为 B、C、D、E、F、G、H,则车站应设在路口 E 处.

"四色定理"就是现实生活中由追求简单引发出来的一个数学猜想. 现代医院广泛使用的 CT 机(计算机断层扫描仪),也是人们为诊病简单,用数学方法把计算机与传统的 X—光医用透视机相结合的一个猜想的实现. 现实中,有许多直观问题的解决都是运用了数学方法,这种方法的运用之初都来源于一种猜想.

2. 由归纳提出数学猜想

由某类对象中的若干个别对象具有的属性,运用"矛盾的普遍性寓于特殊性之中"的原理,猜想出这类对象的全体都具有这种属性,这时不完全归纳法的基本思维方法,它构成了创造性思维的一个重要方面. 许多数学史上著名的猜想都是由此产生的.

例 3　欧拉猜想.

序号	多面体	顶点数 V	棱数 E	面数 F	体　数
1	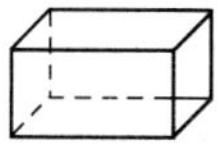	8	12	6	1
2		4	6	4	1
3	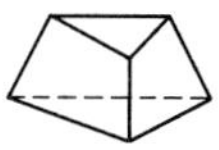	6	9	5	1
4	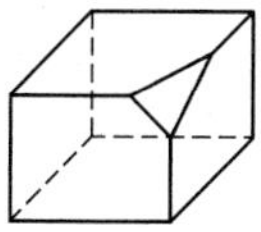	10	15	7	1
5	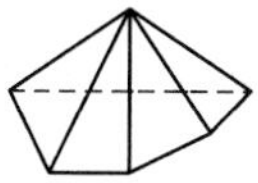	6	10	6	1

续表

序号	多面体	顶点数 V	棱数 E	面数 F	体　数
6		12	18	8	1
7		16	24	11	1
8		10	15	7	1

由 1、2、3、4、5、6、8 号多面体可知,顶点(0 维)数 V、棱(1 维)数 E、面(2 维)数 F、体(3 维)数 1 满足关系 $V - E + F - 1 = 1$;而 7 号多面体 $V - E + F - 1 = 16 - 24 + 11 - 1 = 2$.

再者,1、2、3、4、5、6 号多面体,如果一只蚂蚁从任一顶点出发,沿棱(允许重复)爬行,可到达任一顶点,而 7、8 号多面体则不行. 我们称前者为连通(沿棱)多面体,后者为非连通多面体. 于是归纳猜想:连通多面体的顶点数 V、棱数 E、面数 F、体数 1 满足关系 $V - E + F - 1 = 1$,即 $V - E + F = 2$,这就是欧拉猜想. 经确认(证明)后(参见 §7.1 例 11),称为欧拉定理(公式).

著名的哥德巴赫猜想"任一个大偶数(不小于 6),可分拆成两个奇素数(质数)之和"位于世界十大猜想之首,也是通过不完全归纳法得到的,而至今仍未得到解决. 300 多年来,人们又将其称为"1 + 1"难题. 我国著名数学家陈景润证明了较之弱一点的一个命题:一个大偶数可拆分成一个素数与另一个不超过两个素数乘积的数之和,简称"1 + 2". 这是迄今最接近哥德巴赫猜想的结果,距离哥德巴赫猜想只有一步之遥.

归纳是人类探索真理和发现真理的主要工具之一. 法国著名数学家拉普拉斯曾说:"即使在数学里,发现真理的主要工具也是归纳和类比. "实际上,许多数学基本概念和方法的建立,许多重要问题的发现和解决,许多研究成果的获得,都是首先由一些特殊的例子归纳概括猜想出来的.

例 4　华林(Waring)猜想.

1770 年,英国数学家华林根据以下事实:$2 = 1^2 + 1^2, 3 = 1^2 + 1^2 + 1^2, 4 = 2^2, 5 = 2^2 + 1^2, 6 = 2^2 + 1^2 + 1^2, 7 = 2^2 + 1^2 + 1^2 + 1^2, 8 = 2^2 + 2^2, 9 = 3^2, 10 = 3^2 + 1^2, 11 = 3^2 + 1^2 + 1^2, 12 = 3^2 + 1^2 + 1^2 + 1^2, 13 = 3^2 + 2^2, 14 = 3^2 + 2^2 + 1^2, \cdots\cdots$归纳猜想:任一个正整数必能表示为不多于 4 个整数的平方和. 拉格朗日、欧拉皆给出了证明.

3. 由类比产生的数学猜想

类比是产生数学猜想的另外一个重要途径,许多数学家通过类比获得一种灵感,一种直觉,进而提出猜想.

例 5　斐波那契(Fibonacci)数列.

数列：

$$1,1,2,3,5,8,13,21,34,\cdots$$

称为斐波那契数列. 据说这是斐波那契在研究兔子繁殖时而得到的：一对小兔子一个月后长成大兔子，一对大兔子一个月后生产一对小兔子. 现在有一对小兔子，一年后有几对兔子？

现在的问题是：斐波那契数列的通项如何求？

当时，等差、等比数列已研究过了，所以数学家们把这个数列"比做"等比数列，进行了大胆的尝试.

易知，斐波那契数列中，$a_1 = 1, a_2 = 1, a_{n+2} = a_{n+1} + a_n (n = 1, 2, 3, \cdots)$.

设有某等比数列 $\{q^n\}$，若满足 $q^{n+2} = q^{n+1} + q^n$，则 $q^2 = q + 1$，解得 $q_1 = \dfrac{1 + \sqrt{5}}{2}, q_2 = \dfrac{1 - \sqrt{5}}{2}$.

因此，$\dfrac{1 + \sqrt{5}}{2}, \dfrac{1 - \sqrt{5}}{2}$ 应满足关系式 $a_{n+2} = a_{n+1} + a_n$. 令 $a_n = C_1 \left(\dfrac{1 + \sqrt{5}}{2} \right)^n + C_2 \left(\dfrac{1 - \sqrt{5}}{2} \right)^n$，则 a_n 也应满足 $a_{n+2} = a_{n+1} + a_n$. 又 $a_1 = 1 = C_1 \cdot \dfrac{1 + \sqrt{5}}{2} + C_2 \cdot \dfrac{1 - \sqrt{5}}{2}, a_2 = 1 = C_1 \left(\dfrac{1 + \sqrt{5}}{2} \right)^n + C_2 \left(\dfrac{1 - \sqrt{5}}{2} \right)^n$，

解得：$C_1 = \dfrac{1}{\sqrt{5}}, C_2 = -\dfrac{1}{\sqrt{5}}$，于是，$a_n = \dfrac{1}{\sqrt{5}} \left[\left(\dfrac{1 + \sqrt{5}}{2} \right)^n - \left(\dfrac{1 - \sqrt{5}}{2} \right)^n \right]$.

古希腊数学家欧几里得曾猜想并证明了"素数可以不断产生"这一著名的定理. 后人因之证明了"素数有无穷多个"且通过类比，又提出了种种猜想，其中"孪生素数猜想"就是其中之一. 若 P 是素数，$P + 2$ 也是素数，则称 $(P, P + 2)$ 是一对孪生素数，例如：$(3,5)$、$(5,7)$、$(11, 13)$、$(17,19)$、$(29,31)$、$(101,103)$、$\cdots\cdots$、$(10^9 + 7, 10^9 + 9)$ 等，都是孪生素数. 孪生素数显然是素数的一部分，于是人们提出"孪生素数有无穷多对"这一猜想. 奇怪的是这个猜想虽与"素数有无穷多"类似，可至今还未得到证明. 目前已知的孪生素数对相当多，其中最大的一对是 $(10^{12} + 9\ 649, 10^{12} + 9\ 651)$.

例 6　π 是什么？

因为

$$(\arctan x)' = \frac{1}{1 + x^2} = \frac{1}{1 - (-x^2)},$$

类比联想：

$$1 + q + q^2 + q^3 + \cdots = \frac{1}{1 - q} \qquad (|q| < 1).$$

令 $-x^2 = q$，则有：$\quad (\arctan x)' = 1 - x^2 + x^4 - x^6 + x^8 - x^{10} + \cdots$，

所以，

$$\arctan x = \int (1 - x^2 + x^4 - x^6 + x^8 - x^{10} + \cdots)\mathrm{d}x$$

$$= x - \frac{x^3}{3} + \frac{x^5}{5} - \frac{x^7}{7} + \frac{x^9}{9} - \cdots + (-1)^n \frac{x^{2n+1}}{2n+1} + \cdots.$$

令 $x = 1$，则有

$$\frac{\pi}{4} = 1 - \frac{1}{3} + \frac{1}{5} + \frac{1}{7} + \frac{1}{9} - \cdots + (-1)^n \frac{1}{2n+1} + \cdots.$$

这就是人们应用类比联想最早发现的数的既规律又简明的级数形式.

例7 德·摩根律的类比.

集合运算律：$C_u(A \cup B) = C_u A \cap C_u B, C_u(A \cap B) = C_u A \cup C_u B$；

逻辑命题运算律：$\overline{A \vee B} = \overline{A} \wedge \overline{B}, \overline{A \wedge B} = \overline{A} \vee \overline{B}$；

事件概率的运算：$\overline{A + B} = \overline{A} \cdot \overline{B}, \overline{A \cdot B} = \overline{A} + \overline{B}$.

它们之间有类似关系,通过进一步研究,发现它们是"同构"的.

　　自然界现象之间有着许多相似之处,这使我们能够用类比的方法处理许多不同的问题. 如对各种波的研究,其方法就可以互相模拟. 在数学内部也存在着惊人的相似. 掌握这种相似物类比的方法,对于从一个数学体系到另一个数学体系的过渡,对于新的数学体系的研究,对于预测和猜想某些新的结果都是非常重要的. 譬如,自然数理论有辗转相除法、最大公约数、最小公倍数以及唯一分解定理,类似地多项式也有辗转相除法、最高公因式、最低公倍式以及唯一分解定理,二者的理论、定理证明方法以及逻辑结构之间都有明显的类似之处. 因此,我们可以通过整数的性质类推得到多项式的性质.

　　类比的方法是异中求同,反映着差异中存在着同一性. 没有差异,类比也就没有必要了. 所谓同,并不是绝对的相同,否则,类比也就没有新颖之处和推广创造的意义了. 因此,类比就是求同存异,类比对于探索新的结果是大有好处的!

4. 由数学理论引出的猜想

　　数学理论是人们根据实际情况,由数学逻辑结构引申出来的,是对数学规律的确切描述. 有的数学理论可以引起人们的猜想.

　　例8 我们用 L 表示力臂,W 表示物体重量,J 表示力矩,则有公式 $J = L \cdot W$. 作用于一杠杆的两力矩相等时,杠杆是平衡的,即平衡条件为：$J_1 = J_2$.

　　阿基米德早在 2 000 多年前就是用这一理论求得了球的体积.

　　当时,圆面积、圆柱及圆锥体积公式都已知道,我们保留原来的思路,而用现代符号来描述阿基米德的推导过程.

　　阿基米德认为：圆旋转可生成球. 设圆（见图 7-11）为：

$$x^2 + y^2 = 2ax,$$

以 x 轴为轴旋转时,这个圆生成球.

　　用 πy^2 表示球体可变的断面（球的截面,圆）的面积. 于是

$$\pi x^2 + \pi y^2 = \pi 2ax.$$

πx^2 可理解为：将 $y = x$ 绕 x 轴旋转而成的锥面的可变横断面面积.

　　下面只需寻求 $\pi 2ax$ 的类似解释,为此,有

$$2a(\pi x^2 + \pi y^2) = \pi x(2a)^2. \qquad ①$$

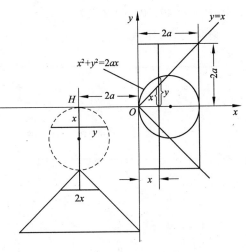

图 7-11

注意： 面积分别为 πx^2、πy^2 及 $\pi(2a)^2$ 的三个圆可看做在同一平面内，都是某旋转体的截面，即图 7-10 中，y 轴右侧 x 轴的垂线段绕 x 轴旋转所得的圆面，这个圆面垂直于 x 轴，距离原点 O 为 x.

这里的旋转体，一个为球体，一个为锥体，一个为柱体.

直线 $y=x$ 绕 x 轴旋转成锥面，$y=2a$ 绕 x 轴旋转成柱面，它们有共同的底面，半径为 $2a$，共同的高 $2a$，锥面的顶点在原点 O.

阿基米德分别处理这些圆盘，它们的面积出现在等式①中. 他将半径为 $2a$ 的盘面，即圆柱的横断面"留在"原处，距离原点为 x，给出了①式中右边的直观解释.

他"移动"半径为 y 及 x 的圆盘，即球和锥体的横断面，从原来的位置移动到 y 轴左边，并以其中心垂直悬于 H 点下方，H 点在 x 轴上，横坐标为 $-2a$，吊线的重量忽略（理想化）不计.

此时，对于①式，视 x 轴为一杠杆，原点 O 为支点，等式①左边的力臂为 $2a$，"重量"为 $\pi(2a)^2$，由等式知杠杆是平衡的.

当 x 从 0 变到 $2a$ 时，我们获得了"所有横断面"，这些横断面充满（构成）圆柱. 对圆柱的每一个横断面，从 H 点悬着两片对应的横断面，这两断面分别充满（构成）了球体与锥体，也就是悬于 H 处的球体与锥体和右边的柱体平衡.

设球体的体积为 V，又锥体的体积为 $\frac{2}{3}a\pi(2a)^2$，柱体的体积为 $2a\cdot\pi(2a)^2$. 根据力矩平衡原理

$$2a\left[\frac{2}{3}a\pi(2a)^2+V\right]=a\left[2a\cdot\pi(2a)^2\right],$$

即

$$V=a\pi(2a)^2-\frac{2}{3}a\pi(2a)^2=\frac{4}{3}\pi a^3.$$

这是一个合情推理，不是数学证明. 阿基米德用已知的力矩平衡原理（数学理论），并将重量与体积相类比，求得了球的体积公式.

阿基米德认为："我们获得的事实，实际上不是以通常的论据论证方法演证出来的，但是结论的正确性指明有这种论据.""我深信这种方法对于数学是有很大用处的."为此预言："这种方法一旦被理解，将会被现在或未来的数学家以发现我还未曾想到过的其他定理."

事实上，以后许多数学家通过数学理论，引发猜想，并且这些猜想绝大多数都是正确的. 数学是科学预见的有力工具.

例 9　在物理中，麦克斯韦（Maxwell）于 1862—1865 年，根据当时的电磁学定律，提出了著名的麦克斯韦方程组这个数学理论. 由此预示：存在电磁场，电磁场就是电磁波，电磁波以光速传播. 这在当时，只是从"理论"导出的假说和猜想. 23 年后，赫兹（Hertz）的实验证实了这个猜想.

二、数学猜想的特征

数学猜想作为一种以少量数学知识为基础提出的关于存在性、规律性和方法方面的猜测，所具有的鲜明特征可归纳为：待定性（可研究性）和创新性.

1. 待定性(可研究性)

由于数学猜想是一种假定,并未得到数学理论的证实,因此,它的真伪还有待于确定,换句话说,它为人们提供了研究的方向,推动着数学的发展.

1900 年,希尔伯特在巴黎国际数学家大会上一口气提出了 23 个问题,其中有些问题是直接以猜想的形式给出的. 希尔伯特的 23 个问题对 20 世纪的数学发展产生了深刻的影响.

"四色猜想"得到了计算机验证(1976 年),但并未被数学界普遍接受,还有待证明;

"费马大定理"得到了肯定的解决(1994 年,维尔斯);

"费马小定理",欧拉给出了否定的答案;

"哥德巴赫猜想"至今没有得到解决,既没有证明是错误的,也没有证明是正确的,还处于待定状态;待定的还有"黎曼猜想"等;

康托的"连续统假设"也没有得到肯定或否定;

庞加莱猜想,法国数学家庞加莱于 1904 年提出,2006 年 6 月由中山大学朱熹平教授和旅美数学家、清华大学兼职教授曹怀东彻底证明.

2. 创新性

数学的概念、命题和理论构成,都是一种明确的逻辑结构形式,它可以被人们学习和运用. 但是,数学猜想作为一种数学形式,有的虽然表述明确,但却是一种数学理论"潜在"形式,因此具有创新性.

数学猜想在思维上的创新,一般表现为提出新问题,预见新事物,揭示新规律,创建新方法等方面. 总而言之一句话,反映了人们对"一般性"的洞察力.

提出新问题,反映在问题——解决模式方面,它对数学的发展提供了动力源泉;预见新事物,有时表现为对数学事实或数学结论的预见上;揭示新规律,有时表现为对数学潜在的规律的揭示方面,它以超前的预见性,提前揭示了这种规律;创建新方法,有时表现为呼唤、催生新方法.

著名的哥德巴赫猜想至今还没有解决,但是它的研究过程给数学提供了许多新的思想,新的理论和新的方法,为数学这座大厦增砖添瓦.

费马大定理的证明是 20 世纪末最重大的数学成果之一. 17 世纪的猜想,20 世纪才得以解决. 从创新意义上来说,费马大定理的证明不仅在于这个引人注目的数学猜想的证明,更加重要的是其中的思想和方法大大丰富和发展了数论这门学科,甚至推动着数学的发展.

数学猜想的提出和解决都离不开创新思维,可以认为创新思维是数学的灵魂之一.

三、数学猜想的教育价值

数学猜想作为一种数学研究的成果,也是一种方法,不仅对数学的发展有重要意义,而且对数学教育也有重要意义. 因为数学作为一种特殊的逻辑体系,数学方法作为数学理论体系的一部分(有时是以数学知识的潜形态存在着),也是数学学习的重要内容.

数学教育需要研究数学理论的方法构成和思维构成形式,因为只有这样的分析才能使数学教育再现数学理论的形成过程. 作为基础数学教育,显然不可能接触到数学前沿的那些数学猜想,然而对于基础教育这种特定阶段的数学活动,数学猜想也有着不可低估的作用. 这种作用在于运用已掌握的数学知识、方法,鼓励学生积极参与数学活动,增强对数学的理解和学会自己解决具体问题. 在以上活动中,可培养学生分析问题、解决问题的能力,可增强学生对"一般性"的洞察力.

1. 数学猜想有利于学生参与数学活动

对于基础数学教育而言,鼓励学生运用已有的数学知识猜测数学问题可能形成的新概念或新命题,猜测数学问题的结果,猜测数学问题的解法,实际调动了青少年儿童对数学的好奇心.

根据现代教育理论,学习需要智力因素和非智力因素的有机结合,学生学习中的兴趣、情感、态度、意志等非智力因素是数学学习的重要因素. 它表现为一种内驱力,是学生学习的根本动力,是推动定向、调节学生智力因素的动力系统. 从这个意义上说,运用数学猜想的方法,作为数学教学的一种形式,鼓励学生按照自己的理解,在数学学习中主动进行猜测,实际上可提高学生学习数学的兴趣. 显然,这种兴趣、情感的调动,会大大提高学生参与数学学习的热情.

2. 数学猜想有利于学生理解数学

广义来说,每个定理在证明之前,都是猜想,波利亚倡导"既教猜想,又教证明". 鼓励学生对解题方式、命题形式的猜测,猜一猜它可能是什么样? 它会是什么样? 哪一种方式、方法可以解决的更完善,更简洁? 这种猜测式的学习,自然要求明确原有的方式方法和命题的结构形式,以及运用方法的形式. 由于鼓励提出猜想,有利于学生形成"个性化"的数学理解,暴露学生的数学知识的形成过程,使学生的数学知识"结果式"的学习,变为"过程式"的学习,可有效提高学生学习的主动性、自主性,也会大大提高对数学概念、命题和方法的深入理解,增强学生学习数学的有能感.

鼓励数学中的猜想性学习,是提高自主学习的一种方法,每个学生的数学水平不一,理解不一,只有鼓励猜测性学习,才能使每个人在数学理解的程度上有所提高,从而在数学学习中都有收获.

3. 数学猜想有利于学生自主解决问题

现代教育要求是对每个受教育者的成长负责,从这个教育要求来分析,鼓励运用数学猜想的形式进行数学学习,就是要求学生在加深对数学概念、方法、命题理解的基础上,得出自己对问题解决的猜想. 这种解决问题的猜想,可以是猜想运用什么公式? 什么方法? 同时也可以猜测可能出现什么样的结果. 这不是机械模仿式的学习,而是一种运用自我能力的实际操作.

运用数学猜想,是鼓励、调动学生运用自己的数学能力去参与,并动脑、动手去解决问题. 这种独立工作会加深对数学的理解和体会,提高自己对数学概念、方法和命题的认知水平.

无论是从培养学生的数学兴趣、数学能力的角度,还是从培养具有数学天赋的学生的角度,鼓励、提倡运用数学猜想学习数学,都会对我们的数学教学,尤其是对中小学生的数学教育有极大帮助.

§7.4　思想实验与数学教学

数学是思维的科学,思想实验是常用的方法.

所谓思想实验,就是按照真实实验的格式,展开的一种复杂的思维活动,它通过创造假想主体干预的变化着的假想客体形象,来揭示事物的内部规律.

思想实验与真实实验有相同的结构,它以真实实验的结构为基础,通过假想客体的不断变化,用推理的方式加以表述,其构思过程是想象与逻辑的对立统一.譬如,简单多面体的欧拉定理 $V - E + F = 2$,就是假想多面体是空的,由薄橡皮膜做成,然后挖去一个面,将其余各面平铺在一个平面上,这个过程和平铺的结果就是一种思想事物,再通过思想实验推理,最终完成证明(参见§7.1 例11).

恩格斯在《自然辩证法》中指出:"我们的主观思维和客观的世界服从着同样的规律.因而两者在自己的结果中不能相互矛盾,而必须彼此一致.这个事实绝对的统治着我们的整个理论思维,它是我们的理论思维的不自觉和无条件的前提."

如果思想实验发生矛盾,表明猜测的命题是伪命题.只有思想实验没有矛盾,其判断才可能在现实中实现.在数学教学中,这种思维方式有着十分重要的作用.

一、思想实验是一种理性的思维方式

例1　对自由落体运动的认识.

自古以来,形式逻辑的创始人亚里士多德,提出对落体运动速度的一种直觉认识:较重的物体落地的速度比较轻的物体的落地的速度快,几乎1 000 多年无人置疑.直到19 世纪,意大利科学家兼数学家,近代力学的奠基人伽利略对此提出了质疑.

伽利略首先通过思想实验,指出了亚里士多德落体观念的逻辑矛盾.他设计的思想实验是:设物体 A 比物体 B 重得多,依亚里士多德的观点,A 比 B 应先落地.

伽利略设想,用一根绳子将 A、B 两个重物捆在一起,作为 C 物体,看结果如何?一方面 C 比 A 重,C 应比 A 先落地;另一方面,由于 B 比 A 落得慢,B 应减缓 C 中 A 的下落速度,所以 C 又应比 A 落得慢,即比 A 后落地.这样一来,便得自相矛盾的结论.

这个矛盾源于亚里士多德的论断,因此"重物体较之轻物体先落地"就是不对的.伽利略尖锐地指出:发现逻辑的人不一定会使用逻辑.

当然,这个问题并没有解决,这是因为人们固有的观念的改变是一个很困难的事情,必须用事实说明问题.这也说明,思想实验的实施和对其结果的承认,都不是一件容易的事情,它要求思想实验的实施者首先必须是非常理性的人.对思想实验的结果还须用实际的实验来验证.于是,伽利略和他的助手们于1589 年在比萨斜塔用重10 磅和重1 磅的两个球体进行实验,结果两个球同时落地,才使思想实验的结果,最终被人们所接受.

很多事情在开始办理之前,都要进行可行性论证,即在纯粹的理论状态下,从理论上进行证明或模拟是否可行,这种实验一般在思维领域进行,它充分体现了实验者本人的思想性,所以我们称之为思想实验,它是一种理性思维方式.现在数学中的思想实验,常与计算机实验协同进行.

二、思想实验的特征

思想实验具有以下特征:

1. 思想实验的目的性

人们通过思想实验,有意识地寻找自己认为有价值的具体信息. 思想实验不是盲目的数学实验活动,而是受研究任务和研究目的制约. 为了完成自己的研究任务,要有目的、有计划的积极探索未知领域,这是一个动态的思维过程.

例2　试将 $1,2,3,4,5,6,7,8,9$ 填入 3×3 的方格表中,使得每行、每列及两条对角线上的 3 个数的和都相等,你能办到吗?

如果你没有学过"九宫图"的知识,你就会去试填,算算凑凑. 当你在头脑中思考填法时,首先要进行心算实验:$1,2,\cdots,9$ 这九个数字之和为 45,每行、每列及对角线上 3 数之都应是 15. 因此,5 应放在中央格! 其余分组凑 10. 1 和 9 为一组,2 和 8 为一组,3 和 7 为一组,4 和 6 为一组. 每组中的两数必放在以 5 所在中央格为中心的对称两格内. ……填法存在,思想实验成功!

我国古代先民,曾总结该项思想实验结果:九宫图者,2、4 为肩,6、8 为足,左 7 右 3,戴 9 履 1,5 居中央,如图 7-12 所示.

2	9	4
7	5	3
6	1	8

图 7-12

思想实验的目的性,决定着思想实验的方向.

2. 思想实验的理性特征

思想实验的理性特征具体表现为思维的抽象性和深刻性. 思想实验是对"思想事物"的实验,所谓"思想事物",已经撇开了事物的具体表象,抽象出具体事物的本质属性,深刻理解并把握住对象的活动本质,人为构造出有利于思想实验的环境,它往往能完成实践上不能完成的操作.

例3　"鸡兔同笼"问题再探.

一个农夫有若干只鸡和兔,并将其放在同一个笼子里. 鸡兔共有 50 个头,140 只足,问鸡兔各几何?

思想实验:假设所有的鸡都是"金鸡独立",所有的兔都"学人状",即两后腿直立,两前腿悬空. 此时有足(着地的)$140\div2=70$(只),而每只"人状"兔比每只"独脚"鸡多计一只脚,"足""头"交换,50 只足(头),$70-50=20$(足),当然也是兔子的只数. …… 列式:

$$140\div2-50=20(只兔)$$
$$50-20=30(只鸡)$$

令人拍案叫绝.

实际上,我们不可能同时看到所有的鸡都"金鸡独立",所有的兔都学"人状"! 这是设想,是思维操作,是思想实验的结果.

例4　足够大的纸(约 0.1 mm 厚),对折 100 次,能有多高? 有 100 层楼高吗?

人们直觉,纸折 100 次,可能厚 1 m? 20 m? 100 m? ……

实际上,物理的观察实验无法实现,因为当纸被折叠 9 次时,已无法进行下去! 只能进行思想实验.

我们用 a_n 表示折 n 次时纸的层数. $a_1 = 2$，$a_2 = 2^2$，$a_3 = 2^3$，……，$a_{10} = 2^{10}$，……，$a_{25} = 2^{25} = 33\ 584\ 432$，……，$a_{100} = 2^{100} = 1\ 267\ 650\ 600\ 228\ 229\ 401\ 496\ 703\ 205\ 376$，超过 126.7 万兆亿层，$1\ 000$ 万层约合 $1\ \text{km}$，那么将是 $1\ 267$ 万 km，$1\ \text{ly}$（光年）$\approx 94\ 605$ 亿 $\text{km} \approx 10^{13}\ \text{km}$，则 2^{100} 层纸厚约 126.7 亿 ly，简直不可想象！

思维把握了直觉不能感知的事物，使我们看到了理性的力量，看到了思维实验的威力！

例 5 计算是什么？

人们学习数学，都要学习计算. 究竟什么是计算？在 1936 年以前从未有人进行过实质性的思考.

数学家图灵于 1936—1937 年发表论文《论可计算数及其对判定问题的应用》，首次对计算进行了分析. 它用抽象分析法，舍弃计算时所用工具、符号等与实质无关的因素，对计算结构进行了分析.

图灵发现，在用二进制表示的情况下，一切计算过程都具有"线性"的性质. 即整个计算就表示为一条印有方格的纸带，且每个方格中只有一个数码 0 或 1. 于是他发现了计算者可能做的事，也就是计算的实质只是如下几种活动：

①写上符号 0；②写上符号 1；③向左移一格；④向右移一格；⑤观察现在扫描的符号并相应地选择下一个步骤；⑥停止.

计算者执行的程序，也就是这类指令所排成的表. 这就是实现计算过程的数学模型，是后来文献中所说的图灵机. 这是在不考虑硬件的条件下，对计算问题的逻辑描述.

图灵机程序是内存的，主要由三部分组成：一条带子，一个读写头，一个控制装置，如图 7-13 所示.

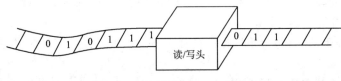

图 7-13

图灵机的理论表明，一切计算问题都可以机械地进行. 因此，通用计算机是可以制造出来的，为现代电子计算机的开发从理论上打下基础，剩下的事都交给工程师去实现完成.

也恰恰是这样一个可行性的证明，引发了投资者的投资愿望.

事实上，计算机的五次革命都是数学领的头. 图灵对计算问题的逻辑描述就是一次典型的、成功的思想实验.

可见，"思想实验"，首先是一种"实验"，其操作是通过思维进行的，特点是具体实验的抽象化和理想化. 它以逻辑上的和谐性、可构造性为检验标准，它与通常的实验比较，客观存在不受具体条件的限制，只要在"理论上"能办得到（或假设能办到），使因素如此这般地变化，而预测结果. 因此，这种实验不要求什么实验设备，不承担任何风险，经济实惠.

3. 思想实验的理想化特征

思想实验是在理想化、纯粹的状态下进行的理论分析和计算. 思想实验需要精心设计，需要丰富的想象力,因此也是思维创新的结果.

例 6　无理数的发现.

整数与分数,历史上称为"有理数",能用 $\dfrac{q}{p}$ 的形式表示,其中 p、q 为整数,$p \neq 0$. 随着测量实践的需要,人们发现用正方形的边长去度量其对角线永远量不尽,即正方形的对角线与边长之比不能用整数或分数表示,人们进行了如下思想实验.

设正方形的边长为 1(理想化),这之前已发现了勾股定理,如图 7-14 所示.

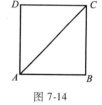

图 7-14

若 $\dfrac{AC}{AB} = \dfrac{AC}{1}$ 可以表示成两个整数的比 $\dfrac{q}{p}$,则由勾股定理得

$$|AC|^2 = \left(\frac{q}{p}\right)^2 = 2 \qquad (p \text{、} q \text{ 互质}),$$

所以 $q^2 = 2p^2 \Rightarrow 2 \mid q^2 \Rightarrow 2 \mid q$,令 $q = 2m$(m 为整数),则有

$$4m^2 = 2p^2 \Rightarrow 2m^2 = p^2 \Rightarrow 2 \mid p^2 \Rightarrow 2 \mid p.$$

这表明 2 是 p、q 的公约数,与 p、q 互质矛盾.

所以,$\dfrac{AC}{AB}$ 不能表示为两个整数的比的形式,即 $\dfrac{AC}{AB}$ 不是有理数.

由此可知,尽管有理数已十分稠密,但在数轴上的分布仍存在"漏洞". 正是由于思想实验发现的"漏洞",促使人们去寻求更多的"漏洞".

按照已有的数学观念,这"漏洞"是无道理的. 后来人们称这些"漏洞"所表示的数为无理数(后来发现,"有理数"乃是对英文词"rational"的误译,也就牵涉到"无理数"之命名,正确译名是"可比数",则"无理数"就是"不可比数"). 无理数与有理数统称为实数.

例 7　罗氏几何——最典型的思想实验结果.

数学思想实验最典型的例子是罗巴切夫斯基创立新几何的过程.

多少个世纪以来,从欧几里得的其他假定推出第五公设的尝试是如此之多,如意大利数学家萨谢利(G. Saccheri)、瑞士数学家兰伯特(J. H. Lambert)、普洛克鲁斯等,所有这些尝试均告失败,一个重要的原因是由于在证明过程中不知不觉地引用了与第五公设等价的命题. 其中兰伯特的几何观点是十分先进的. 他认识到任何一组假设如果不导致矛盾的话,一定提供一种可能的几何.

高斯是真正预见到非欧几何的第一人. 他在 19 世纪初也曾试图证明第五公设. 他在 1817 年的通信中即谈起"所要证明的部分是不能证明的……". 1824 年,他在一封信上说"三角形的三内角之和小于的假定引到特殊的与我们的几何完全相异的几何". 不幸的是,毕其一生高斯从没有关于此命题公开发表过什么意见.

匈牙利的波尔约(Bolyai)在 1823 年已得到关于新的平行线理论的结果,他写了一篇 26 页的论文《绝对空间的几何》,作为他父亲《为好学青年的数学原理论著》一书的附录,于 1823—1833 年间发表.

罗巴切夫斯基实际上是发表此课题的有系统的著作的第一人. 他是从 1815 年着手研究平行线理论的. 开始,他也是循着前人的思路,试图给出第五公设的证明. 在保存下来的他的学生听课笔记中，就记有他在 1816—1817 学年度在几何教学中给出的几个证明．可是，很快他就意识到自己的证明是错误的．前人和自己的失败从反面启迪了他，使他大胆思索问题的相反提法：可能根本就不存在第五公设的证明．于是，他调转思路，着手寻求第五公设不可证的解答，这是一个全新的，也是与传统思路完全相反的探索途径．这个途径是人类科学史上一次伟大的思想实验．罗巴切夫斯基正是沿着这个途径，在探索第五公设不可证明的过程中发现了一个新的几何世界．他坚信，这种新的几何学终有一天"可以像别的物理规律一样，用实验来检验"．

那么，罗巴切夫斯基是怎样证明"第五公设不可证"的呢？又是怎样从中发现新几何世界的呢？原来他创造性地运用了处理复杂数学问题常用的一种逻辑方法——反证法．

这种反证法的基本思想是，为证"第五公设不可证"，首先对第五公设加以否定，然后用这个否定命题和其他公理公设组成新的公理系统，并由此展开逻辑推演．如果第五公设是可证的，即第五公设可由其他公理公设推演出来，那么，在新公理系统的推演过程中一定能出现逻辑矛盾，至少第五公设和它的否定命题就是一对逻辑矛盾；反之，如果推演不出矛盾，就反驳了"第五公设可证"这一假设，从而也就间接证得"第五公设不可证"．

依照这个逻辑思路，罗巴切夫斯基对第五公设的等价命题普雷菲尔公理"过平面上直线外一点，只能引一条直线与已知直线不相交"给以否定，得到否定命题"过平面上直线外一点，至少可引两条直线与已知直线不相交"，并用这个否定命题和其他公理公设组成新的公理系统展开逻辑推演．在推演过程中，他得到一连串古怪的命题，但是，经过仔细审查，却没有发现它们之间含有任何逻辑矛盾．于是，罗巴切夫斯基大胆断言，这个"在结果中并不存在任何矛盾"的新公理系统可构成一种新的几何，它的逻辑完整性和严密性可以和欧氏几何相媲美．而这个无矛盾的新几何的存在，就是对第五公设可证性的反驳，也就是对第五公设不可证性的逻辑证明．由于尚未找到新几何在现实世界的原型和类比物，罗巴切夫斯基慎重地把这个新几何称为"想象几何"．后人称为"罗氏几何"．

罗氏几何的新思想和新体系的建立，是几何发展史中一次划时代的理论贡献．人们常常将非欧几何引起的思想变革与哥白尼的"日心说"相媲美．罗巴切夫斯基被誉为几何学中的哥白尼．

由于罗巴切夫斯基建立的非欧几何与人们习惯的认识相悖，当时并没有得到人们的承认，但是他始终坚持科学真理．克莱因和庞加莱等采用思想实验的方法，得到了关于罗氏几何的解释及模型．从此欧氏几何不再是几何学的同义词，欧氏几何只是各种几何学中的一种．

庞加莱的罗氏几何模型如图 7-15 所示．

点：圆内的点称为"点"；

直线：圆中的弦（不含端点）称为"直线"；

平面：圆内部分（不含圆周）称为"平面"．

从图中可直观看到：过直线 AB 外一点 C，可以有直线 AD，BE 与已知直线 AB 不相交，而夹在 AD、BE 之间的无数条过点 C 的直线与已知直线 AB 也都不相交．

就是这种简单、精彩的思想实验，使人们确认了罗氏几何体系．

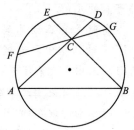

图 7-15

数学模型方法是思想实验的有效载体. 思想实验就是按照实验的目的要求,根据所研究的对象的"活动"本质,在人为控制(理想化)的有利条件下,实现对对象或对象本质属性的理性再现,在一定程度上把感性认识上升为理性认识.

思想实验比观察实验更加有力,更加深刻;思想实验可以重复进行或多次再现被研究对象,从而有利于反复地进行观察. 思想实验中,人的主动能动性能得到充分的发挥.

三、思想实验与数学教学

在数学教育和数学学习中,我们经常做思想实验,思想实验是数学教学活动中的重要组成部分.

例 8　如果一个整数 $N(N>1)$ 的正约数个数是奇数,则 N 为平方数.

思想实验:4 的约数为 1,2,4;9 的约数为 1,3,9;16 的约数为 1,2,4,8,16;25 的约数为 1,5,25;36 的约数为 1,2,3,4,6,9,12,18,36;……

根据以上实验,你能找到证明方法吗?

设整数 $N(N>1)$ 的约数为 N_1、N_2、……、N_k,且 $0<N_1<N_2<\cdots<N_k$,显然 $N_1=1,N_k=N$.

若 k 为奇数,不妨令 $k=2m-1$($m\geqslant1$,m 为整数),则

$$N=N_1N_{2m-1}=N_2N_{2m-2}=N_3N_{2m-3}=\cdots\cdots=N_{m-1}N_{m+1}=N_mN_m=N_m^2,$$

所以 N 是平方数.

思想实验可帮助我们探索解题思路.

例 9　一个若干行数字组成的数表,第一行是前 100 个正整数,从第二行起,每行中的数字均等于肩上两数字之和. 最后一行是一个数,求这个数.

$$1,\quad 2,\quad 3,\quad 4,\quad \cdots,\quad \cdots,\quad \cdots,\quad \cdots,\quad 97,\quad 98,\quad 99,\quad 100$$
$$3,\quad 5,\quad 7,\quad \cdots,\quad \cdots,\quad \cdots,\quad \cdots,\quad \cdots,\quad 195,\quad 197,\quad 199$$
$$8,\quad 12,\quad \cdots,\quad \cdots,\quad \cdots,\quad \cdots,\quad \cdots,\quad 392,\quad 396$$
$$\cdots,\quad \cdots,\quad \cdots,\quad \cdots,\quad \cdots,\quad \cdots,\quad \cdots$$

要从这个数表直接得到最后一行的一个数并非易事.

思想实验:(1) 每一行比上一行少一个数字,第一行 100 个数字,第二行 99 个数字,……,最后一行即第 100 行一个数字.

(2) 第一行是公差为 $1=2^0$ 的等差数列;第二行是公差为 $2=2^1$ 的等差数列;第三行是公差为 $4=2^2$ 的等差数列;……;第九十八行是公差为 2^{97} 的等差数列;第九十九行的两数之差为 2^{98}.

(3) 第一行的第一个数字为 1;第二行的第一个数字为 3;第三行的第一个数字为 8;……

(4) 从第二行起,每一行的第一个数字总等于上一行前面两数字之和,即上一行第一个数字的 2 倍与该行的"公差"之和.

综合以上思想实验知:第 n 行的第一个数字 $a_n=2a_{n-1}+2^{n-2}$,再经推理可知,$a_n=2^{n-1}+(n-1)2^{n-2}$. 所以 $a_{100}=2^{99}+99\times2^{98}=101\times2^{98}$ 即为所求.

例 10　在地面上有一个圆圈,圆圈上有按顺序排列的 $A_0,A_1,A_2,\cdots,A_8$ 九个点,如图 7-16 所示,一只青蛙自 A_0 起跳,第一次跳到 A_1,第二次跳 2 个点到 A_3,第三次跳 3 个点到 A_6,第四

次跳 4 个点到 A_1,……,第 n 次跳 n 个点,这样一直跳下去,青蛙能否到达全部点.

思想实验:

跳的次(序)数: 0　1　2　3　4　5　6　7　8　9　10　11　12 …

到达位置(点): A_0　A_1　A_3　A_6　A_1　A_6　A_3　A_1　A_0　A_0　A_1　A_3　A_6 …

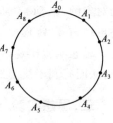

图 7-16

注意:第九次(序)起跳与不跳一样,跳 10 个点与跳 1 个点一样.

你能得出什么结论? 可到达哪些点? 不可到达哪些点?

例 11　有两个容量相同的水桶,第一个桶内盛满水,第二个桶空

着. 第一次把第一桶的水的 $\frac{1}{2}$ 倒入第二个桶,第二次把第二桶的水的 $\frac{1}{3}$ 倒入第一桶,第三次把

第一桶的水的 $\frac{1}{4}$ 倒入第二桶,第四次把第二桶的水的 $\frac{1}{5}$ 倒入第一桶,……,如此继续下去. 如果倒

2 007 次以后,每个桶里各有多少水? 倒 2 008 次后呢?

思想实验:

倒水次数:　　　　1,　2,　3,　4,　5,　6,　7,　8,　9,　10, …

第一只桶里的水:$\frac{1}{2}$, $\frac{2}{3}$, $\frac{1}{2}$, $\frac{3}{5}$, $\frac{1}{2}$, $\frac{4}{7}$, $\frac{1}{2}$, $\frac{5}{9}$, $\frac{1}{2}$, $\frac{6}{11}$, …

第二只桶里的水:$\frac{1}{2}$, $\frac{1}{3}$, $\frac{1}{2}$, $\frac{2}{5}$, $\frac{1}{2}$, $\frac{3}{7}$, $\frac{1}{2}$, $\frac{4}{9}$, $\frac{1}{2}$, $\frac{5}{11}$, …

猜想:①倒水次数为奇数时,两水桶各有水 $\frac{1}{2}$ 桶;②倒水次数为偶数(设为 $2k$,k 为正整

数)时,第一个水桶里有水 $\frac{k+1}{2k+1}$ 桶,第二个水桶里有水 $\frac{k}{2k+1}$ 桶(证明略).

倒 2 007 次水,两只水桶各有水 $\frac{1}{2}$ 桶;倒 2 008 次水,第一只水桶里有水 $\frac{1\ 005}{2\ 009}$ 桶,第二只水

桶里有水 $\frac{1\ 004}{2\ 009}$ 桶.

思想实验是学生感兴趣的数学方法. 在课堂教学中,教师如果根据教学内容的特点,组织一些思想实验,让学生发现定理,然后再探讨其证明方法,往往能激发学生的求知欲.

例 12　勾股定理的发现与证明的思想实验.

思想实验:

(1) 如图 7-17 所示为矩形,由两个 1×1 的正方形组成. 能否将其剪两刀,拼接成一个正方形. 如果不能,请说明理由;如果能,说明剪法与拼法,并指出小正方形的边长与大正方形的边长之间的关系.

(2) 如图 7-18 所示,由一个 2×2 的正方形与一个 1×1 的正方形组成,能否将其剪两刀,拼接成一个大正方形. 若能,大正方形的边长与 2×2 和 1×1 的正方形的边长有何关系?

(3) 四个全等的直角三角形,直角边分别为 3、4,如何拼出一个正方形图案(可以有空隙),并猜想直角三角形的斜边长(见图 7-19 和图 7-20).

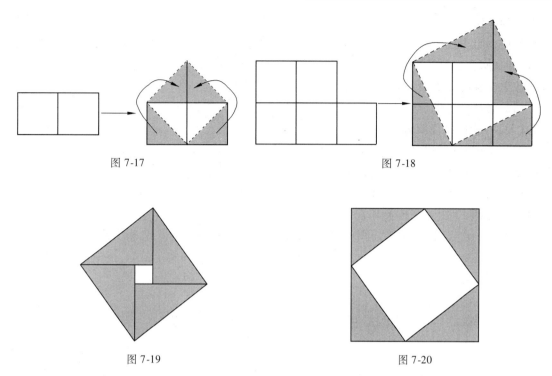

图 7-17　　　　　　　　　　　　　图 7-18

图 7-19　　　　　　　　　　　　图 7-20

由以上拼图,你能猜出直角三角形的直角边长与斜边长之间的关系吗? 该关系适用于一般直角三角形吗? 请说明理由.

(4) 如图 7-21 所示,你能说明图中"以直角三角形的斜边为边的正方形的面积与以两直角边为边的正方形的面积之和的关系吗?"

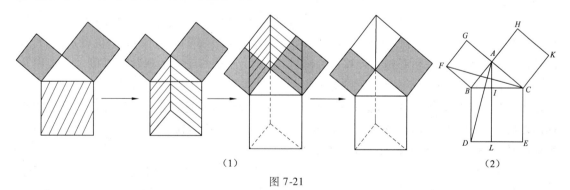

(1)　　　　　　　　　　　　　　　(2)

图 7-21

易证 $\triangle ABD \cong \triangle FBC$,推得 $S_{\text{矩形} BDLI} = S_{\text{正方形} ABFG}$.

同理推得 $S_{\text{矩形} CELI} = S_{\text{正方形} ACKH}$.

经思想实验可知,三角形两直角边的平方和等于斜边的平方.

在数学教学中,为了帮助学生学会做思想实验,教师要尽量可能创设条件(情境),为学生发现新规律,发现新问题,发明新方法(也可能是再发现、再发明、再创造),这样既有利于学生掌握科学方法,还有利于培养学生的创新意识和创造能力.

目前,《数学实验》课程已进入部分大学数学课堂,它是借助计算机审视传统数学问题,解决数学问题,实际上是一种思想实验.

数学实验有如下四方面的意义:

(1)对数学追求的是理解,而不仅是证明.有理由认为,一系列的图片可以和一系列的"等式"具有相同的说服力.

(2)重视发现创造.在计算机上进行实验,真正体现数学的本质在于思想的充分自由,不让智慧受到公式和严格化的限制,充分发挥人类的创造能力.

(3)追求解决问题的数学精神,它提供了数学工具,使人类更好地处理复杂无序的自然对象,协助自然科学达到更高水平.

(4)新的求实精神.它注重图像的精密,数学的精确,程序的完善,思想实验的检验和证实.

随着实验数学的发展,今后的数学或许将会分为理论数学和实验数学,至少在部分数学研究中实验不可缺少!

§7.5   演绎推理与数学教学

作为理性思维方式的数学,有两大重要特点,即严谨性和抽象性.严谨性是指:数学中的一切结论只有经过可以接受的演绎推理证明之后,才能被认为是正确的.数学结论只有"是"与"非".要说"是",必须证明,要说"非"也,必须举出反例.这个事实决定了数学的思维与其他科学的思维的差异.数学家海姆(D.T.Haimo)在《实验与猜想是不够的》一文中说了一则笑话"物理学家认为奇数都是素数,他们得到这个结论的依据是:3是素数,5是素数,7是素数,9是实验错误.11是素数,所以奇数都是素数".当然物理学家不会这样.所以,海姆接着说"这话言过其实了!其实这个例子形象地点出了数学家与物理学家的本质区别".也有人说"哥德巴赫猜想不要猜了",理由是他用计算机验算过,每个大于或等于6的偶数都可以表示成两个素数之和,有时表达式还不是唯一的,偶数越大,一般情况下表达式越多.按照他的思维方式,结论当然是对的!如果不对,你能举出反例吗?但是数学家不这样想.其实在哥德巴赫猜想提出之后,已经有许多人做过验证了.数学家认为:"正因为我们找不到反例,所以才要证明这个猜想是正确的,何况证明过程也是在发展数学呢!"[24]

数学中,由合情推理得出的判断(猜想),这是真理露出的端倪,意味着我们向真理接近了一步.但如果没有证明,人们就无法相信所作出的判断是真还是假.因此,数学作为一种理性思维方式,"证明"是数学的灵魂.数学证明就是从公理、定理、定义和逻辑原理等出发,推导出结果,达到与判断一致,并使人确信无疑.

一、演绎推理——数学的论证方法

何谓演绎推理?当人们获得一般原理之后,就以这种原理为指导,对尚未研究或尚未深入研究的蕴含其中的个别的、特殊的命题进行研究,找出其特殊的本质. 由一般原理推出特殊知识的思维形式称为演绎推理,它是以某类事物的一般判断为前提推出这类事物的特殊判断的推理方法. 运用演绎推理解决问题的方法称为演绎法.

例 1　我国人口超过 13 亿,请回答:存在两个人出生的时间差不超过 2.5 s 吗?

那好办,咱们搞一个大普查吧. 结果兴师动众,耗资费力. 更为遗憾的是:人们的出生时间一般记录精确到几点几分,没有秒的记录;更为难办的是:50 岁以上的人,特别是农村人口,出生时间只能精确到日. 因此,普查的办法是行不通的. 会数学思考的人,却采取另外的处理方式. 仅看 1~100 岁的人就够了. 1 h 等于 3 600 s,一天 24 h,等于 3 600×24 s=86 400 s,一年最多 366 天(按闰年计算),合 86 400×366 s=31 622 400 s,100 年最多 3 162 240 000 s,如果每 2.5 s 一个间隔,3 162 240 000 为 126 489 600 个间隔(抽屉),现有 1 300 000 000 个人,放入 126 489 600 个抽屉. 据抽屉原理:把 n 个物体放入 $n+1$ 个抽屉中,至少有一个抽屉中要放 2 个或 2 个以上的物体. 可以肯定,至少有两个人出生的时间差不超过 2.5 s.

数学思考就是如此之奇妙!

这里根据一般原理(抽屉原理),对两人出生间隔进行研究,使问题获得解决,运用的就是演绎推理. 这种解决问题的方法就是演绎法.

例 2　有没有这样的集会,大家见面后每两个人都握手,其中握奇数次手的总人数恰恰是 2 007?

你要组织人员在会议中去统计吗? 那是大海捞针! 难! 而会数学思考的人,可以从一般情况入手分析:假设参加集会有 n 个人,每两个人见面握手一次,对每个人都计算握手一次. 握来握去,有的两个人重复握手也没关系. 假设,握 0 次手的人有 n_0 个;握 1 次手的人有 n_1 个;握 2 次手的人有 n_2 个;握 3 次手的人有 n_3 个;……;握 k 次手的人有 n_k 个;……,则

$$0 \times n_0 + 1 \times n_1 + 2 \times n_2 + 3 \times n_3 + \cdots + k \times n_k + \cdots = 2 \times 握手总次数,$$

这是一个偶数.

于是　　　　　　　　$1 \times n_1 + 3 \times n_3 + \cdots + (2t+1)n_{2t+1} + \cdots = 偶数,$

即　　　　　　　　$(n_1 + n_3 + \cdots) + 2n_3 + 4n_5 + \cdots) = 偶数.$

所以 $n_1 + n_3 + n_5 + \cdots =$ 偶数,决不等于 2007.

演绎法可判断一个想法是否正确,或者至少在什么条件下才正确. 数学的论证方法确有神机妙算之效.

数学提倡的是一种追求真善美的理性精神,这种理性精神是人类进化的表现之一,是文明的一种特征. 爱因斯坦对这种理性精神谈过他的感受:"在 12 岁时,我经历了另一种性质完全不同的惊奇,是当我得到关于欧几里得《几何》的小书时所经历的. 这本书里有许多断言,比如三角形的三条高交于一点,它们本身虽然不是显而易见的,但是可以很可靠地加以证明,以至于任何怀疑似乎都不可能,这种明晰性和可靠性,给我造成了一种难以忘怀的印象. ……"

1. 数学证明思想的形成

数学证明思想是怎样形成的呢? 这就要从欧几里得的几何公理体系谈起. 欧几里得的公理体系,就是从尽量少不定义的概念和自明的公理出发,推导出尽可能多的定理,并使之成为

一个具有严格逻辑结构的科学体系. 欧几里得开创的这种方法,已成为几千年来数学科学所遵循的研究范式.

在数学历史上,泰勒斯(Thales)是直观几何转化为实验几何的首创者. 传说中,他使用的证明手段是借助实验的. 泰勒斯之后的柏拉图则是最早设计了演绎证明的人. M·L克莱茵(M. Kline)曾指出"柏拉图是第一个把严密推理法则加以系统化的人". 柏拉图极力主张数学概念的抽象化,并提出理念(idea)一词,以有别于观念. 他认为"理念"高于实在,数学概念是纯粹属于理念世界的. 例如,"通过给定一点,只有一条直线与给定的直线平行",这不能说是从观察中得到的,只能从"理念"出发,才能发现这个概念. 因此,柏拉图的理念说为强调脱离直观印象的纯粹推理奠定了基础. 从柏拉图时代起,数学上就要求根据一些公认的原则做出演绎证明,其影响延续至今. 亚里士多德则将推理形式规范化. 他的最大贡献在于最早把推理作为研究对象,并由此建立了形式逻辑的核心和主体——三段论. 三段论由大前提(反映一般原理的判断)、小前提(反映个别对象与一般原理联系的判断)、结论三部分组成. 三段论的基本模式为:

大前提:一切 M 都是 P

小前提:S 是 M

结　论:S 是 P

其中,P 称为大项,M 称为中项,S 称为小项. 在这里大项包含中项,中项包含小项,中项是媒介,在结论中消失了.

关于三段论,用集合论的观点,就是集合 M 的所有元素都具有性质 P,S 是 M 的子集,则 S 中的所有元素也都具有性质 P.

由于演绎推理的特殊结论包含在一般原理之中,因而它的前提和结论之间有着必然的联系. 如果前提正确,推理又合乎逻辑,那么结论必然正确. 演绎推理是一种必然推理,它是逻辑论证中最常用的,也是数学证明常用的推理方法. 三段论为演绎推理的程式化、标准化奠定了基础.

亚里士多德曾经构想过"从某些不可证明的必然性出发,以三段论为推理手段,推出所有定理". 但是他没有做到,而欧几里得在实际中真正这样做了,并在前人研究的基础上创造性地编著了一部用演绎法叙述的数学经典著作——《原本》. 2 000 多年来,这部巨著成为使用比较严格的逻辑推理来叙述科学的典范.

2. 证明的规则

在演绎推理中,首先要求推理过程正确. 怎样才算推理过程正确? 推理过程正确,即是说推理按规则行事.

什么规则呢? 三段论中,大前提、小前提、结论三部分要满足如下规则:

(1) 两个否定的前提不能推出任何结论;

(2) 两个肯定的前提不能推出否定的结论;

(3) 如果一个前提是否定的,那么结论也是否定的;

(4) 如果结论是否定的,那么应该有一个前提是否定的.

在推理过程中,还必须遵循形式逻辑的基本规律:同一律、矛盾律、排中律和充足理由律.

(1)同一律:在同一时间内,从同一个方面思考或议论同一事物的过程中,必须始终保持同一的认识.即"$A = A$"或"A就是A".同一律要求,首先思维对象应保持同一,即在思维过程中,所考察的对象必须确定,要始终如一.其次,表示同一事物的概念应保持同一思维对象,不能用不同的概念表示同一事物,也不能把不同的事物混同起来,用同一概念表示.

例3 如图7-22所示,在 Rt△ABC 中,DE 是 BC 的中垂线,AF 是 ∠A 的平分线,DE、AF 交于 F,$FS \perp AC$ 于 S,$FT \perp AB$ 于 T,则 $FS = FT$,所以

$$\triangle ATF \cong \triangle ASF \Rightarrow TA = SA,$$

又知 F 在 DE 上,所以 $FB = FC$,易得

$$\triangle BFT \cong \triangle CFS \Rightarrow TB = SC,$$

所以 $AB = AC$. 即直角三角形的直角边等于斜边!

错在哪?

错误的原因是:图中的 AF 不是 ∠A 的平分线(如果是的话,与 DE 交点 F 当在形外),违背了同一律.

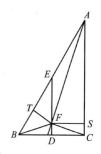

图 7-22

同样的,在解方程的过程中,经过对原方程变形求解,有时可能出现增根或遗根.其原因也在于违背了同一律.

(2)矛盾律:在同一时间内,从同一方面对同一思维对象不能既肯定它是什么,又否定它是什么.即在同一思维过程中,两个互相矛盾的判断,不能同真或同假,必有一个真一个假.即$\overline{A} \wedge A$或者"A 与 $\overline{A}$ 不能同真".矛盾律是同一律的引申,它用否定的形式表达同一律的内容.同一律说"A 就是 A",矛盾律说"A 不是 $\overline{A}$".因此,矛盾律是从否定的方面肯定同一律.矛盾律是否定判断的基础,其作用是排除思维中的自相矛盾因素,保持思维的协调.

例4 以下三个判断违背矛盾律了吗?

"本句是六字句"、"本句不是六字句"这两句话都正确,"本句非六字句"则是自相矛盾的,为什么?

(3)排中律:在同一时间内,从同一个方面对同一思维对象,所作出的两个互相否定的判断中,必有一真.排中律的公式是:"$A \vee \overline{A}$"或者"A 和 $\overline{A}$ 必有一真".排中律要求人们的思维有明确性,避免模棱两可.它是同一律和矛盾律的补充和发挥.按排中律,A 和 $\overline{A}$ 中,若其中一个为假,则另一个必真.故排中律是数学中间接证明方法的逻辑依据.

例5 一个违背排中律的有趣故事.

老虎占山为王,号令百兽.

一天,老虎肚子饿了,想变换花样搞点动物吃.于是召来小鹿、狐狸、兔子和猴子,要大家说说他嘴里的气味,以考察他们的忠诚.

梅花鹿首先被指定回答,他据实禀报,说老虎口臭很重,结果以"诽谤"罪名被杀.狐狸见势不妙,立即拍了一个溜须马屁,说虎大王金口不仅不臭,而且飘香万里.不料老虎却不买这个账,公然承认自己爱吃肉,嘴里不可能是香的.狐狸也被杀.兔子胆战心惊,两眼出血.他吸取前车之鉴,诚惶诚恐地禀报"陛下之口很难说臭还是不臭".老虎听了,

勃然大怒,说是决不允许骑墙折中者留存世间!最后轮到猴子,猴子挠了挠后脑勺,毕恭毕敬地走到老虎面前说"大王,我最近有点感冒,鼻子不通,如能让我回去休养几天,等鼻子通了,我就能准确说出大王嘴里的味道".老虎词穷,只好放走猴子.猴子自然乘机逃之夭夭.

猴子的话有没有违背排中律?

(4)充足理由律:任何一个真实判断,必须有充分的理由.充足理由律可表示为:"若有 B,必须有 A,使得由 A 可推出 B."在形式逻辑里,A 叫做理由,B 叫做判断,B 是由 A 合乎逻辑的推出,即理由是推断的充分条件,推断应是理由的必要条件.常常违反充足理由律的逻辑错误有理由虚假、不能推出等.

数学证明与形式逻辑联系紧密,在多数场合,数学命题的真实性并不是显而易见的,需要对其真实性进行判断.引用一些真实的命题,来确定某一命题的真实性的过程,叫做对某一命题的证明.

证明由论题、论据、论证三部分组成.

论题:指需要确定其真实性的那个命题.

论据:指被用来作为证明论题的理由.

论证:指从论据推出论题的全过程.它表现为有限步的推理过程,揭示了论题被论据证明了的真实性.

凡是逻辑证明,都应遵循以下规则:

规则1:论题要明确.

规则2:论题要始终如一.(否则即为偷换概念或偷换论题)

规则3:论据要真实.

规则4:论据不能靠论题来证明.(否则即是恶性循环)

规则5:论据必须能推出论题.

规则6:论证要全面.

一个数学命题,只有按照形式逻辑规则加以严格的数学证明,才能成为定理.历史表明,仅仅有经验的积累,还不能上升为理论,只有经过了严格的逻辑证明,才能使我们从观察到的事物的表面的、片面的、偶然的、不相联系的状态中摆脱出来,上升为一般状态,使我们发现事物的内在联系,得出具有规律性、普遍性的结果,从而使数学成为科学真理.

二、证明的作用与方法

1. 证明的作用

抽象的数学逻辑证明有什么作用呢?

例6 两个边长为 0.9 的正三角形纸片,能盖住一个边长为 1 的正三角形纸片吗?请简述理由.

分析:盖一盖,试一试吗?盖来盖去就是差一点!再试,因有无穷多种可能的位置,何时才能试完呀?怎么办?用数学思维方式!

如果两个边长为 0.9 的正三角形纸片,能盖住一个边长为 1 的正三角形纸片,当然必须盖住边长为 1 的正三角形纸片的三个顶点 A、B、C. 于是,根据抽屉原理,至少有一个边长为 0.9 的正三角形能盖住其中两个顶点,不妨设盖住的是 A、B 两个顶点,则 $AB \leqslant 0.9$,这与 $AB = 1$ 矛盾. 所以,两个边长为 0.9 的正三角形纸片,无论怎样放置,都盖不住一个边长为 1 的正三角形纸片.

简洁有力的数学推理,跨越了永无休止的试来试去! 如果想到了这种证明方法,你会油然而生一种成就感. 这是多么美好的精神享受啊!

例 7 正多面体有几种?

正多边形有无限多种! 正多面体有无限多种吗?

正多面体是简单的凸多面体. 设简单凸多面体的面数为 F、棱数为 E、顶点数为 V,满足欧拉公式:
$$V - E + F = 2 \qquad ①$$

若一个凸多面体的每个面都是 n 边形,而且每个顶点都是 m 条棱的公共点($n \geqslant 3$,$m \geqslant 3$).

先计算棱数.

(1)从面的边数出发计算. 因为每个面有 n 条边,F 个面,有 nF 条边. 但由于每条棱是两个面所公有,这里把每条棱按边数计算了两次. 所以有:
$$nF = 2E. \qquad ②$$

(2)从顶点出发计算. 因为每一个顶点处有 m 条棱,V 个顶点就有 mV 条棱,但由于每条棱有两个顶点,这里把每条棱按顶点计算了两次,所以有
$$mV = 2E. \qquad ③$$

由②③可得,$E = \dfrac{nF}{2}$,$V = \dfrac{2E}{m} = \dfrac{nF}{m}$,代入①,得
$$F(2n - nm + 2m) = 4m. \qquad ④$$

由于 F 和 m 都是正整数,因而有
$$2n - nm + 2n > 0,$$
即
$$nm - 2n - 2m < 0,$$
所以
$$(n-2)(m-2) < 4.$$

在这个不等式中,注意到 n、m 都是正整数,

当 $n - 2 = 1$ 时,$m - 2 = 1, 2, 3$,即 $n = 3$ 时,$m = 3, 4, 5$;

当 $n - 2 = 1$ 时,$m - 2 = 1$,即 $n = 4$ 时,$m = 3$;

当 $n - 2 = 3$ 时,$m - 2 = 1$,即 $n = 5$ 时,$m = 3$.

把上述 n、m 的值分别代入④式,计算出 F(按从小到大排列)值表:

n	3	4	3	5	3
m	3	3	4	3	5
F	4	6	8	12	20

由此可知,至多只有五种正多面体,它们分别是每个面都是正三角形的正四成体、正八面体、正二十面体,每个面都是正方形的正六面体和每个面都是正五边形的正十二面体,如图 7-23 所示.

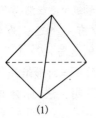 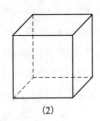 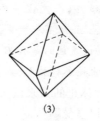 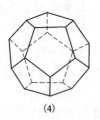 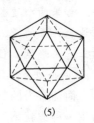

(1)   (2)   (3)   (4)   (5)

图 7-23

没有演绎证明，数学就寸步难行！

例 8   拉姆塞数问题.

我们以前证明过，任意六个人中，要么存在三个人彼此认识，要么存在三个人彼此不认识.

问题等价于："有六个点，任意两点之间用红线或蓝线相连. 则必定存在一个三条边都是同色的三角形（同色三角形）. "

如图 7-24 所示，我们选定 A_1，在 A_1 与其他五个点的连线中至少有三条同色，不妨设 A_1A_2、A_1A_3、A_1A_4 同为红色（用实线表示）. 若 A_2A_3、A_3A_4、A_4A_2 中有一条为红色（实线），问题得证. 若 A_2A_3、A_3A_4、A_4A_2 中无红色，则 $\triangle A_2A_3A_4$ 是蓝色三角形（虚线表示），问题也得证.

现在的问题是：任意五个人中有以上结论吗？如图 7-25 所示，可知上述结论是不成立的.

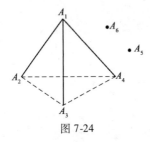

图 7-24

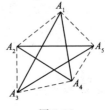

图 7-25

因此，6 是满足上述性质的最小数. 这个数称为"拉姆塞数"，记作 $r(3,3)=6$. 这个问题的另一种表述是：平面上 n 个点的完全图，将边染成红色或蓝色，使得要么存在红色边三角形，要么存在蓝色边三角形，则 n 的最小值是 6. 6 个顶点的完全图有 15 条边，每条边 2 种染色方法，共可以产生 $2^{15}=32\,768$ 个图形. 用计算机可以迅速地检查全部这些图形，但以人工在远远没有完成这种检查之前，可能头发就全白了！

然而用数学论证，强有力地帮助了我们，短短的证明，使人们确信无疑！

但对于平面上 n 个点的完全图，将边染成红蓝二色，要使存在同色边的完全四边形，则 n 的最小值为 18，即 $r(4,4)=18$.

18 个顶点的完全图，共有 $C_{18}^2=153$ 条边，对这 153 条边染色，可得 2^{153} 种图形. "大约有 1.4×10^{46} 种表现形式. 要想对这个令人目眩的数字有一个印象，可以做不切实际的比喻. 即，假使你身体里的每一个原子都是一个高速计算机，让这些计算机一齐开动，在相当于宇宙年龄的时间内都无法计算出这个解来. "然而数学的推理证明，在一般组合数学书上，也就是一页的行文. 这就是推理的力量. 正如数学家阿帝亚（M. F. Atiyah）在《数学的统一性》中所说："实际上,数学是一门艺术,是一门通过发展概念和技巧,使人们更为轻快地前进,从而避免靠蛮力计算的艺术."

数学的证明是严格的演绎证明,遵循的是数学的定理和形式逻辑的规则,这正体现了理性思维方式的作用和力量.

数学证明的重要意义表现在以下几个方面:首先,可保证命题的正确性,使理论立于不败之地;其次,揭露各定理之间的内在联系,使数学构成一个严密的体系,为进一步发展打下基础;其三,使数学命题有充分的说服力,使人们深信不疑!

2. 证明的方法

证明分证实和证伪两种.

证实,即确认一个判断是正确的.证伪,即证明一个判断是错误的.有时,也称证实为证明,证伪为反驳,反驳只须举一个反例(即符合条件但结论不成立的特例).

证明又可分为直接证明和间接证明两种.现仅给出间接证明的一种——反证法.

例 9　证明:质数有无限多个.

分析:关于质数的判定,可用筛法.理论上讲,可检验正整数中每个数是不是质数.然而,正整数有无穷多个,靠一个一个检验是永远检验不完的.可以用反证法给出严格的证明,且并不复杂.

证明:假设质数的个数是有限个,不妨设有 n 个,它们是 $P_1, P_2, P_3, \cdots, P_n$,我们考察数

$$P = P_1 P_2 P_3 \cdots P_n + 1,$$

(1) P 显然大于 1;

(2) P 与 $P_1, P_2, P_3, \cdots, P_n$ 中每个都不相同,依假定它不是质数,所以 P 为合数;

(3) 易知 P 不能被 1 和它自身以外的质数 $P_1, P_2, P_3, \cdots, P_n$ 中的任何一个整除,因而 P 不是合数.

大于 1 的正整数,既不是质数,又不是合数,这不可能.出现矛盾的原因是假定了质数的个数为有限个,因此,质数的个数有限的假设不成立,由此可知质数的个数一定是无限的.

数学推理中,欲确认一个判断的正确性,要证明.而欲否定一个命题,就要反驳,即举反例.

例 10　在算术公理体系中,除四则运算外,能不能随意定义新的运算?

有人说能,有人说未必!作为数学的理论思考,就要拿出证据来!

首先需要明确定义新运算的标准,然后按这个标准进行检验.当然,定义的新运算不能与原有的运算产生矛盾,这是一个必须遵守的标准.比如,定义平均数的运算、取最大、最小运算等都与公理体系相容,然而,在建立了的数的运算体系中,不能嵌入这样的新运算"$*$",使

$$\frac{a}{b} * \frac{c}{d} = \frac{a+c}{b+d}.$$

设 $\dfrac{a}{b} = \dfrac{3}{4}, \dfrac{c}{d} = \dfrac{5}{7}$,则 $\dfrac{3}{4} * \dfrac{5}{7} = \dfrac{3+5}{4+7} = \dfrac{8}{11} = \dfrac{120}{165}$,而 $\dfrac{6}{8} = \dfrac{3}{4}$,等量代换,有

$$\frac{3}{4} * \frac{5}{7} = \frac{6}{8} * \frac{5}{7} = \frac{6+5}{8+7} = \frac{11}{15} = \frac{151}{165}.$$

所以有 121 = 120，即 0 = 1．因此，引进的新运算"＊"与原公理体系是矛盾的．

这样的反例证据，使人们心悦诚服！

数学的证明，从公理出发，进行演绎推理，达到相应的目的．使得靠蛮力很难验证或根本无法验证的命题，而用这种思维的艺术可以完成，这就是数学证明的力量．

学习数学，思维是核心，证明是灵魂．不讲数学证明的数学"教学"，是没有灵魂的教学．然而，学好数学证明并非易事，往往需要"通过发展概念和技巧"的创新才能达到目的．

三、数学证明与数学教学

在数学教学中，有一种倾向，一谈素质就是观察、猜想．诚然，教猜想是必要的！但有意无意之间忽略了数学证明这个数学的灵魂，而没有灵魂的数学，是毫无价值的．我们有必要也必须认清数学证明在数学教学中的作用和价值．

我国著名数学教育家、几何学家朱德祥教授在《再论数学证明》中说道：学校的数学教育不仅传授知识，更以传授知识为载体，培养学生的能力．总体上讲，是培养"提出问题、分析问题、解决问题的能力"．数学证明的教学能很好地体现这一点．我国的数学教学优良传统之一，就是培养学生的"逻辑思维能力"．有些人认为，这样会忽略对"提出问题、分析问题、解决问题的能力"的培养，其实，只有具备了一定的逻辑思维能力，才会从大量的现成的材料中通过正确的判断和推理进行再加工，再认识；才会从形式上鉴别命题的真伪而不必事事借助于具体的实验；才会具有思维的严谨性，并确切地、和谐地、有条理地缜密思考问题．因此，数学证明的教学，对逻辑思维能力的培养，进而提出问题、分析问题、解决问题的能力的培养有着非常重要的意义．

数学是一门高度抽象、推理严谨、应用广泛的学科．在数学体系中，只有从公理出发，加以严格证明了的命题、公式、法则才被认为是正确的，而依赖实验所取得的结论都有待于证明，这与直接对研究对象进行实验的学科，如物理、化学等有着本质的区别．数学是对研究对象"量"的代表者数字、符号、图形等进行观察实验的，因此它必须依靠演绎推理，来保证自己的正确性．数学是体现逻辑最彻底的学科．学生必须花费一定的精力获取数学证明的能力，这是逻辑思维能力的核心，把数学变成数常识的介绍，就等于取消了数学教学．

在一般数学论证中，我们并不要求列出大前提、小前提、结论这样的演绎推理形式，但是我们必须清楚的是：演绎法是严格遵守这种三段论式的形式化规则的．

在应用演绎法时，必须注意以下三点：

第一，掌握演绎法的形式化特点．在运用演绎法时，对数学的符号、公式、命题都必须从形式化的意义上理解它的内在含义，只有这样深入理解了符号、公式、命题之间的关系，才能运用演绎法表述，否则就会使演绎法出差错．

第二，演绎法作为一种形式化的思维方式，论证方式，要遵循形式化规则．虽然具体论证时可以省略其中某些步骤，但必须明确每一步推理、每一步运算的前提依据是什么，否则就会出现逻辑上的或方法上的混乱．

第三，应用形式化的演绎方法时，应注意前提条件的内涵，如果只注重形式化的演绎推理，有时也可能带来错误的结论.

在有的方程的求解中,人们运用各式各样的变量替换、恒等变形化简方程,从数学推理论证的形式来分析,如果使用的变形是同解变形,那么,其实也是一种演绎法的使用.因为正是有了不同的前提条件,我们才获得了最后的结论,在推理论证的意义上,可以认为这些变换也是从三段论式的演绎法获得的支持.

在具体的数学命题论证中,人们并不把演绎法的三段论形式明显表现出来,而是自觉地按照这种形式化的演绎法行事.

例 11　在四边形 $ABCD$ 中,已知 $AB = CD, BC = DA$.求证:$AB//CD$.

证明:如图 7-26 所示,连结 AC,则 $CA = AC$(同一律);

又因为 $AB = CD, BC = DA$(小前提:条件);

所以 $\triangle ABC \cong \triangle CDA$(这是结论,其中大前提是 SSS);

所以 $\angle CAB = \angle ACD$(大前提:全等三角形的对应角相等;小前提:$\angle CAB$ 与 $\angle ACD$ 是全等三角形的对应角;结论:$\angle CAB = \angle ACD$);

所以 $AB//CD$(大前提:内错角相等,两直线平行;小前提:$\angle CAB$ 与 $\angle ACD$ 是内错角;结论:$AB \Box CD$).

显然,这一论证过程是一串省略式的三段论式.

例 12　如图 7-27 所示,在 $\Box ABCD$ 中,$DE \perp AC$ 于 E,$BF \perp AC$ 于 F.求证:$DE = BF$.

证明:

$$\left.\begin{array}{r}\Box ABCD \Rightarrow \left\{\begin{array}{l}AD = BC \\ \angle 1 = \angle 2\end{array}\right. \\ \left.\begin{array}{l}DE \perp AC \\ BF \perp AC\end{array}\right\} \Rightarrow \angle 3 = \angle 4\end{array}\right\} \Rightarrow \triangle ADE \cong \triangle CBF \Rightarrow DE = BF.$$

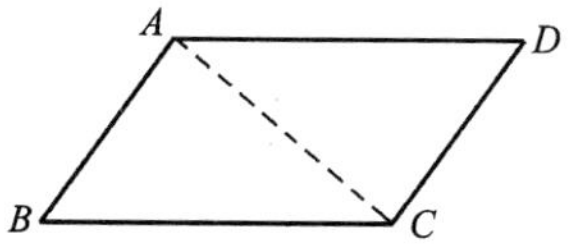

图 7-25

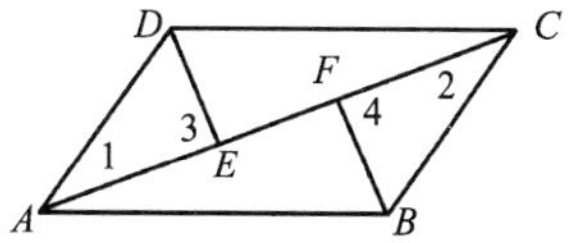

图 7-26

在这个证明过程中,连演绎法三段论的大前提、小前提的说明也省略了,但证明过程完全是演绎法三段论的形式.

演绎推理虽然是数学证明的主要手段,并贯穿于数学"教学"的全过程,但另一方面,归纳、类比、联想等非演绎思想对培养学生"提出问题、分析问题、解决问题的能力"的作用也不可低估.我们在数学中强调"既教证明,又教猜想",强调"演绎思想与非演绎思想相结合"为宜.换言之,数学教学中,演绎法与合情推理方法、综合法与分析法、直接证法与间接证法不可只强调一面而忽略另一面,要根据教学内容的特点,学生的认知规律特点,揭示知识的发生和发展过程的特点,选择应突出强调哪一侧面(有时,还要教一点辩证思维).

数学证明在数学教学上的价值,不仅在于判断命题的真假,也在于它能启发人加深对命题的理解,甚至导致发现. 非欧几何的诞生就是很好的说明.

数学证明的教育价值主要体现在:

(1)通过数学证明的教与学,使学生学会证明,并加深对概念及命题的理解(推证理解).

(2)通过数学证明的教与学,将学生学到的数学知识,构成一个逻辑网络,使学生对数学知识的理解上升到结构性理解的档次.

(3)通过数学证明的教与学,增进学生的理性精神.

(4)通过数学证明的教与学,使学生更了解数学的本质特征,更了解数学的整体价值.

等等.

合情推理在数学发展中是发现和猜想命题、寻求证明方法的基本手段,而演绎推理是确认真理的主要方式. 我们不应该把二者对立起来,要切记"我们用任何归纳法都永远不能把归纳过程弄清楚. 只有对这个过程的分析才能做到这一点——归纳的演绎,正如分析和综合一样,是必然相互联系着,不应当牺牲一个而把另一个捧到天上去. 应当把每一个都用到该用的地方,而要做到这一点,就只有注意它们的相互关系,它们的相互补充".[7]

综上可知,数学教学应遵循:现实是源泉,兴趣引入门,思维是核心,证明是灵魂! 这对我们全面、准确地在数学教学中,实施 21 世纪崭新的数学教育,稳步推进数学教学改革是极为重要的.

问题与课题

1. (2007 年湖南高考卷)将杨辉三角中的奇数换成 1,偶数换成 0,得到如下图所示的 0-1 三角数表. 从上往下数,第 1 次全行的数都为 1 的是第 1 行,第 2 次全行的数都为 1 的是第 3 行,…,第 n 次全行的数都为 1 的是第_____行;第 61 行中 1 的个数是_____.

第1行						1		1					
第2行					1		0		1				
第3行				1		1		1		1			
第4行			1		0		0		0		1		
第5行		1		1		0		0		1		1	
…	…	…	…	…	…	…	…	…	…	…	…	…	…

2. 由下面等式猜一猜可以引出什么规律,并把这个规律用等式写出来.

$$1^3 = 1^3$$
$$1^3 + 2^3 = 3^3$$
$$1^3 + 2^3 + 3^3 = 6^3$$
$$1^3 + 2^3 + 3^3 + 4^3 = 10^3$$
$$……$$

3. (2003 年上海春季高考)根据图 7-28 中五个图形相应点的个数的变化规律,试猜测第 n 个图中有_____个点.

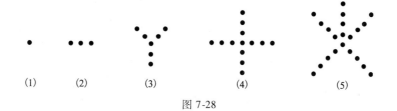

图 7-28

4.（2006 广东高考）在德国不来梅举行的第 48 届世乒赛期间，某商店橱窗里用同样的乒乓球堆成若干堆"正三棱锥"形的展品，其中第 1 堆只有 1 层，就一个球；第 2，3，4，…堆最底层（第一层）分别按图 7-29 所示的方式固定摆放，从第二层开始，每层的小球自然垒放在下一层之上，第 n 堆第 n 层就放一个乒乓球，以 $f(n)$ 表示第 n 堆的乒乓球总数，则 $f(3) =$ _____；$f(n) =$ _____（答案用 n 表示）.

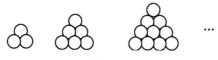

图 7-29

5.（2004 北京）定义"等和数列"：在一个数列中，如果每一项与它的后一项的和都为同一个常数，那么这个数列叫做等和数列，这个常数叫做该数列的公和.

已知数列 $\{a_n\}$ 是等和数列，且 $a_1 = 2$，公和为 5，那么 a_{18} 的值为 _____，这个数列的前 n 项和 S_n 的计算公式为 _____.

6. 类比"等和数列"的定义，请写出"等积数列"的定义. 若已知等积数列的首项为 2，公积为 6，请写出该等积数列的通项公式和前 n 项和.

7.（2003 上海高考）设 $f(x) = \dfrac{1}{2^x + \sqrt{2}}$，利用课本中推导等差数列前 n 项和公式的方法，可求得 $f(-5) + f(-4) + f(-3) + \cdots + f(0) + \cdots + f(5) + f(6)$ 的值是 _____.

8.（2002 上海春季高考）如图 7-30（1）所示，若从 O 作的两条射线 OM、ON 上分别有点 M_1、M_2 与 N_1、N_2，则三角形面积之比 $\dfrac{S_{\triangle OM_1N_1}}{S_{\triangle OM_2N_2}} = \dfrac{OM_1}{OM_2} \cdot \dfrac{ON_1}{ON_2}$. 如图 7-30（2）所示，若从点 O 所作的不在同一平面内的三条射线 OP、OQ 和 OR 上分别有点 P_1、P_2，点 Q_1、Q_2，点 R_1、R_2，则类似的结论为 _____.

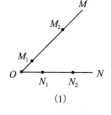
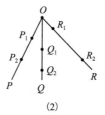

（1）　　　　（2）

图 7-30

9. 学习数学时是否有过很兴奋、很动情,或是觉得学数学是一种享受呢?

10. 是否有过类似 $\dfrac{1}{2}+\dfrac{1}{3}=\dfrac{1}{5}$、$(a+b)^2=a^2+b^2$ 的错误? 为什么?

11. 我们称平面上的三线形(三角形及各边延长线)为简单二维面(体),它将平面分成的部分(区域)数记为 a_2(包括平面);称空间的四面形(四面体及各面所在平面)为简单三维体,它将空间分成的部分(空间区域)数记为 a_3(包括三维体);……;并记各形顶点(0 维)数为 a_0,棱(线,1 维)数为 a_1. 研究在 n 维空间内的简单 $(n-1)$ 维体(面)将 n 维空间分成几部分? 并研究简单 n 维体的顶点(0 维元素)数,1 维元素数,2 维元素数,3 维元素数,……,$(n-1)$ 维元素数.

12. 计算行列式

$$A_n = \begin{vmatrix} a & x & 0 & \cdots & 0 & 0 \\ 0 & a & x & \cdots & 0 & 0 \\ 0 & 0 & a & \cdots & 0 & 0 \\ \vdots & \vdots & \vdots & & \vdots & \vdots \\ 0 & 0 & 0 & \cdots & a & x \\ x & 0 & 0 & \cdots & 0 & a \end{vmatrix} \quad (n \text{ 行 } n \text{ 列}).$$

13. 体验简单的思想实验过程:试将 $1,2,3,4,5,6,7,8,9$ 填入 3×3 的方格表中,使得每行、每列及两条对角线上的三个数的和都不相等.

第8章　一般解题方法的教学

数学教学的目的之一,是培养学生具有发现问题、分析问题和解决问题的能力. 换言之,就是培养学生具有能够独立思考进行创造性活动的能力. 为了达到这个目标,进行适当的解题训练之外,更重要的是必须改革教师的解题教学,提高教师的解题教学水平. 在解题教学中,教师应该有意识地引导学生,领悟问题解决的一般规律和方法,实施一般解题方法的教学.

§8.1　一般解题方法

一般解题方法是:从弄清题意开始,经过运用策略,探索思路,转换问题直至解决问题,进行回顾的全过程. 对于这个过程,可以从思维科学、心理学、人工智能以及数学教学各个方面去分析,从而就有各种不同的理解,但根本的还是从数学本身、数学的基本特征去理解.

从数学特征来看,下列两种观点具有明显的指导意义.

一、波利亚解题过程论(波利亚解题表)

1. 弄清题意

你必须弄清题意.

未知是什么? 已知是什么? 满足条件是否可能? 要确定未知,条件是否充分? 有无多余的? 有无相互矛盾的?

画张图,引入适当的符号.

把条件分成几部分,能否写下来?

2. 拟定方案

找出已知与未知之间的联系,如果找不出直接联系,可考虑辅助问题. 应该最终得出一个求解的方案.

你以前见过此题吗? 是否见过形式与此略有不同的题目?

你是否知道与此相关的题目? 是否知道可能用得上的定理?

注意未知! 试想出一个你熟悉的具有相同或类似未知的题目.

这里有一个早已解出的有关题目.

你能用它吗? 能用它的结果吗? 能用它的方法吗? 为了用它,是否应引入某些辅助元素? 能不能重述此题? 能否用不同的方法重述它?

回到定义.

如果仍解不出此题,可先解一个有关题. 能否想出一个好下手的有关题? 一个较一般的题？一个较特殊的题？一个类似的题？能否解决题目的一部分？仅保持条件的一部分而含去其余部分,对未知能确定到什么程度？它会怎样变化？你能不能从已知导出一些有用的东西？你能不能想出适合确定未知的其他已知？如果需要,你能否改变未知或已知,或二者,以使它们彼此更接近？

你是否用了所有已知？是否用了全部条件？是否考虑了题目中包含的所有概念？

3. 执行方案

执行你的解题方案,检验每一步.

能否看出这一步是正确的？能否证明这一步是正确的？

4. 回顾

检验所得到的解.

能否检验这个论证？能否换个方法推导？能否一眼看出来？

能否把这结果或方法用于其他的题目？

波利亚把解题看成是一个思维系列,一个可控过程.

二、解题过程的层次观

数学问题千变万化,具体问题(特别是较难的问题)的解决,都是解题者心智活动的结晶.解题者的心智活动也有层次之分.

1."战略"解决

"战略"(或策略)解决是最高层次的解题方法. 它首先确定解决问题的大致范围,明确解题的大体方向,这是解题策略水平的体现,是对解题途径的概括性认识,是对问题解决的一种宏观把握,反映了一个人对问题解决的"战略"考虑能力. 解题策略水平是建立在对题目的总体把握和经验之上的.

2."战术"解决

"战术"解决是按可能小的方向或范围,寻找合适的方向,它反映了解题计谋. 它不是盲目的、无序的,而是有目的、有预谋的,但又不是具体的解题方法.它是解题总体上所采取的方针,体现了选择的机智和组合的艺术,是对未来解题实践活动的目标方针、原则和方案所做的抉择.

3."战役"解决

"战役"解决就是实施"战术"解决途径,具体化为特定方法、技巧,即解题的运演过程,也即推理、计算的步骤的实施,这是解题运演技能水平的体现.

在以上三个层次中,如果思维在后一个层次上受阻,就必须返回到上一层次,重新调整直至问题解决.

三、一般解题方法的教学

数学解题教学是数学教学的重要组成部分,一般解题方法的教学应是数学解题教学的重心.

数学一般解题方法是指在解决任何数学问题的过程中,借以思考假设、选取方法与步骤的方针与原则,是对数学问题解决途径的概括性认识,是带有原则性的、宏观的、指导的、战略性的思维方法. 数学一般解题方法区别于数学解题的具体技巧,具有普适性,是高层次的处理数学问题的方式,是具体技巧的综合与升华.

数学一般解题方法是选择、组合、改变或者操作与当前问题有关的事实、概念、原则的一系列规则,旨在缩小问题的条件与结论之间的差别,填补固有的"空隙". 数学一般解题方法的重要作用在于帮助解题者寻找解题的突破口,以免误入歧途. 如果学生对这种一般解题方法掌握(领悟)太少,而主要局限于一些具体技巧上,解题能力很难提高. 这是因为缺乏好的解题战略战术,再好的技能技巧也是无用的.

数学一般解题方法可减少解题过程中尝试与错误的任意性、盲目性,节约解题所用时间,提高解题成功的概率.

数学一般解题方法具有一般性,它是解决任何(数学或非数学)问题的一般方法,是规范解题步骤,培养良好思维习惯的准则,是诊治数学学习病的良方.

数学解题一般方法有以下几个基本特征:

1. 普遍的适应性

一般方法是层面较高的解题方法,不仅适用于数学问题,也适用于解决任何问题,具有一定的指导意义,区别于"技能"解决.

2. 直接可用性

解题一般方法是解题思想转化为解题操作的桥梁,可用来求解具体问题,其直接可用性又区别于"战略"解决或"战术"解决.

3. 方法的二重性

一般解题方法介于具体的解题技巧与抽象的解题思想之间,作为方法,一方面它被用做具体问题解决;另一方面它又是寻找、运用、创造解题方法的方法,故称为一般方法.

4. 选择的最优化

如果把一般解题方法理解为选择与组合的一系列规则,那些规则应该具有迅速找到较优解题操作的基本功能,能够减少尝试与失败的次数(或任意性),能够节省探索的时间和缩短解题的"长度",体现出选择的机智与组合的艺术.

5. 选择的跳跃性

一般解题方法的选择虽是有目的的思维活动,但并不死守严格的逻辑规则,带有中间跳跃性的特征. 它通常是依据知识经验和审美判断,对解决问题的途径作为总体性决策,带有一定的猜测性和预见性,反映着解题者某种程度的"洞察力".

在解决数学问题时,如果运用正确的一般方法,又具有丰富的知识和经验,就能够使问题得到顺利转化和解决. 因此,一般解题方法的掌握,既有教的功绩,也就是"名师出高徒";又是学的结果,因为它是经验的升华. 既是一个解题理论问题,也是一个解题实践问题.

波利亚的"解题表"还是一个珍贵的理论大宝库,波利亚把它加以开发,写出了三部数学方法论名著:《怎样解题》、《数学的发现》和《数学与猜想》.

§8.2　一般解题方法应用例说

一、模块识别

在数学学习的过程中,数学解题的经验积淀内省,会纯化、结晶出具有长久保存价值或重要的典型解题思维模块,将其有意识地概括出来,再经过修正和完善,并存储于自己的认知结构中,当遇到一个新问题时,我们就通过各种联想(如见微知著),找到它,像集成电路一样,加以运用. 这是带有一般意义的方法,我们将其称为解题思维模块的筛选、识别和应用.

你以前见过此题吗? 是否见过形式与此略有不同的题目? 能否把这结果或方法用于其他的题目? (波利亚解题表中语)

模块具有规律性,是内化到主体大脑中的知识结构. 在新问题情境中,迅速地检索、识别和运用是这一解题方法运用的前提. 对相关定理、公式的检索,对相关解题规律、方法的识别,与类似问题、较简单问题的类比等,均属模块识别这种一般解题方法的范畴.

"模块识别"这种思维方法,体现了思维定势正迁移的积极作用,它体现了"遇新思陈,推陈出新"的解题思维策略.

要学生掌握好"模块识别"这种一般解题方法,数学教学中应做到:

1. 积极积累

要把类型、方法和范例作为一个整体来积累,类型是模式的骨架,范例是模式的血肉,方法是模式的灵魂,三者缺一不可! 数学大师陈省身曾指出:"一个优秀的数学家与一个蹩脚的数学家,差别在于前者有很多具体的例子,后者则只有抽象的理论."数学哲学家库恩(Kuhn)也认为:"没有范例,科学知识就无法清楚地表达出来,也无法为人们所掌握;没有范例,人们也就无从按照该门科学的要求去解决任何问题,数学也不例外."

2. 努力创新

数学家、数学教育家 G·波利亚十分重视模式,他在《数学的发现》一书中花了很大的篇幅,详细介绍"双轨迹模式"、"笛卡儿模式"、"递推模式"、"叠加模式",但他没有将模式变成"框框",而是当做思维腾飞的跑道. 事实上,模式只是提供了一种相对稳定的样本,既非万能,又非一成不变,遇到更深刻、非常规问题时,往往还需要转化、分解或重组,从而创造出新的模式,最终达到"没有模式"这种"最好的模式"的至高境界.

3. 自觉使用

人们学过的数学概念、公式、定理、法则、性质、原理、图形、方法等知识以及各类问题及其解题规律,都会不同程度地纳入自己的数学认知结构之中,这是最基本的模式. 模块识别本质上是试图直接应用基础知识,基本技能和基本方法解题的一种自觉性.

例1　聪明的一休在 9 点到 10 点之间开始解一道数学题,当时,时针与分针正好成一条直线. 当他解完这道题时,时针与分针又恰好重合. 问一休解这道题用了多少时间?

分析：这是一道钟面上的行程问题,更确切地说是追及问题,这就是模块识别. 从分针与时针成一直线到重合,可以看成分针追赶时针的问题.(能不能认为是时针追赶分针问题?)钟面上的行程问题的特点是:两针转动的速度及大小都是用角度来表达.两针成一直线是两针夹角为平角,即两针相差,两针重合就是夹角为 0,即分针赶上了时针.

这就是弄清题意!

分针在钟面上每分钟"行走"6°;时针在钟面上每分钟"行走"0.5°.分针与时针每分钟行走始终相差 6° − 0.5° = 5.5°,这是一个定值!

由公式:追及时间 = 追及距离/速度差,得

$$180° \div 5.5° = 32\frac{8}{11}\ (\text{min})$$

识别模块是最基本的解题一般方法,也可以看做一种最基本的解题策略.解题者接触问题,弄清问题后,首先应该进行模块识别.

二、转化归结

当我们要解决的数学问题,不能用已知的模式加以解决时,就会考虑其他意义上的解题方法.其中首要的是转化归结方法(简称化归法).化繁为简(以简驳繁)、化生为熟、化新为旧、化未知为已知和数形互化等都是化归,这是一般解题方法的具体体现,也是人类认识的基本规律.

转化要有方法,归结要有目的和方向.

化归涉及三个基本要素,即化归的对象、目标和方法.对象就我们面临的数学问题;目标就是某已知的数学模型;方法就是数学思想方法.目标、方法是待定的,而对象也可以从不同角度来考虑.

1. 通过转化已知条件进行化归

在解决某些数学问题时,有时须转化某些已知条件,从不同的角度认识已知条件,使已知条件更好用.

例 2 设有函数 $f(x) = ax^5 + bx^3 + x + 5, x \in \mathbf{R}$,若 $f(3) = 7$,求 $f(-3)$.

分析:要求 $f(-3)$,首先想到这是求函数值问题,通常"代入求值".但多项式 $f(x)$ 的系数并未给定,故此路不通!

欲求系数 a、b,而条件还不够!再度受挫.

若注意其中已知的细节,$f(3) = 7$,3 与 −3 互为相反数!据此,联想函数 $f(x)$ 的奇偶性.故引入一个奇函数 $g(x) = f(x) - 5 = ax^5 + bx^3 + x$ 为辅助函数.

因为 $g(3) = f(3) - 5 = 2, g(-3) = -2 = f(-3) - 5$,所以 $f(-3) = 3$.

这里化归目标是奇函数,化归方法是把 $f(x)$ 进行适当变形.化归目标、方法的确定的最直接诱因是已知函数值 $f(3) = 7$ 与待定函数值 $f(-3)$ 的自变量互为相反数这一特征.

你是否知道与此相关的题目?是否知道可能用得上的定理?(波利亚解题表中语)

2. 通过化繁为简(或相反)进行化归

例 3 证明:有无穷多个正整数对 $(K, N), K > N$,使得

$$1 + 2 + 3 + \cdots + K = (K+1) + (K+2) + \cdots + N.$$

分析：所给等式两边是两个数列的和. 先行对等式两边求和——化简,可能对思考有利.

$$左边 = \frac{K(K+1)}{2}, \quad 右边 = \frac{(N-K)(N+K+1)}{2},$$

分离 K 和 N,可得一不定方程：　　　$2K^2 + 2K = N^2 + N,$

再进行变形：　　　　　　　　　$8K^2 + 8K + 2 = 4N^2 + 4N + 2,$

即　　　　　　　　　　　　　$2(2K+1)^2 = (2N+1)^2 + 1.$

再简化：令 $x = 2K+1, y = 2N+1$,得

$$2x^2 - y^2 = 1.$$

原问题转化为：要证上述关于 x、y 的不定方程有无限多组正整数解.

令 $a = \sqrt{2}x + y, b = \sqrt{2}x - y$,得另一简单形式：

$$ab = 1.$$

此时,不难联想 $(\sqrt{2}+1)^l(\sqrt{2}-1)^l = 1$,其中 l 为奇数. 这是因为 l 为偶数时,可有 $ab = -1$.

于是可设 $a = (\sqrt{2}+1)^{2n+1}, b = (\sqrt{2}-1)^{2n+1}$,得出 x、y 的一个无限解的通式：

$$\begin{cases} x = \dfrac{1}{2\sqrt{2}}\left[(\sqrt{2}+1)^{2n+1} + (\sqrt{2}-1)^{2n+1}\right] \\[2mm] y = \dfrac{1}{2}\left[(\sqrt{2}+1)^{2n+1} - (\sqrt{2}-1)^{2n+1}\right] \end{cases} \quad (n \geq 1),$$

从而得到 (K,N) 的一系列无限多个解：

$$\begin{cases} K = 2 \\ N = 3 \end{cases}; \quad \begin{cases} K = 14 \\ N = 20 \end{cases}; \quad \begin{cases} K = 84 \\ N = 119 \end{cases}; \quad \cdots\cdots$$

数学知识的发展是由简单到复杂,繁衍发展以至推演成为各门数学学科. 因此,在数学的知识链和问题链中是由简生繁,故而遇繁思简应是一条重要的思维守则. 解题时的思维反映主要是学会浓缩观察数学形式结构,从总体的粗线条上把握题目的数学图式;或者将题中有关的概念或方法转化为较简单的情形入手. 数学中的换元法、代换法、变换法、递推法、母函数法以及解方程中的消元法、降次法,就体现了化繁为简这个一般解题方法.

例 4　解方程

$$2x + 1 + x\sqrt{x^2 + 2} + (x+1)\sqrt{x^2 + 2x + 3} = 0.$$

分析：此题若按通常无理方程化有理方程的思路,或一元代换转化的方法,都会使方程变得更繁复,结果起不到化繁为简的作用. 若按式子的结构换双元(二元代换,简单变复杂,欲擒故纵也),即设

$$\begin{cases} x^2 + 2 = a \\ x^2 + 2x + 3 = b \end{cases},$$

则易推得　　　　　　　　　　$x = \frac{1}{2}(b^2 - a^2 - 1),$

代入原方程,经整理可得：

$$(b - a)(a + b + 1)^2 = 0.$$

由 $a>0,b>0$ 知 $a+b+1>0$,于是只能有 $a=b$,故得原方程的解为:

$$x = -\frac{1}{2}.$$

简单性与复杂性是相对而言的,化繁为简是基本趋向,但它并不排斥在某些情况下"由简化繁".

3. 通过数形转化进行化归

例 5　已知 $x\geq0,y\geq0$,且 $x+\frac{1}{2}y=1$,求 x^2+y^2 的最大值和最小值.

分析：在 xOy 平面上,x^2+y^2 表示点 (x,y) 到原点的距离的平方. 而条件为直线 $x+\frac{1}{2}y=1$ 在第一象限内的部分(线段). 原问题转化为:如图 8-1 所示,求原点到线段 AB 上各点的距离的平方的最大值和最小值.

显然,x^2+y^2 的最大值和最小值分别是:

$$|OB|^2 = 4, \quad |OC|^2 = \left(\frac{|-1|}{\sqrt{1^2+(1/2)^2}}\right)^2 = \frac{4}{5}.$$

注:本题也可用消元法求解.

例 6　求二元函数 $f(x,y) = (x-y)^2 + \left(\sqrt{2-x^2}-\frac{9}{y}\right)^2$ 的最小值.

分析：根据式子的特点:差的平方和具有几何意义,即 $f(x,y)$ 表示两点 $P\left(x,\sqrt{2-x^2}\right)$ 和 $Q\left(y,\frac{9}{y}\right)$ 之间的距离的平方. 而

$$\begin{cases} x^2+\left(\sqrt{2-x^2}\right)^2 = 2 \\ y\cdot\frac{9}{y} = 9 \end{cases},$$

所以,P、Q 分别是圆 $u^2+v^2=2$ 与双曲线 $uv=9$ 上的点,如图 8-2 所示.

易知 $|PQ|_{\min} = |P'Q'| = \sqrt{8}$,所以 $f_{\min}(x,y) = 8$.

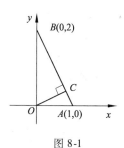

图 8-1

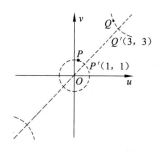

图 8-2

例 7　已知 $x,y,z\in \mathbf{R}^+$,且满足

$$\begin{cases} x^2 + xy + \dfrac{y^2}{3} = 25 & \text{①} \\[2mm] \dfrac{y^2}{3} + z^2 = 9 & \text{②} \\[2mm] z^2 + zx + x^2 = 16 & \text{③} \end{cases}$$

求 $xy + 2yz + 3zx$ 的值.

分析：对于三元二次方程组而言，一般说来按常规解出 x、y、z 的值，再求 $xy + 2yz + 3zx$ 的值，难度很大. 方程组中每个方程都有明显的几何意义，故改而从形入手.

解：首先②式是表示一个两直角边长分别为 $\dfrac{y}{\sqrt{3}}$ 和 z、斜边长为 3 的直角三角形的三边关系.

而①、③两式可分别变形为：

$$x^2 + \left(\frac{y}{\sqrt{3}} \right)^2 - 2x \cdot \frac{y}{\sqrt{3}} \cdot \cos 150° = 5^2$$

$$z^2 + x^2 - 2zx \cos 120° = 4^2,$$

也即①、③两式分别表示两个钝角三角形的三边关系.

综上分析，方程组的几何意义如图 8-3 所示.

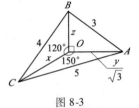

图 8-3

$$S_{\triangle ABC} = \frac{1}{2} \times 3 \times 4 = 6, \quad S_{\triangle AOB} = \frac{1}{2} \cdot \frac{y}{\sqrt{3}} \cdot z = \frac{\sqrt{3}}{6} yz,$$

$$S_{\triangle BOC} = \frac{1}{2} \cdot z \cdot x \cdot \sin 120° = \frac{\sqrt{3}}{4} zx, \quad S_{\triangle AOC} = \frac{1}{2} \cdot x \cdot \frac{y}{\sqrt{3}} \cdot \sin 150° = \frac{\sqrt{3}}{12} xy,$$

所以

$$6 = \frac{\sqrt{3}}{6} yz + \frac{\sqrt{3}}{4} zx + \frac{\sqrt{3}}{12} xy = \frac{\sqrt{3}}{12} (xy + 2yz + 3zx),$$

故有

$$xy + 2yz + 3zx = 24\sqrt{3}.$$

数形结合实际上反映了数量关系与空间形式的辩证统一. 而将几何形态的形结构转化为数量关系的式结构（以解析几何为代表）；或将式结构转化归结为形结构；以及式结构之间的转化或形结构之间的迁移，都是化归的具体方式. 从这个意义上讲，类比法、关系映射反演原则、模拟法、坐标法、交集法、抽屉原则、几何变换法、构造法、待定系数法等，均在一定意义上属于化归的范畴，而数形转化是化归这个一般方法的一种表现形式.

数形结合可以将抽象的数学语言与直观的图形结合起来，使抽象思维与形象思维结合起来，发挥数与形两种信息的优势互补效应. 关于数形结合，华罗庚评价说："数与形，本是相倚依，焉能分作两边飞；数无形时少直觉，形少数时难入微；数形结合百般好，隔离分家万事休；切莫忘，几何代数流一体，永远联系，切莫分离."

4. 通过引参进行有效化归

例8 C 为 ⊙O 的直径 AB 上任意一点，D 为 ⊙O 上一定点，过点 D 作 ⊙O 的切线 DE，过点 C 作 DE 的垂线 CE. 求证：$AB \cdot CE = AC \cdot CB + CD^2$.

分析：本题用纯几何方法证明较难下手. 若引入参数，使问题代数化，则可简洁的获证.

证一：如图 8-4 所示,设圆的半径为 r,$CB=x$,$CD=y$,$\angle DCE=\alpha$,则

$$AB \cdot CE = 2r \cdot y\cos\alpha = 2r \cdot y \cdot \frac{r^2+y^2-(r-x)^2}{2r \cdot y} = y^2 - x^2 + 2rx.$$

另一方面,$AC \cdot CB + CD^2 = (2r-x)x + y^2 = y^2 - x^2 + 2rx.$
于是命题得证.

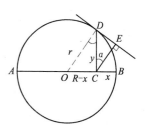

图 8-4

证二：$AB \cdot CE = 2r \cdot y\cos\alpha = 2r \cdot y \cdot \dfrac{y}{r} = 2y^2,$

$$AC \cdot CB + CD^2 = 2CD^2 = 2y^2,$$

于是命题得证.

引参就是选择引入一个合适的参与者(参数,一般为变量,当然可以有几何解释或其他实际意义),变换研究对象、目标的表现形式,以达到有效化归的目的.

例 9 相异三直线

$$x\cos 3\alpha + y\cos\alpha = a, \quad x\cos 3\beta + y\cos\beta = a, \quad x\cos 3\gamma + y\cos\gamma = a$$

共点,求证：$\cos\alpha + \cos\beta + \cos\gamma = 0.$

分析：不难看出,所给三式结构相同. 由于 $\cos 3\theta = 4\cos^3\theta - 3\cos\theta$,所以从某种意义上讲,可视为关于 $\cos\theta$ 的一元三次方程. 从而可知 $\cos\alpha$、$\cos\beta$、$\cos\gamma$ 是关于 t 的方程

$$x(4t^3 - 3t) + yt - a = 0,$$

即

$$4xt^3 + (y-3x)t - a = 0$$

的三个根. 因此,可将原问题化归为上述方程的根与系数的关系问题. 故不难知道：

$$\cos\alpha + \cos\beta + \cos\gamma = 0.$$

5. 通过化生为熟进行化归

人们认识事物的过程是一个渐进的深化过程. 对于要认识的对象,总有生熟之分,所以在认识一个新事物或解决一个新问题时,往往会用已认识的事物性质和问题特征去对照新事物、新问题,设法将新问题研究纳入到已有的认识结构或模式上来. 即化生为熟,这是一个重要的化归方式.

例 10 设 P 为 $\triangle ABC$ 内一点,P 点到 $\triangle ABC$ 三边 BC、CA、AB 的距离分别为 m、n、p. 若 $BC=a$,$CA=b$,$AB=c$,求使 $\dfrac{a}{m} + \dfrac{b}{n} + \dfrac{c}{p}$ 达到最小值时点 P 的位置.

分析：对于式子 $\dfrac{a}{m} + \dfrac{b}{n} + \dfrac{c}{p}$ 的值,我们不仅难以估计,而且也较陌生,不知如何下手去求. 但对式子 $\dfrac{1}{2}(am + bn + cp) = S_{\triangle ABC}$ (见图 8-5) 是熟悉的,且 $am + bn + cp$ 是定值. 因此,原问题可化归为求 $(am + bn + cp)\left(\dfrac{a}{m} + \dfrac{b}{n} + \dfrac{c}{p}\right)$ 的极值. 而

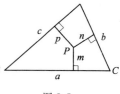

图 8-5

$$(am + bn + cp)\left(\frac{a}{m} + \frac{b}{n} + \frac{c}{p}\right) = a^2 + b^2 + c^2 + ab\left(\frac{n}{m} + \frac{m}{n}\right) + bc\left(\frac{n}{p} + \frac{p}{n}\right) + ca\left(\frac{m}{p} + \frac{p}{m}\right)$$

$$\geqslant a^2 + b^2 + c^2 + 2ab + 2bc + 2ca = (a + b + c)^2$$

当且仅当 $m = n = p$ 时取等号. 即 P 为三角形的内心时,所给式子达到最小值.

例11 平面内有100条不相重合的直线,它们的交点恰好是 2 020,有无办法把它们作出来?

分析:先考虑极端情形(简单熟悉原则),若100条直线皆平行,则无交点;若100条直线两两相交且交点不重合,则有 $C_{100}^2 = 4\,950$ 个交点. 但 $0 < 2\,020 < 4\,950$,由此联想较熟悉的情况,两组平行线(各有 a 条和 b 条)相交时,有 ab 个交点. 故只须考虑 $a + b = 100, ab = 2\,020$ 的可能性.

由韦达定理知,a、b 是二次方程 $x^2 - 100x + 2\,020 = 0$ 的两个根,其近似值为:$a \approx 72, b \approx 28$. 由 $72 \times 28 = 2\,016$ 可知,需要移置一条直线以增加交点(增加数最多99个)个数. 于是可由等式 $2\,020 = 72 \times 27 + 99 - 23$ 设计出一种作法.

作直线系 $x = k(k = 1,2,3,\cdots,72), y = l(l = 1,2,3,\cdots,27)$ 和直线 $y = x + 4$. 这些直线的所有交点中,$(1,5),(2,6),(3,7),\cdots,(23,27)$ 是重复的,故这些直线即满足题意.

转化归结体现在归结为我们所熟悉的问题上,体现在化复杂为简单上.

用化归方法解题时,化归的目标有时是在"化"的过程中逐渐被确定的. 所以,重要的是面对数学问题时,要有自觉的转化、变更原问题的意识.

例12 设,$n \geqslant 2, n \in \mathbf{N}$,求证:$C_n^1 + C_n^2 + C_n^3 + \cdots + C_n^n > n \cdot 2^{\frac{n-1}{2}}$.

分析:左边(化繁为简)$= 2^n - 1$. 故只须证明

$$2^n - 1 > n \cdot 2^{\frac{n-1}{2}},$$

即证明

$$\frac{2^n - 1}{n} > 2^{\frac{n-1}{2}},$$

化生为熟

$$\frac{2^n - 1}{n} = \frac{1 + 2 + 2^2 + \cdots + 2^{n-1}}{n} \quad (\text{算术平均值})$$

$$> \sqrt[n]{1 \cdot 2 \cdot 2^2 \cdots 2^{n-1}} \quad (\text{几何平均值})$$

$$= \sqrt[n]{2^{\frac{n(n-1)}{2}}} = 2^{\frac{n-1}{2}},$$

故 $\dfrac{2^n - 1}{n} > 2^{\frac{n-1}{2}}$,即 $2^n - 1 > n \cdot 2^{\frac{n-1}{2}}$,所以

$$C_n^1 + C_n^2 + C_n^3 + \cdots + C_n^n > n \cdot 2^{\frac{n-1}{2}}.$$

有效的化归通常还需要考虑以下情况:

(1)变化已知条件,发掘其隐含因素,使其朝着明朗实用的方向转化.

(2)变化问题结论,改成另一问法或表示为另一形式,或另一侧面,另一角度,破解思路困局.

(3)变化问题形式,如变原命题为与其等价的命题,以使求解目标变简单、明朗. 反证法即是如此.

（4）数形互化.

（5）换元.

（6）化立体问题为平面问题,化高维为低维.

（7）变化为其他学科的问题来解.

（8）分解与组合,许多综合题都是简单题和常规题的组合,解这类题成败的关键在于能否把所组成它的那些"小题"分解出来.

三、进退互用

在解题中,向前推进是人们的习惯做法,然而,要使做法有效,就需要把握事物发展链条的全貌,用联系辩证的观点看待问题. 解决问题,有时需要"退","以退求进",退就是抓其特殊性;有时需要"进","以进求进",进就是抓其普遍性;有时需要进退结合,进退互用. 这也是一条一般解题方法.

能否想出一个好下手的有关题？一个较一般的题？一个较特殊的题？一个类似的题？能否解决题目的一部分？……（波利亚解题表中语）

1. 以退求进

华罗庚曾说过:"先足够地退,退到最简单的情况,退到我们容易看清楚的地方,认透了,钻深了,然后再上去."退一步海阔天空,退是为了更好的进,这就是以退求进策略.

例 13　在 Rt$\triangle ABC$ 中,c 为斜边,a、b 为两直角边. 求证:$a^n + b^n < c^n$（$n \geq 3$,n 为整数）.

分析：这是一个与自然数 n 有关的问题. "先退到 $n = 2$",易知 $a^2 + b^2 = c^2$.

再进到 $n = 3$,（仍然是特殊的!）$a^2 c + b^2 c = c^3$,又 $a^3 < a^2 c$,$b^3 < b^2 c$,所以 $a^3 + b^3 < a^2 c + b^2 c = c^3$,即当 $n = 3$ 时命题成立. 可用数学归纳法明（略）.

退的主要方式有:抽象退到具体,一般退到特殊,高维退到低维,较强命题退到较弱命题等. 反之为进.

例 14　两个边长都是 a 的正方形,其中一个正方形的一个顶点是另一个正方形的中心,如图 8-6（1）所示. 求证:两正方形重叠部分的面积为定值.

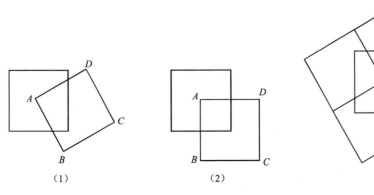

（1）　　　　　（2）　　　　　（3）

图 8-6

分析：在图 8-6(1)中，正方形 $ABCD$ 是任意放置的，即它可绕 A 点旋转，我们一时看不出求面积的方法．退一步，考虑其位置的特殊情况，如图 8-6(2)所示，这时两正方形重叠部分的面积为 $\frac{1}{4}a^2$．

在一般情况下，如图 8-6(3)所示（有进的意味），由正方形的对称性，易知两正方形重叠部分的面积也是 $\frac{1}{4}a^2$．

适当的"退"，具有三个方面的意义：

第一，提示解题方向．有的题目其结论不明确（如定值问题），经过退可以得到结论，从而抓住目标和前进方向．

第二，寻找解题途径．"退"使问题变容易了，而简单情况可以提供一般情况的类比基础，方法的一般性寓于特殊性之中，显现了解决问题的方案．

第三，直接解决问题，很多问题其实是某个（些）问题结论的特例，而这些"特殊"或"必要条件"，常常就是一个"退"的过程，一个简单化、特殊化、限定化的或取值的过程．

例 15　求证：任何整数都可表示成五个整数的立方和的形式．

分析：题中任何整数是不易入手的．可先退到某类整数．同时，在五个整数的基础上也稍作后退，先用猜测试作四个整数的立方和，并使和式尽可能简单．

$$(n+1)^3 + (-1)^3 + (-n)^3 + (n-1)^3 = 6n.$$

此式表明，能被 6 整除的任何整数可表示成四个整数的立方和．由此"前进"，有

$$6n = 6n + 0^3,$$
$$6n + 1 = 6n + 1^3,$$
$$6n + 2 = 6(n-1) + 2^3,$$
$$6n + 3 = 6(n-4) + 3^3,$$
$$6n + 4 = 6(n+2) + (-2)^3,$$
$$6n + 5 = 6(n+1) + (-1)^3.$$

问题可证．

2. 以进求进

"进"就是把问题从特殊推进到一般，从低维推进到高维，从低度抽象推陈出新进到高度抽象等，通过对一般性问题的解决而使原问题（特殊性问题）得以解决，这也是演绎法的精髓．希尔伯特曾说过："在解决一个数学问题时，如果我们没有成功，常常在于我们没有认识到更一般的观点：即眼下要解决的问题不过是一连串问题的一个环节．"

例 16　比较 $\sqrt[3]{60}$ 与 $2 + \sqrt[3]{7}$ 的大小．

分析：若将两数分别立方再比较，则使问题更复杂而不易解决．由于 $60 = 4(8+7)$，$2 + \sqrt[3]{7} = \sqrt[3]{8} + \sqrt[3]{7}$，考虑更一般的问题 $\sqrt[3]{4(x+y)}$ 与 $\sqrt[3]{x} + \sqrt[3]{y}$ 的大小，其中 $x, y \geq 0$．再取 $x = a^3$，$y = b^3$，则问题归结为比较 $4(a^3 + b^3)$ 与 $(a+b)^3$ 的大小（$a > 0, b > 0$），由于 $4(a^3 + b^3) - (a+b)^3 = 3(a-b)^2(a+b) \geq 0$，当且仅当 $a = b$ 时取等号．所以 $\sqrt[3]{60} > 2 + \sqrt[3]{7}$．

"以进求进"中的前一个"进",可以使问题变得容易的原因,在于"进"到"一般"后,可采用更一般的观点,或联系到并能用上已知的定理或公式等.

例 17　求和 $\displaystyle\sum_{k=1}^{n} \frac{k^2}{2^k}$.

分析:直接求和是困难的,现将其一般化,设 $s(x) = \displaystyle\sum_{k=1}^{n} k^2 x^k$. 由于

$$\sum_{k=1}^{n} x^k = \frac{1 - x^{n+1}}{1 - x} \quad (x \neq 1),$$

两边对 x 求导,得

$$\sum_{k=1}^{n} k x^{k-1} = \frac{1 - (n+1)x^n + n x^{n+1}}{(1-x)^2},$$

两边同乘以 x,得

$$\sum_{k=1}^{n} k x^k = \frac{x - (n+1)x^{n+1} + n x^{n+2}}{(1-x)^2},$$

再求导数,得

$$\sum_{k=1}^{n} k^2 x^{k-1} = \frac{(1+x) - x^n(nx - n - 1)^2 - x^{n+1}}{(1-x)^3},$$

两边再乘以 x,有

$$\sum_{k=1}^{n} k^2 x^k = \frac{(1+x)x - x^{n+1}(nx - n - 1)^2 - x^{n+2}}{(1-x)^3},$$

于是

$$s\left(\frac{1}{2}\right) = \sum_{k=1}^{n} \frac{k^2}{2^k} = 6 - \frac{n^2 + 4n + 6}{2^n}.$$

"以进求进","进"后更能暴露问题的本质,可使问题变得更加直观.

例 18　如图 8-7 所示,平面上有三个圆,其中每一对圆的公切线都有交点. 求证:这样得到的三个交点共线.

分析:以三球代替平面上的三个圆,圆锥裹住大小不等的两球,这时与圆和直线相切类比. 问题的结论是:三个圆锥的三个顶点在同一直线(两平面的交线)上.

将三个球放在同一平面 α 上,分别裹有两球的三个圆锥侧放在平面 α 上,则三圆锥的三个顶点在平面 α 上;在三球上面再放一平面 β,则三圆锥在平面 β 上,三顶点在也平面 β上. 所以,三顶点在 α 与 β 的交线上.

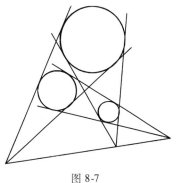

图 8-7

问题得证.

如上"分析"仅用了直观语言,严格论证须用"球幂定理"(可类似圆幂定理加以证明),球的公切平面、公切圆锥面等语言,请读者自为之.

3. 进退并用

解决问题,有时需要进退并用.

例 19　比较 $2\,007^{2\,008}$ 与 $2\,008^{2\,007}$ 的大小.

分析:先退,由 $1^2 < 2^1, 2^3 < 3^2$,能否推出 $2\,007^{2\,008} < 2\,008^{2\,007}$,不能!因为 $3^4 > 4^3$. 再进,$4^5 > 5^4, 5^6 > 6^5, \cdots\cdots$ 显然正确,从而猜测:$n^{n+1} > (n+1)^n (n \geq 3)$. 先退后进而得到一般结论,

该猜测正确吗?

$$n^{n+1} = n \cdot n^n = \underbrace{n^n + n^n + \cdots + n^n}_{n\text{个}},$$

$$(n+1)^n = n^n + C_n^1 n^{n-1} + C_n^2 n^{n-2} + \cdots + C_n^{n-1} n + 1.$$

当 $n \geq 3$ 时,$n^n > C_n^2 n^{n-2}$,$n^n > C_n^3 n^{n-3}$,$\cdots\cdots$,$n^n > C_n^{n-1} n + 1$

所以
$$n^{n+1} > (n+1)^n \quad (n \geq 3),$$

由此可知(再后退):$2\,007^{2\,008} > 2\,008^{2\,007}$.

例20 以三角形的三个顶点和它内部的 18 个点(共 21 个点)为顶点作三角形,能把原三角形分成几部分?

分析:在三角形内画出 18 个点,依题意作出三角形,十分繁杂,也数不清. 是 $C_{21}^3 - 1$ 个吗? 不是!

先退!

三角形内有一个点时,分三角形为三"部分"(每部分均为小三角形);三角形内有两个点时,分三角形为五"部分",如图 8-8 所示.

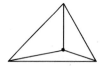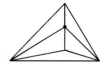

图 8-8

注意:两个点时,可将一个点视为在另一个点分三角形为三个小三角形的基础上,它又将其中一个小三角形形分成了三部分,或将相邻两个小三角形各分成两部分,即增加了两部分.

再进! 进到一般情形.

设三角形内部有 n 个点,依题意它们将三角形分成的部分数记为 a_n,再增加一个点,该点又分 a_n "部分"中的某一部分为三部分. 所以有

$$a_{n+1} = a_n + 2,$$

即 $\{a_n\}$ 是首项为 3、公差为 2 的等差数列. 所以

$$a_n = 2n + 1.$$

此时,已不难解决原问题.

进退并用是一种有效的解题方法,也是提高学生解题能力的一种策略.

四、正难则反

解决数学问题时,一般总是从正面入手,我们称之为正向思维,这是思维的习惯,是思维惯性使然. 如果正向思维受阻,从辩证的观点出发,需要克服定势的消极面,转而从问题的反面或其中部分反面入手去思考,采取顺繁则逆、正难则反的解题策略. 也就是说,当正面不易解决问题时,就需要从反面去探索,我们称之为逆向思维.

在数学发展史上,有无数事例,证实了"正难则反"的强大威力. 如数的概念的扩张;平面几何尺规作图不能问题的解决;非欧几何的创立和模糊数学的产生等,都是逆向思维的结晶,

都是打破传统的常规思维方式的束缚,从而使数学发生变革和前进的典范事例. 在数学解题中,反证法、逆推法、排除法、同一法、常量与变量的换位、公式的逆用、补集法等方法技巧,都是正难则反这一一般解题策略的具体应用.

例 21　三个方程 $x^2 + 4ax - 4a + 3 = 0, x^2 + (a-1)x + a^2 = 0, x^2 + 2ax - 2a = 0$ 中,至少一个有实根,试求 a 的范围.

分析：如果直接从正面思考,a 处于"参数"地位,难于把握. 若考虑"三个方程至少一个有实根"的反面,即"三个方程都无实根",这时 a(成为未知量)的取值范围可通过解下列不等式组而求得.

$$\begin{cases} 16a^2 + 4(4a-3) < 0 \\ (a-1)^2 - 4a^2 < 0 \\ 4a^2 + 8a < 0 \end{cases} \Rightarrow \begin{cases} -\dfrac{3}{2} < a < \dfrac{1}{2} \\ a < -1 \ 或 \ a > \dfrac{1}{3} \\ -2 < a < 0 \end{cases} \Rightarrow -\dfrac{3}{2} < a < -1.$$

集合 $\left\{ a \mid -\dfrac{3}{2} < a < -1 \right\}$ 的补集是 $M = \left(-\infty, -\dfrac{3}{2} \right] \cup [-1, +\infty)$. 故当 $a \in M$ 时,三个方程中至少一个有实根. 反之亦然.

例 22　解方程：$x^3 + 2\sqrt{3}x^2 + 3x + \sqrt{3} - 1 = 0$.

分析：这是一个一元三次方程,它也有求根公式,可惜"我们没学过". 即使知道它的求根公式,解起来也较麻烦. 换一角度,把 x 看做常量,把 $\sqrt{3}$ 看做"未知数",则方程是关于"$\sqrt{3}$"的二次方程.

提示：令 $\sqrt{3} = t$,求得关于 t 的二次方程,求 t 后再求 x.

例 23　西尔维斯特(Syluester)问题：平面上有 n 个点,其中过任意两点的直线都必过第三点. 证明：这 n 个点共线.

分析：该问题 1893 年由 Syluester 提出,1933 年有人用高等数学知识给出了一个证法. 由条件知某三点共线,而直接证明其余 $n-3$ 个点也在这条直线上不容易. 又过若干年后,才有人用反证法证明之.

证明：假设 n 个点 $P_i(i = 1,2,\cdots,n)$ 不全在同一直线上,则过其中任意两点的直线,其他点中,必然有不在该直线上的点. 依题意,对每一条直线 $l_j(j = 1,2,\cdots,m)$,最多有 $n-3$ 个点不在此直线上. 设这 $n-3$ 个点到直线 l_j 的距离为 $d_k(k = 1,2,\cdots)$,由于 P_i 和 l_j 都是有限的,所以 d_k 也是有限的. 在这有限个距离中,一定有最小的. 不妨设 P_1 到 l_1 的距离 d_1 最小,其中 $P_1Q \perp l_1$ 于 Q,l_1 至少过三点 P_2、P_3、P_4,如图 8-9 所示. 显然 P_2、P_3、P_4 中至少两点在 Q 同侧,不妨设为 P_2、P_3,则 $|P_2P_3| \leqslant |QP_3|$($P_2$ 可能与 Q 重合). 过 P_1、P_3 作直线,记为 l_2,P_2 到 l_2 的距离记为 $d_2 = |P_2A|(A \in l_2)$,Q 到 l_2 的距离记为 $h = |QB|(B \in l_2)$,显然 $d_2 \leqslant h < d_1$. 这与 d_1 最小矛盾. 因而命题得证.

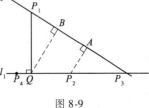

图 8-9

例 24   求方程

$$\underbrace{\sqrt{x+2\sqrt{x+2\sqrt{x+2\cdots\cdots+2\sqrt{x+2\sqrt{3x}}}}}}_{\text{共 } n \text{ 层根号}} = x$$

的实根.

分析：若按常规方法,由外向内,依次平方去根号,将得到一个 2^n 次方程,求解是困难的. 由方程左边表示算术根知,$x \geqslant 0$. 因此,我们可由内向外去根号.

解：设

$$3x = y_1^2 \tag{①}$$
$$x + 2y_1 = y_2^2 \tag{②}$$
$$x + 2y_2 = y_3^2 \tag{③}$$
$$\cdots\cdots$$
$$x + 2y_{n-1} = y_n^2 \tag{\textit{n}}$$

此时,所给方程左边为 y_n,右边为 x. 即原方程可化为 $y_n = x$.

若 $x > y_1$,由①②两式得：$x + 2x > x + 2y_1 \Rightarrow y_1^2 > y_2^2 \Rightarrow y_1 > y_2 \Rightarrow y_2 > y_3 \Rightarrow \cdots \Rightarrow y_{n-1} > y_n \Rightarrow x > y_n$,与 $y_n = x$ 矛盾；

若 $x < y_1$,同理有 $x < y_n$,也与 $y_n = x$ 矛盾.

故只能有 $x = y_1 \Rightarrow 3x = x^2 \Rightarrow$ 原方程有二实根：$x_1 = 0$, $x_2 = 3$.

例 25   证明：平面上不存在整数格点正三角形.

分析：这是一个否定性命题,从正面直接证明不易入手. 因此用反证法证明.

证明：略.

正难则反这种解题方法,反映了原因与结果的辩证统一,肯定与否定的辩证统一,证实与证伪的辩证统一.

五、倒顺变通

解数学题,有时是从条件出发,推出某些关系或性质去逼近结论,这是顺推,表现为"由因导果"式的综合法；有时是逆求,由结论去寻找使其成立的充分条件,直至追溯到已知条件,这是倒推,表现为"执果索因"式的分析法. 而比较有效的解题途径应该是二者的有机结合,既要盯住目标,又要关注条件. 倒顺变通反映的就是这样一种一般解题方法.

例 26   已知 $\triangle ABC$ 及其外接圆,P、Q、R 分别是 $\overset{\frown}{BC}$、$\overset{\frown}{CA}$、$\overset{\frown}{AB}$ 的中点,PR 交 AB 于 D,PQ 交 AC 于 E,如图 8-10 所示. 求证：$DE \parallel BC$.

分析：常规想法是连结 DE,然后尝试证明,实际上,这是很困难的. 我们进行双向分析.

证明：由条件可知,AP、BQ、CR 分别为 $\angle A$、$\angle B$、$\angle C$ 的平分线,所以 AP、BQ、CR 相交于 $\triangle ABC$ 的内心,设为 O. 连结 DO、OE.

$\overset{\frown}{BP} = \overset{\frown}{PC} \Rightarrow \angle DAO = \angle DRO \Rightarrow A$、$O$、$D$、$R$ 四点共圆 $\Rightarrow \angle ARO = \angle ADO$.

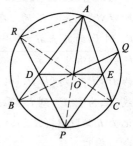

图 8-10

又因为 $\angle ABC = \angle ARC$，所以 $\angle ABC = \angle ADO \Rightarrow DO /\!\!/ BC.$

同理，可得 $OE /\!\!/ BC.$

从而 D、O、E 三点共线，所以 $DE /\!\!/ BC.$

"倒顺变通"反映的是一种整体意识. 它着眼于整体结构，通过全面、深入考察，从宏观上理解和认识问题的实质，挖掘和发现已有元素在整体结构中的地位和作用，从而找到解题思路.

"倒顺变通"的另一层含义是：侧重于连通性的思考，两头夹击，沟通中间，借以寻求达到目标的总体思路.

例 27　对一切大于 1 的自然数 n，证明：

$$\left(1 + \frac{1}{3}\right)\left(1 + \frac{1}{5}\right)\left(1 + \frac{1}{7}\right)\cdots\left(1 + \frac{1}{2n-1}\right) > \frac{1}{2}\sqrt{2n+1}.$$

证明：设左边为 A_n，则

$$A_n = \frac{4}{3} \cdot \frac{6}{5} \cdot \frac{8}{7} \cdot \cdots \cdot \frac{2n}{2n-1},$$

只需证明 $A_n^2 > \frac{1}{4}(2n+1).$

再设 $B_n = \frac{5}{4} \cdot \frac{7}{6} \cdot \frac{9}{8} \cdot \cdots \cdot \frac{2n+1}{2n}.$（想出 B_n，要用一点创造性思维）

当 $n \geq 2$ 时，有 $\frac{2n}{2n-1} > \frac{2n+1}{2n}$，所以 $A_n > B_n$，故

$$A_n^2 > A_n \cdot B_n = \left(\frac{4}{3} \cdot \frac{6}{5} \cdot \frac{8}{7} \cdot \cdots \cdot \frac{2n}{2n-1}\right)\left(\frac{5}{4} \cdot \frac{7}{6} \cdot \frac{9}{8} \cdot \cdots \cdot \frac{2n+1}{2n}\right)$$

$$= \frac{1}{3}(2n+1) > \frac{1}{4}(2n+1).$$

六、动静转化

动和静是事物存在性表现的两个侧面，是对立的统一，是可以相互转化的. 在数学中，一方面动和静在同一系统中共处，伺机转化；另一方面，同一事物可追寻静止前的运动过程，或者从运动中推出事物将会达到的相对静止局面.

在数学解题中，根据问题条件背景，可用动的观点来处理静的问题，即以动求静，也可以用静的方法来处理运动的过程中的问题，即以静识动. 这就是数学中动静转换的解题策略. 如"旋转"可以使几何元素重新配置，即是一种典型的动态方法.

1. 化静为动，以动求静.

例 28　点 P 在正 $\triangle ABC$ 内，且 $PA = a$，$PB = b$，$PC = c$. 求 $\triangle ABC$ 的面积.

分析：用静止的观点看待此问题，用静止的方法来计算三角形的面积，有一定的困难. 我们用动的观点和方法来解答.

解：如图 8-11 所示，将 $\triangle PAC$、$\triangle PBA$、$\triangle PBC$ 分别绕 A、B、C 旋转至 $\triangle P_1AB$、$\triangle P_2BC$、$\triangle P_3AC$，则 $\triangle APP_1$、$\triangle BPP_2$、$\triangle CPP_3$ 分别是边长为 a、b、c 的正三角形，$\triangle APP_3 \cong \triangle BPP_1 \cong$

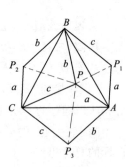

$\triangle CPP_2$，且它们的三边长都是 a、b、c．因此，$\triangle ABC$ 的面积等于六边形 $AP_1BP_2CP_3$ 面积的一半，所以

$$S_{\triangle ABC} = \frac{1}{2}\left[\frac{\sqrt{3}}{4}(a^2 + b^2 + c^2) + 3\sqrt{p(p-a)(p-b)(p-c)}\right],$$

其中，

$$p = \frac{1}{2}(a + b + c).$$

图 8-11

例 29　已知圆 $x^2 + y^2 - 4x - 8y + 15 = 0$ 及其上一点 $A(3,6)$．

(1)求经过点 $B(5,6)$ 且与已知圆切于点 A 的圆的方程；

(2)求与已知圆切于点 A 的切线方程．

分析：(1)化静为动．把点 $A(3,6)$ 看做圆

$$(x-3)^2 + (y-6)^2 = r^2 \qquad \qquad ①$$

当 $r \to 0$ 时的极限状态，则过圆①与已知圆交点的圆系方程为

$$(x-3)^2 + (y-6)^2 - r^2 + \lambda(x^2 + y^2 - 4x - 8y + 15) = 0, \qquad ②$$

将 $B(5,6)$ 的坐标代入②式并令 $r=0$，得 $\lambda = -\dfrac{1}{2}$，再代入②整理，得

$$x^2 + y^2 - 8x - 16y + 75 = 0.$$

(2)化静为动．把过点 A 的切线看做动圆①与已知圆的公共弦当 $r \to 0$ 时的极限状态，所以切线方程为

$$(x-3)^2 + (y-6)^2 - (x^2 + y^2 - 4x - 8y + 15) = 0,$$

即

$$x - 2y - 15 = 0.$$

对静态的事物可以追寻静止状态以前的运动过程，或理解为运动过程的特殊位置与瞬息状态，赋予静态以动的活力，不仅能够提高解题技巧，同时也能培养辩证的思维能力，提高思维品质．

例 30　再证欧拉公式 $V - E + F = 2$．其中 V、E、F 分别表示凸多面体的顶点数、棱数及面数．

证明：设想凸多面体是空心的．其表面为有弹性的橡皮薄膜．先挖去多面体的一个面，形成一个洞，沿此洞将剩下的表面拉开，使它展平在一个平面上．以一个六面体为例，如图 8-12 (1)所示，挖去一个面再展平后得到图 8-12(2)所示的平面图形．

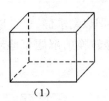 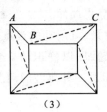 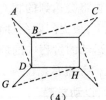 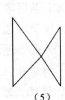

(1)　　　　(2)　　　　(3)　　　　(4)　　　　(5)

图 8-12

显然，在这个过程中，多面体的表面积以及棱与棱之间的夹角将会改变，但所包含的顶点数和棱数不会改变，面数则比原多面体的面数少一个．因此，只需对该平面图形证明公式 $V - E + F = 1$ 成立即可．

我们再将该平面图形剖分为三边形,即对该图形中的每个多边形,如果不是三边形就添上几条对角线. 如图 8-12(3) 所示,每添一条对角线,棱数 E 和面数 F 都增加 1,顶点数 V 不变,因而 $V - E + F$ 的值保持不变. 此时平面图形化为全部由三边形组成的网络,此网络图 $V - E + F$ 的值与原平面图形相同.

观察所得网络中的每个三边形. 如果只有一条边在边界上,如图 8-12(3) 中的 $\triangle ABC$,则将不属于其他三边形的那条棱 AC 去掉,这时棱数 E 和面数 F 各减少 1,顶点数 V 不变,因而 $V - E + F$ 的值不变. 如果三边形有两条边在边界上,如图 8-12(4) 中的 $\triangle DGH$,就同时去掉不属于其他三边形的那个顶点 G 及棱 DG 和 GH,这时顶点数 V 和面数 F 各减少 1,而棱数 E 却减少 2,因而 $V - E + F$ 的值仍然不变.

用上述两种手段逐步减少网络中三边形的个数. 如果最后出现有一个公共顶点的两个三边形,如图 8-12(5) 所示,那么可去掉其中任一个三边形的不是公共顶点的那两个顶点及其三条棱,这时顶点数 V 减少 2,面数 F 减少 1,棱数 E 减少 3,所以 $V - E + F$ 仍保持不变. 最终必能将平面图形简化为一个三边形,而且使 $V - E + F$ 的值保持不变. 因此,

$$V - E + F = 3 + 1 - 3 = 1.$$

从而欧拉公式成立.

运用以动求静之法,堪称美妙绝伦!

2. 以静识动,动静转换

动与静是互相依存的,动中有静,这种"静"反映了动的不变性. 以其为突破口,常可收到奇效!

例 31　一个人在河里逆流游泳,在 A 处遗失了所携带的水壶. 他继续逆流游了 30 min 后,才发觉水壶失落了,当即回游追寻,结果在距 A 处下游 2 km 的 B 处找到. 求河水流速.

分析:常规方法是设出水流速度和人逆水游速,列方程求解,但较麻烦. 我们若以静制动,则可快速获解.

先假设水是静止的,20 min 后发现水壶失落,转身回游找水壶,水壶应在原处,而人游回还需 20 min,来回共需 40 min $= \dfrac{2}{3}$ h.

再运动,水壶随水漂游了 2 km,这是在 40 min 内完成的. 故水流速度为

$$v = 2 \div \frac{2}{3} = 3 \ (\text{km/h}).$$

"动",并不在于表面现象,而是运用"动"的观点去看待变与不变的辩证关系,能从"静"中窥"动",这是"深层次"的策略.

例 32　已知 $a, b, c \in (-1, 1)$,求证:$abc + 2 > a + b + c$.

证明:视 a 为变量,b, c 为常量. 并设

$$f(a) = (bc - 1)a + (2 - b - c),$$

只需证明"函数"$f(a) > 0$ 成立即可. 以下略.

例 33　解不等式:$x^2 + 2x - 8 \leq 0$.

分析：对于一元二次不等式，我们有其解集公式．这里我们"化静为动"，给出另一种解法．

视"≤0"为"变量"状态，即设

$$x^2 + 2x - 8 = -y^2 \quad (\leqslant 0),$$

从而得到一个轨迹方程：

$$(x+1)^2 + y^2 = 9,$$

如图 8-13 所示，对每一个值，所对应的 x 值均满足原不等式．反之，原不等式的每一个解，也都有 y 值与之对应．轨迹图中的的取值范围为 $[-4, 2]$，所以原不等式的解为：

$$-4 \leqslant x \leqslant 2.$$

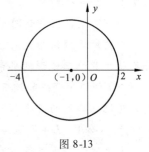

图 8-13

在中学数学教材中，可用来培养学生运动变化思想的素材很丰富，教师应深入挖掘和充分利用，来培养学生用辩证的观点观察问题、分析问题、从运动变化中理解数学对象的能力；并进而从不变中把握数学对象变化的本质特征；充分揭示运动形态间的相互关系，以提高数学解题能力，借以达到提高学生整体素质的目的．

总之，以静识动、动中求静、动静转化等是一种重要的数学解题策略．

七、分合相辅

从辩证法的角度看，任何事物的构成都具有"一而多，多而一"的特征．任何问题可通过分解，转化为若干个易解的小问题，再通过合成，使原问题得到解决，这就是化一为多、以分求合的解题策略．有时也可反过来，把欲解题纳入到较大的合成问题之中，寓分于合、以合求分、使问题迎刃而解．这就是解题常用的分合相辅、互寓互用、转化统一的一般解题方法．

分合相辅的解题方法的主要表现形式为：综合与单一间的分合；整体与部分间的分合；有限与无限的分合等．微积分思想就是分合相辅方法很好的例证．在初等数学中，我们经常采用的枚举法、迭加法、几何中的割补法、代数与三角中的分项拆项法，添项法等都是这种策略的具体运用．

例34 求和：$\arctan 1 + \arctan \dfrac{1}{3} + \arctan \dfrac{1}{7} + \cdots + \arctan \dfrac{1}{n^2 - n + 1}$．

分析：直接求和有困难！先分，注意到 $\dfrac{1}{n^2 - n + 1} = \dfrac{n - (n-1)}{1 + n(n-1)}$，联想两角差的正切公式，可令 $n = \tan \alpha$，$n - 1 = \tan \beta$，以下略．

例35 对任意自然数 n，试证：$\displaystyle\sum_{k=1}^{n} \dfrac{1}{(k+1)\sqrt{k}} < 2$．

证明：拆分，$\dfrac{1}{(k+1)\sqrt{k}} = \dfrac{1}{\sqrt{k+1}} \cdot \dfrac{1}{\sqrt{k+1}\sqrt{k}}$

$$= \dfrac{1}{\sqrt{k+1}} \cdot \dfrac{\sqrt{k+1} - \sqrt{k}}{(\sqrt{k+1} - \sqrt{k})\sqrt{k+1}\sqrt{k}}$$

$$= \frac{1}{\sqrt{k+1}} \cdot \left(\frac{1}{\sqrt{k}} - \frac{1}{\sqrt{k+1}} \right) \cdot \frac{1}{\sqrt{k+1} - \sqrt{k}}$$

$$= \frac{1}{\sqrt{k+1}} \cdot \left(\frac{1}{\sqrt{k}} - \frac{1}{\sqrt{k+1}} \right) (\sqrt{k+1} + \sqrt{k})$$

$$= \left(1 + \frac{\sqrt{k}}{\sqrt{k+1}} \right) \left(\frac{1}{\sqrt{k}} - \frac{1}{\sqrt{k+1}} \right)$$

$$< 2 \left(\frac{1}{\sqrt{k}} - \frac{1}{\sqrt{k+1}} \right),$$

所以, $\displaystyle\sum_{k=1}^{n} \frac{1}{(k+1)\sqrt{k}} < 2 \left[\left(1 - \frac{1}{\sqrt{2}} \right) + \left(\frac{1}{\sqrt{2}} - \frac{1}{\sqrt{3}} \right) + \cdots + \left(\frac{1}{\sqrt{n}} - \frac{1}{\sqrt{n+1}} \right) \right] = 2 \left(1 - \frac{1}{\sqrt{n+1}} \right) < 2$

分合并用化繁为简!

数学解题中,不仅数式可"分合",问题也可"分合",即将问题分解.分解可以是横向分解,即分解成若干小问题;也可以纵向分解,即分解为若干步骤.纵向分解,也有人称为"爬坡式"分解.

例 36　当 x 是任意整数时,证明: $x^9 - 6x^7 + 9x^5 - 4x^3$ 能被 8 640 整除.

分析: $8\ 640 = 2^6 \cdot 3^3 \cdot 5$,且 2^6、3^3、5 互质,因此,能被 8 640 整除可"分"成能分别被 2^6、3^3、5 整除即可.

证明: 因为 x 为整数,所以 $x^9 - 6x^7 + 9x^5 - 4x^3$ 也是整数,且

$$x^9 - 6x^7 + 9x^5 - 4x^3$$
$$= [(x-2)(x-1)x(x+1)][(x-1)x(x+1)(x+2)]x,$$

由于四个连续整数中,必有两个连续偶数,其中有一个是 4 的倍数,因此有

$$2^3 | (x-2)(x-1)x(x+1), 2^3 | (x-1)x(x+1)(x+2),$$

所以, $x^9 - 6x^7 + 9x^5 - 4x^3$ 能被 2^6 整除;

又

$$x^9 - 6x^7 + 9x^5 - 4x^3$$
$$= [(x-2)(x-1)x][(x-1)x(x+1)][x(x+1)(x+2)],$$

三个连续整数中必有一个是 3 的倍数,所以, $x^9 - 6x^7 + 9x^5 - 4x^3$ 能被 3^3 整除;

又

$$x^9 - 6x^7 + 9x^5 - 4x^3$$
$$= [(x-2)(x-1)x(x+1)(x+2)](x-1)x^2(x+1),$$

五个连续整数中必有一个是 5 的倍数,所以, $x^9 - 6x^7 + 9x^5 - 4x^3$ 能被 5 整除.

综上所述, $x^9 - 6x^7 + 9x^5 - 4x^3$ 能被 8 640 整除.

此题为横向分解.

例 37　设单调函数 $f(x)$ 的定义域为 **R**,且满足 $f(x+y) = f(x) + f(y)$,求证: $f(x)$ 是正比例函数.

分析: 正比例函数的本质是函数值随着自变量的增长而增长.这是因为若 $f(x) = kx$,则

$f(ax) = kax = akx = af(x).$

解本题的关键是看函数 $f(x)$ 是否满足正比例函数的条件,它又有怎样的表现形式.

由 $f(x + y) = f(x) + f(y)$ 可知,

$$f(nx) = \underbrace{\frac{f(x + x + \cdots + x)}{}}_{n\,个} \quad (n \text{ 为正整数})$$

$$= \underbrace{\frac{f(x) + f(x) + \cdots + f(x)}{}}_{n\,个} = nf(x) \qquad (*)$$

(1)令 $x = 1$,则 $f(n) = nf(1) = f(1)n$,这表明,当 $x \in \mathbf{N}^+$ 时,$f(x) = f(1)x$.

(2)当 $x \in \mathbf{Z}$ 时,$f(0) = f(0 + 0) = f(0) + f(0) \Rightarrow f(0) = 0 \Rightarrow x = 0$ 时,$f(x) = f(1)x$;$x < 0$ 时,$-x > 0$,由(1)得,$f(-x) = f(1)(-x) = -f(1)x$,从而有

$0 = f(0) = f(x - x) = f(x + (-x)) = f(x) + f(-x) \Rightarrow f(x) = -f(-x) = f(1)x.$

综上可知,$x \in \mathbf{Z}$ 时,$f(x) = f(1)x$.

(3)当 $x \in \mathbf{Q}$ 时,设 $x = \dfrac{n}{m}$,$(m \in \mathbf{N}^+, n \in \mathbf{Z})$ 则 $\underbrace{\dfrac{f\left(\dfrac{n}{m}\right) + f\left(\dfrac{n}{m}\right) + \cdots + f\left(\dfrac{n}{m}\right)}{}}_{m\,个} = mf\left(\dfrac{n}{m}\right)$,由

$(*)$ 式和(1)知,$mf\left(\dfrac{n}{m}\right) = f\left(m \cdot \dfrac{n}{m}\right) = f(n) = f(1)n$,所以,$f\left(\dfrac{n}{m}\right) = f(1) \cdot \left(\dfrac{n}{m}\right)$,也即 $x \in \mathbf{Q}$

时,有 $f(x) = f(1)x$.

(4)当 x 为无理数时,设 $\alpha_n, \beta_n (\in \mathbf{Q})$ 分别是 x 的不足近似值和过剩近似值,即 $\alpha_n < x < \beta_n$,且有 $\lim\limits_{n \to \infty} \alpha_n = \lim\limits_{n \to \infty} \beta_n = x$,由单调性可知,

$$f(\alpha_n) < f(x) < f(\beta_n) \text{ 或 } f(\alpha_n) > f(x) > f(\beta_n),$$

再由(3)知,$f(\alpha_n) = f(1)\alpha_n$,$f(\beta_n) = f(1)\beta_n$,所以

$$f(1)\alpha_n < f(x) < f(1)\beta_n \text{ 或 } f(1)\alpha_n > f(x) > f(1)\beta_n,$$

取极限,可得

$$f(1)x \leqslant f(x) \leqslant f(1)x \text{ 或 } f(1)x \geqslant f(x) \geqslant f(1)x,$$

故,x 为无理数时,也有 $f(x) = f(1)x$.

综合(3)(4)可知,对一切 $x \in \mathbf{R}$,都有 $f(x) = f(1)x$,所以 $f(x)$ 是正比例函数.

证明:略.

此题是纵向分合的典型范例.

分合相辅在"几何"中,表现为对图形的分割与拼补,如勾股定理的证明(参见 §7.4 例 12).多边形往往要分割成若干个三角形来研究;三棱锥体积公式的推导是将三棱锥补成三棱柱;而动点在曲面上运动的最短路线(若曲面是直线型),可将曲面"剪开","展成"平面图形.这些丰富多彩的分合相辅技巧构成了几何独特的解题方法.

例 38 在正四棱锥 $S - ABCD$ 中,过 A、B 及 SD 的中点 E 作平面(见图 8-14),求该平面分棱锥两部分的体积之比.

分析：要求平面 ABE 分棱锥两部分体积之比,关键是求出它们体积之间的关系. 因此,利用形体的分合联系可达目的.

因为 AB∥平面 SCD,所以 AB 平行于平面 EAB 与平面 SCD 的交线 EF(F 为 SC 与平面 EAB 的交点),并可知 F 为 SC 的中点. 注意到

$$V_{ABCDEF} = V_{E-ABCD} + V_{E-BCF},$$

$$V_{E-ABCD} = \frac{1}{2}V_{S-ABCD},$$

$$V_{E-BCF} = \frac{1}{2}V_{D-BCF},$$

$$V_{D-BCF} = V_{E-DBC} = \frac{1}{2}V_{E-ABCD} = \frac{1}{4}S_{S-ABCD},$$

所以

$$V_{ABCDEF} = \frac{1}{2}V_{S-ABCD} + \frac{1}{2} \times \frac{1}{4}S_{S-ABCD} = \frac{5}{8}V_{S-ABCD}.$$

所以平面 EAB 分棱锥两部分的体积比为 $3:5$.

例 39　三棱锥 $P-ABC$ 中,$PA \perp BC$,且 $PA = BC = l$,BC、PA 的公垂线段长为 h. 求证:$V_{P-ABC} = \frac{1}{6}l^2h$.

证明：作 $AD \perp BC$ 于 D,则 $BC \perp$ 平面 APD,$\triangle APD$ 的边 AP 上的高设为 ED,就是 BC 与 PA 的公垂线段,所以 $ED = h$.

(1)如果 D 在线段 BC 上(内部),如图 8-15 所示,连结 PD,则平面 APD 分三棱锥为两个小三棱锥 $B-APD$ 和 $C-APD$,……

(2)如果 D 在 BC 的延长线上,如图 8-16 所示,则 $DC - DB = l$,……

图 8-15　　　　　　　　　　　　图 8-16

(3)如果 D 与 B 或 C 重合,即 AD 是 AP、BC 的公垂线,结论显然成立.

综上所述,命题成立.

分与合、补与拆是密切联系的,分(补)的目的往往是为了合(拆),在解题中,既要注意到题目的条件,又要从整体上把握,把分与合、补与拆有机结合起来.

例 40　有一串真分数,按如下方式排列:

$$\frac{1}{2},\frac{1}{3},\frac{2}{3},\frac{1}{4},\frac{1}{2},\frac{3}{4},\frac{1}{5},\frac{2}{5},\frac{3}{5},\frac{4}{5},\frac{1}{6},\frac{1}{3},\frac{1}{2},\frac{2}{3},\frac{5}{6},\cdots\cdots$$

那么第 2 007 个真分数是几?

分析：如果一个一个去找，是困难的！

"分"类认识问题：第一类，分母为 2，一个数：$\frac{1}{2}$；第二类，分母为 3，两个数：$\frac{1}{3}$，$\frac{2}{3}$；第三类，分母为 4，三个数：$\frac{1}{4}$，$\frac{2}{4}$，$\frac{3}{4}$；第四类，分母为 5，四个数：$\frac{1}{5}$，$\frac{2}{5}$，$\frac{3}{5}$，$\frac{4}{5}$；……；第 n 类，分母为 $n+1$，n 个数：$\frac{1}{n+1}$，$\frac{2}{n+1}$，…，$\frac{n-1}{n+1}$，$\frac{1}{n+1}$；

"合"并处理：前 n "类"共有数 $1+2+\cdots+n=\frac{n(n+1)}{2}$ 个. 令

$$\frac{(n-1)n}{1}<2\,007\leqslant\frac{n(n+1)}{2},$$

可得：前 63 "类"共 2 016 个数，第 63 "类"有 63 个数，它们分别是：

$$\frac{1}{64},\frac{2}{64},\cdots,\frac{53}{64},\frac{54}{64},\frac{55}{64},\cdots,\frac{63}{64}.$$

即第 2 007 个真分数是 $\frac{54}{64}$.

分合相辅有时体现为分散条件，合并"包装"，可使解题过程简约便捷.

例 41 甲、乙两朋友相距 100 km，两人同时出发，相向而行. 甲每小时行 6 km，乙每小时行 4 km. 甲带一只狗，同甲一起出发，每小时行 10 km. 狗一路前行，遇到乙它就返回再去迎接甲，遇着甲，狗又与乙相向而行，……如此连续往返，直至甲、乙二人相遇. 问这条狗一共行路多少 km？

分析：如果把狗所行各段路程分别求出再加起来，十分麻烦.

若对时间"合并"考虑，由出发起，直至甲、乙相遇，共用 $\frac{100}{6+4}$ h $=10$ h，依题意这条狗共行路 10×10 km $=100$ km.

狗的行程与甲乙最初的距离一样，是偶然的吗？

分合相辅也体现了整体思维和系统思想，可避繁就简，化难为易，有时也可能使解题"绝处逢生".

例 42 把 1、2、3、4、5、6、7、8、9、10 这十个数，随意沿圆排成一圈. 证明：它一定有三个相邻数，它们的和不小于 17.

证明：可将所有"三个相邻数之和"的和看做一个整体，对这个整体特征进行讨论.

设 $a_1,a_2,\cdots,a_{10}$ 是 $1,2,\cdots,10$ 的任一个排列. $s_1=a_1+a_2+a_3$，$s_2=a_2+a_3+a_4$，…，$s_{10}=a_{10}+a_1+a_2$. 则

$$s_1+s_2+\cdots+s_{10}=3(a_1+a_2+\cdots+a_{10})=3\times35=165.$$

如果这 10 个和式都小于 17，即小于或等于 16，则

$$s_1+s_2+\cdots+s_{10}\leqslant160,$$

这与 $s_1+s_2+\cdots+s_{10}=165$ 矛盾，所以至少有一个不小于 17.

本题的证明有点抽屉原理证明的味道,说明了什么?

本题使用了系统科学中的"黑箱"理论,其思想的独到之处在于,它通过外部观察,即对输入和输出信息的研究,以了解其整体性态和功能的状态,但对其内部结构、机理、操作无从知晓.

在探索解题途径的过程中,必须既要观察结构的形式,又要理解内容的实质;既要分析局部,又要考虑总体;既要进行局部改造,又要进行整体控制.做到分合相辅.

八、以美启真

人们都喜爱美的东西,因美而生趣.每种事物都有其美的因素,数学也不例外.很多学生会做数学(解方程、证定理等),却不去欣赏数学.这似乎同语文学习相反,多数学生可以欣赏诗歌,却不能写诗歌;同样学生能够欣赏音乐和绘画,自己不见得能够演唱和作画.

我们能不能够改变一下呢?数学教师既致力于帮助学生解题、做数学,也着意引导学生欣赏数学.鉴赏美是一种能力,也是一种习惯,需要培养.同样,欣赏数学美的能力和习惯也需要培养.

数学美是人的思维借助"形式"来表现的情趣,完好、和谐、鲜明,是合规律性与合目的性的统一,同样,人的思维也追求真与善.真与善也是美的本质和根源.数学形式的简洁、对称、和谐统一等,这些有序化特征是数学内容的规律性、有序性的反映,也是数学自由性的本质.

对数学美的追求,既是数学家从事创造性活动的动力之一,又是他们判断和选择是否成功的重要标准,因而追求数学美是数学发现的重要因素.德国数学家外尔(H. Wegl)说:"我的工作就是努力把真与美统一起来;要是我不得不在其中选择一个,我常常是选择美."这是因为美可启真.

简洁性、对称性、统一性、和谐性、奇异性以及它们的破缺等数学美的特征是重要的方法论因素,数学家通过追求数学美而导致发明创造的事例,在数学发展史上是大量的.解题与数学发现在困难程度上有所不同,但在本质上是一致的,在日常解题和数学发现之间,并没有不可逾越的鸿沟.在数学解题中,与在数学发现中一样,往往是通过审、赏数学美,而获得数学美的直觉,使经验和美相配合,激活数学思维中的关联因素,从而产生解题思路,这就是以美启真.

在数学教学中,正视和珍惜学生的数学审美需要并创设适当的情境,诱发、激活这种需要是提高学生数学审美能力的必由途径,这需要我们去培养.学生审美能力的缺失,责任往往在教师.

例 43　已知关于 x 的方程 $ax^2 + 2(2a-1)x + 4a - 7 = 0 (a \in \mathbf{N}^+)$,问:$a$ 为何值时,方程至少有一个整数根?

分析:本题是关于 x 的二次方程,很自然想到求根公式.如果用求根公式解出 x,再由 a 的值来讨论根的情况,运算较为复杂.但若注意到 a 也是未知的(待定的),a 的最高次数为 1,则可把原方程看成是关于 a 的方程,而且是最简单的一元一次方程.

就本题而言,易解得:

$$a = \frac{2x+7}{(x+2)^2} \quad (x \neq -2).$$

注意到 $a \in \mathbf{N}_+$，则 $2x+7 \geqslant (x+2)^2, x \in \mathbf{Z}$. 故有

$$x^2 + 2x - 3 \leqslant 0 \Rightarrow -3 \leqslant x \leqslant 1.$$

$x =$	-3	-2	-1	0	1
$a =$	1	$\times$	5	$\times$	1

即当 $a = 1,5$ 时，原方程有整数根.

这种认识的转变，实际上是追求简洁美的结果，前述化繁为简的解题方法，实质上也是追求简洁美的结果.

自然，对于"不信邪"的读者，应用求根公式解一解，会发现并不"较为复杂"，很快会得出一样的结果，当然会缺少一点艺术性.

数学符号是数学简洁美的重要表现和"始作俑者"，人们用符号认识事物，研究新问题，从而使宏观世界秩序化，数学是客观世界和主观世界系统符号化的集中体现.

例 44　哈密顿问题.

哈密顿是爱尔兰数学家，1859 年他提出了一个著名的游戏问题：

一位旅行家打算做一次周游世界的旅行，他选择了 20 个城市作为旅游对象，这 20 个城市均匀地分布在地球上. 又每个城市都有三条航线与其毗邻的城市相连. 问怎样安排一条合适的旅游路线，使得他可以不重复地游览每个城市后，再回到他的出发地？

这个问题直接回答是困难的！

我们通过下面的办法化简：把这 20 个城市想象为正十二面体的二十个顶点，其棱视为路线，问题可放到这个多面体上去思考（见图 7-22(4)）. 这里，首先将原问题（客观而不易把握）化简——抽象为符号（图形），使问题直观化. 这就是追求简洁美.

其次，为使问题更直观，进一步追求简单美. 假定这个正十二面体是橡皮做的，那么我们可以沿它的某一个面拉开、伸延，展为一个平面图（化三维为二维），其外轮廓是个五边形，内部又被分成了 11 个五边形.

第三，问题变为从平面图的某一点开始，线段不重复，点也不重复的"一笔画"出，最后再回到该点. 如图 8-17 箭头所示，就是一种方案.

这个问题在实际中颇有价值，类似问题在运筹学中称为"货郎担问题"（又称邮递员问题）. 而把立体图拉伸、延展，在数学上称为"拓扑变换".

对称是数学美的又一重要因素. 有些问题用对称的观点去观察研究，通过对形（式）补造（构造），使之对称，或采用对称变换调整元素关系，则可使问题或解法得到简化.

例 45　（1）如图 8-18 所示，在河流 l 的同侧有 A、B 两个工厂，要在河边 (l) 修建一泵站 M，使 $AM + BM$ 最短，请确定 M 点的位置.

（2）如图 8-19 所示，已知正方形 $ABCD$ 的边长为 8，M 在 DC 上，且 $DM = 2$，N 是 AC 上一动点，则 $DN + MN$ 的最小值是多少？

图 8-17

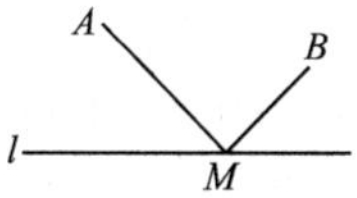

图 8-18

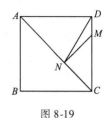

图 8-19

(3) 设 $y = \sqrt{x^2 + 4x + 13} + \sqrt{x^2 - 2x + 2}$,试求函数 y 的最小值.

分析:(1)利用轴对称的相关性质,问题最后归结到"两点之间线段最短".

(2)这道题看上去好像是一个动态几何问题,实际上它是(1)的背景复杂化,只要把 AC 看做(1)中的直线 l,把 D、M 看做点 A 和 B,然后找出点 D 关于 AC 的对称点 B,连结 BM,则 BM 就是 $DN + MN$ 的最小值.

(3)本题看上去是一道纯代数问题,但经构造,化数为形,则可轻而易举解决,同时让学生感觉数形结合之美妙! 变形:$y = \sqrt{(x+2)^2 + (0-3)^2} + \sqrt{(x-1)^2 + (0-1)^2}$. 由平面上两点间距离公式可知,本题实际上是求 x 轴上的点到 $(-2,3)$ 和 $(1,1)$ 两点距离和的最小值,又变成了(1)的几何模型.

解:略.

"两点之间线段最短"通过"对称"得到美感. 我们还可以展现轴对称的另外一种美:"以简驭繁"的数学美. 如例 45 中的问题链,借助"轴对称"这一工具,逐个加以处理,其简洁、智慧、巧思逐渐展现. 犹如一副国画长卷,一点点展开,由浅入深,最后获得全貌,觉得美不胜收. 问题还可以推广到圆柱问题. 只要将曲面展开铺平,变曲面为平面,即可求解曲面上两点之间的最短距离问题. 这样一来,我们看到反复出现的数学问题,归根结底是"两点之间线段最短"原理的引申,而起关键作用的则是对称点的应用. 一个原理,一个方法,构成一副精美的科学图画,科学之美油然而生. 在课堂上,引导学生欣赏这样的数学美,是数学发挥文化教育功能的重要平台,是发挥数学美育功能的重要途径,也是以美启真的具体体现.

例 46　如图 8-20 所示,矩形 $ABCD$ 中,$AB = a$,$BC = b$,M 是 BC 的中点,$DE \perp AM$,E 为垂足. 求证:$DE = \dfrac{2ab}{\sqrt{4a^2 + b^2}}$.

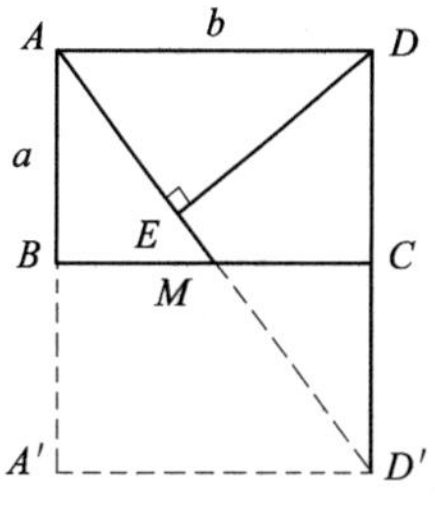

分析:本题可以利用 $\triangle ADE \backsim \triangle ABM$ 来证明. 也可以通过构造对称性来证明.

如图 8-20 所示,作矩形 $ABCD$ 关于 BC 的对称图形 $A'BCD'$,易知 A、M、D' 共线,由 $DE \cdot AD' = S_{AA'D'D} = 2ab$,$AD' = \sqrt{4a^2 + b^2}$,即可得结论.

证明:略.

图 8-20

例 47　在四边形 $ABCD$ 中,若 $AD + BC = AB + CD$,则四边形 $ABCD$ 存在内切圆.

　　分析：这是一个四边形内切圆存在判定定理，通常用反证法证之. 若构造对称性，直接证明也较简单.

　　如何构造对称性？

　　先考察特例. 若 $ABCD$ 为菱形，由于菱形对角线互相垂直平分，易知中心到各边的距离相等，故结论成立.

　　若 $ABCD$ 不是菱形，不失一般性，如图 8-21 所示，设 $AB > AD$，依条件可知 $BC > CD$. 在 AB 上取 $AM = AD$，在 BC 上取 $CN = CD$，则 $BM = BN$，于是 $\triangle AMD$、$\triangle BMN$、$\triangle CDN$ 均为等腰三角形，因此，$\angle A$，$\angle B$，$\angle C$ 的角平分线恰为 $\triangle MND$ 三边的中垂线，它们必相交于一点，此点即为四边形 $ABCD$ 的内切圆的圆心.

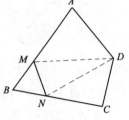

图 8-21

　　这里的关键是构造轴对称图形——等腰三角形.

　　证明：略.

　　例48　求证：$\cos\dfrac{\pi}{2\,007} + \cos\dfrac{3\pi}{2\,007} + \cos\dfrac{5\pi}{2\,007} + \cdots + \cos\dfrac{2\,005\pi}{2\,007} = \dfrac{1}{2}$.

　　分析：左边"角"的关系整齐美观. 出于对称性的考虑，可进行整体构造. 联想到复数的三角形式及乘方运算，令 $M = \displaystyle\sum_{k=1}^{1\,003} \cos\dfrac{(2k-1)\pi}{2\,007}$，$N = \displaystyle\sum_{k=1}^{1\,003} \sin\dfrac{(2k-1)\pi}{2\,007}$，并设 $z = \cos\dfrac{\pi}{2\,007} + \mathrm{i}\sin\dfrac{\pi}{2\,007}$，则 $z^{2\,007} = \cos\pi + \mathrm{i}\sin\pi = -1$，所以

$$M + \mathrm{i}N = z + z^3 + z^5 + \cdots + z^{2\,005} = \dfrac{z - z^{2\,007}}{1 - z^2} = \dfrac{z+1}{1-z^2} = \dfrac{1}{1-z}$$

$$= \dfrac{1}{1 - \cos\dfrac{\pi}{2\,007} - \mathrm{i}\sin\dfrac{\pi}{2\,007}} = \dfrac{1}{2} + \mathrm{i}\,\dfrac{1}{2}\cot\dfrac{\pi}{4\,014},$$

所以

$$M = \cos\dfrac{\pi}{2\,007} + \cos\dfrac{3\pi}{2\,007} + \cos\dfrac{5\pi}{2\,007} + \cdots + \cos\dfrac{2\,005\pi}{2\,007} = \dfrac{1}{2}.$$

同时也得到

$$N = \sin\dfrac{\pi}{2\,007} + \sin\dfrac{3\pi}{2\,007} + \sin\dfrac{5\pi}{2\,007} + \cdots + \sin\dfrac{2\,005\pi}{2007} = \dfrac{1}{2}\cot\dfrac{\pi}{4\,014}.$$

　　用上述方法还可证明：

$$\sin\alpha + \sin 2\alpha + \sin 3\alpha + \cdots + \sin n\alpha = \dfrac{\sin\dfrac{n\alpha}{2}\sin\dfrac{n+1}{2}\alpha}{\sin\dfrac{\alpha}{2}}.$$

　　相似的因素和条件，能产生相似的关系或结果. 在数学解题中，常利用相似美的启示，找到正确的解题思路，并通过类比联想、猜想等推广命题，发现新知识，形成新问题. 将上题结果引申推广，可得一般结论：

$$\cos\dfrac{\pi}{2n+1} + \cos\dfrac{3\pi}{2n+1} + \cos\dfrac{5\pi}{2n+1} + \cdots + \cos\dfrac{(2n-1)\pi}{2n+1} = \dfrac{1}{2};$$

$$\cos \frac{2\pi}{2n+1} + \cos \frac{4\pi}{2n+1} + \cos \frac{6\pi}{2n+1} + \cdots + \cos \frac{2n\pi}{2n+1} = -\frac{1}{2}.$$

猜猜看：若 $f(f(x)) = f^2(x)$，$f(x) = ?$　若 $f(f(x)) = \dfrac{x+1}{x+2}$，$f(x) = ?$

例 49　设 $-1 < a_0 < 1$，并且定义 $a_n = \sqrt{\dfrac{1+a_{n-1}}{2}}$（$n > 0$，$n$ 为整数），若 $A_n = 4^n(1-a_n)$，问当 n 趋于无穷大时，A_n 将如何？

分析：直接求通项 a_n 是困难的. 注意到 $a_n = \sqrt{\dfrac{1+a_{n-1}}{2}}$ 与 $\cos \dfrac{\alpha}{2} = \sqrt{\dfrac{1+\cos \alpha}{2}}$ 相似，通过相似（美）构造. 设 $0 < \theta < \pi$，$a_0 = \cos \theta$，则

$$a_1 = \sqrt{\frac{1+\cos \theta}{2}} = \cos \frac{\theta}{2},\quad a_2 = \sqrt{\frac{1+\cos \dfrac{\theta}{2}}{2}} = \cos \frac{\theta}{4},\quad\cdots\cdots,\quad a_n = \sqrt{\frac{1+\cos \dfrac{\theta}{2^{n-1}}}{2}} = \cos \frac{\theta}{2^n},$$

所以
$$A_n = 4^n\left(1 - \cos \frac{\theta}{2^n}\right) = \frac{4^n \sin \dfrac{\theta}{2^n}}{1 + \cos \dfrac{\theta}{2^n}} = \frac{\theta^2}{1 + \cos \dfrac{\theta}{2^n}} \cdot \frac{\sin^2 \dfrac{\theta}{2^n}}{\left(\dfrac{\theta}{2^n}\right)^2},$$

故
$$\lim_{n\to\infty} A_n = \lim_{n\to\infty} \frac{\theta^2}{1 + \cos \dfrac{\theta}{2^n}} \cdot \lim_{n\to\infty} \left(\frac{\sin \dfrac{\theta}{2^n}}{\dfrac{\theta}{2^n}}\right)^2 = \frac{\theta^2}{2}.$$

例 50　设 r 是 $\triangle ABC$ 的外接圆半径，r_1、r_2 分别是其内切圆与旁切圆半径，d_1 是外接圆与内切圆的圆心距，d_2 是外接圆与旁切圆的圆心距. 求证：

（1）$d^2 = r^2 - 2rr_1$；

（2）$d^2 = r^2 + 2rr_2$；

（3）$r \geqslant 2r_1$.

证明：（1）如图 8-22，O 与 I 分别是 $\triangle ABC$ 的外心和内心，连结 AI 并延长交 $\odot O$ 于 E，连结 EO 并延长交 $\odot O$ 于 D，作 $IF \perp AB$ 于 F，则 $DE = 2r$，$FI = r_1$. 易证：

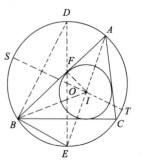

图 8-22

$$\triangle DBE \backsim \triangle AFI \Rightarrow \frac{DE}{AI} = \frac{EB}{FI} \Rightarrow EB \cdot AI = 2rr_1. \qquad ①$$

过 O、I 作直线交 $\odot O$ 于 S、T，则

$$EI \cdot IA = SI \cdot IT = (r + d_1)(r - d_1) = r^2 - d_1^2. \qquad ②$$

由①和②知，只需证明 $EB = EI$ 即可.

连结 BI，在 $\triangle BEI$ 中，

$$\angle IBE = \angle IBC + \angle CAE \xlongequal{BI\,平分\angle B} \angle IBA + \angle CAE \xlongequal{AI\,平分\angle A} \angle IBA + \angle BAE = \angle BIE,$$

所以，$EB = EI$. 从而有 $d^2 = r^2 - 2rr_1$.

（2）和（3）证明略.

在例 50 中,后两问是前一问的类比推广或引申,并且证明方法也有较多的相似之处. 其中第（3）问就是著名的欧拉不等式.

利用和谐（统一）美,变更化归问题,使问题的条件和结论在新的协调形式下互相沟通,可达到解决问题的目的.

例 51   一条光线从点 $A(-3,4)$ 出发,沿直线 l 射到 x 轴上,反射到 y 轴上,再反射到点 $B(-4,10)$. 求光线所走的路程.

分析：我们可求出光线在 x 轴和 y 轴上反射点的坐标,然后再求折线的长度,但非常烦琐!

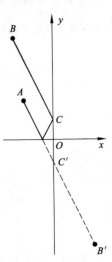

如图 8-23 所示,由光线的性质,光线经 x 轴反射至 y 轴上的点 C,与光线透过 x 轴到 y 轴上的点 C',是关于 x 轴对称的. 同理,设点 B 关于原点 O 的对称点为 B'. 则折线的长度就是线段 AB' 的长度. 统一,和谐. 易求得 $|AB'| = 7\sqrt{5}$.

解题是一个和谐协调各种关系的过程. 即沟通已知与未知、条件与结论、部分与整体等对立面,使其转化统一,从而达到解决问题之目的.

例 52   设 P 是 $\triangle ABC$ 的任一个内点,P 到三边 BC、CA、AB 的距离分别为 x、y、z. 问当 P 位于何处时,乘积 xyz 最大?

分析：首先沟通已知与未知之间的联系. $BC = a$,$CA = b$,$AB = c$. 欲求 xyz 的最大值,可通过 $axbycz$ 的值来处理. 这是因为:

$$\sqrt[3]{axbycz} \leqslant \frac{1}{3}(ax + by + cz),$$

而 $ax + by + cz = 2S_{\triangle ABC}$ 为定值. 所以,当且仅当 $ax = by = cz$ 时,xyz 最大,且最大值为 $\dfrac{8S^3}{27abc}$.

图 8-23

显然,此时的点 P 使 $\triangle PAB$、$\triangle PBC$、$\triangle PCA$ 的面积两两相等,即 P 是 $\frac{1}{3}S$ 的等积点. 猜测 $\triangle ABC$ 的重心即为所求（证明略）.

例 53   已知

$$\frac{x^2}{2^2-1^2} + \frac{y^2}{2^2-3^2} + \frac{z^2}{2^2-5^2} + \frac{w^2}{2^2-7^2} = 1,$$

$$\frac{x^2}{4^2-1^2} + \frac{y^2}{4^2-3^2} + \frac{z^2}{4^2-5^2} + \frac{w^2}{4^2-7^2} = 1,$$

$$\frac{x^2}{6^2-1^2} + \frac{y^2}{6^2-3^2} + \frac{z^2}{6^2-5^2} + \frac{w^2}{6^2-7^2} = 1,$$

$$\frac{x^2}{8^2-1^2} + \frac{y^2}{8^2-3^2} + \frac{z^2}{8^2-5^2} + \frac{w^2}{8^2-7^2} = 1.$$

求 $x^2 + y^2 + z^2 + w^2$ 的值.

分析：我们可以解方程组求值. 但根据条件各式的结构特征,用和谐、统一（美）的观点看,2^2、4^2、6^2、8^2 是关于 t 的方程

$$\frac{x^2}{t^2-1^2}+\frac{y^2}{t^2-3^2}+\frac{z^2}{t^2-5^2}+\frac{w^2}{t^2-7^2}=1$$

的根. 将方程变形为整式方程:

$$t^4-(x^2+y^2+z^2+w^2+84)t^3+at^2+bt+c=0,$$

当然这里 a、b、c 也可用 x、y、z、w 表示,但无必要! 由根与系数的关系得:

$$2^2+4^2+6^2+8^2=x^2+y^2+z^2+w^2+84,$$

所以　　　　　　　　　　$x^2+y^2+z^2+w^2=36.$

例 54　设 A、B、C 是 $\triangle ABC$ 的三个内角,且

$$D=\begin{vmatrix} 1 & \sin A & \cos A \\ 1 & \sin B & \cos B \\ 1 & \sin C & \cos C \end{vmatrix}=0$$

求证:$\triangle ABC$ 是等腰三角形.

分析:条件(等式)整齐、有序、美观,且正弦、余弦位置对称. 易联想以 $(\cos A,\sin A)$、$(\cos B,\sin B)$、$(\cos C,\sin C)$ 为坐标的点,在单位圆上,而 $D=0$ 表示这三点共线. 因此至少有两点重合,即

$$\begin{cases}\cos A=\cos B \\ \sin A=\sin B\end{cases}\text{或}\begin{cases}\cos A=\cos C \\ \sin A=\sin C\end{cases}\text{或}\begin{cases}\cos B=\cos C \\ \sin B=\sin C\end{cases},$$

从而有 $A=B$ 或 $A=C$ 或 $B=C$.

证明:略.

此题的另两个提法是:

(1)已知 $\triangle ABC$ 的三个内角满足

$$\sin B\cos C+\sin C\cos A+\sin A\cos B=\sin C\cos B+\sin A\cos C+\sin B\cos A,$$

求证:$\triangle ABC$ 是等腰三角形.

(2)已知 $\triangle ABC$ 的三个内角满足

$$\sin(B-C)+\sin(C-A)+\sin(A-B)=0.$$

求证:$\triangle ABC$ 是等腰三角形.

这里的条件(等式)都给人以美的感受!

例 55　蝴蝶定理:过 $\odot O$ 中弦 AB 的中点 P,任作两弦 CD 和 EF,连结 DE、CF 分别交 AB 于 M、N,求证:P 是 MN 的中点.

分析:如图 8-24 所示,折线 $EDCFE$ 酷似振翅欲飞的蝴蝶,故称蝴蝶定理.

由图难以发现证 $PM=PN$ 的直接途径. 而圆是对称图形,真正"蝴蝶两翅"也是对称的,要证明的结论也就是 M、N 关于 P 对称. 我们从对称性出发来寻找证明思路.

过 O、P 作 $\odot O$ 的直径,它是 $\odot O$ 的一条对称轴. 图中"蝴蝶两翅"关于 OP 准对称,但一般不对称.

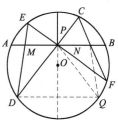

图 8-24

作 D 关于 OP 的对称点 Q,可以证明 P、N、F、Q 四点共圆,从而可证明 $\triangle PNQ \cong \triangle PMD \Rightarrow$ $PM = PN$.

证明:略.

奇异美包括两个方面:一是奇妙,二是变异."奇异美在于奇特使人惊异".

构思奇异美,突破常规思维是解决问题的一个重要思维方法,奇异美的存在使在解决某些问题时,构造反例、寻求特例或采用极端化手段,能够发挥意料不到的作用. 数学发现中的奇异创新就是运用奇异美的结果.

例 56　求 $\sin^2 10° + \cos^2 40° + \sin 10° \cos 40°$ 的值.

分析:这是一个可用和差化积及积化和差求解的题目. 但若换个角度,对原式变形,可构造图形求解,给人以奇异之美感.

解法一:原式变形为

$$\sin^2 10° + \sin^2 50° - 2\sin 10° \sin 50° \cos 120°,$$

它的形状和结构与余弦定理相似,构造 $\triangle ABC$,使 $\angle A = 10°$,$\angle B = 50°$,则 $\angle C = 120°$,记 $a = 2r\sin A$,$b = 2r\sin B$,$c = 2r\sin C$,由 $c^2 = a^2 + b^2 - 2ab\cos C$ 得

$$\sin^2 C = \sin^2 A + \sin^2 B - 2\sin A \sin B \cos C,$$

所以　　　　　$\sin^2 10° + \sin^2 50° - 2\sin 10° \sin 50° \cos 120° = \sin^2 120° = \dfrac{3}{4}$.

解法一完全避开了和差化积、积化和差等知识,仅用了熟知的正、余弦定理,可谓别出心裁,使人惊奇!

如果说此解法使人激动,则下面的解法更令人振奋.

解法二:原式变形为

$$\cos^2 80° + \cos^2 40° - 2\cos 80° \cos 40° \cos 120°.$$

构造直径为 1 的 $\odot O$,如图 8-25 所示,在直径 AC 的异侧,以 AC 为斜边作两个直角三角形 Rt$\triangle ACD$ 和 Rt$\triangle ABC$,并使 $\angle BAC = 40°$,$\angle DAC = 80°$,则 $AB = \cos 40°$,$AD = \cos 80°$,$DB = \sin 120°$,所以

$$\cos^2 80° + \cos^2 40° - 2\cos 80° \cos 40° \cos 120° = \sin^2 120° = \dfrac{3}{4}.$$

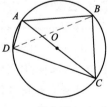

图 8-25

解法三:设 $x = \sin^2 10° + \cos^2 40° + \sin 10° \cos 40°$,

其对偶式　　　$y = \cos^2 10° + \sin^2 40° + \cos 10° \sin 40°$,

则　　　　　　$x + y = 2 + \sin 50°$,

$$x - y = \cos 80° - \cos 20° - \sin 30°$$

$$= -2\sin 50° \sin 30° - \dfrac{1}{2}$$

$$= -\sin 50° - \dfrac{1}{2},$$

两式相加即得 $x = \dfrac{3}{4}$.

三种解法各显奇特,别具一格,耐人寻味,值得对比玩味.

例 57　命题"函数 $f(x)$ 在区间 $[a,b]$ 上存在反函数的充要条件是: $f(x)$ 在区间 $[a,b]$ 上单调"成立吗?

分析:此命题不成立,这是因为:令

$$f(x)=\begin{cases} x & \text{当 } x\in[-1,0] \\ \sqrt{1-x^2} & \text{当 } x\in[0,1] \end{cases},$$

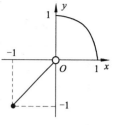

则 $f^{-1}(x)=f(x)$,但 $f(x)$ 在整个 $[-1,1]$ 上不单调,只是分段单调,如图 8-26 所示.

图 8-26

在例 57 中,如果函数 $f(x)$ 连续,则命题为真.(请读者研究、证明)

以美启真是数学解题的一个重要策略,也是数学教学的一条原则.要使学生对数学感兴趣,就要创设情境,引导学生在学习过程中,不时地感受数学美.通过感受美的方法、美的结果,而使其保持一种求知的活力和欲望.深刻领会数学美,这也是培养学生创新意识的一个重要途径.

例 58　一个著名的游戏.

任给一个正整数,若它是偶数,则除以 2,若它是奇数,则将它乘以 3 再加 1,……如此下去,经过有限步后,其结果必为 1.

我们做几个试验,就会发现似乎无限多种不确定结果而变得如此确定! 更令人不解的是,至今未能找出证明方法,也未能给出反例推翻它.

例 59　卡布列克运算:给出一个 n 位数(各位数字不全一样),先将它的各位数字从大到小排列成一个数,然后再减去由这些数字由小到大排成的数,所得的差仍按上面方式运算,你会发现什么奇异现象?

例 60　莫比乌斯带问题:把一条狭长的矩形纸带,扭转后再把两端粘起来,形成一个曲面.问:该曲面有几个面? 沿曲面中线将其剪开,能分成几部分?

以上问题的结果,都会给人以奇异独特的美感!

对数学的教学与研究,人们自觉不自觉地都在使用着美学规律.可以这样说:数学的发展与学习是人们由对数学实用的追求逐渐变为对数学美追求的结果.

以美启真的教育意义在于:它可激发学生学习数学的兴趣,培养学生热爱数学的情感.教师若对数学美的思考能上升到哲学领悟的高度上,就能逐渐做到自觉地在实际的数学教学活动中,每遇时机,即会顺势.点拨蕴涵其中的数学美的因素和美的方法像知时节的好雨,激起学生的最佳动机,诱发学生学习数学的情趣,提高学生的数学审美能力,使学生在美感中求取数学的真,在美的理解中更深刻领会数学的真,并进一步在美的启发、暗示下去探索和发现数学的真,用数学美丽的"火焰",引导学生在数学的王国里遨游.

用数学方法论指导数学教学,有利于学生形成数学意识和正确的数学观念,进而培养数学精神和科学精神,这不仅对于他们进一步学习和研究很有益处,而且使其在意志、情感、品质和思维方法等方面,会受到广泛的熏陶.

问题与课题

1. 为什么说"波利亚解题表"是法宝？

2. 简述一般解题方法的层次观.

3. 数学解题有哪些基本特征？

4. 怎样掌握好"模块识别"这种一般解题方法？

5. 一个六边形内接于圆，它的三条连续边的边长为 a，另三条连续边的边长为 b. 试确定该圆的半径.

6. n 为正整数，$a > 1$，解关于 x 的不等式：

$$\log_a x - 4\log_a^2 x + 12\log_a^3 x - \cdots + n(-2)^{n-1}\log_a^n x > \frac{1-(-2)^n}{3}\log_a(x^2-a).$$

7. 确定方程 $2^{-x} + x^2 = \sqrt{2}$ 的实数解的个数.

8. 已知实数 x、y、z、u 满足 $\dfrac{x}{y} = \dfrac{y}{z} = \dfrac{z}{u} = \dfrac{u}{x}$，求 $\dfrac{x+y+z+u}{x+y+z-u}$ 的值.

9. 求数列 $6, 66, 666, 6\,666, \cdots\cdots$ 的前 n 项和.

10. 给定平面上的偶数个点，是否存在一条直线，使得这偶数个点在直线的两侧恰好各半？

11. 证明：$1^{99} + 2^{99} + 3^{99} + 4^{99} + 5^{99}$ 能被 5 整除.

12. 如图 8-27 所示，$ABCDEF$ 是以 P 为中心的正六边形，PQR 是正三角形. 如果 $AB = 3$，求这两个图形公共部分的面积.

13. 若 $p \in \mathbf{R}$ 且 $|p| < 2$，不等式 $(\log_2 x)^2 + p\log_2 x + 1 > 2\log_2 x + p$ 恒成立，求实数 x 的取值范围.

14. 将任意三角形的三个内角三等分，则靠近每边的三等分线的交点构成正三角形.

15. 如图 8-28 所示，由已知 $\triangle ABC$ 的各边分别向外作正三角形. 证明：$AP = BQ = CR$.

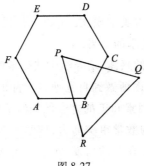

图 8-27

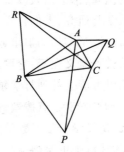

图 8-28

16. 确定常数 k，使得多项式

$$P(x,y,z) = x^5 + y^5 + z^5 + k(x^3+y^3+z^3)(x^2+y^2+z^2)$$

有因式 $x+y+z$. 并证明对这一 k 值，$P(x,y,z)$ 有因式 $(x+y+z)^2$.

17. 平行四边形的每一个顶点都用直线与两条对边的中点相连,如图 8-29 所示. 这些直线所围图形的面积是平行四边形面积的几分之几?

18. 已知 $\dfrac{\cos^4\alpha}{\cos^2\beta} + \dfrac{\sin^4\alpha}{\sin^2\beta} = 1$,求证: $\dfrac{\cos^4\beta}{\cos^2\alpha} + \dfrac{\sin^4\beta}{\sin^2\alpha} = 1$.

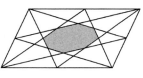

图 8-29

第9章 数学教学的总体目标

数学教学大纲或课程标准规定了数学的内容,即应当使"学生学什么?""教师教什么?"那么,作为教师——数学教学的执行者,就应当清楚两个问题:一是"为什么教?"二是"怎样教?"并引导学生明白"为什么学?"和"怎样学?"这就涉及一个基本问题:数学教学将给学生带来什么? 也就是数学教学的总体目标是什么?

笛卡儿曾指出:"数学是在一切领域中建立真理的方式."王梓坤院士在《今日数学及其应用》中一再强调数学科学和数学教育对于提高中华民族的科学文化素质的重要作用.张孝达先生将数学教学的目的概括为:"给我们的所有学生:一双能用数学视角观察世界的眼睛;一个能用数学思考世界的头脑;一副为谋国家富强人民幸福的心肠."

我们从数学和教育的总体目的出发,从数学科学本身的特点出发,从数学在现代科学技术和生产中的地位和作用出发,从数学在现代生活中的意义出发,数学方法论指导下的数学教学的总目标应叙述为:

数学教学应致力于引导学生自我增进一般科学素养,提高社会文化修养,形成和发展数学品质,提升身心健康水平,达到全面和谐发展.

§9.1 致力于引导学生自我增进一般科学素养

什么是"一般科学素养"? 2006 年 2 月,国务院颁布实施的《全民科学素质行动纲要》中,明确规定了五点,即了解必要的科学技术知识;掌握基本的科学方法;树立科学思想;崇尚科学精神;具备一定的应用它们处理实际问题、参与公共事物的能力.而数学教育就要承担它力所能及的部分,那就是通过数学教学,首先应致力于引导学生自我增进一般科学素养,包括学会合理地进行思考,清楚地表达思想和有条不紊地工作的习惯.

一、合理地进行思考

合理地进行思考指的是:能够运用科学的思维方式去观察、分析现实社会、日常生活以及其他学科中的相关问题,去解决日常生活和其他学科学习中的问题.学习数学的重要目的之一就是学会合理地进行思考,只有如此,才能使所学数学富有生命力,才能真正实现数学的价值.合理地思考体现在以下几个方面:

1. 面对现实生活中诸多现象与其他学科中的相关问题,能自觉地用科学(包括数学)的眼光去观察和思考

例1 日常生活中离不开数学与科学支持的问题:天气预报、储蓄、市场调查与预测等;科学技术中的数学问题:基因图谱分析、工程设计与造价、信息编码、质量监测等.

只有让学生认识到"数学"的广泛应用性,并自觉地用数学的眼光观察并思考生活和现实世界,换句话说只有让学生将数学与生活和学习联系起来,才能切实体会数学对我是有用的,学习数学的积极性才能真正被激发.

2. 面对生活中和其他学科中的问题时,能够主动尝试着从数学的角度,运用所学知识和方法寻求解决问题的策略,是合理地进行思考的重要体现

现实中有许多现象和其他学科中诸多问题隐含着一定的数学规律,教师应引导学生从数学的角度去发现、去探索,并寻求解决策略.

例2　像抛掷硬币这样一个简单现象,如果引导学生主动从数学的角度(用统计观念)去研究硬币落下来的规律,就为学生统计观念的建立开了一个好头.

例3　美国的一堂数学课.在美国的一些学校,数学教师曾要求学生通过观看1984年洛杉矶奥运会100米短跑录像,寻找短跑运动员成绩好坏的决定因素.要求学生从数学的角度去分析运动员的成绩与哪些因素有关.学生通过统计发现,跑得最快的运动员的步频未必最高,跑得最慢的运动员的步距未必最小.经分析使学生认识到:步频与步距是决定跑得快慢的两个重要因素.步频、步距都可量化,特别的,它们是互相制约的.

著名的哥尼斯堡七桥问题、邮递员最佳路线问题,以及桥梁、仓库的最佳选点等问题的解决,都要求主体具有强烈的数学意识及数学应用的意识,能够主动从数学的角度去分析问题,解决问题.

3. 面对新的数学知识,教师要引导学生主动地寻找其实际背景,并思考数学知识的价值

教师在数学新知识教学时,一般能提供一两个实际背景,仅仅如此并不能够确保学生的数学概念建立.还须要求并引导学生主动地寻找其实际背景,而不囿于教师提供的案例.

在数学教学中,要引导学生"用数学的眼光去认识自己所生活的环境与社会,认识其他学科中的相关问题,学会数学地思考".在学生的整体思维品质中渗透数学意识,反映了数学教学目的定位主要是促进学生合理地进行思考方面.因为,学生中将来直接搞数学研究的人只占全体学生的极少数,一部分人要用数学解决现实问题,大多数人则是通过数学的学习来增进自己的科学素养.

合理地进行思考这一教学目标,就是把原来以"学科为本"的、强调"双基"(基础知识、基本技能)的教学观念,让位于"促进学生发展"为基本目标的"学生发展为本"的数学教学观念.说的直白一点就是:数学教学不是要求学生为"数学"而学,而是为了提高自己的科学素养,为了自己的和谐发展而学.

二、清楚地表达思想

清楚地表达思想也就是通过数学教学,使学生善思会想,能写能说,这是能力的一种表现.能力的发展绝不等同于知识与技能的获得.能力的形成是一个缓慢的过程,有其自身的特点和规律,善思会想不只是懂了,能写能说也不只是"学会"了,而是自己"悟"出了道理、规律和思考方法等,并能清楚地表达出来,让别人"懂"了,"学会"了.

清楚地表达思想主要表现在以下几个方面:

1. 能通过观察、实验、归纳、类比等获得"思想"结果,并能进一步寻求证据,给出确认或给出反例

也就是说学生获得"思想"结果的同时,经历一个"发现"的过程,在这个过程中,学生的创新意识得到了强化,创新精神得到了发展,创新能力得到了提高,当然结果是需要证实的,或是可能被自己所否定.

2 能清晰地、有条理地表达自己的思考过程,做到言之有理,落笔有据

无论是合情推理或演绎推理的过程,学生往往使用自己不完全、不连贯、具有高度情境化、个性化的语言表达,有时别人是难以理解的.我们称这种个性化"语言"为"个体语言".要引导学生将这种"个体语言"转化为"共同语言"——使同学和老师能"懂"得、规范化的数学学习共同体的语言,必须说清思考过程中每一个判断的理由和依据,使思考过程变得清晰而有条理,做到言之有理、落笔有据地表达,这是基本技能,是可"传授"并经"有素训练"而掌握的.这里的"表达"形式,包括口头语言和书面语言两种,分为学生用自己的语言表达和用数学语言表达两个层次.

3. 能清楚地表达思想还表现在与他人的交流的过程中,能运用数学语言合乎逻辑地进行讨论和交流

用数学语言与他人交流、讨论、质疑的前提是:每个人都能清晰地、有条理地表达自己的思考过程.这里"用数学语言合乎逻辑"的表达是重要的,因为"数学语言是科学的语言",科学性的特征之一就是其社会性,只有这样,才能确保讨论者具有共同的语言和"规则".质疑也是表达思想的一个方面,质疑是学生经过自己的分析、判断,对已有结论(自己或他人的)的正确性提出疑问的理性思考,合乎逻辑地质疑是清楚地表达思想的高级阶段.

要使学生能清楚地表达思想,其核心是:重视学生推理能力的培养,重视手把手地进行"数学语言"的教学.要做到:

(1)把两者有机地融合在数学教学过程中.

例 4　"平方差公式"的教学片段:

设置问题串:

① 计算并观察下列每组等式:

$$\begin{cases} 8 \times 8 = 64 \\ 7 \times 9 = 63 \end{cases}, \quad \begin{cases} 5 \times 5 = 25 \\ 4 \times 6 = 24 \end{cases}, \quad \begin{cases} 12 \times 12 = 144 \\ 11 \times 13 = 123 \end{cases}.$$

② 已知 $25 \times 25 = 625$,那么 $24 \times 26 = $ ＿＿＿＿＿＿.

③ 你能举出类似的例子吗?

④ 从上述过程中,你发现了什么规律?你能用文字语言表达这个规律吗?你能用代数等式表达这个规律吗?

⑤ 你能证明自己所得到的结论吗?

在解答过程中,学生通过对具体算式的观察、比较,通过合情推理、归纳得出猜想,首先用文字表述规律(较繁),进而用数学符号表达——若 $a \times a = m$,则 $(a-1)(a+1) = m-1$,然后可用乘法公式证明猜想是正确的.体现了手把手地教逻辑推理和数学语言的过程.

（2）把推理与表述能力培养落实到教学各环节和数学各分支之中.

数学教学内容有算术、代数、平面几何、立体几何等学科，都为发展学生的推理能力提供了丰富的素材.

在算术、代数、平面几何中，这样的例子举不胜举.下面给出"统计与概率"中的几个例子.

例 5　为了筹备新年的联欢晚会，准备什么样的水果才能最受欢迎？

为此，首先应对每个学生喜欢什么水果进行调查，把结果整理成数据，并进行比较，再根据处理后的数据作出决策，确定应该准备什么样的水果.

"统计与概率"中的这部分推理属于合情推理，但与其他合情推理不同的是，由统计推理得出的结论无法用逻辑的方法去检验，只有靠实践来证实.因此，"统计与概率"教学中，要重视学生动手收集数据、整理数据、分析数据，最后作出推断和决策的全过程.并养成尊重数据、尊重事实的习惯.

上例中，其结果可能只是大多数同学喜欢.

例 6　在 20 世纪 80—90 年代以及 21 世纪初的几年里，我国的高考一般都安排在每年的 7 月 7、8、9 日三天，考虑到天气的原因，经专家论证，认为高考的时间提前一个月比较合适.为了了解学生对此事的看法，某教育行政部门对某中学高三年级某班学生进行了调查，结果为：不到 20% 的学生赞成，不到 30% 的学生无所谓，其余学生不赞成.请你谈谈对这个调查的看法.

掌握了基本统计知识和方法的学生，经过思考分析就可能对调查结果提出质疑，因为这样选择样本，无论从数量上还是随机性方面都不能很好地代表总体，所以由此得出的统计推断的可靠性较差.

（3）培养学生的推理能力，要注意层次性和差异性.

数学教学要从学生的实际出发，充分考虑学生的身心特点和认识水平，注意层次性，关注学生的个体差异.

三、有条不紊地工作生活的习惯

习惯是一个人素养的一个方面，有条不紊地工作、学习、生活等的习惯，是需要经过长期地、良好地训练才能养成的，思考数学、做数学和进行数学的思考，有助于这种良好习惯的养成.

对数学的学习，必须有条不紊地去做，这是由数学的特点决定的，如数学解题应按波利亚的解题表去做，但数学解题具有一般化性，良好的解题习惯很易于迁移成有条不紊地工作、生活的习惯.

例 7　购买彩票活动是彩民的一个生活习惯，但在庞大的彩民队伍中，每个彩民的主观愿望支配他的购买行为.他们当中，有的作为一种娱乐活动，想从中得到某种乐趣，中奖也好，不中奖也罢，应属正常的习惯；如果说有人将这种行为定位于个人乐于参与的公益活动，中奖倒是巧合，不中奖则是对社会的贡献，应属高尚的行为习惯；如果有的人把这种活动作为一种投资行为，期希经济回收或发财，则不是正常的行为习惯，而由此也可能为个人或家庭带来不必要的麻烦.前两种人的购买愿望，肯定被其"数学地思考"支配着.

因此，数学是最能有效培养学生"有条不紊地工作的习惯"的学科，而数学教学也应该把此项目标作为数学教学的目的之一.

§9.2 增进学生的社会文化修养

修养,即人的知识、理论、技能等方面的水平.亦指待人处世的态度.社会文化修养是指人的文明(化)程度(水平)和处世的态度.简言之,所谓为人处世的态度,应属于人文素养范畴.数学教学可影响学生的情感与态度,增进学生的社会文化修养,即可训练和培养学生严谨的治学精神,顽强的意志毅力,高尚的审美情操,言必行、行必果、承必诺的活动准则和维持社会生活秩序必须具备的良好的行为规范,这应该作为数学教学的总体目标之一.

一、严谨治学的精神

数学是最能培养学生的严谨治学精神的学科,也就是实事求是的态度和理性精神.数学活动不仅有探索性和创造性,同时也必须严谨论证数学结论的正确性,"也许、可能、大概是、估计、或许、差不多"在数学中是不允许的.在数学教学过程中,教师头脑里只要有这样一种观念,就会伺机创造机会以促进这一目标的实现,特别地,言教不如身教,教师本身严谨治学的行动,作为榜样,会持久地影响学生,甚至终身难忘.

当学生学习新的数学知识时,鼓励他们采用探索的方法,经历由已知出发,经过自己的努力或与同伴合作共(再)创造、构造新知识,而不是采用"告诉"的方式,不让他们"饭来张口,衣来伸手";当学生面临困难时,引导他们寻找解决问题途径,而不是直接给出解决问题的方案;当学生对自己或同伴所获得的"结论"没有把握时,要求并帮助他们为"猜想"寻求证明,根据实际情况给予修正,而不是直接肯定或否定他们的猜想;当学生对他人(包括教科书、教师)的思路、方法有疑问时,鼓励他们为自己的怀疑寻求证据,以否定或修正他人的结论作为思维目标从事研究性活动,即使学生怀疑被否定,也应当首先对其尊重事实,敢于挑战"权威"的精神给予充分肯定.

数学的严谨性特点决定着数学教学可培养学生的严谨治学精神,而严谨性是一个相对概念,它是与经验性、不严格性、可错性是相对的.学生在学习数学的过程中,会经历不严谨性,逐渐达到"严谨性",这是因为学生对数学知识的理解,由于心理或生理发生变化而发生了变化.数学知识不仅包括"客观性知识",即那些不因地域或学习者而改变的数学事实(如乘法运算法则、三角形的面积公式、一元二次方程求根公式等),而且还包括从属于学生自己的"主观性知识",即带有个体认知特征的个人知识和数学活动经验(如对"数"的作用的认识、分解图形的基本思路、解决某种问题的习惯性方法等).主观性知识仅仅从属于特定的学习者自己,反映的是他在某个阶段对数学对象的认识,是经验性、不那么严格和可错性,但这些学生的数学活动经验反映了学生对数学的真实理解,形成于学生的自我数学活动之中,伴随着学生的数学学习而发展,最后发展成为严谨的"客观性知识",这个过程就是培养学生严谨治学精神的过程,教师应该正视它,研究它,利用它.

二、顽强的意志毅力

"客观性知识"又称"结果性知识","主观性知识"可称为"过程性知识"."结果性知识"的获得过程,也是"过程性知识"的生长过程,在这个过程中,学生要经历诸多困难与挫折.因此,这个过程是培养和锻炼学生意志品质的过程,是增强毅力的过程,收获的是自信力和责任感.

在数学教学中,我们往往更多强调"失败是成功之母",强调数学学习的艰苦性,"学海无涯苦作舟",认为在数学学习过程中唯有给学生制造困难与障碍,才能更有效地磨练他们.理论与实践表明,这是一种片面的理解.许多学生(特别是义务教育阶段的学生)对此做出的反馈是:"数学学习对我来说"是"失败,失败,再失败,直至彻底失败".哪里还有什么信心和克服困难的意志力? 对此,应开的处方是:在增强信心、意志力和顽强毅力方面,教师要恰到好处.也就是说,要向学生提供恰当难度的具有挑战性的问题,使学生有机会克服困难,获得成功:或解决了问题,或找到了思路,哪怕是解决了部分问题,或是得到了对问题的进一步理解,学生都会感到愉悦,并从中反思成功的经验.因为,失败都可做成功之母,那么成功更可做成功之母.有的老师对成绩不理想的数学学生,采用"考后 100 分"(即用略加修改的同样试卷,在他们充分准备后,再考一次,让他们争取满分)的策略,效果很好.

三、高尚的审美情操

自然界是美的,人类的创造物是美的,其中有丰富的审美对象的资源.数学是对自然界和人类创造物的抽象化描述,它们的美的特征无疑在数学模式中要有所呈现,这就是数学内容的规律性、有序性.数学的简洁性、和谐性、奇异性等诸方面,均展现着数学自身的美——这些一旦让学生觉知,一旦被学生所认识,首先可以改变学生对数学的偏见:枯燥、干瘪和乏味.引导学生通过数学美的视角去观察自然和社会现象,可激发学生的好奇心、求知欲——一种重要的素质,它可以使一个人不断地学习,不断地得到发展,还可能使其走进科学的殿堂;反之,则会使一个人不求上进,终身碌碌无为.

数学教学能放大学生的这种爱美之心,教师要把数学的美展现出来,引导学生在鉴赏数学美的同时去思维,去探索,去研究,去发掘,则能使学生愿意亲近数学,了解数学,谈论数学,对数学现象保持好奇心,这实际上也是发展学生对自然与社会现象保持好奇心的一个途径.

虽然爱美之心人人有之.但是"赏美之能、造美之法、用美之行"则需要老师的引导,否则审美情操是不可能提高的.

许多"巧合"现象,令人赏心悦目,实质蕴含着微妙内在规律,我们应着重发掘、利用.

例 1　$\dfrac{987\ 654\ 321}{123\ 456\ 789} = 8.000\ 000\ 0\cdots$

我们耐心地计算下去,则有

$$8.0000000\ 72900000\ 66339\ 000\ 6036849\ 0\ 54935326399\ 11470239\cdots$$

请注意小数点后 0 的变化规律:7,5,3,1 个;而从第一个数字 8 起,非零数字的个数分别是 1,3,5,7 个.

令人更觉惊讶的是,竟然有:$\dfrac{987\ 654\ 312}{123\ 456\ 789}=8.$

有人注意到:

$$729=9^3\times91^0,66\ 339=9^3\times91,6\ 036\ 849=9^3\times91^2,\cdots$$

于是猜想:

$$\frac{987\ 654\ 321}{123\ 456\ 789}=8+729\times10^{-10}\sum_{n=0}^{\infty}(91\times10^{-10})^n.$$

(这一结果可用级数理论证明.)

如果注意到算式:$\dfrac{9}{123\ 456\ 789}=\dfrac{9^3}{10^{10}-91}$,上面级数猜想几乎是显然正确的!

例 2 黄金分割.

如图 9-1 所示,若

$$\frac{x}{l}=\frac{l-x}{x},$$

则称点 X 为线段 AB 的黄金分割点. $l=1$ 时,x 是黄金数.

我们可以证明:在五角星里,如图 9-2 所示,B、C 都是 AD 的黄金分割点.

图 9-1   图 9-2

更有趣的是最美的人体,肚脐是黄金分割点,而膝盖又是肚脐以下的黄金分割点.在口腔比较解剖学范畴内,符合黄金分割比的是六龄牙(六岁时萌出的第一颗大磨牙),由于牙冠大、牙尖多、咀嚼面积广、牙根分叉结实等特点,显出它"与众不同",它不仅在咀嚼食物时发挥作用最集中,担负咀嚼压力最大,同时它在维持颜面下 1/3 部位的端正(面容美)、保持上下牙弓间的咬合关系等方面,均起着重要作用.

黄金分割是美的,人们喜欢它.事实上,黄金分割比值一直统治着中世纪西方建筑艺术,无论是埃及的金字塔,还是古雅典的他依神庙;无论是印度的泰姬陵,还是今日的埃菲尔铁塔,这些世人瞩目的建筑都蕴藏着黄金比数,展示着数学美感.

数学教学中,教师要有意识的、自然地引导学生发现并鉴赏数学美,培养学生高尚的审美情操和美丽心灵.

四、诚实守信与良好的行为规范

数学是一门论证的科学,其论证的严谨使人诚服,数学无声地教育人们尊重事实,服从真理."求真"是人类文明精神的重要组成部分.学习数学最能培养学生"求真务实"的处世态度,这种态度的内化可演变为"言必行、行必果、承必诺"——人的活动的基本准则,进而纯化为诚实守信的良好品质.

　　数学又是"理性"科学,人的发展在追求理性,数学是人类认识世界,也认识人类自己的过程.在学习数学的过程中,必须也应该与他人交流,交流思想过程,交流思想结果,都是美好的.在交流中学会与他人合作,与他人交流也是未来每一个公民必须掌握的技能.我们不能认为,请教别人就是思维上的"懒惰",恰恰相反,与他人交流应该是理性求真的必要态度.当然,我们鼓励的是学生在独立思考的基础上与他人交流合作——交流各自对问题的理解、解决问题的思路与方法、所获得的结果等,在交流中学会理解,在交流中学会尊重,取长补短.这样,也能发展"思考与交流"的能力,逐步形成协作共事的良好习惯.

　　数学是最能体现秩序的学科,数学作为公理体系,它是一个有规律的、和谐的整体(公理系统要求无矛盾性,要求正确处理内部矛盾),公理是数学中的大法,根本法,相当于国家宪法,定理、法则相当于法律法规.因此,学习数学能增进法律意识,培养遵纪守法的品格.学习数学还能增进人们和谐意识,认识"人类征服自然"、"改造自然"等狂妄口号的错误,培养自知自限精神,认识自己能干什么,不能干什么.而每个人都有维护社会秩序与自然和谐的义务,学习数学能促进人们科学发展观的形成.

§9.3　形成和发展数学品质

　　数学教学的基本目标是形成和发展学生的数学品质,包括使学生获得适应未来社会生活和进一步发展所必需的重要的数学知识,以及基本的数学思想方法和必要的应用数学的技能、技巧,培养数学才智(数学头脑),发展数学才能,提高整体素质.其他的素养、修养都是在此基础上形成和发展的.

一、基础知识与基本技能

　　知识,人们所获得的认识和经验的总和.数学基础知识包括基本的数学思想方法,数学基本技能也就是应用数学的基本能力和技巧.数学的基础知识与基本技能是学生学习的重点.这里"基础"、"基本"则是说学生适应未来社会生活和进一步发展所必需的,这是一个动态概念,具有时代性和社会性.

　　基础知识不等于"形式化、规范化的概念、定理、法则"等的表述,基本技能也不等于"快速、准确地从事复杂的数值计算、代数计算、多种类型与套路和解题技巧"等.对"双基"的理解应与时俱进.一些多年以前被认为的"双基",可能不再是今天或未来数学学习的重点.当然也不是说要对传统"双基"内容全盘否定.相反,大多数原来的"双基",今天仍是;一些原来认为不是"双基"——以往未受关注的技能和思想方法等数学知识,在今天或不远的将来而又会构成"双基"的一部分,应当成为学生必须掌握的.

　　某些复杂的,成为学生认知的"负担"、超越理解能力的运算和证明技巧等;那些人为编造、只和"考试"有关联的做作"题型"等.将不再成为"双基"内容的一部分.

　　结合实际背景选择合适算法的能力;使用计算机处理数据的能力;读懂数据的能力;处理

数据并根据结果做出合情判断的能力;进行合情推理的能力;对变化过程中变量之间变化规律的把握和运用意识的能力,都是一个现代公民应具备的基本数学品质,是必须掌握的数学基础知识和基本技能.

由于多年来(也或在未来的若干年内)数学教学始终是在"考试"的诱导下进行的,即"你考什么"我就教什么! 而传统的考试多是"结果性"考试,也就是说,只考学生数学基础知识(全部知识点)、基本技能掌握、运用的"结果"如何,而不能(或不易)考查对数学知识理解、掌握的过程,以致于误导数学教学,仅把学生对数学知识掌握的结果作为教学目标,而不注重学生学习数学知识的过程及其评价,致使造成学生对数学的"过程性"知识的缺失. 为此,我们有必要提出数学知识的"过程性"目标——经历将一些实际问题抽象为数学问题的过程;经历探索物体与图形的形状、大小、位置关系和变换的过程;经历提出问题、收集和处理数据、做出决策和预测的过程,等等.

"过程"本身应是一个方面的教学目标,这是动态的数学观所决定的,即必须要让学生在数学活动中去"经历……过程". 过程肯定和一些具体知识、技能或方法等结果联系在一起的,但"经历……过程"不单单是为了"结果",经历"过程"是为了给学生带来体验、创新的尝试,带来实践机会和发现的能力,这些往往与"结果"同等重要."经历……过程"不等于听老师"讲过程",不等于"听过程",这样的过程失去了探索的意义. 当然,也不是说"结果"不重要,那些只要过程不计结果的想法和做法,肯定是错误的、有害的.

例 1 组织学生测量教学楼的高度. 其步骤大致如下:

(1)分组,讨论各种不同的测量方法.

(2)小组分工,分别用不同的方法测量:①直接测量;②先测量每层楼的高度,再计算总高度;③用镜面反射的方法求出教学楼的高度(见图9-3)等.

(3)对各种测量方法是否简易可行以及测量的结果是否准确进行比较、质疑、评价.

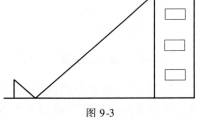

图 9-3

(4)推选小组代表向全班介绍测量方案、过程和结果.

数学教学,应引导学生充满情趣地主动参与数学活动.

例 2 一家居民小区的食品超市,为了安排营业时间和售货员的人数,想了解该小区居民一周到超市购买物品的天数.

(1)你能替超市的管理人员设计一个调查方案吗?

(2)该超市的管理人员调查了该小区所有的 500 户居民,并得到下面的数据(一周内到超市购买物品的天数):

$$4,2,0,5,5,1,2,2,3,0,4,6,2,2,1,1,2,2,\cdots\cdots$$

你能将上述数据整理得较为清晰吗?

(3)将上述数据整理成频率和频数表. 根据频率和频率表,将数据整理成频数分布直方图和折线图,如图9-4所示.

每周到超市的次数	户数	频率
0	57	11.4%
1	179	35.8%
2	145	29.0%
3	42	8.4%
4	29	5.8%
5	25	5.0%
6	17	3.4%
7	6	1.2%

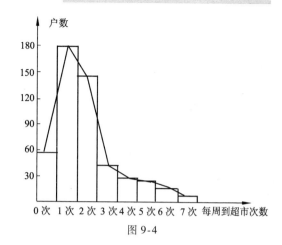

图 9-4

（4）根据调查结果，每周去超市少于三次的居民户占小区总数的百分比是多少？还能获得哪些信息？

（5）如果你是超市的管理人员，根据上述调查，你会做出哪些决策与同伴进行交流？

"过程性目标"达到的情况，要特别关注学生在收集、整理、描述和分析信息活动中的表现. 一般包括两个方面：一是学生在具体活动中的参与程度. 如参与活动的主动性、自觉性；是否能独立地思考、制定指标、设计调查统计表；能否征求并听取同学对自己设计的意见；在数学活动中遇到困难时的表现及克服困难的办法；对数据认真科学的态度. 二是学生在数学活动中的思考水平. 如遇到有关问题时，是否能想到运用数据进行决策；收集与整理信息时所采用方法的有效性条理性；描述数据时所采用方法的有效性和震撼力；是否能从数据中尽可能地获取信息，并得出结论；能否提出新问题；等等.

二、培养学生的数学才智

数学才智与才能反映了一个人是否有数学头脑. 它有如下特征：

1. "数学地思考"的意识

"学会数学地思考就是形成数学化和抽象化的数学观点、提高运用数学进行预测的能力." "数学地思考"使人眼中看到的世界有了量化的意味，当我们遇到可能与数学有关的具体问题时，就能自然地、有意识地与数学联系起来，或者试图进一步用数学的观点和方法来处理和解释.

例3 走进一个会场，在我们面前是两个集合，一个是会场的座位，一个是出席的人. 自然地将这两个集合做一下比较，不用计数就可以知道这两个集合是否相等，哪个集合"大"些，大到什么程度. 这就是数学地思考. 数学地思考无处不在！

例4 把实际问题与数学联系，就是数学地思考.

（1）当我们到朋友家做客时，可能会估计客厅的面积有多大？

（2）学校举行乒乓球赛，有42个男选手，38个女选手，自然想到用单循环方式组织比赛，需要多少场？若用淘汰的方式比赛需要多少场？

（3）在电视中看到一条新闻，世界乒乓球巡回赛有8名选手进入决赛，其中有两名中国选手,在分组抽签时,恰好两名中国选手抽在一起,出现这样结果的可能性是多少?

"数学地思考"也可以认为是"数学意识",是对"量(包括数、符号、图形、结构等)"及"量的关系"的一般理解,这种理解可以帮助人们用灵活的方法做出数学判断和为解决复杂问题提出有用的策略.

2. 数学的表达能力

数学的表达能力是指用数学语言描述"数学地思考"的对象("量"及"量的关系")过程及结果.

数学语言是人们进行表示、计算、推理、交流和解决数学问题的工具.学习数学的目的之一就是要使学生懂得数学语言,会用数学语言解决问题,发展学生的数学语言能力,主要表现在:能用数学语言表述从具体情境中抽象出的数量关系和变化规律;理解用数学语言所代表的数量关系和变化规律;会进行数学语言不同形式间的转换;能选择适当的程序和方法解决用数学语言表述的问题.

当然,数学语言的掌握不是一蹴而就的,对学生个体而言,要经过一个过程,应该给学生"经历……过程"的机会,"从具体事物——学生个性化的语言表示——学会数学地表示"这是一个逐步数学化、形式化的过程.

数学语言的难点在于它的抽象性和符号化,特别是对它的必要性和优越性不理解.弗赖登塔尔指出:"如果字母作为一个数的不确定名词,那么为什么要用那么多 a、b、c……其实,这就像我们讲到这个人和那个人一样,学生不理解 a 怎么能等于 b.你可以告诉他'实际上,a 与 b 不一定相等,但也可能偶然相等,就像我想象中的人恰好与你想象中的人相同'.最本质的一点是要使学生知道字母可以表示某些东西,不同的字母或表达式可以表示相同的东西."

能从具体情境中抽象出数量关系和变化规律,并用符号来表示,是将问题一般化的过程.一般化超越了实际问题的具体情境,它是对实际问题的能动反映,深刻地提示和指明了存在于一类问题中的共性和普遍性,把认识和推理提高到一个更高的水平.一般化和符号化对数学活动和数学思考是本质的,一般化是每个人都要经历的过程.

数学地表达(述)能力不是一朝一夕就可以完成的,而应贯穿于数学学习的全过程,伴随着学生数学思维的提高逐步发展.

3. 数学应用意识

20 世纪中叶以来,现代信息技术的飞速发展极大地推进了应用数学和数学应用的发展,使得数学几乎渗透到每一个科学领域及人们生活的方方面面.自然科学的深入发展越来越依赖数学,而社会科学、人文科学的发展也越来越多地借助数学知识及其思想方法.反过来,自然科学、社会科学、人文科学的发展也推动了数学的进一步发展.数学作为科学的语言,作为推动科学向前发展的工具,作为人类文明的重要组成部分,在人类发展史上以及个人的发展过程中,具有不可替代的作用,并将在未来的社会发展中和在个人的进步中发挥更大的作用.学习数学不能停留在掌握知识的层面上,而必须学会应用.唯有如此,才能使所学的数学富有生命力,才能真正实现数学的价值,才能使数学在人的可持续发展中发挥应有的作用.这就要求必须把培养学生的数学应用意识作为数学教学的重要目标.

认识到现实生活的方方面面蕴含着大量的数学信息,体会到数学在现在世界中有着广泛的应用,有助于学生的数学应用意识的形成,有利于数学才智的培养.

初等数学和现代数学各分支建立的初期,数学和生活、生产和科学的发展的直接联系比较紧密,因其日益公理化、形式化,数学的应用也逐渐显示出高档次化、深刻化、本质化.在这种情况下,讲"数学的应用",也应当作广义上的理解.对中小学生来说,讲实用,应更加关注数学在他们成长、成才方面和现代科技方面的作用,特别是在国家建设、高科技发展方面的作用.如果一味地编造他们学的那一点数学在日常生活中的实用,就会干扰他们真正的数学的学习.我们应当汲取"文革"中"穿鞋戴帽"的教训,"实用主义"对数学教学是有害的.

4. 全面发展三大能力

三大能力包括:计算能力、思维能力、空间观念及想象力.它们是一个数学才智的集中体现,是一个人数学品质的主要组成部分.

(1)计算能力.

随着科技的发展和时代的进步,计算能力的内容也在不断地发展变化着.在数学教学中,除了基本数、式的四则运算和变换必须掌握之外,还应发展学生的计算能力.这里所说发展学生的计算能力是指:使学生具有应用数学表示具体的数据和数量关系的能力;能够判定不同的算术运算,有能力进行计算,并具有选择适当算法(心算、估算、笔算、使用计算器)实施"计算"的能力与经验;能依数据进行推论,并对数据和推论的精确性和可靠性进行检验的能力;等等.[26]

计算能力不仅仅是进行"计算",还包含着一种主动地、确切地理解数或式(符号)和运用数或式、符号的态度和意识.这是人的一种基本数学素养,是有效地进行计算的基础,是数学与现实问题建立联系的桥梁.

计算能力还包括理解数或式(符号)的意义;能够用多种方法表示数或式;能在具体的情境中把握数的大小关系;能用数或式表达和交流信息;能为解决问题选择适当的算法;能估计运算的结果,并对结果有合理性作出解释,……

引进字母表示数,学会用字母(符号)表示具体情境中隐含的数量关系和变化规律,是提高计算能力的重要一步.用字母表示数及各种数量关系,把人们关于数的知识和计算能力上升到更一般的水平,使得关于具体数的理解达到一般化、普遍化的意义,是计算能力的表征,也是从算术的具体问题向抽象的一个飞跃.它是古典数学问题向现代数学跨出的关键一步,学生应当对此有所体会.

(2)思维能力.

思维能力是数学能力的核心,对其他能力起着支撑作用,也是数学才智的灵魂,数学是锻炼思维的体操,也是启迪才智的钥匙.一般说,每个正常人的思维能力确有先天的因素,但不是由先天决定的;思维能力是一种潜能,后天的学习与训练对思维能力提高起决定性的作用,只有通过教育(学习),才能使人的潜能得以发展,思维能力是人类才智的决定性因素,是人类理性的基础,数学可以使人类的理性得以充分发挥.

思维能力一般有三种形式:一是演绎思维,数学是培养学生演绎思维能力最恰当的材料.二是直觉思维(合情推理),数学是学习发现问题、提出问题、分析问题和解决问题的良好途径,是培养探索解决问题能力的最佳经济场地.三是辩证思维,数学中充满辩证法,学习数学没有辩证思维是不行的,反之,学习数学十分有利于人的辩证思维能力的培养.

思维能力还表现为生动活泼的发明创造,其中包括想象、类比、联想、直觉、顿悟等方面,并表现得淋漓尽致.在这样一个过程中充满着辩证法,辩证思维可使思维不能偏见、轻信与迷信和干扰,而数学本身是生动活泼的发明创造,所以学习数学还有利于辩证思维的发展.

(3)空间观念与空间想象力.

"数学是研究现实世界中空间形式与数量关系的一门学科"(恩格斯语),"数学是思想事物",研究空间形式就应具备空间观念和空间想象力.

空间与人类的生存和居住环境紧密相关,了解、探索和把握空间是生存、活动和成长的需要.但是,数学中研究空间与现实空间是有很大区别的,因而需要想象力.比如,要把握实物与相应的平面图形、几何体与其展开图和三视图之间的相互转换关系,不仅是一个思考过程,也是一个抽象过程.空间观念是一种"思想事物",空间观念主要表现为:能够由实物的形状想象出图形,由几何图形想象出实物形状,进行几何体与其三视图、展开图的转化.这是一个包括观察、想象、比较、综合、抽象分析、不断由低维向高维发展的认识数学空间的过程.空间观念是创新精神所需的基本要素,没有空间观念,几乎谈不上任何数学上的发明创造.

空间观念是在分析和抽象层次上表现为空间想象力,如"能从较复杂的图形分解出基本图形","能描述事物或几何图形的运动和变化","能采用适当的方式描述物体间的相互关系"等,这些表现在把握"相互转换"关系的基础上,刻画了根据图形的特征,在逻辑上对空间图形关系进行分析和操作.

例5 你能用语言描述图9-5所示"建筑物"(并使你的叙述产生符合原形的直观想象)吗?

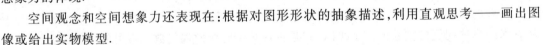

图9-5

这需要从逻辑上对图形进行分析与操作.

准确地表述它的形状,可能会因人的能力差异有所不同,但这些描述中的共性,可能导致一些确定的有规律的内容的出现,这就是空间观念,是空间想象力的体现.

空间观念和空间想象力还表现在:根据对图形形状的抽象描述,利用直观思考——画出图像或给出实物模型.

三、发展数学才能

数学才能是指主动获取数学知识和广义应用数学的能力.发展数学才能也就是帮助学生综合运用已有的知识和经验,经过自主探索和合作交流,解决具有一定挑战性和综合性的问题,它不同于解题活动——识别题型、回忆解法、模仿例题,而是以发展他们解决问题的能力,加深对所学内容的理解,体会各部分内容之间的联系为目的,具有一定的研究性质,对于培养学生的创新意识具有促进作用,同时具有一定的弹性和开放性.

发展数学才能是一种具有现实性、问题性、综合性和探索研究性的数学教学活动,该项活动应该:

1. 密切联系实际

发展数学才能,就是通过让学生体会数学与现实世界的联系,可树立正确的数学观,为了发挥数学的文化教育功能和技术教育功能,让学生全面体会数学的价值,接近数学与人和自然、社会的距离.

2. 综合应用知识

发展数学才能要加强数学各部分内容与其他学科之间的综合与联系.

数学表达方式主要有数、式、方程、函数、图形、表格、图像等,这些不同的数学表达方式之间具有密切联系,可以互相转化沟通.通过探索研究这些联系,可以使学生认识数学各分支之间的内在联系,形成对数学知识的初步的整体认识.

例 6　数形结合是一种重要的数学思想方法,它生动地展现了数学对象与知识之间的内在联系.

例 7　与实际问题有关的数学,一般是以不同学科相互交织的形式呈现的.

(1)收集数据要用调查统计.

(2)处理数据要用数、式、方程、函数、图形、表格、图像等.

(3)解决问题要用推理、证明或计算等.

(4)对得出的结果要通过实践检验,要预测、推断等.

解决数学问题是一个不同学科的方法综合应用的过程,这种综合应用、探索研究的体验,能使学生实实在在地体会数学的本质,是他们喜欢数学、了解数学、希望把握数学、发展数学才能的原动力.

强调数学与其他学科的联系,不要将这种联系简单地理解为在其他学科领域是进行表达式的计算和图形测量,而是让学生通过动手操作、归纳、思考、探索这些表达式、图形在相应学科中的实际背景.

3. 以探索研究为主线

发展数学才能本质上是一种解决问题的活动.在解决问题的过程中,需学生独立思考、自主探索,教师要充分尊重学生的自主性,发展学生的创新思维.同时,教学时还要使学生在活动中体验与他人的合作、交流.为此,可提供小组共同探索研究的问题与课题,可以是(小)调查、(小)制作、(小)课题、(小)研究报告等.总之,可选择的解决问题策略相当广泛,无论是哪一种形式,都要和学生已有的知识体验有关,既要具有挑战性,又不至于把学生难倒.即"跳一跳摘果子"的原则,既要"跳一跳",又能"摘得着"!同时,在解决问题过程中,要注意让学生自己分工、讨论和尝试.

发展数学才能的关键要让学生积极展开思维活动.在解决问题过程中,一是涉及高级思考的过程,二是只有这样的过程才能对学生的思维品质和数学才能的发展具有促进作用.

4. 勿忘中高考

"久旱逢甘雨,他乡遇故知,洞房花烛夜,金榜题名时".这是人生四大快事.自 20 世纪 70 年代以来,中高考成为中国老百姓倍加关切的问题,我们的数学教学怎能不管不问?在可预见的将来,这种状况还将持续!实际上:

（1）正确的考试观.我们认为："应试能力"是一种综合运用数学知识、发挥数学才能、具有一定创新性的能力."高分"在正常情况下，是数学能力、学习水平、心理承受能力和身心健康水平的综合表现，是十分珍贵的.

（2）我们的数学教学，不能忽视"应试能力"的培养，否则，会受到谴责.实际上，我们有"一般解题方法"这个法宝，有必胜的信心.

（3）"一颗红心，两种准备"，不怕失败，才最利于充分发挥，夺取更大的胜利.

§9.4　提升身心健康水平

学习数学有利于大脑两半球的均衡发展和应用，有利于正常心态的培养，有利于生理和心理承受能力的提升，有利于思维能力的锻炼，有利于坚强意志、信心、"胆识"及美丽心灵的打造等.

徐利治教授在"学数学的人生总结"时讲："真正数学学得好的人都有这样类似的体会：兴趣使人忘却疲劳；志趣使人精力持久；乐趣使人精神充实.三趣具备，自学必有所成，能享健康长寿，且能成为后辈存在的铭记."

徐利治教授 1920 年生，他在《数学通报》2007 年 12 期上撰文谈到："我现在八十七岁加一个月，一点病都没有，我的健康得益于搞数学.我从事数学学习、教学、科研、实践，已经把我的身体搞得很健康了."在总结数学与他的关系时说："数学使我快乐，数学使我健康，数学使我长寿."并寄语于青年学生："只要你们在科学攀登的道路上积极培养志趣，有努力奋斗的精神，就一定能健康成长，事业有成！"

美国数学家纳什（Nash），因为某种原因，在病榻上一卧就是十几年，几近成植物人.他人都认为其已无康复的可能.可后来他竟慢慢地苏醒了.康复后，有人问他奇迹发生的原因，他说："在得病之前有一个数学问题没有解决，而这个问题太美了，不解决它，死不瞑目，……"数学美吸引着纳什，同时也使他具有了一个美丽的心灵，而美丽的心灵又为纳什追求美，顽强的生存了下来.纳什用数学来研究经济，其成果被称为"纳什均衡"理论.1994 年，这位数学家获得了诺贝尔经济学奖.

学习数学有益于人的身心健康，这是多位数学家的体会.

一、数学好玩

著名国际数学大师陈省身为"2002 青少年数学论坛"题字"数学好玩"，如图 9-6 所示.其中的意思是说数学并不枯燥，它不是游戏，而是一种有趣的东西.这个有趣的东西很美，是理性的美，抽象的美.有人说：音乐是感觉中的数学，而数学就是推理中的音乐，两者的灵魂完全一致.因此，音乐家可以感觉到数学，而数学家可以想象到音乐.虽说音乐是梦幻，而数学是现实，但人类智慧升华到完美的境界时，音乐就和数学互相渗透而融为一体了.一位外国数学家告诉马志明院士：他非常喜欢音乐，尤其是巴赫的音乐，巴赫的音乐很对称，不论是顺着听还是倒着听，都是一样

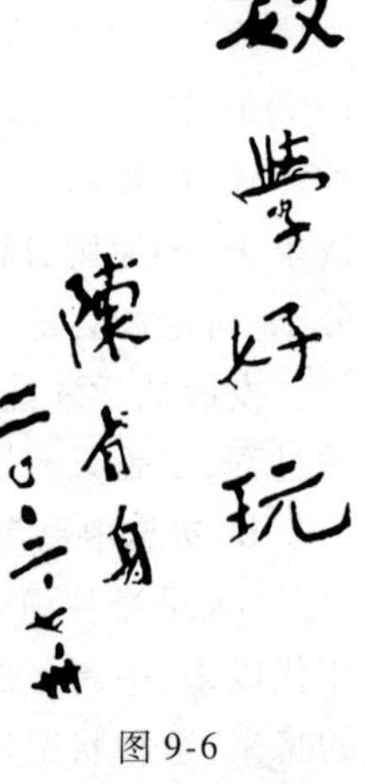

数学好玩

陈省身

二〇〇二年

图 9-6

的旋律.这就是数学中的对称性,这就是音乐里有数学.

　　每个人从儿时开始对数学并没有什么偏爱,但总有那么一个时期,或因为老师的鼓励,或因为自己得到了成功的鼓舞,或者看到了数学家的故事后的激动,一下子成为自己学习数学的转折点,对数学产生了兴趣,可能就与数学结下不解之缘.而老师教数学的责任之一就是要给学生创造这种机缘,让学生识数学、玩数学、赏数学、爱数学.数学家杨乐院士说:"培养学生爱好数学的良好兴趣,这点非常重要.只有学生对数学感兴趣,他才能对其研究.""我小学六年级在一个非常好的小学读书,即使数学成绩较好,也没有对数学产生浓厚兴趣.只是学到后来,学到代数,我发现 a、b、c、d 也可以像数字一样参与四则运算,觉得特别有意思.对于平面几何也是,可以用数学描述形或轨迹,简直美妙极了.后来,我利用课外时间看一些书,数学成绩也比别人高出许多,因此对数学的兴趣也越来越浓.再另外,我小时候看到很多定理,比如勾股定理,那时不叫这个名字,而叫毕达哥拉斯定理,是一个外国人的名字来命名的,还有好多定理都是这样.我就在想,为什么不用中国人的名字来命名呢?于是我就决心去研究数学."

　　著名华裔旅美数学家菲尔兹奖获得者丘成桐教授回忆道:"小学时,自己的数学跟别人没有分别,成绩平平.到了中学时代,由于得到几位数学良师的悉心引领,开始对数学产生兴趣,尤其对平面几何情有独钟."从中学二年级开始,所有数学教科书或作业上的习题,丘教授都是一题不漏地钻研,到了中三、中四,更是主动地自学大学的数学课程.

　　例1　古希腊数学家帕普斯(Pappus)的故事.

　　据说帕普斯很小的时候就跟丢番图(Diophantus)学数学,有一天,他向老师请教一个问题:"有四个数,把其中每三个数相加,其和分别为 22、24、27 和 20,求这四个数."

　　此题看似简单,对于小学生做起来比较复杂.

　　帕普斯请教丢番图有没有巧妙的解法,丢番图给出了一个巧妙的解法.他不是分别设四个未知数,而是设四个数之和为 x,那么四个数分别为 $x-22$,$x-24$,$x-27$,$x-20$.于是有方程

$$x = (x-22) + (x-24) + (x-27) + (x-20),$$

解之得 $x=31$.从而得到四个数分别为 9、7、4、11.

　　帕普斯对老师的漂亮解法非常佩服,从此坚定了毕生研究数学的意愿,后来成为一位著名的数学家.

二、数学是思维的体操

　　数学是一门理性学科,魅力无穷,数学是思维的体操,学习研究数学可促使人的大脑左半球和右半球的协调应用.

　　我国著名数学家陈景润,回忆他小时候的林老师和中学时的陆老师:林老师讲课,总像在讲故事.她能把枯燥无味的数学习题讲的生动有趣,引人入胜.而陆老师则是一位善于引导学生思考的老师,再难的问题,他都能启发你由浅入深地思考,直到最后学会.这里"引人入胜"、"由浅入深地思考",本质上就是把数学"当做"思维的体操,来锻炼提升人的思维能力.老师的循循善诱像阳光雨露一样,滋润着陈景润的心田,也就是从那时起,陈景润对数学产生了浓厚的兴趣,并迷上了它.

华罗庚教授说得更具体:"我开始时学习数学是没有什么'宏愿'的,仅仅是有兴趣,很难弄清楚学了数学有什么用的."华罗庚也只是后来才认识到研究(学习)数学不能停留在为了兴趣上,认识到数学是和国家、社会有着密切联系的,它可以成为建设祖国的工具.认识到:"数学是对社会有极大贡献的学问.""科学与生产越发达,对数学的需要也就越迫切;在自然科学愈提高到理论阶段的时候,也就愈是需要数学的时候."这里"认识到",实际上就是思维能力提高到很高水平的象征.

数学属于理性思维的范畴,它推理严谨,结论确定.数学的美是理性的美,抽象的美.数学是锻炼思维的体操,数学是打开科学大门的钥匙.

例2 园林小路,曲径通幽.如图9-7所示,小路由白色正方形石板和青、红两色的三角形石板铺成.问:内圈三角形石板的总面积大,还是外圈三角形石板的总面积大?请说明理由.

答:内圈三角形石板的总面积与外圈三角形石板的总面积一样大.

理由:石板路的基本结构如图9-8所示,两个共顶点的正方形夹着一个内圈和一个外圈的三角形,我们只要证明所夹内外圈的这两个三角形面积相等就可以了.为此将$\triangle ABC$绕顶点A顺时针旋转$90°$,到$\triangle AEC_1$的位置.易知,D、A、C三点共线,$AC_1 = AD$,A是线段C_1D的中点,所以$\triangle AEC_1$的面积与$\triangle AED$的面积相等.也就是$\triangle ABC$的面积与$\triangle AED$的面积相等.

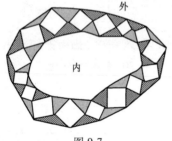

图 9-7

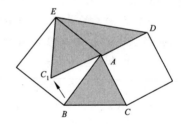

图 9-8

例3 由于长期天文观测,发现土星的轨道在扩大,木星的轨道在缩小.于是提出一个问题,长此下去,木星将会掉到太阳上去,而土星将会飞出太阳系.

这个问题关系到太阳系的前途,普遍受到人们的关心.拉普拉斯根据数学原理,用微积分工具,特别是无穷级数,论证了这种现象源出于行星间的引力作用,轨道发生周期性扰动.以后土星和木星的轨道还会变回去,并计算出这个周期是929年.这个结论超出了人们直观范围,而天文观测又要到900年后才能看到.数学的严谨性,结论的确定性,保证了科学的预见性.所以说数学使人的思维具备了洞察力.

如果说这以后将发生的事还可以检验的话,那么历史上久远发生过的而记载是否真实的事就更不好检验了.然而,数学不但可以准确地预报未来,也还能精确地"回报"往事.

例4 《春秋》中记载了公元前722—公元前481年的37次日食,通过计算可以判知其中有32次是可靠的,其余皆属误传.

数学的思维就是这样的奇妙、有魅力.数学教学就应该帮助学生立志去学好数学!这并不是要求每位学生都成为数学家或科学家,但是为了每位学生的健康成长,使学生掌握数学的思维方式,是完全必要的,也是可行的.

三、数学打造美丽心灵

数学是美丽的,因此数学可打造美丽的心灵.数学使人和谐,可以制怒,数学可培养人的高尚情怀.数学也是可以进行情感教育的学科,学习、研究数学能循序渐进的自我提升非智力因素品质.数学能给人以独特的艺术享受.

例 5　数学中的公式、定理,像颗颗耀眼的明珠;表面看来"风马牛不相及"的斐波那契(Fibonacci)数列、黄金分割数、方程 $x^2+x-1=0$ 的解、连分数 $\cfrac{1}{\cfrac{1}{\cfrac{1}{\cfrac{1}{\cdots-1}-1}-1}-1}-1$、华(罗庚)氏优选法、古希腊兔子问题、正五角星、纸条系死扣、……这些平凡的现象和问题,却能跨越时空,贯穿算术、代数、几何等若干领域,密切地联系起来,真是高山出平湖,平凡显奇异,让人美感顿生,兴致勃勃而叹为观止.

数学定理、法则的客观性,不屈于任何权势,舆论压力,不容许任何假冒伪劣混入的理性精神,它使人产生正义的情怀和正直的品格,能陶冶人的心灵,而美丽的心灵又能使人战胜病痛,健康长寿.

数学问题的挑战性,能使人心动技痒,"引无数英雄竞折腰",数学中的千古疑谜,成百个"世界难题",无数的名题悖论,无数个神奇定理,像暗夜中闪烁的银河北斗,集奇美于一身,吸引着数学探索中的人们.

例 6　最终证明费马大定理的数学家安德鲁·维尔斯,10 岁时已着迷于数学了.他回忆说:"在学校里我喜欢题目,我把它们带回家,编写成自己的新题目.不过我以前找到的最好题目是在我们的地区图书馆发现的."有一次,维尔斯被一本书吸引住了,这本书只有一个问题而没有解答.这本书就是埃里克·坦普尔·贝尔(E. T. Bell)写的《大问题》,记述的是费马的最后命题:

方程 $x^n+y^n=z^n$,当 n 为大于 2 的自然数时没有正整数解.

这条表述极其简明的定理,自从 300 多年前被费马提出以来,曾吸引了像欧拉、高斯、柯西、勒贝格等这样一些大师试过身手却最终悬而未决.维尔斯今天这样描述当时的感受:"它看上去如此简单,但历史上所有大数学家都未能解决它.这里正摆着一个我——一个 10 岁的孩子——能理解的问题,从那个时刻起,我知道我永远不会放弃它,我必须解决它."

数学家庞加莱说过:数学家不单单因为数学有用而研究数学,他们研究数学还因为喜欢它,而喜欢它则是因为它是美丽的,美丽的数学又可塑造人们美丽的心灵.

数学的历史,历史中的杰出人物,古今数学成就,都可使学习者心旷神怡.

美丽的心灵又能产生好的心态和积极的情感,进而引发兴趣和好奇心,引发积极的学习态度、坚定的信念,提升克服困难的信心和决心,激发创新精神,使人身心欢娱.

四、数学考试与心理承受能力和意志的培养

数学教学的实践表明:数学考试在数学学习过程是不可或缺的,它不仅反映一个人的数学修养水平,而且它是通过"约束性"的解决问题,是对一个人的心理承受能力和意志力的一种训练方式.

数学考试能给学生提供竞技背景,学生都追求着确定的目标.在追求过程中,学生们锤炼其钢铁意志,克难攻坚,或发现新方法,产生新观点,达到更为广阔的自由境界;或获得微小进步,喜悲交加.无论如何,学生每次认真的考试,都会给自己留下难以忘却的印象,心理承受能力和意志力都得到一次考验,心灵得到一次洗礼,情感也会发生一定的变化.

一次"好"的数学考试,总可以使学生信念、态度和情感得到积极的强化!

今天我们数学教育的根本目的在于:

给你一双数学的眼睛,丰富你观察世界的方式;

给你一颗好奇的心,点燃你心中的求知欲望;

给你一个睿智的头脑,帮助你理性的思维;

给你一套研究模式,使它成为你探索世界奥秘的望远镜和显微镜;

给你提供新的机会,让你在交叉学科的乐土上利用你的勤奋和智慧做出发明和创造.

问题与课题

1. 合理地进行思考表现在哪几个方面?

2. 清楚地的表达思想的具体体现是什么?

3. 试述推理对清楚地表达思想的作用.

4. 试述全面培养推理能力的途径.并举例说明.

5. 学习数学对培养严谨地治学精神的作用是什么?

6. 如何认识学习数学可培养学生的意志力?

7. 举例说明如何在数学教学中引导学生识美、赏美?

8. 简述学习数学对学生的为人处事规范的影响.

9. 如何认识数学教学的"过程性"目标?"过程性"目标的作用是什么?

10. 在某一具体数学问题的教学中,"过程性"目标可能与"结果性"目标有主次之分,试举例说明.

11. 数学才智包括哪几方面的内容?

12. 一个人的数学品质包括哪些方面?

13. 数学能力主要表现在哪些方面?如何发展学生的数学能力?

14. 发展学生的数学才能的途径大致有哪些?举例说明.

15. 数学教学为什么不能忽视"应试能力"的培养?

16. 为什么说数学能提升身心健康水平?

第10章 数学方法论与数学教学原则

人们在研究数学的产生、发展与发现、发明的过程中,不但看到了数学推理证明的一面,而且也看到了它的经验性的一面.波利亚认为数学具有两重性:从最后被确定的定型数学来看,它是一门系统的演绎科学;而从创造过程中的数学来看,它又是一门实验性的归纳科学.[27]因此,数学教学应充分体现数学的这两个侧面,使学生受到全面的数学教育.忽视数学归纳性的一面的教学,不是完全的数学教学.当然,忽视演绎性的数学教学则不叫做数学教学.按照这种观点,学习数学的方式不应是被动地听课、记录、做题、记定理,而应是主动地参与构造数学——学"数学活动"、研究数学,按照数学家的思维方式,在不断地提出问题、解决问题的过程中积极地去发现、发明和创新,这样就使数学教育方式由封闭式的被动传授到开放式的返璞归真,回到它应有的、生动活泼的、自组织和自完善的形式中去.

"作为科学方法学重要分支的数学方法学,是主要研究数学发展规律,数学的思想方法以及数学的发现、发明与创新等法则的一门学问,显然,它与数学教育与教学法研究有着不可分割的联系".[6]

"在数学教学全过程中,教师遵循数学本身的发现、发明与创新等发展规律,遵循学生的身心发展和认知规律,力求使它们同步协调,并引导学生不断地自我增进一般科学素养、社会文化修养,形成和发展数学品质,全面提高学生素质.这就是数学方法论的教育方式".[28]

数学教学过程是学生在教师的指导下,通过自己的思维活动,学习和借鉴数学家(或教材作者)的思维活动方式和思维活动的结果——数学规律,不断自我增进数学素养的过程.数学教学过程有如下特征:

(1)可控性.利用控制论对教学过程分析,数学教学过程是信息的接收、加工、存储和传输的过程.

(2)社会性.数学教学过程是在"特定的环境"下师生交流的过程,该过程主要是由教师到学生、学生到教师(信息反馈)和学生到学生(合作交流)两个方面三种形式的信息传输,在这个过程中,教师是过程的设计者、组织者,而学生是活动的主体.

(3)教育性.数学教学过程,是教师利用心理学和生理学已有成果,并根据数学本身的特点,在帮助学生解开或破译数学规律的过程中,如何进行信息传输,如何进行"数学活动"的过程.这个过程应当遵循教育规律和教学原则,这是因为这个过程既有教师的思维活动,又有学生的思维活动,同时还若隐若现地存在着教材作者和数学家的思维活动.三个活动如何联系,怎样"挂钩"?

根据以上分析:我们提出以下数学教学原则:返璞归真原则;"教猜想,教证明"并重的原则;教学·学习·研究同步协调原则.当然它不是教学原则的全部,也不是一般教学原则在数学教学中的直接应用,这三条教学原则是带有数学特点的、最基本的数学教学原则.

§10.1　返璞归真原则

璞,含玉之石,指没有雕琢过的玉石,包含有质朴、纯真的意思.返璞,即指返回到事物的原始状态、原本过程.返璞归真,即去其外饰,还其本真.数学返璞归真的教学原则,是指在数学教学过程中,回归数学形式(数学内容——概念、命题、方法等)的"现实"起源、历史起源,遵循数学在形成过程中发明、发现和创新等发展规律,进行数学教学.

一、学习"形式化"的数学需要返璞归真

数学具有形式化的特点,其表现形式比较抽象,总给人一种冰冷的感觉.在数学的形成发展过程中,数学活动却是生动活泼的.著名数学教育家弗赖登塔尔这样描述数学的表现形式:"没有一种数学思想,以它被发现时的那个样子公开发展出来,一个问题被解决后,相应地发展成为一种形式化技巧,结果把求解丢到一边,使得火热的发明变成冰冷的美丽."

在数学教学中,往往有这样一种现象:照本宣科地教学,总不成功;对教学内容要深入研究,吃透内容,进行教学法加工,才有好的效果.

什么叫深入研究?怎样进行教学法加工?

我们在教科书上看到的,往往是一种较为形式化的概括表述的数学,这种"冰冷"表现为数学形式化的链条,包括准确地定义,逻辑地演绎,严密地推理,一个字一个词地印在书上的形式.在数学教学中,教师如果有意识地、主动地、创造性地恢复(或模拟)当初数学家发明、创新时的形态,即把数学的学术形态,转化为数学的教育形态,展现数学的魅力,使学生通过自然而朴素的数学活动过程,激起学生学习数学的热情,从而使学生领会数学的本原,引导学生自己动口、动手、动脑,互相讨论,亲历数学知识的发生、发展过程,体会探索、创新的曲折及甘苦,从中掌握数学知识、方法、思想,切实提高相关的修养及品质,则教学效果将会大不一样.

传统的数学观认为:数学知识是指那种数学术语或数学公式来表述的系统知识,形态上只有陈述性和程序性的特点,这是其"显性"特征.

数学方法论指导下的数学教学则把数学看成是在数学活动中形成的,是一个"数学化"的过程.在这个过程中,有很难用或不能用言语、文字或符号表述的"缄默知识"——只可意会,不可(或难以)言传的个人知识,这种"知识"具有过程性和个性(带有个人色彩),具有"隐性"特点.

实际上,"数学"从其最后确定的结果来看,是"显性"知识,具有"显形态";而从其形成过程而言,具有"隐形态".

数学知识的"显形态"是静态知识,本质上是公开的和社会化的;而数学知识的"隐形态(潜形态)"是动态知识,本质上是潜在的和个人化的."显形态"知识的发现、发明和创造等发展和生成,要依靠"过程",即要"隐形态"的支撑,而"隐形态"的表述和交流必须转化为"显形态".可以说:数学知识的"隐形态"就是数学知识在形成过程中,人们的数学意识以及"数学地思考"——数学意识支配下所使用或创造的数学方法和数学思想,这几乎支配着整个个人数学活动,是获取知识的向导.

比较而言,数学知识的"隐形态"与人的活动和观念之间具有更强的"亲和"性,这是因为,

它融入了学生个体特定的数学活动场景中的特定的心理体验,渗透着那些不可言喻的、下意识或潜意识的个性感受,对数学学习者来说是鲜活的、有生气的,是温暖而亲切的.数学知识的"显形态"虽然与人们的活动和观念之间,具有一定的"偏离性",但它毕竟具有公开性和社会性的特点,便于表述和交流.

教师恰当运用教学艺术和策略,引导学生通过"数学活动",领会数学本质,让学生自己动口、动手、动脑,亲历数学知识的发现、发明和创造过程,获得个性化的数学知识,然后再将其转化为社会化的数学,这就是返璞归真的数学教学原则的真谛.

返璞归真这一教学原则,可派生出以下两条原则.

1. 抽象与具体相结合原则

数学研究对象是抛开事物所具有的质的属性,而抽象概括出量的属性的结果.发展学生的抽象思维能力是数学的主要目的之一,从具体到抽象,这是认识的基本规律,也是数学教学中必须遵守的规律.

数学的抽象还具有层次性的特点.在教学过程中,教师要把逐渐提高思维的抽象程度与具体直观的教学活动结合起来,以利于学生对抽象内容的理解,不断发展抽象能力.

2. 数学知识形态转化原则

对数学来说,数学知识有两种形态,一种是学术形态,即数学家的研究成果,发表在报刊上的那种凝练的形式;另一种是教育形态,即在数学教学过程中,数学知识经教学加工后所表现的形态.它们有其一致的一面,可以互相转化.但由于两种形态是为了满足不同的需要,因此从教育观点上看,也有着巨大的差别.归纳起来大致有:过程的有无不同,表述的顺序不同,语言的详略不同,确定性与动态性不同,等等,归根到底,是死与活的不同.学术形态是完成了的,往往逆着人的思考顺序表述,使用数学符号的组合,难度难懂,这已成为学生学习的一种障碍.教育形态数学,则如行云流水,用理想顺畅的形式,把知识生长(发现、发展)的曲折过程展现在学生面前,它是活生生的,丰富有趣的,充满生活气息和人情味的,因而是可亲可近的,是数学知识、思想、方法以及技能技巧和相关品质被学习者汲取、构建的合适形式.同时,数学的教育形态又是对数学的过程性、动态性、归纳的一面的一种补充和强调.但数学的学术形态也有其优越性,为了研究和应用,能读会"啃",学会转化也是应该的.

数学知识的学术形态向教育形态的转化,是教师进行有效数学教学的必需工作,也是数学返璞归真教学原则的重要体现,这就要求教师通过科学的教学设计完成转化工作.

二、充分发挥数学的教育功能需要返璞归真

很多人都有这样一种体验,学过的数学知识(数学知识的"显形态"),若今后不再直接应用,很快就会"还给老师".然而,不管从事什么工件,那些深深铭刻在头脑中的数学精神(意识),数学的思想方法、研究方法,甚至经历的失败与挫折,却随时随地发挥着作用,使人终身受益.这些所谓的"数学精神(意识)","数学的思想方法"、"失败和挫折"等,不能说没有"传授"的功绩,但更多的则是学习者在数学活动中的体验、领悟、反思等的升华,也可以说是学习者在数学活动中所获的"隐性"知识的固化、内化和升华.因此,与其说数学知识的"隐形态"是

一种知识,倒不如说是基于知识、经历的素养,是从个人数学活动中所获得的具有个性特征的能力和观念,它包括归纳、类比、猜想、假设、直觉等合情推理能力,对一般的"洞察力"以及元认知等多种因素.

数学"隐性"知识的形成过程是复杂的,在这方面还有必要展开专门研究.但有两点可以肯定:一方面必须学习者个人参与活动,别人无法代替!如何引导学习者积极参与?这需要教师进行合理的教学设计;另一方面是必须经过长时间的积累,这里有渐进,也有跃迁.这就是说,教师们要长期坚持引导,给学生一定的"活动空间".

如果我们把数学知识的"显形态"看做是"钓"到的几条鱼,那么数学知识的"隐形态"则是钓鱼活动中对失败和成功的体验,以及由此对鱼的生活习性和活动规律的把握.如果说数学家研究数学的主要目的在于对"鱼"的获取,而学生学习研究数学则侧重于对"渔"的把握.返璞归真的教学原则就是力求给学生提供这样一个习"渔"的过程.所以说,返璞归真的教学原则的实施,可以充分发挥数学的教育功能,使数学教学不仅"授人以鱼",还可"授人以渔"!

当然,对"鱼"的追求与获取是对"渔"的把握的载体,或者说,没有对"鱼"的追求,也就不存在对"渔"的把握;而对"渔"的把握、丰富和发展又促进了对"鱼"的获得.

§10.2 "教猜想,教证明"并重的原则

数学的另一个重要特点就是具有严谨性.因此,传统的教学观要求学习者"言必有理,推必有据".但严谨并不是数学的全部.科学的数学教学观认为,按照数学的发展规律,数学的思维方法,以及数学中的发现、发明和创新等法则,设计数学教学.这就要顾及到数学教学的两个侧面,坚持证明、发现并重,"既教猜想,又教证明".当然,发现有层次,发明创新有大小.教师要根据学生的具体情况,进行"发现的设计,使学生获得发现的经历".

一、先猜后证,其乐融融

该原则是基于数学的两重性:数学既是严谨的演绎科学,又是实验性的归纳科学.即数学的发生、发展过程是观察、实验、归纳、类比、猜想、联想等合情推理与判断与证明等演绎推理的交织互动.

在解决一个问题之前,先要猜想结论,再推测证明途径,然后才试探着给出结论的推证过程,成功了,才按严格的演绎式加以整理.这样的数学,使学生有心理准备,了解结论和证明是怎样产生和找到的,可以学习探索、研究、发现发明的方法和经验,懂了、会了,看出门道了,从而会感受到学习数学的情趣.

例1 求内接于给定 $\triangle ABC$ 的矩形中心的轨迹.

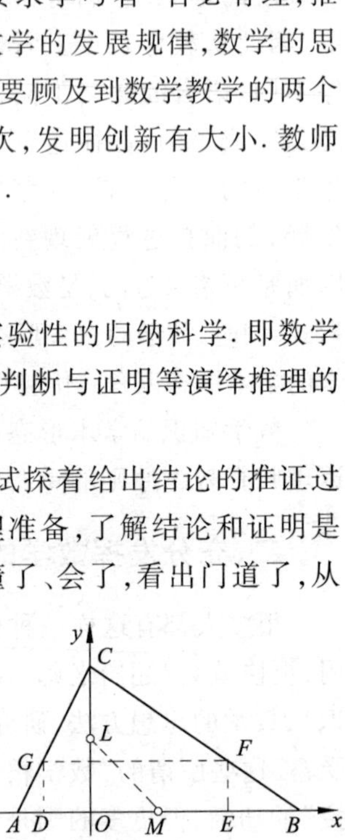

分析:如图 10-1 所示,不妨设 $\triangle ABC$ 的内接矩形 $DEFG$ 的边 DE 在 $\triangle ABC$ 的底边 AB 上,AB 在 x 轴上,顶点 C 在 y 轴上,其坐标分别为 $A(a,0)$、$B(b,0)$、$C(0,c)$,此时"坐标化"用到了"创造"——给出 $\triangle ABC$ 的"确定"位置,目的是使所求轨迹易于形式

图 10-1

化．同时,还应注意,坐标化的形式不是唯一的.

猜想：如果内接矩形非常"扁平",即几乎与 AB 重合,则其中心坐标为 $M\left(\dfrac{a+b}{2},0\right)$；若内接矩形非常"竖扁",即几乎与 OC 重合,则其中心坐标为 $L\left(0,\dfrac{c}{2}\right)$；直线 ML 的方程为 $\dfrac{x}{\dfrac{a+b}{2}}+\dfrac{y}{\dfrac{c}{2}}=1$.

若 GF 是 $\triangle ABC$ 的中位线,则内接矩形的中心坐标为 $\left(\dfrac{a+b}{4},\dfrac{c}{4}\right)$,它满足 ML 的方程. 于是猜想：所求轨迹是以 M、L 为"端点"的线段,其方程为 $\dfrac{x}{\dfrac{a+b}{2}}+\dfrac{y}{\dfrac{c}{2}}=1$,其中 $x>0,y>0$.

这是直觉思维的作用,从某种意义上说,也是"洞察力"的体现. 这是一种非同寻常的发现能力——透过现象看本质的能力,"见微而知著"的能力.

当然这种能力的养成是长期形象思维训练的结果,渗透运动、变化的观点和极限的思想,有助于这种训练.

那么,这个猜想正确吗？ 先猜后证！

证明：因为 $BC:\dfrac{x}{b}+\dfrac{y}{c}=1,AC:\dfrac{x}{a}+\dfrac{y}{c}=1$,设 $F\left(b-\dfrac{bt}{c},t\right),G\left(a-\dfrac{at}{c},t\right)$,则 $D\left(a-\dfrac{at}{c},0\right)$,$DF$ 的中点也即内接矩形的中点坐标满足参数方程：

$$\begin{cases} x=\dfrac{(a+b)\left(1-\dfrac{t}{c}\right)}{2} \\ y=\dfrac{t}{2} \end{cases}\quad (t\ 为参数).$$

故有

$$\dfrac{x}{\dfrac{a+b}{2}}+\dfrac{y}{\dfrac{c}{2}}=1.$$

猜想正确！

实际上,一元二次方程的求根公式的导出,也是先猜想无一次项,然后发现"配方"消去一次项而推出的.

徐利治教授指出："发现和创新比命题论证更重要. 因为一旦抓到真理之后,补行证明往往只是时间问题."他总结了一个公式：

$$创造力 = 知识量 \times 发散思维能力.$$

他还说："如果知识渊博,想象力也丰富,则创造力强,反之则弱. 根据脑科学理论,在学习中要让左右大脑并用,尤其应该开发右脑的功能,把重点放在形象思维的训练上."

教猜想就是让学生切身体会到新命题的发现过程,促进和培养学生的发现能力.

忽略"归纳、猜想过程"的纯演绎式教学,既违背了数学的本性,又违背了认知规律,至使数学教学索然无味.

若按"归纳—演绎"式进行教学,"既教证明,又教猜想",不仅可以增加数学的趣味性和学习过程中的情趣,而且也有利于发展学生的直觉思维能力和创造性思维能力.

二、"既教猜想,又教证明"的途径

在学生对某些定理掌握之后,适时推陈出新,可培养学生创造能力.推陈出新是"既教证明,又教猜想"的具体体现.

例2 勾股定理的推广.

(1)希波克拉底(Hippocratrs of chios)问题:分别以直角三角形的勾、股、弦为直径作半圆,如图 10-2 所示,则勾、股上的两个月牙形的面积之和等于直角三角形的面积.

(2)在直角四面体 $S\text{-}ABC$ 中,过 S 的三条棱两两垂直,如图 10-3 所示,则 $S^2_{\triangle ABC} = S^2_{\triangle SAB} + S^2_{\triangle SBC} + S^2_{\triangle SCA}$.

(3)在空间直角四边形 $ABCD$ 中,如图 10-4 所示,$\angle C = 90°$,AB 垂直平面 BCD.则 $AD^2 = AB^2 + BC^2 + CD^2$.

证明:略.

在解决了某些问题后,推陈出新,可充分发挥该问题的教育功能.

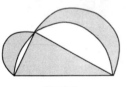

图 10-2

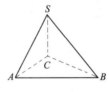

图 10-3

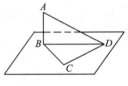

图 10-4

例3 线段 AB 的两端点在直角坐标系的两坐标轴上滑动,求其中点的轨迹.

分析:易知中点到原点的距离等于线段 AB 长的一半(定值),所以其轨迹是一个圆.

但问题在于能否推陈出新!

(1)线段 AB 上某三等分点的轨迹是什么?

(2)任意点的轨迹是什么?

更为重要的是这样引发了学生的联想,培养了学生的创新意识,创设了创新的情境——引导发现了"星形线作为直线族与椭圆族的公包络"这一事实(在微积分中,它只作为直线族的包络曲线).这一发现不仅把分布在中学数学中看来是零星的、分散的、孤立的而实际上是相互联系的知识,如线段的中点轨迹——圆、椭圆和直线的参数方程,椭圆规的构造及原理,星形线等都串联进来了,构成了一个整体,融会贯通了由曲线求方程和由方程求曲线、曲线的切线的概念,以及求切线和切线长等许多中学数学知识,并沟通了初等数学与高等数学之间的联系(参见§10.3例1).

例4 追及趣谈.

我们熟知龟兔赛跑问题:兔子的速度为 10 m/s,乌龟的速度为 0.1 m/s,兔子在乌龟后面

100 m 处,同时同向赛跑.多少时间兔子可追上乌龟? 兔子追上乌龟时跑了多远?

分析与解：问题是简单的,设 $x(s)$ 兔子追上乌龟,则有 $10x = 0.1x + 100$,所以 $x = \dfrac{1\,000}{99}$ s,兔子所跑的路程为: $s = \dfrac{10\,000}{99}$ m.

此问题的解答并不是最重要的! 重要的是我们从中能发现什么.

我们可以这样设想,当兔子跑到乌龟出发地时,跑了 100 m,乌龟前进了 1 m;兔子再跑 1 m,乌龟又前进了 0.01 m;……经验告诉我们,兔子肯定能追上乌龟.兔子所跑的路程也可以这样表示：

$$s = 100 + 1 + 0.01 + 0.000\,1 + \cdots$$

这是一个无限多项的和式,结果应该等于 $\dfrac{10\,000}{99}$.

猜想：如何计算无限多项和式的和? 无限多项和式的和一定存在吗? 这为以后学习级数收敛理论埋下了伏笔.

更进一步,"3 点钟时,钟表盘上的分针与时针互相垂直,那么 3 点钟后,何时分针与时针再次互相垂直?"

由钟面上的时针、分针的互相垂直与重合,自然类比联想到宇宙间诸如火星大冲,日食,月食,乃至"日月合璧,五星联珠,七曜同宫"等天象奇观的周而复始现象,并由此可能会发现隐含于其中的更多、更有趣的数学规律.真可谓"晴空一鹤排云上,便引诗情到碧霄".

教猜想、教证明必须双双坚持,缺一不可!

数学教学中,在活跃的猜想、讨论探索、发散思维等火热的思考之后,一定要有一个冷静的聚敛思维过程,严格区分猜想之真假,认真落实证明推理的每一步,简练工整地书写,修堵每一个漏洞,以追求数学的真善美,培养学生的理性精神,锻炼学生的意志品质,把传授数学知识与培养学生的智能、发展学生的个性统一起来.使学生喜欢数学,热爱数学,提升学生学习数学的内驱力.

"教猜想,教证明"并重的原则是针对整个数学教学过程而言的,而对于特定的教学内容、特定的学生、特定的阶段与时间,还是要有所侧重的.

"教猜想,教证明"并重这一教学原则,可派生出以下三条教学原则:

1. 严谨性与量力性相统一原则

数学的严谨性是相对的,是逐步发展的.数学科学的任何一个分支都经历了漫长的发展过程.严谨性随各分支的发展逐步提升,但没有"最高",绝对的严谨是不存在的.

数学的严谨性还有另一方面的相对性,侧重于理论的基础数学和侧重于应用的应用数学,二者对于严谨性的要求是不尽相同的,前者要求较高,后者要求较低.相应地,数学专业工作者与一般工程技术人员所要求的数学理论与方法,在严谨程度的要求上也有区别.

量力性是说,要根据学生的知识水平和接受能力,确定应达到什么程度的严谨性.严谨的程度应是学生力所能及,而又必须经过努力才能达到.

2. 数学的科学性与思想性相统一原则

数学教学过程中,要确保数学知识、技能、思想、方法等内容正确无误,恰当注意教学内容的逻辑性与系统性,同时重视其思想性. 通过数学知识(包括解题方法)产生和形成过程的教学,对学生给予思想教育,包括思想与观点、情感与态度,道德及个性品质等,要挖掘教学内容的思想性,寓思想教育于数学知识的教学中.

3. 教学数学知识与培养智能相统一原则

在数学知识的教学中,要注意促进学生智力能力的发展,充分发挥学生的观察、注意、记忆、想象、思维等智力因素与相应非智力因素的功能,加强各因素之间的相互联系,注重学生运算能力、思维能力、空间观念及想象力、数学交流能力、解决问题的能力及自学能力、创新能力的培养,使学生在掌握数学知识、运用数学知识的同时,提高智力能力水平.

数学学习在某种程度上,是以"再创造"的方式进行的,学猜想、学发现是一种乐趣,发现是通过自身活动而得到的一种本领,不是别人硬塞给的.

§10.3 教学·学习·研究同步协调原则

教师的教和学生的学总是通过"数学教材"紧密地联系在一起的,这是因为他们处于同一系统中. 在这个系统中,学生是"学"的主体,教师是"教"的主导,二者的活动具有密切的联系,他们在教学过程中,互相促进,协调发展.

一、教材观

数学与数学教材是不尽相同的,我们把通常说的数学称为数学科学,而把作为学校教学内容的数学称为数学教材. 它们既有联系又有区别. 弄清它们之间的联系与区别,是数学教育的基本问题,也是作为数学教师必须弄清的问题.

两者的联系:数学教材的内容是"数学科学"中的初步的、基本的部分;教材的表述方式仍然保持着演绎的特征,尽可能地反映出"数学科学"的基本方法. 从历史上看,数学科学的发展是由数学萌芽时期到常量数学(初等数学)时期,然后演变到变量数学时期,最后发展到近代数学时期. 而人由幼年到少年、青年的各个时期,即中小学时代,比较适宜学习的数学内容,基本是按照数学发展的顺序来编排的.

两者的区别:除了深度、难度有所不同外,还有下列不同之处.

1. 任务不同

数学科学与数学教材的任务不同,或者说指向不同. 数学科学的任务在于揭示客观世界中的空间形式和数量关系等数学现象和奥秘,发现客观事物在"量"的方面的规律及推进数学理论的完善和发展,或是探索数学技术的应用,借以达到认识世界、改造世界的目的. 而数学教材作为学校的教学内容的重要组成部分,其任务则在于向青少年一代传授最必要、最基本的数学知识,其最终目的是促进学生全面和谐发展,培养学生的可持续发展能力.

数学科学的发展虽然也受到一定社会因素的制约与策动,但它着重解决从数学的角度刻画自然和社会中非心理因素的现象,因而具有一定的独立性.而数学教材必须服从于一定的社会需要和学习者的心理因素的制约,着重解决如何传授或模拟数学活动等问题,要把客观的数学规律同人的主动认知规律统一起来.同时,通过传授"数学知识"和进行预设的数学活动,努力拓展数学在育人方面的特殊价值,充分发挥数学的教育功能,最终达到培养学生的一般科学素养,增进学生的社会文化修养,形成和发展学生的数学品质,促进学生的身心健康的目的.

2. 认知主体不同

数学科学的认知主体是以数学专业工作者、数学家为主体,该主体一般由其成员自愿形成,他们把认知的结果用著作的形式——数学的学术形态来反映,该形态虽然也有一定的社会性,但突出了"数学性".换句话说,只有他们这个主体才可认知.而数学教材的认知主体是学生,认知的结果主要表现为对教材的理解、掌握运用.前者的工作主要表现一种创造性,而后者则主要是传承和内省.

3. 知识结构特征不同

数学科学表现为数学专著活动,它的特点是科学的系统性和结构的严谨性,而且不断统一和集中,它只考虑清楚、明白、严谨地表述数学内容自身,不用考虑阅读者的感觉.数学教材的统一和集中,是作为数学的基本精神和方法看待的,因而同样它也反映在数学的基本结构中.除此之外,数学教材的结构还要考虑学习者的感受这一重要因素.

如果说数学科学的表现形态是"数学的学术形态",那么数学教材则是数学的学术形态与教育形态相结合的产物.在进行数学教学时,教师还要将数学教材转化为"教案",即要进行教学设计,继而转化为教学过程,这个"教学过程"也就是数学在简化的、理想的(相对于数学的真实历史发展过程来说),但是可信的环境下的生长过程.

4. 思维方式不同

数学科学是用尽可能严密的演绎体系来反映的,并以形式逻辑和抽象思维作为其外部特征,这就是我们所说的数学具有高度的抽象性和逻辑的严谨性的特点.而数学教材,它强调正确地反映科学认知的辩证思维过程,以及形象的、直觉的、归纳的和类比的数学探索性思维.如果说数学科学的思维强调的是一种结果,则数学教材的思维更侧重于"过程".当然,数学教材出于学会科学演绎和掌握足够知识的需要,必须保留演绎科学的特征.

在论证方面,数学科学除了确认为公理的原理之外,所有结论都必须有严格的推导或证明,以保留其逻辑的严谨性.而数学教材则考虑不同年龄段学习者的理解水平,只要求相对的严谨性.对于公理的要求,数学科学一般要求公理的独立性,并尽可能少.而数学教材常常使用"扩大公理系统",容忍对非独立公理的使用.

二、数学教学过程中的学生与教师

数学教学活动是学生与教师、学生与学生之间的多边活动,在这个活动中,教与学相互依存,相互作用,教师与学生各以对方的存在为自身存在的前提.教与学、学与学相互支持、相互渗透、相互支撑、相互转化,多方不断地进行着教学信息的传递.当然,由于计算机的广泛使用,许多交流可通过计算机高效实施.立足当代,放眼未来,教学活动的根本目的是为学生的可持续和谐发展奠定基础.能否实施好这一教学原则,与教师的如下两"观"密切相关.

1. 学生观

学生是教的对象,是学习的主体.学生的主体性的发展首先体现在应具有一定的意识、精神、品质和能力.

(1)主体意识.数学教学过程中,学生主体应具有积极参与意识和主动发展意识,教学要致力于强化学生的主体意识,相信学生是能积极思考,具有主观能动性、活生生的人.学生在学习数学的过程中,是能够动脑动手,主动提出问题,并认真探索和解决问题,逐步掌握数学的精髓,形成和发展数学品质的.

(2)主体精神.数学教学过程中,学生主体应具有独立自主的精神、合作精神和科学精神.独立自主精神:能根据自己的情况,积极主动地构建自己的数学认知结构,获得全面发展,学会做自己生命的主人.合作精神:国际21世纪教育委员会主席雅克·德洛尔向联合国教科文组织提交的报告中提出了教育的四大支柱"学会认知,学会做事,学会共同生活,学会生存".[29]数学教学过程中,鼓励学生间的合作、交流,对提高学生的表达能力、交流能力、正确处理人际关系能力、集体合作能力都大有益处.科学精神:数学教学过程中,学生应勤思多想,勇于探索,不盲从于经验,多一点批判精神,要具有实事求是、热爱科学、善于发现问题、勇于追求真理的精神.科学精神是时代精神.

(3)在数学教学中,要致力于提升学生的主人翁责任感、毅力和自信心,并能自律.责任感是个体发展目标和社会发展目标和谐一致的表现,也是个体不断进取、主动发展的动力,培养学生克服困难的勇气和毅力,正确对待挫折的态度和很好地完成数学学习任务的自信心,对学生发展十分重要.

在数学教学中,还应努力培养学生的学习能力和创造能力.这是学生持续发展的必要条件,也是学会认知的目的所在.

发展的核心是创新,创新是发展的灵魂.没有创新就没有发展.在数学教学中,培养和发展学生的创新意识和创新能力,是他们主动地、创造性地从事数学学习活动,形成和发展数学品质的需要,也是国家进步、社会发展、民族复兴的基础.

2. 教师观

教师是数学教学活动的主导,是教学过程中的关键因素,欲有效地发挥作用,除了"吃透教材之外",教师还要做到:

(1)有效指导.教师在引导学生学习知识的同时,还要启发学生思考,引导学生发现、发明.教师要"控制"数学教学进程,"主导"探索发现方向,科学"调配"教学资源.这里"控制"、"主导"、"调配"都是以学生发展为本,以学生的发展需要为转移.

从过程角度看,教师的有效指导体现在:首先是创设问题情境,激发学习动机,明确数学学习目标;其次是以多种形式、多种手段引导学生发现,寻找规律;其三是指导练习,归纳结论,指出进一步的学习目标.

(2)有效组织.现代数学教学是一种混沌过程,教师要学会混沌控制.教学组织工作非常重要.教师作为主导,是教学的组织者和指挥者.要根据各种因素的特点;选择有效的控制方式,制定教学方案,注重临场发挥,调遣各种积极因素,有效控制消极因素,实现教学目标.

（3）有效评价.好学生是夸出来的.数学教学中,学生主动学习积极性的保持与充分发挥,也在于教师的有效评价.教师要重视和利用评价杠杆,本着公正且实事求是的原则,促进学生学习和发展.充分发挥评价的诊断、导向、调整和激励功能.

（4）学高身正.教育是人类有意识地促进自身发展和实现社会进步的过程,是人与人之间进行态度、情感、能力、知识等的传播和影响活动.教师要注重发挥自己人格的力量,用自己的思想、态度、情感、行为影响学生.“学高为师,身正为范”.教师要“爱其生”,这样才能使学生“亲其师,信其道”.

三、教学·学习·研究同步协调原则

教学研同步协调原则的基本内容是:教师的教学过程,也就是学生的学习过程,两者统一于师生共同参与的研究、探索、发现过程.教师怎样组织好、指导好这个过程,我们提出两点:①教师本身要有研究和发现的经历.因为一个人,从未研究过数学,他怎么去指导别人去研究;一个从未发现（哪怕是再发现）过任何数学中的东西的人,他怎样去引导学生去寻找发现的契机? 自然,研究和发现是不容易的,但又是作为“数学教师”的人能够企及的.这里,不是能不能的问题,而是为不为的问题;这就是“教学研同步协调”原则对老师自身的要求:把自身的学习、教学、研究抓起来.否则,就无法成为称职的数学教师.②仔细研究和体味这个“教学研同步协调”的过程,它很难预先“完全设计好”,就好像一场球赛,是一个典型的混沌过程,主要靠临场发挥.在这里,控制这个过程既是科学,又是艺术.研究这样的过程,认识它的规律,是真正的挑战.

该原则体现了全新的教学观,它可派生出以下三条教学原则:

1. 教师启发诱导与学生积极参与相结合原则

教师要善教乐教,善于创设问题情境,启发引导学生独立思考;学生要乐学善学,积极动脑、动口、动手参与数学学与教的活动,创造性地进行学习,在融会贯通掌握知识的同时,充分发展自己的思维能力与创新能力,当然,良好的师生关系是前提.其中,不断地提出问题,就能活跃教学气氛,把教学研究引向深入,引向发现.

例 1　星形线作为直线族与椭圆族的公包络——中学教材中一道解析几何习题的引申. [28]

题目 1：一条线段 $AB(AB = r)$ 的两端点 A 和 B 分别在 x 轴和 y 轴上滑动,求线段 AB 的中点 P_0 的轨迹方程（六年制重点中学平面解析几何课本 P81.15）.

解：设 P_0 点的坐标为 $P_0(x_0, y_0)$,以线段 AB 与 x 轴的夹角 θ 为参数,则

$$\begin{cases} x_0 = \dfrac{r}{2}\cos\theta \\ y_0 = -\dfrac{r}{2}\sin\theta \end{cases} \qquad \theta \in [0, 2\pi]$$

或

$$x_0^2 + y_0^2 = \left(\frac{r}{2}\right)^2. \qquad\qquad ①$$

当 θ 从 0 到 2π 变化时,P_0 点依反时针方向描出一个圆心在原点、半径为 $\dfrac{r}{2}$ 的圆,如图 10-5 所示.

把题目 1 作一推广,改为:

题目 2:题目 1 中其他条件都不变,求线段 AB 上任一定点之轨迹.

解:如图 10-6 所示,仍取 θ 为参数,设 AB 上任一点为 $P(x,y)$,另设 $AP=a$,$PB=r-a$,则

$$\begin{cases} x=a\cos\theta \\ y=(a-r)\sin\theta \end{cases} \qquad ②$$

$\theta\in[0,2\pi]$ 为参数,$a\in[0,r]$ 为一常数.

讨论:(1)当 $a\neq0$、r 时,即 P 不与 A 或 B 重合,它是一个中心在原点,半轴长为 a 和 $(r-a)$ 的椭圆

$$\frac{x^2}{a^2}+\frac{y^2}{(r-a)^2}=1. \qquad ③$$

且当 $\dfrac{r}{2}<a<r$ 时焦点在 x 轴上;当 $0<a<\dfrac{r}{2}$ 时焦点在 y 轴上;当 $a=\dfrac{r}{2}$ 时方程③化为①,如图 10-7 所示.

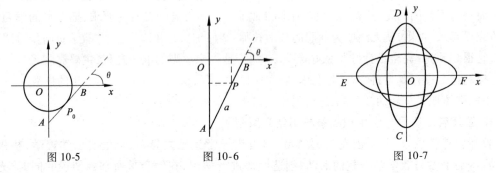

图 10-5　　　　　　图 10-6　　　　　　图 10-7

(2)当 $a=0$、r 时,即 P 与 A 或 B 重合,线段 AB 两端点的轨迹方程为

$$\begin{cases} x=0 & \text{当 } y\in[-r,r] \\ y=0 & \text{当 } x\in[-r,r] \end{cases}. \qquad ③'$$

在方程③中,我们固定了 a 为一常数,而当 a 在区间 $(0,r)$ 上连续取值时,线段 AB 上的点便描出一系列的椭圆,这样我们可以得到一个椭圆族:

$$\frac{x^2}{a^2}+\frac{y^2}{(r-a)^2}=1 \qquad a\in(0,r) \text{ 为任意常数}. \qquad ④$$

我们不妨作一实验.以黑板的一角作为坐标平面的一个象限(左上角为第四象限依次类推),黑板边缘作为坐标轴,在具体长度为 r 的直尺上固定一点,分 $0<a<\dfrac{r}{2}$、$a=\dfrac{r}{2}$、$\dfrac{r}{2}<a<r$、$a=0$、$a=r$ 等几种情形反复试验几次,便可验证上述结论.如果细心地考察一下实验过程,将会发现:

直尺在滑动过程中,好像描出了一条凹型曲线,它总是向黑板的角落里"凹"进去,可是直

尺上任一定点的轨迹却都是向外"凸"出来的.

既然如此,这条"凹型"曲线到底存不存在呢? 假如存在它又是什么呢? 怎样求来它的方程? 它与直尺及上面的椭圆族④有何关系?

事实上,直尺在滑动过程中,除了它上面的点所描出的椭圆族④之外,直尺本身在每一瞬间所确定的直线还构成一个直线族,它们被两坐标轴截下的线段 AB 具有定长 r. 要求这直线族的方程,只要在方程②中固定住 θ,而把 a 视为区间 $[0,r]$ 上的参数,便得线段 AB 上动点从 A 运动到 B 时所描出线段的参数方程

$$\begin{cases} x = a\cos\theta \\ y = (a-r)\sin\theta \end{cases} \quad a \in [0,r] \text{为参数}, \theta \in [0,2\pi] \text{为常数}.$$

消去参数 a,仍把 θ 视为某些区间上的任意常数,就得到直线族的方程

$$\frac{x}{\cos\theta} - \frac{y}{\sin\theta} = r, \theta \in [0,2\pi] / \left\{0, \frac{\pi}{2}, \pi, \frac{3}{2}\pi\right\} \qquad ⑤$$

这里不含与坐标轴重复之直线.

我们只要多画出⑤中的一些直线,通过实验证明那条"神秘曲线"确实是存在的. 如图 10-8 所示,从图中我们还可以看出,直尺在运动过程的每一瞬间恰好是那条凹型曲线的一条切线. 切线长即直尺长在变化过程中都等于定长 r.

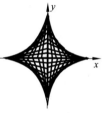

图 10-8

由于实验中的发现,我们把问题进一步引申.

题目 3:求一曲线,使得它的切线被两坐标轴截下的线段 AB 具有定长 r.

解:建立如图 10-9 所示的坐标系,设 $P(x,y)$ 是所求曲线上任一点,过 P 点的切线与 x 轴的夹角为 θ,则切线 AB 的方程为

$$Y - y = (X - x)\tan\theta.$$

令 $X = 0$,得 $Y = y - x\tan\theta$;令 $Y = 0$,得 $X = \dfrac{x\tan\theta - y}{\tan\theta}$. 于是 A、B 两点的坐标分别为 $\left(0, y - x\tan\theta\right)$ 和 $\left(\dfrac{x\tan\theta - y}{\tan\theta}, 0\right)$. 由题意得

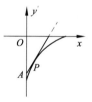

图 10-9

$$\left(\frac{x\tan\theta - y}{\tan\theta}\right)^2 + (y - x\tan\theta^2) = r^2 \text{ 或 } y = x\tan\theta \pm \frac{r\tan\theta}{1 + \tan^2\theta},$$

但 $y' = \dfrac{\mathrm{d}y}{\mathrm{d}x} = \tan\theta$,故

$$y = xy' \pm \frac{ry'}{1 + y'^2}, \qquad ⑥$$

这就是未知曲线的微分方程. 设 $y' = p$,形如

$$y = px + f(p)$$

的方程叫做克列罗(Clairant)方程,对⑥的两边微分并整理得

$$p'\left[x \pm \frac{r}{\sqrt{(1+p^2)^3}}\right] = 0.$$

由 $p' = 0$，得 $p = c$，代入⑥，得

$$y = cx \pm \frac{rc}{1+c^2}, (c\text{ 是任意常数})$$

这是⑥的一般积分，就是直线族⑤

$$y = cx \pm \frac{rc}{1+c^2} \Rightarrow cx = y \pm \frac{rc}{1+c^2} \Rightarrow x\tan\theta = y + \frac{r\tan\theta}{\pm\sqrt{1+\tan^2\theta}}$$

$$\Rightarrow x\frac{\sin\theta}{\cos\theta} = y + r\sin\theta \Rightarrow \frac{x}{\cos\theta} - \frac{y}{\sin\theta} = r.$$

由 $x \pm \dfrac{r}{\sqrt{(1+p^2)^3}} = 0$ 及 $p = y' = \tan\theta$，得 $x = \mp r\cos^3\theta$，

再由⑥得

$$y = \pm r\sin^3\theta,$$

这两项中消去参数 θ，得

$$x^{\frac{2}{3}} + y^{\frac{2}{3}} = r^{\frac{2}{3}}.$$

这就是我们所熟悉的星形线方程，这里它作为方程⑥的一个奇解，它是圆内旋轮线的一种.

必须指出，我们这里求得的星形线并非线段 AB 上任一定点之轨迹，亦非线段 AB 之轨迹. 与前面一样，我们只要多画出族④中的一些椭圆，同样可以描出这条曲线(见图 10-10)，它作为椭圆族④和⑤中的线段族的公共边界恰好把这两族曲线封闭在内，并且这曲线在每一点有族④中的一个椭圆和族⑤中的一条直线与之相切，下面我们引入曲线族的包络概念：

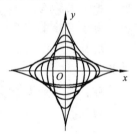

图 10-10

所谓曲线族的包络是这样的一条曲线，在这曲线上所有的各个点，它与曲线族中各个不同的曲线相切，就是说，在曲线上每一点，这曲线与曲线族中通过这点的曲线有公切线.

借助于曲线族的方程④和⑤，并根据上述定义，我们不难求出它们的包络曲线(可参考《高等数学教程》二卷一分册，B. N. 斯米尔诺夫著，孙念增译).

题目 4：求椭圆族④的包络曲线.

解：为求椭圆族④的包络曲线，我们把方程中的 a 看做是 x 与 y 的未知函数而并非任意常数，方程④的两边对 a 求偏导数，得

$$\frac{2x^2}{a^3} + \frac{2y^2}{(a-r)^3} = 0,$$

把它与④联立并解出 x^2 和 y^2，得

$$x^2 = \frac{a^3}{r}, \qquad y^2 = \frac{(r-a)^3}{r},$$

消去 a，得

$$x^{\frac{2}{3}} + y^{\frac{2}{3}} = r^{\frac{2}{3}}.$$

题目 5：求直线族⑤的包络.

解：我们仍把⑤中的 θ 视为 x 与 y 的未知函数而并非任意常数，对⑤的两边求 θ 的偏导数，得

$$\frac{\sin\theta}{\cos^2\theta}x + \frac{\cos\theta}{\sin^2\theta}y = 0,$$

把它与⑤联立并解出 x 与 y，得

$$\begin{cases} x = r\cos^3\theta \\ y = -r\sin^3\theta \end{cases},$$

消去 θ，得

$$x^{\frac{2}{3}} + y^{\frac{2}{3}} = r^{\frac{2}{3}}.$$

由此可知，方程⑥的奇解即星形线就是椭圆族④和直线族⑤的公包络，如图 10-11 所示.

以上只是我们个人对问题的推演，而实际的课堂"讨论"过程，决不会如此顺畅，而会有更多的波折歧路，也会有更多的精彩和意外的奇妙！

只有尊重学生，遵守混沌规律，满腔热情地迎接学生的创造，适时抓住闪现的思维火花，才能使学生主动参与. 师生良性互动，同步协调，可使学生萌发创造的欲望，从而进行研究性学习. 研究产生信念. 信念的依据是经验与直觉，信念是抽象的，而经验是"直观"的.

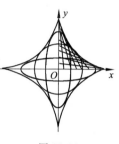

图 10-11

例 2　用铁丝绕一个半径为 1 cm 的小球（的大圆）作成一个圆圈，再用铁丝作一个比它的周长长 1 m 的大圆圈，两圆相套成同心圆. 试问：两圆圈之间能放下一个拳头吗？

分析：直觉与经验告诉我们，能！一定能！为什么？不信？可试一试！

设想用铁丝绕地球赤道作一个圆，在其外套一个比它的周长长 1 米的同心圆，两圆之间能放下一个拳头吗？

一般回答不能. 因为不能经验：乍一想，1 m 与赤道周长比，几乎没有什么！两圆周之间可能连巴掌也放不下，别说拳头！

事实果真如此吗？

我们用数学计算一下.

第一个问题：小球半径为 1 cm，较大同心圆周长为 $(2\pi + 100)$ cm，半径为 $\left(1 + \dfrac{100}{2\pi}\right)$ cm. 半径之差为：$\dfrac{100}{2\pi}$ cm ≈ 15.9 cm.

能放下拳头.

第二个问题：地球半径为 637 824 500 cm，另一圆半径为 $\left(637\,824\,500 + \dfrac{100}{2\pi}\right)$ cm，半径差仍为：$\dfrac{100}{2\pi}$ cm ≈ 15.9 cm.

同样能放下拳头！

这就是数学研究.

这种研究是在教师诱导下进行的,学生积极主动参与其中.研究过程是同步的、和谐的,而不是生硬地灌输给学生.

2. 教师合理化组织与教学方法手段相结合原则

在数学教学过程中,教师要根据教学任务、内容、学生的特点,选取有助于教学实施的教学组织形式,掌握各种传统的和现代化的教学方法与手段,并优化综合运用,发挥整体效应,以实现数学教学的最佳效果.

3. 学生信息反馈与教师的调节相结合原则

在数学教学过程中,教师要有意识地通过多种渠道,及时获取教与学的反馈信息,及时调节或强化教学活动,提高教学效率.

问题与课题

1. 试述教与学"形式化的数学"的返璞归真之路.

2. 落实"理论联系实际的教学原则"要注意什么?

3. 举例说明"抽象与具体相结合的原则".

4. 试论数学知识的形态转化在教学中的意义.

5. 试论"授人以鱼,不如授人以渔".

6. 数学教学为什么要"既教猜想,又教证明"?

7. 以一元二次方程为例,谈谈如何"既教猜想,又教证明".

8. 数学教学为什么要严谨性与量力性相统一?

9. 在数学教学中如何渗透思想教育?

10. 试论数学教学中培养智能与"再创造"的关系.

11. 数学科学与数学教材的联系是什么? 主要区别是什么?

12. 试谈对数学的"学术形态"和"教育形态"的理解.

13. 试论教学中学生的主体地位.

14. 试论教学中教师的主导作用.

15. 如何理解教学·学习·研究同步协调原则? 它有哪两层意思?

16. 试论教学中教师的引导与学生积极参与的关系.

第四篇
数学教学设计

如果说数学教育是一门科学,那么数学教学设计既是一门科学,更像一门艺术。科学崇尚真与善,而艺术崇尚美,数学教学设计应集真、善、美于一身。

第11章 数学教学设计概说

任何形式的教学活动,都可能使学生得到发展.但只有经过科学设计的合理的数学教学活动,才能充分发挥其技术和文化教育功能,使学生得到更好的发展.当然,由于设计者的观念不同,教学设计乃至教学效果必然千差万别.

§11.1 数学教学设计应关注的问题

数学方法论的数学教育方式认为,在数学教学中,教师应立足于充分发挥数学的育人功能:既要面向全体学生,又要注重个性化教学.从数学教学的总目标——"致力于培养学生的一般科学素养,增进社会文化修养,形成和发展数学品质"出发,数学教学应遵循三条基本原则:着力培养学生掌握和利用数学知识的态度和能力,激发学生的创造潜能,帮助学生学会学习,为其终身学习奠定基础——使学生具有强烈的学习愿望,养成良好的学习习惯,掌握科学的学习方法等,同时实现教师的自身提高.因此,数学教学设计应倍加关注.

一、从"注重知识传授"转向"注重学生全面发展"

回顾本世纪数学教学所走过的路程,大体沿着"以知识为本—以智力为本—以人为本"的轨迹发展.当代数学教学应致力于提高学生的整体素质,真正做到"以人为本",这决定了数学教学不是"教教材",而是"用教材教",即通过数学知识、技能的传授,最大限度地发挥数学的育人潜能,实现育人的功效.

　　从注重知识的传授,到要求教师以人为本,突出了培养学生的创新和实践能力、收集处理信息的能力、获取新知识的能力、分析解决问题的能力,以及交流协作的能力,发展学生对自然和社会的责任感,要让每个学生有健康的身心,优良的品德,终身学习的愿望和能力,科学和人文素养,使学生养成健康的审美情趣和生活方式,从而实现全体学生的发展以及学生个体的发展.

二、从"以教师为中心"转向"以学生为主体"

　　一堂数学课究竟怎么上?传统教学中是教师牵着学生走,学生围着教师转,长此以往,学生习惯了被动的学习,学习的主动性渐渐丧失,学生学会的是答(案),而没有学会"问",不会"问"也不敢"问",因而不能增长"学问",更谈不上创新意识和创新能力的培养.这种以教师"讲"为中心的教学,不利于学生的潜能的开发和身心的发展.

　　学生需要教师的引导和帮助,关键是引导帮助要恰到好处,面对一个"难"问题,教师要"帮助"学生,当学生意识到是在教师的"帮助"下解决的,从教育的角度看,教师的"教"也就失去了意义."教"要做到"善'教'知'时节',育人细无声".

　　从现代教育思想来看,不仅要求老师善教乐教,而且要使学生善学乐学,因此要从学生"如何学"这个基点上来看教师"怎样教".

三、从注重"教学的结果"转向"教学过程与效果并重"

　　"重结果轻过程"这是多数传统课堂教学的弊端.在这种教学中,教师只重视结论,忽略数学知识的来龙去脉,有意无意压缩了学生对新知识的思维过程.这种做法导致学生一知半解、似懂非懂,造成思维断层,降低了数学教育功能的发挥.如有的教师喜欢直接告诉,并要求学生马上应用,甚至让学生一开始就做"变式题",出现严重的"消化不良",同时也加重了学生的负担,降低了学生的学习热情,淡化了学生学习的兴趣.

　　重过程就是在教学中,要揭示数学知识的发现、发明和创新的发展过程,引导学生去"经历"思维过程,让学生通过感知—概括—应用的思维过程去发现真理,掌握规律,使学生在教学过程中思维得到训练,既增长了知识,又发展了能力.

四、教学模式从统一规格化转向个性化

　　要求学生全面发展,并不是让每个学生在每个方面都平均发展.教学设计用一种模式,没有预案;上课用一个方法、没有应变;考试用一把尺寸,没有弹性;评价用一种标准,没有梯度,这是传统数学教学存在的突出问题.这种"加工厂"般的学生生产模式,不符合人的成长规律,严重压抑了学生个性和创造力的发挥,导致了课堂教学中许多问题和不可调和的矛盾的产生.

　　茫茫人海,芸芸众生,各有特征,长短不一,怎能用一个模子去培养.教学有方,教无定法.正如世界上找不到相同的一对树叶一样,我们也找不到两个完全相同的学生,自然找不到能适应任何学生的一种教学方法.这就要求我们做教学设计时,要关注、研究学生的差异,以使适应个性化教学的需要.

　　因材施教,以人为本,针对班级、学生的不同情况,设计有针对性的教学方案,以适应每一位学生的学习需求,这样的数学教学设计所导致的教学行为,才能真正得到学生的认可,促进

学生积极参与学习.

五、无意识—自觉—自如运用数学方法论要素

在数学教学中,教师要恰当运用各种教学方法.据了解,大多数教师不用或无意识地运用数学方法论要素,没有从理论的高度去认识其指导数学教学的作用.而数学方法论的数学教育方式,要求教师要从理论上认识数学方法论的教育价值,自觉地进而自如地运用数学方法论(要素),有效进行数学教学.

数学教学设计所用数学方法论要素操作表

		数学方法论要素	教师教学操作	水平	学生学习状态	水平
数学方法论的教育方式	宏观要素与操作	数学的对象及性质研究	返璞归真教育:密切联系实际,追索本真过程		数学意识,探索能力	
		数学美学方法研究	数学教学中的美育:运用审美原则,引进美学机制		数学美感,审美能力,美德情操	
		数学发明心理研究	数学发现法教育:揭示创造动因,再造心智过程		数学机智,创新能力	
		数学家成长规律研究	数学家优秀品质教育:介绍生平事迹,分析成败缘由		科学态度,研究意识,竞技能力	
		数学史与数学教育史研究	数学史教育:巧用数学史料,关注数学发展		唯物史观,使命感,洞察力	
	微观要素与操作	合情推理方法研究	合情推理教学:教(学)猜想,教(学)发现		合情推理能力,一般科学思维方式,直觉思维能力,形象思维能力	
		数学模型方法、公理化方法和抽象分析方法等逻辑推理方法研究	演绎推理教学:教(学)证明,教(学)反驳		演绎推理能力,抽象和运用符号能力,实际问题数学化的能力	
		徐利治 RMI 原则、波利亚《解题表》、一般解题方法研究	一般解题方法的教学:教(学)策略,教(学)规则,教(学)算法,教(学)应变		数学地进行思考,合理的思考习惯,运筹布算能力,数学才智与才能	

六、从权威的教授转向师生平等的交流

中国传统的师道尊严观念使教师的地位一直凌驾于学生之上(尽管有时教师无意,但文化传统使然).现代青少年见识丰富,思想活跃,对"关卡压"的教学方式,往往不吃那一套.对老师的讲授,敢于质问,甚至向老师的权威挑战.有"师道尊严"的教师,很不习惯,从而师生关系恶化.加之教师忽视情感教育,效果自然不佳.数学方法论的数学教育方式要求建立平等和谐的新型师生关系.教学设计应以此为重要参照点.

教学,有教有学也.教学就是"交流",交流意味着对话,意味着参与,意味着教学相长,它不仅是一种教学活动方式,更是弥漫、充盈于师生之间的一种人间真情和谐氛围.对学生而言,交流意味着心态开放,主体性的凸现,个性的张显,创造性的解放.对教师而言,交流意味着上课不是传授(数学),而是一起分享理解(数学).交流意味着教师角色的转换,由教学中的权威变成合作者,从传统的知识传授者转向现代的学生发展的促进者.

七、评价模式从单一化转向多元化

数学教学设计不仅要设计教学过程,还要预设评价指标,建立科学评价体系.

传统的数学教学评价模式一般以学生的学业成绩(结果的正确与否)作为评价的唯一尺度,且具有甄别和选拔的"精英"功能倾向.这压抑了大部分学生的个性和创造潜能,使他们成为应试教育下潜在的牺牲品.真正的评价应该起到激励导向和质量监控的作用,既评学,也评教.

数学教学评价体系[28]

一级指标	二级指标	基本要素	(A)基本合格水平(B)合格水平(C)优秀水平		综合评价
			评价语言	等级	
具有一般科学素养	合理地进行思考清楚地表达思想有条不紊地工作	数学地思考	在启发下 自觉地 自如地		
		数学常识	基本掌握 掌握 牢固掌握		
		合情推理	局部可靠 基本可靠 高度可靠		
		兴趣情感	爱好学习 爱好科学 兼爱数学		
增进人文修养	行为规范价值观念道德情操	数学规范	训练合格 训练良好 训练有素		
		中外数学史	了解一点 初步了解 基本了解		
		数学美感	感受一般 感受较强 感受强烈		
形成和发展数学品质	数学知识数学才智数学创见与才能	基本知识(含技能技巧)	识记再现 描述理解 诠释理解		
		三大基本能力(含狭义应用)	基本具备 具备 完备		
		发明发现(含广义应用)	点滴发现 较大发现 更大发现		

注:三大基本能力,指数学的逻辑推理能力、运算能力和空间想象能力.

评价充分顾及对学生发展的需求,关注个别差异,帮助学生认识自我,挖掘潜能,建立自信.评价方式也要多样化,不仅要重视量的评价,还要注重质的评价.评价功能要从侧重甄别筛选转向侧重学生的发展,还要强调评价的真实性和情感性,不仅要重视学生解决问题的结果,更要注重学生得出结论的过程.

§11.2 数学教学设计的分类与层次

教学设计的目的是为了更好地教学.对于教学,在不同的情境中,人们可能会有不同的理解.有时,可能泛指在课堂以及课堂外的社会环境中,通过师生的相互交流而促进学生的发展的一切活动;有时也可能指向具体某部分内容或某一节课.也就是说,教学是一个十分宽泛的概念,在具体情境中,其内容有不同的指向.

在数学教学中,内容可以是一个学科(如代数、几何、概率等);或是某一学科中的一个具体分支内容(如函数、方程、统计图等);也可以是一个具体的教学单元(如一次函数、四边形等);还可以是一个更为具体的确定的课题(如一次函数概念的引入、平行四边形性质的探索、实验探究某个随机事件发生的可能性等)等.

不同的教学内容,教学的时空会有所不同.譬如,针对某一学科(如代数)的教学,可能持续一个年级或一个学段;而对于一个教学单元或具体课题的教学,则比较具体,而且持续教学时间相对较少.

教学内容和教学目标的不同,显然会导致不同类型的教学设计.但是,数学教学设计的基本过程大致相同,即明确目标、分析任务、了解学生、设计教学过程、进行评价等五个环节.

当然,不同类型的数学教学设计的侧重点也有所不同,各个环节的详略也不尽相同.

一、学科教学设计案例

例 1 七至九年级(初中阶段)"代数"教学的整体设计.

(一)目标与任务分析

七到九年级学生已积累了一定的生活经验和常识,初步掌握了用自然数和分数(正的)描述某些数量关系与图形的方法.代数的学习可为学生进一步的数学学习提供数学语言、方法和手段.

1. 形成和发展数学品质

首先应使学生掌握一些有效地表示、处理数量关系以及变化规律的工具,掌握相关的知识技能,为学生未来的学习打下一定的知识基础.

其次,代数中蕴含着正与负、精确与近似、数与式、常量与变量、动与静、数与形等对立统一关系,有利于发展辩证思维能力.

第三,在代数(式)的有关概念的抽象概括以及有关知识之间的形式转化过程中,蕴含着大量的思维材料,可以发展学生的抽象概括能力、化归能力、数学探究能力和推理能力.

2. 提高一般科学素养

在实际问题的数学抽象和数学解决过程中,学生可体会到数学与实际的联系,从而增强学生的数学意识和数学联系实际的意识.

体会代数的广泛应用的同时,易于激发学习数学的积极性.

3. 提高人文修养

在具体问题的解决过程中,同时应关注学生合作交流的意识和能力的发展,切实提高学生的人文修养.

(二)教学内容分析

具体而言,七至九年级的数与代数部分的有关内容大致可以分为数及其运算、式及其运算、式与式之间的关系三大板块.

根据总体目标,三个板块也应有相应的更为细化的定位.

1. 数及其运算

"数及其运算"应关注:

(1)新数的引入以及相关的运算法则、运算规律的学生自主探索.

(2)重视在现实背景中对运算的意义的理解和运算的应用.

（3）对运算的方法，应鼓励使用多种方法，即算法多样性.

（4）对运算的技能，在达到笔算的要求的基础上，鼓励使用计算器进行有关繁难的计算和近似计算.

（5）对运算的结果，在重视原有精确运算的基础上，加强估算.

2. 式及其运算

式及其运算是数及其运算的自然发展和引申，它包括两个方面的内容

（1）能进行有关代数式的运算，它实际上是数的运算的发展，其有关运算法则和运算律基本都可类比于数的运算（教类比），同时它与数的运算一样，又是函数、方程、不等式学习的基础. 所以，对式及其运算的定位和数及其运算的定位近似.

（2）根据实际情境建立相应的代数式，并对代数式进行多方位理解. 包括一些简单代数式的实际背景或几何意义，体会代数式（知识）的"来龙"；会求代数式的值等，通过实际问题列相应的代数式的过程，类似于列函数表达式的过程，只是没有相应的函数值（因变量）用字母表示，为代数式（知识）的"去脉"埋下伏笔.

3. 式与式之间的关系

式与式之间的关系包括函数、方程、不等式. 它们都是研究数量关系和变化规律的数学模型，可以帮助人们从数量关系的角度，更准确、更清晰地认识、描述和把握现实世界. 因此，在函数、方程、不等式的学习中，固然需要掌握有关方程、不等式的解法，函数表达式及其图像确定的基本技能和性质，更应关注其模型的建立过程和应用，通过培养学生良好的方程观、函数观等，增强学生的应用意识，提高其科学素养，发展其数学品质，这些应是函数、方程、不等式教学的最重要目标.

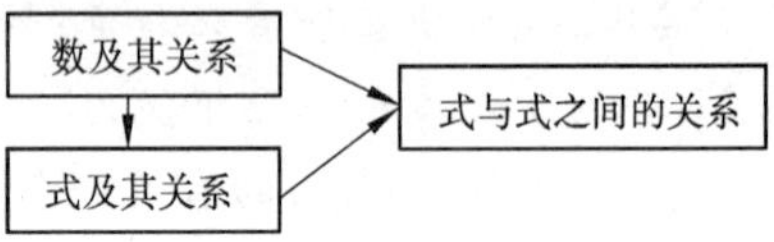

三者之间的关系如图 11-1 所示.

图 11-1

不同教材的版本中，每一个板块有很多层次渐进的知识内容，但对每一个内容一般不是一步到位，而是循序渐进、螺旋式上升式的展开. 譬如，数及其运算在七年级有，在八年级也有；函数在初中阶段有，在高中阶段还有. 也就是说，通过某个板块的教学，学生一般都未能彻底达到相关教学目标，但通过不同板块之间的相互补充，可最终达到教学目标.

但不管选择哪种教学设计思路（与教材版本有关），在某个具体章节的教学设计中，都应充分发挥数与代数的教育功能，力图体现数与代数在数学学习、日常生活和社会生产中的作用，最大限度地实现数与代数的育人价值，以此作为数与代数总的教学目标，按照"问题情境—建立模型—解释、拓广、应用"的步骤展开教学.

二、分支教学设计案例

例2 函数的教学设计.

（一）内容与总体目标分析

函数是中学数学中最重要的教学内容之一，是数学模型方法的重要组成部分，具体体现了"RMI——关系映射反演方法"的思想内涵，是解决实际问题的有力工具之一. 函数在高等数学

中,仍是重要的研究对象.

(二)学生认知规律分析

人类对函数的探索经历了漫长的过程,到了17世纪才出现"函数"一词,到了19世纪,人们对其内涵有了较为完整的认识,因而学生对函数的认识也应经历一个较长的认识阶段.

学生对现实生活中变化的量的生活经验是较早的.在现实生活中,学生无意识地认识到了变量与变量之间的相互依赖关系,因此对变化规律的探索、描述应从低年级非正式地开始,在教师引导下从无意识到有意识,这也是近年国际数学课程发展的一个趋势.为此,学生对函数的学习不是一蹴而就的,应遵循循序渐进、螺旋上升的原则展开.

(三)教学内容分析

义务教育实验教科书数学(新世纪版)中,在七年级上册设计了"字母表示数"一章,旨在让学生体会字母表示数的必要性,从而引入代数式及其简单运算(此册仅限于加减运算),在表现手法上,结合具体情境,列出相应的代数式,实质上渗透着初步的函数的思想方法,代数式实质是函数对应值数学表达式(解析式),只是没将函数值对应的量(因变量)用字母表示出来而已.此外,本章设计了很多情境,通过列表渗透(函数的列表表示法)、数值转换机等多种形式体会变量之间的对应关系——函数的本质,只是没有给出相关的形式化概念.

七年级下册设计了"变量之间相依关系"一章,通过大量贴近学生生活的丰富实例,让学生体会变量之间相依关系的普遍性,感受学习变量间关系的必要性,暗示函数——这个以后要学习的数学主要概念高度概括性和广泛应用性,并通过列表、解析式、图像等几种方式呈现变量之间的关系,希冀多方面感知变量间的关系,揭示其本质,同时暗示函数的三种表示方式.

八年级上册明确了变量之间的这种关系就是函数,并学习研究较为简单、应用最为广泛的一次函数.当然,在一次函数的学习研究中,将研究一次函数的代数表达式(解析式)以及图像的有关性质、如何确定一次函数的代数表达式以及图像、预测函数变化趋势等.通过解剖一次函数这个"麻雀",希冀了解函数学习的有关内容,并形成函数学习的一般思路.其后各册进一步按照这个思路展开反比例函数和二次函数的学习研究.

将函数内容分散在各册中,目的是通过学生循序渐进的学习,促进知识理解的螺旋式上升,逐步提高,也为今后学习函数的一般性概念,掌握研究函数的一般性方法打下基础.

对一线教师来说,以上较为总体的教学设计更多的是一种对课程标准及教材编写思路的理解,在理解的基础上进行单元教学设计或课题教学设计.当然,进行单元教学设计或课题教学设计要对总体教学设计进行微调和细化.总体教学设计统领着具体单元以及课题教学设计,具体单元以及课题教学设计是总体教学设计的具体体现.

一线教师进行教学设计时,应遵循从大到小的顺序,首先要进行总体的教学设计,以此来深刻理解教材编写的意图,然后在此基础上,开展具体单元或课题的教学设计,做到既见树木又见森林,这样有利于整体把握教学,有利于总体教学目标的具体化,有利于远期教学目标的实现.

三、单元教学设计举例

例3　"一次函数"的教学设计.

（一）教学目标

1. 让学生经历一次函数概念的抽象概括过程,体会函数的模型思想方法;经历一次函数的图像及其性质的探索过程,培养科学精神,在合作与交流活动中发展学生的合作意识和合作能力,提高人文修养;了解函数的有关性质和基本研究方法,进一步发展学生的抽象思维能力.

2. 让学生经历利用一次函数及其图像解决实际问题的过程,发展学生的数学应用能力;经历函数图像信息的识别与应用过程,发展学生的形象思维能力.

3. 理解一次函数及其图像的有关性质;初步体会方程和函数的关系,进一步发展思维能力和数学品质.

4. 能根据所给信息确定一次函数的表达式,会画一次函数的图像,并利用它们解决简单的实际问题,培养学生分析解决实际问题的能力,提高学生的科学素养.

（二）教学重点

1. 一次函数及其图像的性质,以及与方程之间的关系.

2. 使学生初步了解函数的性质及研究方法.

3. 一次函数在现实生活情境和数学问题情境中的应用;体会数学模型方法应用的广泛性.

（三）教学策略与方法

函数作为描述变化规律的一种数学模型,是抽象模型方法中的重要一类.学生对函数的学习,应当遵循"由具体到抽象"、"抽象与具体相结合"的原则进行.

一次函数的教学宜采用"创设问题情境—建立具体一次函数模型—抽象概括概念—探究一次函数性质(并结合具体给予解释)—解决提出问题并应用与联系"这一教学步骤展开.

（四）教具准备

略.

（五）教学过程设计

1. 创设若干个具体的问题情境(下面仅给一个例子),让学生在解决这些问题的过程中,体会一次函数的意义,获取相关概念.

某弹簧的自然长度为 3 cm,在弹性限度内,所挂物体的质量 x 每增加 1 kg,弹簧长度 y 就增加 0.5 cm,实验并计算(当然也可直接根据胡克定律计算)所挂物体(可以是砝码)的质量分别为 1 kg、2 kg、3 kg、5 kg 时弹簧的长度,先列表系统化,再写出 x 和 y 的关系式.

略.

2. 归纳所考察的若干关系式特征,形成一元一次函数的概念:

$$y = kx + b \quad (k \neq 0, b \text{ 是常数}).$$

3. 研究一次函数的图像及其性质.

主要包括:尝试作一次函数的图像,了解其图像特点;根据图像特征,了解一次函数的相应性质;利用一次函数的图像解决问题.

4. 确定一次函数的解析式.

提供一些现实或数学问题情境,让学生在解决问题的过程中,理解一次函数解析式含义,经过确定一次函数关系式的过程.

(1)某个物体沿下坡自由下滑,它的速度 $v(\text{m/s})$ 与其下滑时间 $t(\text{s})$ 的关系如图 11-2 所示,写出 v 与 t 的关系式,并求下滑 2 s 时物体的速度是多少?

(2)一个空罐子重 100 g,其中装了若干枚等值硬币,你能设法估计其中的硬币数目吗?

5. 一次函数的应用.

在一些现实的问题情景中,提供文字或图像的信息,要求学生根据所给信息列出相应的一次函数表达式或者直接借助图像信息解决有关实际问题.

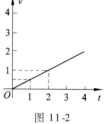

图 11-2

6. 了解二元一次方程与一次函数的关系.

首先以若干具体的二元一次方程以及相应的一次函数为例,研究二者之间的关系.

(1)探讨方程 $x+y=5$ 的解 (x,y) 所对应的点与 $y=5-x$ 图像上的点的关系.

(2)比较以方程 $x+y=5$ 的解 (x,y) 为坐标的点所形成的图像与函数 $y=5-x$ 的图像的关系.

其次,尝试利用一次函数的图像估计二元一次方程组的解.

(3)通过一次函数 $y=5-x$ 和 $y=2x-2$ 的图像的交点估计 $\begin{cases} x+y=5 \\ 2x-y=2 \end{cases}$ 的解.

7. 了解一次函数 $y=kx+b(k\neq0)$ 的图像与 x 轴的交点(只有一个),并将 x 的取值范围(定义域)分成两部分,在这两部分中的 x 的值与不等式 $kx+b>0$(或 <0)的关系;了解简单的一元一次不等式组的解与相应的一次函数的图像的关系.

如果我们把"学科"或"分支"教学设计看成是教师对教学内容的理解是对"教、学什么"和"为什么教"的整体把握,那么单元教学设计或课题教学设计则是对"教、学什么"和"为什么教"的诠释和细化.它的侧重点是"如何教",它们的关系如下:

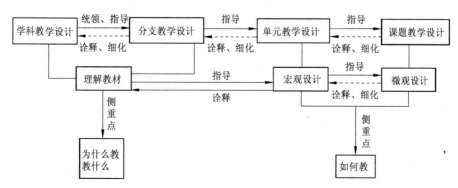

§11.3 数学教学设计的一般步骤

本节我们着重研究单元和课题教学设计.

数学教学设计的一般步骤大致为:确立教学目标,分析教学内容(吃透教材),了解受教学生,设计教学活动,评价教学效果等五个步骤.

1. 确立教学目标

教师在进行数学教学设计时,首先关注的不是"学生学什么样的数学",即"教、学什么",而是"学生学完这些内容能做什么",即"为什么学".换句话说,就是应该关注学生学习这些内容的价值,关注将要学习的数学内容的教育价值.这就是教学目标.

确立教学目标,就是对教学目标恰当定位,使之明朗化.这是因为,对同一学习内容的教学目标的定位不同,将直接影响教学设计和教学效果,影响所学教学内容的教育功能的发挥.教学目标对教学过程设计发挥着"隐式"的指导作用.

在教学目标中,不仅关注数学知识的"显形态"应该达到的目标,同时还要关注学生对蕴含于这些知识之中的数学思想方法的感悟,在问题解决过程中学生对数学的基本认识——正确数学观的形成,以及利用数学解决问题能力的提高状况.也就是说,数学的教学目标不仅包括知识、技能,还包括数学地思考等数学品质的形成和发展;不仅包括数学技术教育功能的发挥,还包括兴趣、情感、态度、思考方式等人文修养和科学素养等方面的发展;不仅包括结果性目标,还包括过程性目标.

例1 一元二次方程单元教学目标.

(1)经历由具体问题抽象出一元二次方程的过程,进一步体会方程是刻画现实世界中数量关系的一种有效数学模型,强化方程思想,从中感受数学的技术价值和数学学习的意义,从而产生良好的数学学习态度.

(2)能够利用一元二次方程解决有关实际问题,能根据具体问题的实际意义检验结果的合理性,进一步培养学生用数学分析问题、解决问题的数学意识和数学能力.

(3)在问题解决中,经历一定的合作交流活动,进一步发展学生合作交流的意识和能力.

(4)了解一元二次方程及其相关概念,会用配方法、公式法、因式分解法解简单的一元二次方程,并在解方程过程中体会化归的数学思想.

(5)经历具体情境中估计一元二次方程解的过程,发展估算意识和能力.

例2 一元二次方程的引入课的教学目标.

(1)参见上例(1).

(2)经历探索满足方程解的过程,发展学生的分析问题、解决问题的能力,以及估算意识和估算能力;同时在实际问题的解决过程中,让学生自觉地根据具体问题的实际意义,检验结果的合理性,增强学生对方程的解及原问题的解的认识,培养学生的反思意识.

例2中的目标是例1中目标的一部分,同时也是例1中某些目标的细化与具体化.

2. 分析教学任务(内容)

教学任务是实现教学目标的载体.教学目标是理论性目标,而教学任务则是实践性教学目标.理论性教学目标是解决"为什么教与学"的问题,而实践性教学目标则是明确"教、学什么"——教、学的主题,特别是实现主题过程中的重点和难点是什么;在学习过程中,学生可能经历怎样的过程,如何顺利达成相关目标;学习素材应如何体现主题等.为此,在进行教学设计时,教师应认真研究该单元或课题有关的学习主题,以及各主题之间的关系乃至有关例、习题之间的递进关系和难易关系等.而其中的关键之举,在于"吃透"教材,对教材进行再学习、再消化,特别要弄清来龙去脉,必要时可让学生代表参与.

例3　一元二次方程单元教学任务分析.

为达到例1所述的教学目标,本单元教学任务大致有以下几个方面:

1. 一元二次方程相关概念的抽象概括.为了完成这一教学任务,必须要求学生经历具体问题情境的抽象概括过程.因此,就必须设计一些适合学生学力的具体的问题情境,并引导学生从中抽象出有关概念,发展学生的分析、解决问题的能力和抽象概括能力.

2. 一元二次方程的解法.根据《课程标准》,要求加强学生估算意识和能力的培养,而在方程中指出学生应"经历用观察、画图或计算器等手段估计方程的解的过程".[30] 因此,对于一元二次方程的解法,应要求学生掌握精确计算和估算两类方法.

3. 一元二次方程的精确求解方法有因式分解法、配方法、公式法等.但由于《课程标准》降低了因式分解的要求,根据学生已有的因式分解知识,学生仅能解决特殊的一元二次方程,这样因式分解法可作为解决问题的特殊方法.而公式法和配方法才是一元二次方程求解的通用方法,而且公式法又是配方法的推广.因此,配方法应是一元二次方程的求解的重点方法,同时也是教学中的难点,因为配方时要求学生使用一定的"技巧",方程的各项系数直接影响着配方的难度,因此教学设计时应注意难度的递进顺序.

4. 一元二次方程的应用.发展学生的应用意识是方程教学的重要任务.但学生的应用意识和能力发展不是自发的,需要通过大量实例,在实际问题解决中让学生感受其广泛应用,并在具体应用中增强学生的应用能力.因此,教学中须要选用大量的实际问题,通过列方程解决问题.

5. 在问题解决过程中,使学生数学地分析问题、解决问题意识和能力得到提高,学生的方程观得到强化,这就是形成和发展数学品质.

一般说来,课题的教学任务主题较为单纯,这里不再举例.

3. 了解学生

学生自走进数学课堂始,就不是一张白纸,任由教师在上面涂画.事实上,他们对数学已经有了自己的认识,而随后的学习又是在其已有的认知结构的基础上进行的,甚至还带有自己特点的行为倾向.因此,了解学生的现有状况是从事有效的数学教学活动的起点,了解学生可以使我们知道我们将要进行的教学活动可以从哪里开始,又应该往哪里去,甚至应该在哪里应多"停留"一会儿.

对学生的了解无疑应当关注他们是否具备将要进行的数学教学活动所需要的知识、技能和数学方法,但仍然不够,还需要了解学生的思维水平、认知特征、对数学的价值倾向、学生在数学活动方面的群体差异等,这是数学教学的基本前提.了解方法可采用"小测"、"问卷"、座谈、个别交谈等方式.

例 4　一元二次方程的学习学生应具备的知识、能力等(泛)分析.

建立一元二次方程时,须要理解问题的现实情境,具备一定的现实生活经验;解一元二次方程的过程中,需要进行数与式的运算;在学习探究活动中,需要一定的数学活动经验,这些学生是否具备;在具体问题解决中,学生可能会有哪些思路、想法,又可能遇到什么困难,学生之间在这些问题上有什么差异.只有了解了这些,才能据此设计出合理的教学活动.

4. 教学活动设计

基于对学习分析和对学生的了解,就可以展开具体的教学活动(过程)设计了.当然,单元教学活动的设计,主要关注具体教学活动的顺序、侧重点,各个教学环节的学时安排以及具体素材的选取要求等.单元教学活动设计相对于课题教学活动设计而言,是宏观教学设计,而相对于分支和学科设计而言,则要具体得多.课题教学活动设计对于单元教学活动设计来说是微观设计.

例 5　一元二次方程的单元教学活动设计.

活动设计总则:整个单元遵循"问题情境—建立模型—解释、拓展与应用"的问题解决模式,首先通过具体问题情境,建立有关方程(具体模型)并归纳出一元二次方程的有关概念(一般模型),然后探索其各种解法,并在现实情境中加以应用,切实提高学生的数学地思考等意识和数学能力.

学时安排:本单元共安排十学时左右.

第一学时,通过丰富的实例,建立一元二次方程,让学生归纳出一元二次方程的有关概念,并从中体会方程的模型思想.

(说明:对具体问题情境的选择,既应力求贴近学生生活实际,又应关注数学本身要求,让学生体会到一元二次方程是实际问题解决和数学内部发展的必然结果(可渐进地培养学生的正确数学观).为此,可选择两个生活问题和一个数学问题(参见例 6)).

第二学时,在第一学时建立了一元二次方程的模型之后,基于学生的学习心理,学生自然产生探求其解的欲望,这可作为二学时的引子,即复习旧知、导入新课——很自然地以第一学时的问题为例,要求学生在具体情境中估计它的解,发展学生的估算意识和能力.当然,为了学生估算方便,最好第一个方程具有正整数解,学生比较容易寻求它的解,而后面两个方程的解是无理数,学生无法获得其精确解,因而现阶段只能通过逐步逼近获得其方程近似解,并对实际现实问题而言,近似解"似乎"更加合情,明确"解"的概念和意义.

第三学时,由于第二学时学生不能满足于所获得的近似解(尽管"合情",未必"合理"),就必然产生精确求解的内在需求,在此很自然地过渡到第三学时的配方法:通过具体方程探索一元二次方程的配方法.

配方法既是重点,又是难点.

如何突出重点,突破难点?这就要求在探索精确解、引入配方法时,所选例子的二次项系数首先是 1,一次项系数为偶数,这比较容易诱导出"配方"的方法,依次循循善诱,使学生渐入佳境.

配方法又是后面公式法的基础,而且在以后的一元二次函数等内容的学习也有着广泛的应用,为此,我们用两学时对配方法进行一定的技能训练.本学时仅仅解决二次项系数为 1 且一次项系数为偶数的一元二次方程的配方求解.

第四学时,主要利用配方法求解一次项系数不为 1 或者一次项系数不是偶数等稍复杂的一元二次方程.

第五学时,学习公式法.公式法实际上是配方法的一般化和形式化.在学生已经具备了配方法解数字系数方程的经验的基础上,可以要求学生尝试推导公式——对字母系数的一元二次方程配方求解,并通过公式推导,加强推理技能训练,进一步发展逻辑思维能力和推理能力.

第六学时,进行一定的公式法应用训练,包括用公式法求解一元二次方程、公式特点的分析、规律的探求——根与系数的关系的认识等.

第七学时,学习因式分解法解方程.由于公式法是一般方法,但在某些背景下,并非最优方法.对一些一元二次方程,可能用因式分解,就可以把一元二次方程所对应的一元二次多项式分解成两个一次因式的乘积,我们可以引入学生根据具体方程特征,灵活选择方程的解法,培养"优化"意识.同时,因式分解法明确地体现了化一元二次方程为一元一次方程的思想(降次),要引导学生去体会,化繁为简,以简驭繁.

第八~十学时,再次通过几个问题情境,加强一元二次方程的应用,提高学生分析、解决问题的能力,并总结运用方程解决实际问题的一般过程.当然,要注意问题情境的多样化.

活动设计说明:列方程、解方程和方程的应用这几个环节也不是截然割裂的,而应该是同一个问题解决过程中的几个步骤.为此,在数学教学活动设计时,应注意加强几者之间的联系,力求将解方程的技能训练与实际问题的解决融为一体,在实际问题的解决过程中,自然地提高学生的解题技能.所以,第三~六学时探索方程的解法的过程中,也不要单纯地进行"式题"的训练,可以适当设计一些应用题,甚至可以安排一些课时专门进行应用教学.

解方程的过程,本质是沟通"未知"与"已知"的过程,其本质思想是化归.因此在方程解法的探索过程中,力图通过"已知"与"未知"转化;复杂问题与简单问题转化;特殊与一般的转化等,渗透转化,归纳等数学思想方法,并以此指导数学的学习.

譬如,"配方法"这一学时,首先回忆现在所能解决的方程类型 $x^2 - a = 0$,然后力图将具体的一般的一元二次方程逐步转化为熟悉的 $(x + a)^2 - b = 0$ 的形式,从而得到配方法,在此基础上,又进一步将其一般化,得到公式法.在因式分解法中,注意突出降次的思路.

有了单元教学活动设计,自然就要进行具体课题的教学活动设计了,具体课题(或学时)的活动设计,是单元活动设计的具体化,也即知识在学生头脑中的生长过程的设计.我们将此类设计称为情境设计或微观设计,其重点在于根据单元设计(宏观设计)的要求,进行具体素材的选取和数学方式的选择,广泛关注现实生活和数学发展,并多方借鉴,适当地选择教学设计"要素",选择适合学生认知实际的教学素材,实施有效地数学教学.

5. 评价教学效果(练习与作业布置)

设计的具体教学活动是否能达到其原有的设计目的,还有待于教学评价.因此,在教学设计时,就应准备适当的评价项目——练习或作业(包括小测试),适当地判断学生的发展状况,并据此在课堂教学中进行适当调整.

譬如,学生对概念的理解水平如何,学生是否掌握了有关知识技能,学生在探索活动中可能会遇到哪些障碍,教师如何处理等.

例6　一元二次方程的引入课的教学设计.

第一学时:

第一环节,创设情景,导入新课.

问题1,一块地毯,长 8 m,宽 5 m,地毯四周镶有宽度相等的花边.如果地毯中央长方形图案的面积为 18 m^2,那么花边有多宽? 你能列出花边的宽满足的关系式吗?

(说明:引导学生明确所要解决的问题是什么.可以图辅之.问未知数是什么? 已知量是什么? 问题涉及的等量关系有哪些等,从而顺利地列出方程.设花边宽为 x,如图 11-3 所示,可得 $(8-2x)(5-2x)=18$.)

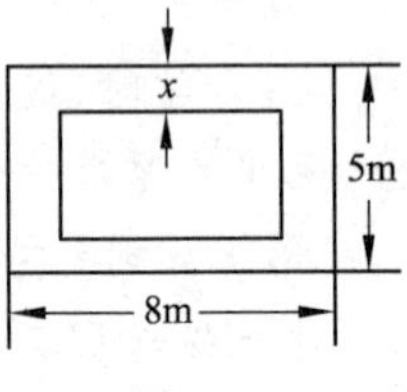

第二环节,进一步创设情景,为归纳概念提供素材.

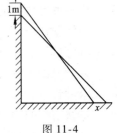
图 11-3

问题2,一个有趣的数学问题.在数学中,经常有些有趣的现象.如等式 "$10^2+11^2+12^2=13^2+14^2$",两边的 5 个数恰是 5 个连续的整数,你能找出其他 5 个连续整数,使前三个的平方和等于后两个的平方和吗? 试列出其中某个数满足的关系式.

(说明:这里有个未知数选择的问题.如果不同的同学选择的未知数不同,所列方程可能不同! 设最小的数为 x,依题可得方程 $x^2+(x+1)^2(x+2)^2=(x+3)^2+(x+4)^2$.)

问题3,又一个现实生活中的问题.一个长为 10 m 的梯子,斜靠在墙上,梯子的顶端距地面的垂直距离为 8 m,如图 11-4 所示(也可用多媒体打出实物图),如果梯子的顶端下滑 1 m,那么梯子的底端滑动多少米? 列出适当的关系式.

(说明:以上两个问题意在说明方程的广泛应用,同时亦为归纳一元二次方程提供素材,可以同时给出,也可以逐个给出;问题的解决方式,可以是学生独立探究基础上的交流,也可以通过学生的合作获得问题的解决,还可以是部分学生独立解决,部分学生合作完成.)

具体问题的解法是多样的,问题3,可用算术解法,也可以列方程 $(x+6)^2+(8-1)^2=10^2$.教学中允许和鼓励学生解决问题方式的多样化.但

图 11-4

需要注意的是,引导学生列出方程并抽象出一元二次方程的概念是本学时的重点,因此,不必故意引导学生探索解决方式的多样化,如果学生提出其他解法,可以给予鼓励,若学生未提出其他解法,则不必故意引导,否则将是喧宾夺主!)

第三环节,课堂讨论,归纳概念.

由以上三个问题依次可得:

$$(8-2x)(5-2x)=18,$$
$$x^2+(x+1)^2+(x+2)^2=(x+3)^2+(x+4)^2,$$
$$(x+6)^2+(8-1)^2=10^2.$$

这三个方程有什么共同特点?

让同学们"议一议",旨在对所列三个方程的共性进行分析,归纳归纳概念.要引导学生进行观察,并用自己的语言进行描述,再组织学生进行交流,最后在教师的引导下明晰结论.

第四环节,明晰概念.

上面方程都含有一个未知数,方程两边都是关于 x 的整式,并且都可化为 $ax^2 + bx + c = 0$ 的形式(a 为常数,$a \neq 0$),这样的方程叫做一元二次方程.

我们把 $ax^2 + bx + c = 0(a \neq 0)$ 称为一元二次方程的一般形式,其中 ax^2、bx、c 分别叫做二次项、一次项、常数项,a、b 分别叫做二次系数和一次项系数.

(说明:各项系数的概念是为了统一规范(形式化),这种形式化为后面的公式法解一元二次方程打下了基础.因此,应要求学生逐渐熟悉各项系数的名称.但这种概念是人为的规定,可不必学生探究,即可直接告诉学生,但应注意 $a \neq 0$,否则不是一元二次方程.对于一元二次方程的概念,可以让学生自主归纳探究.)

第五环节,巩固练习——评价(教学效果)设计.

练习 1:有这样一则笑话,一个醉汉拿着一根竹竿进城门,可是横拿竖拿都进不去,横着比门框宽 4 尺,竖着比门框高 2 尺.有一个自作聪明者,教他斜着竿对门框两角,醉汉一试,刚好进去,你知道竹竿的长吗?列出竹竿长满足的关系式.

练习 2:把方程 $(3x + 2)^2 = 4(x + 3)^2$ 化为 $ax^2 + bx + c = 0$ 的形式,并写出它的二次项系数、一次项系数和常数项.

(说明:要求学生当堂自主完成,并汇报交流,通过学生的汇报获得学生学习状况的反馈信息,并及时纠错点评,并适时适当表扬.)

第六环节,课堂总结.

可以让学生自己总结课堂学习的收获进行交流,教师进行点评、补充、强化,也可以教师总结.

第七环节,课后作业,略.

第二学时:

学情分析:通过上节课的学习,学生已经掌握了一元二次方程的概念及相关的数学概念.

第一环节,回顾问题 1,引入新课.

还记得上节课的地毯花边宽度的问题吗?地毯花边的宽 x 满足方程:

$$(8 - 2x)(5 - 2x) = 18, \qquad ①$$

即

$$2x^2 - 13x + 11 = 0. \qquad ②$$

引导学生对②式分析:

(1)x 可能小于 0 吗?说说你的理由.

(2)x 可能大于 4 吗?可能大于 2.5 吗?说说你的理由,并与同伴交流.

(3)完成下表:

x	0	0.5	1	1.5	2	2.5
$2x^2 - 13x + 11$						

(4)你知道地毯花边有多宽吗?还有其他方法吗?与同伴进行交流.

（说明：①学生是想急于知道答案的，提出上面的问题，符合学生的心理，设置问题（1）、（2）、（3）、（4），实际体现了估算的一个步骤，首先根据"实际"意义，估计"解"的大致范围。需要注意的是现在还没有解的概念。然后在这个范围内逐步探索其"解"。这就是，数学中应注意揭示这样的思维过程，逐一呈现问题，让学生体会解决问题的思考过程，为后续方程近似解的探求打下基础。②当然，也有同学可能提出将 18 分解成 6×3，……，即估计出 $8 - 2x = 6, 5 - 2x = 3, x = 1$，其实，这是"凑"解，凑"巧"也！

具体教学应该根据学生的具体情况而展开，而我们希望探索估计一元二次方程的近似解的一般方法。因此，不刻意引导学生用"因式分解"法凑解。）

第二环节，回解问题 2.

对于上节课的问题 2，五个连续整数，前三个的平方和等于后两个的平方和，你能求出这五个整数分别是多少吗？你是怎样做的，与同伴交流。

（说明：有了问题 1 的经验，这里可以直接要求学生解决问题 2，并通过学生交流，了解并总结学生探求问题的思路，为后面的问题 3 打下基础。）

第三环节，回解问题 3.

上节课梯子下滑问题中，梯子底端下滑的距离 x 满足方程 $(x + 6)^2 + (8 - 1)^2 = 10^2$，完成下面的问题：

(1)小明说，底端滑动了 1 m，你认为对吗？为什么？

(2)底端滑动的距离可能是 2 m 吗？可能是 3 m 吗？为什么？

(3)你能猜出滑动距离 x 的范围吗？

(4)x 的整数部分是几？

（说明：本题的解不是有理数，学生现在还难以得其精确解。这样只能通过估算得其近似解。所以，此问题的解决比问题 1 和 2 难度都大。教学中应力图将问题解决的过程呈现给学生，让学生通过相继的几个问题的解决，获得对问题 3 的解决。

教学时，可以要求学生根据上面问题(1)、(2)、(3)、(4)的呈现顺序，自主地探求其解，然后进行班级的交流活动，总结估算的一般步骤。

如果多数学生还不能自主地获得问题的近似解解决，教学中也可以呈现某个同学的正确解法（包括具体步骤），让学生讨论，通过师生讨论获得问题 3 的解决，并明确估算的一般步骤。）

第四环节，巩固练习。

一名跳水运动员进行 10 m 跳台跳水训练，在正常情况下，运动员必须在距水面为 5 m 以前完成规定的翻腾动作，并且调整好入水的姿势，否则容易出现失误。假设时间 $t(s)$ 和运动员在空中所处高度 $h(m)$ 有这样的关系：$h = 10 + 3t - 5t^2$，那么他最多有几秒时间完成规定动作？

（说明：这里应要求学生自主地完成问题解决，由于没有告诉学生具体步骤，因而，它是对学生估算能力的一个自我检测。）

第五环节，课堂总结。

要求学生自己总结课堂学习的收获，进行交流，教师进行点评和补充。

（说明：教师应关注的问题是学生对方程解的理解水平，估算的方法的掌握情况，夹逼思想的感悟程度等.)

第六环节,课外作业,略.

§11.4　说　　课

一、说课及其意义

所谓说课,就是教师在备课的基础上,面对同行或教研人员讲述自己的教学设计和授课过程,然后由听者评说,达到相互交流、共同提高的目的.说课是备课的一种表现,是一种极好的教学研究和师资培训活动.说课内容主要围绕三大问题进行:一是教什么(内容);二是怎样教(教材的呈现顺序、教法、教到什么程度);三是为什么这样教(教育理论、课程的依据).

说课的意义:一是说课能提高备课的质量,把教学设计落到实处,从而能提高课堂教学质量.说课是备课形式的一个创造,它不但把备课提高到教学设计的高度,而且把教师的教学设计置于大庭广众之下,使它能够有效地接受公众的检查和评价.二是说课为教师提供了表现自己聪明才智的机会和场所,增强了教师备课的动力.有了动力就有了积极性,提高备课质量就有了保证.三是说课能够把培养骨干教师、提高教师素质的要求落到实处.为了说课,教师积极学习有关教育理论的有关部门的教改经验,而且学以致用,把学习理论和备课结合起来,能够解决教学中出现的新情况新问题,从而有效地促进教学水平的提高.四是说课能够把教改实验的成果落到实处.把教改实验的成果应用到教学中去并且发挥实效是一项极为复杂艰巨的工作,只停留在一般号召上是不够的,必须采取强有力的措施.实践证明,说课活动的开展能够及时有效地把实验与研究的成果应用到教学实践中去,发挥很好的效益.

二、说课的类型及方法

说课可分为单元说课和课时说课.

1. 单元说课

单元说课的内容一般可分为四方面:一是教学单元的划分及单元课题.二是教材分析.主要应说出大纲要求、编者意图、单元内容、单元在整册教材中的位置、重难点的确定、前置知识、新知识、新环节等.这是对教材的静态分析.三是前提分析.前提分析包括学生的认知前提、情感前提、技能前提分析.一个单元能否教好和学好,很大程度上取决于学生的基础、技能、兴趣、动机等.因此,教师必须了解学生,也就是平常所讲的备学生,这是对单元学习的动态分析.静态分析是基础,动态分析是调控.如只注重了静态分析而忽略了动态分析,往往不能有的放矢,达不到最佳教学效果.四是单元教学设计.其中包括单元学习目标的确立、课型课时的分配、前置补偿、教材处理的基本思路与做法、特殊情况的处理及特殊手段的应用、单元知识网络图的编制、单元训练和形成性测试题的编选、重难点突破化解的主要措施.

2. 课时说课

要说的一般包括五方面:

(1) 说大纲(课标)、说教材.

第一,说明大纲(课标)的要求,说明教材的特点、结构及功能,要深刻理解教材的编写意图,找出知识间的内在联系、明确新旧知识的接合点及接合方式,并注意挖掘其潜在的智力因素.

第二,说明教学目标.教学目标是整个教学活动的导向和终结,要求教学目标的确定必须具体明了.教学目标一忌空泛笼统,落不到实处;二忌琐碎繁杂,重点不突出;三忌脱离实际,收不到效果.

第三,说明教材重点、难点、疑点及其取定的依据,抓住重点,解决难点,关注疑点,以便在课堂教学中驾驭教材.

(2) 说教法.

"教学有法,教无定法",教学方法的选择主要依据教学内容、学情和教师来确定.

第一,说出本节课选择何种教法,采用怎样的教学手段,在选择教法和教学手段时,要考虑是否能取得最佳效果,取得最高效率,力求效果和效率达到完善的统一.例如,课时说课案例介绍中《一元二次方程的根与系数的关系》这节课的说课稿是选用尝试指导法,通过创设情景,激发学生兴趣,引导学生去联想、猜想,指导学生开展尝试活动,使学生在动手动脑的过程中逐步发现规律,从而减轻学生学习新知识的难度.

第二,说出用这样的方法和手段的理论依据是什么.

(3) 说学法.

"以教师为主导,以学生为主体"的教学原则早已为广大教育工作者共同认可.在教学过程中落实学生的主体地位,必须教给学生学习的方法.凡有识之士无不深谙"授之以鱼,不如授之以渔"的道理.说学法包括三方面的内容:

第一,说出学法指导的具体内容.即通过教学指导学生学会什么样的学习方法,培养哪种能力.这将直接关系到这节课的学习效果.

第二,帮助学生构建学习动力系统,主要包括确定学习目标、激发学习兴趣、提高学生自信心、培养克服困难的顽强意志、建立良好的学习习惯等.

第三,说出学法指导的依据,即学情分析,也就是学生情况、学习现状等.

这三部分内容可以单个进行说明,也可以渗透到教材分析,重点、难点的突破措施及巩固训练各环节中去.

(4) 说教学过程.

第一,说学前诊断.在学习新课前,通过对学生知识基础、兴趣、动机、意志、态度、习惯等的诊断,获取认知前提、情感前提的反馈信息,查明学生已经知道些什么,已经掌握了哪些,并根据存在问题有针对性地查漏补缺,为学生掌握新知识铺平道路.

第二,说认定目标.在教学实践中,教学目标起着指向、导航作用.适时展现教学目标,让学生明确掌握各层次教学目标,做到预习、听课、复习时心中有数,使教师为达成目标而教,使学生为掌握目标而学.教学目标的认定,一要选择恰当时机,二要贯穿整个教学过程,做到课前粗知,课中细知,课后深知.

第三,说落实目标.指导教学目标分成若干个部分(分条、分块)围绕目标进行学习,即为落实目标.特别值得说明的是,落实目标要从实际出发选择不同的课型,选用不同的方法学习不同的内容;另外要反馈矫正贯穿始终,最大限度地因材施教.

第四,说强化目标.根据教学内容,设计复习内容、组织复习、归类式比较进行分类指导,对本课的知识和技能进行变式训练,及时强化,实现"达标".疏理归类、纳入知识系统,注意知识间的联系,达到知识系统的统一和深化的统一.

第五,说矫正补救.在教学结束前,对学生进行测试,师生从中获得反馈信息,共同分析教学中存在的缺陷和问题,并采取相应的补救措施,使教学目标圆满完成.

(5) 说程序.

要注意以下三方面:

第一,说出整堂课的时序安排和时间分配及各个教学环节的交替更迭.一要做到有头有尾,注意教学过程的完整性;二要做到有张有弛,注意教学过程的节奏性;三要做到有动有静,注意课堂教学的艺术性.

第二,说出每个教学环节的顺序安排,每项活动的进入和退出以及所占时间比都必须精心安排,做到层次分明、环环相扣、顺序流畅.

第三,说出板书计划和依据.

总之,说课作为一种集体备课和新型的教研活动,对于大面积、高效率提高教学质量和增强师训效果,其作用不可质疑.

可以看出,要真正说好"课",确实不是一件容易的事.教师必须要学好用好教育教学理论,要练好各种教学技能,还必须要对教学内容认真地规划和设计.

三、说课的注意事项

(1)说课不同于上课,上课是面对学生,而说课主要是面对同事和教研人员.上课是围绕教学目标和任务而展开,说课主要围绕教学设计和实施措施而展开.

(2)说课要目标明确,思路清晰,重点突出,忌泛泛而谈,落不到实处.

(3)说课最好应用多媒体课件,节时高效,能比较完美地展现说课者的教学设计和教学过程,做到教学过程的完整性.

(4)说课要注意时序和时间分配.先说什么,后说什么,时间如何分配,要有周密计划.

(5)说课要有节奏性,做到有静有动,有张有弛,说与演示结合,环环相扣,顺序流畅,防止生搬硬套,过于形式化.

(6)说课不是"备课",也不是"谈课".要突出一个"说"字.说课既不能按教案一字不差地背下去,也不能一字不差地读下去,一定要按自己的教学设计思路和说课的基本要求,有重点、有理有据地讲解.

(7)说课的时间不宜太长,也不宜太短,通常可以安排 10 ~ 15 min.

(8)注意运用数学教育的理论来分析研究问题,防止就事论事,使说课还处于"初级阶段"的水平.

四、课时说课稿的一般格式及其要求

首先介绍:单位、说课人、学科、使用教材、版本、课题.

例如：

各位评委、老师们：

大家好！我是×××中学的×××,今天我说课的内容是：北师大版九年义务教育八年级数学下册第五章中的《频数与频率》的第一课时.

说课主要可以从以下几个方面进行.

1. 教材简析

主要对这几个方面的内容进行简明叙述,有明确的针对性和目的性.

（1）内容简析.对本节的教学内容,课时安排计划及本节课属第几课时进行说明.

（2）前提分析.对学习本节课的基础是什么,这节课之前学生已学了什么知识及掌握的程度进行简析.

（3）地位作用.针对学习这节课,揭示了什么样的数学思想方法与技能,对能力培养等方面有什么意义和作用进行简要说明.

（4）课标要求.针对这节课的教学内容,对照课标,对其总的目标要求给予陈述.

2. 教学目标

一节课的教学目标一般按认知目标、技能目标、情感目标、能力目标四个层次进行表述比较清晰,容易理解和把握,具有可操作性.用《课程标准》给出的教学目标：认识与技能,过程与方法、情感、态度,价值观的"三维目标"是一个大而全教育目标,在一节课很难得到全面地反映和体现,表达起来比较困难,可操作性差,往往出现教学目标高而笼统,目标不明确的缺陷,从而失去上好一节课的指导意义,但有时它对某些教学内容也是可行的,切不可千篇一律.

3. 教学重点和难点

准确地确定一节课的教学重点和难点,并能采取有效地措施突出重点、分散难点是上好一节课的重要保证,是一节课的关键和亮点,也是说课必不可少的一个内容.但有时重点也是难点,而难点未必是重点,在教学中要分清.

4. 教学方法与手段

在说课中,应按教学方法、学法指导、教学手段三项来说明.也可以按顺序来说明,但教法、学法的选择和界定要符合科学性,不可生搬硬套,出现表达不贴切的毛病.一节课不可把教法写（说）得很多,这样就很难突出特色.学法是自主、合作、交流、探索、练习等,要实事求是.至于使用投影仪、多媒体演示等方式,则属于教学手段.

5. 教学过程

教学过程是一节课教学设计的核心内容.根据课型和教学内容,它分为若干环节和层次,容量大、内容多,如何在较短的时间内展示给各位听课者,要层次清楚,详略得当,突出重点地给予讲述.最好借助多媒体演示,或投影仪等现代教育技术,这样既能达到满意效果,又节约时间.教学过程的环节化分不尽相同,一般为：创境引入、知识传授、尝试指导、精讲点拨、巩固练习、变式训练、归纳小结、布置作业、板书设计.结合新课标和新教材,教学环节亦可这样安排：假设情境、探究问题（学生尝试、合作交流、师生共同探讨）、辨析质疑、例题练习、精讲点拨、反思归纳、布置作业、板书设计等.

6. 教学设计说明

教学设计主要是针对这节课教学目标,教学重点、难点的确定,教学方法和学法的选择,教学过程的设计,其依据是什么,采用的教学措施有什么特色,有什么优势和意义,给予说明.亦是教案解决教什么,怎样教的问题.教学设计说明就是阐述为什么这样教的问题,但它没有固定的格式和要求,讲课教学不应受形式主义的约束,要充分发挥自己的个性和特长.(说明:说课格式是多种多样的,不要拘于一种形式.)

五、课时说课稿案例[31]

1. 表格式说课稿

[**案例1**]说课备课卡如下表.

学　校	胜利油田五十五中		年　级	初　三	学　科	代　数
说课人	张洪金		说课时间			
课题			12.4　一元二次方程的根与系数的关系			

教材简介

内容简介:一元二次方程的根与系数的关系和方程的根与系数的关系的推导过程及初步应用,本节课设计三课时,这是第一课时(例1)

前提分析:本节课是在学习了一元二次方程的求根公式和根的判别式的基础上学习的.在学习本节课之前,学生已初步知道了根与系数之间的相互联系,相互制约的关系.大部分学生对求根公式和根的判别式掌握得比较好,学生已具备了学习本节课的知识基础和思想准备

地位作用:学习这部分内容,对于处理有关一元二次方程的问题时,就会多一些思想和方法,可以在不解方程的情况下求根验根和作新方程,同时,也为今后学习方程理论打下一定的基础

大纲要求:掌握一元二次方程根与系数的关系,能运用它由已知一元二次方程的一个根求出另一个根与未知系数

教学目标

认知目标:记住方程 $ax^2 + bx + c = 0(a \neq 0)$ 和 $x^2 + px + q = 0$ 的根与系数的关系:对两根 x_1 和 x_2 分别有 $x_1 + x_2 = -\dfrac{b}{a}$,

$x_1 \cdot x_2 = \dfrac{c}{a}$;$x_1 + x_2 = -p, x_1 \cdot x_2 = q$

技能目标:1. 会证明一元二次方程的根与系数的关系
　　　　2. 已知一元二次方程能正确求出两根和与两根积的值
　　　　3. 已知一元二次方程的一个根会求出另一个根和未知系数

情感目标:使学生能始终以饱满、热烈、欢快的情绪进行学习,力求整个教学过程态势相继、收放自如

重点 难点 及其 突破 措施	重点	一元二次方程的根与系数的关系及应用	强化措施	1. 让学生参与根与系数关系的推导过程 2. 让学生用语言叙述关系强化记忆 3. 通过尝试巩固练习及时反馈矫正
	难点	一元二次方程的根与系数的关系的推导及灵活应用	突破措施	1. 通过特殊例子让学生总结关系 2. 指导学生完成关系的证明过程 3. 教给学生获取和应用关系的方法

教学 方法 及其 手段	教法说明:以目标教学为框架,主要用尝试指导法 学法指导:教给学生在获取知识的过程中学会观察、概括、表述、论证的方法 能力培养:培养学生的观察能力、分析能力、思维能力和辩证唯物主义观点 教学手段:借助投影仪增大课堂容量,提高练习效率

续表

学　校	胜利油田五十五中	年　级	初　三	学　科	代　数

教学过程					
教学环节	教学内容	教师活动	学生活动	完成目标	时间分配
创境导入	在 5 s 内求出一元二次方程 $x^2 - 1\,996x + 1\,997 = 0$ 的两根和与两根积的值	提出问题,激起情趣,引出课题	思考疑惑		3 min
尝试指导1	用适当的方法解方程: $(1)x^2 - 5x + 6 = 0$ $(2)x^2 + 3x - 4 = 0$ 并求 $x_1 + x_2$ 和 $x_1 \cdot x_2$ 的值 猜想1:如果方程 $x^2 + px + q = 0$ 的两个根是 x_1,x_2,那么 $x_1 + x_2 = -p$,$x_1 \cdot x_2 = q$	指导学生观察两根和两根积与系数的关系板书1	解方程 思考 讨论 总结		7 min
尝试指导2	用适当的方法解方程: $(1)3x^2 - 4x + 1 = 0$ $(2)2x^2 + 5x - 3 = 0$ 并求 $x_1 + x_2$ 和 $x_1 \cdot x_2$ 的值 猜想2:如果方程 $ax^2 + bx + c = 0$ 的两个根是 x_1,x_2,那么 $x_1 + x_2 = -b/a$,$x_1 \cdot x_2 = c/a$	指导学生观察两根和两根积与系数的关系板书2	解方程 思考 讨论 总结		7 min
精讲点拨	用求根公式证明猜想2	指导学生完成证明,由韦达定理推出猜想2	动手完成证明过程	目标1 目标2	6 min
	下列方程中,两根的和与两根的积各是多少? $(1)x^2 - 3x + 1 = 0$ $(2)3x^2 + 7x - 1 = 0$ $(3)3x^2 - 2x = 0$ $(4)2x^2 + 3x = 0$ $(5)3x^2 = 1$	对照韦达定理指导学生完成解题过程,收集信息,反馈矫正	思考 口答	目标3	5 min
尝试练习3	已知方程 $5x^2 + kx - 6 = 0$ 的一个根是2,求它的另一个根及 k 的值	分析解法,指导完成	讨论 口述		5 min
巩固练习2	P84 第 2 题	收集信息,反馈矫正	动手板演 交换批改	目标4	5 min
依标小结	学习目标1,2,3,4	对照目标小结	参与总结		2 min
达标测试	填空: 1. 如果方程 $ax^2 + bx + c = 0$ 的两个根是 x_1,x_2,那么 $x_1 + x_2 =$ _____,$x_1 \cdot x_2 =$ _____ 2. 如果方程 $x^2 + px + q = 0$ 的两个根是 x_1,x_2,那么 $x_1 + x_2 =$ _____,$x_1 \cdot x_2 =$ _____ 3. 已知 $2x^2 - 9x + 3 = 0$,则 $x_1 + x_2 =$ _____,$x_1 \cdot x_2 =$ _____ 4. 方程 $3x^2 - 6x + m = 0$ 的一个根是1,则它的另一个根是 _____,$m =$ _____			目标1 目标2	6 min

续表

学　校	胜利油田五十五中		年　级	初　三	学　科	代　数
布置作业	P34 A 组 1,2					1 min

附:板书设计

12.4　一元二次方程的根与系数的关系

关系推导	韦达定理推论 ← 学生板演	尝试练习
$ax^2 + bx + c = 0(a \neq 0)$ $x_1 = $ ___ , $x_2 = $ ___ $x_1 + x_2 = $ ___ , $x_1 \cdot x_2 = $ ___		（例 1）

2. 直叙式说课稿

[案例 2]

探索三角形全等的条件(1)

（所用教材:北师大版《义务教育课程标准实验教科书七年级下册》P138～P140）

各位专家、领导:

大家好!

我说的课题是《探索三角形全等的条件(1)》.下面我将从教材内容、教学目标、教学方法、教学过程、学习评价等五个方面向大家介绍我对本节课的理解与设计,不妥之处,敬请指教.

一、教材分析

《探索三角形全等的条件(1)》是新教材北师大版七年级数学下册第五章第五节的内容.在此之前,学生已学习了全等三角形的概念,这为本节的学习起着铺垫作用.

1. 教材的地位和作用

三角形全等是两个三角形间最简单、最常见的关系,它不仅是学习后面知识的基础,而且是证明线段相等、角相等以及两线互相垂直、平行的重要依据.因此,必须使学生熟练地掌握全等三角形的判定方法,并且能灵活地应用.为了探索三角形全等的条件,教科书安排了比较充分的实践、探究和交流的活动,这种引导学生去主动探索问题的学习方式会使学生终身受益.

2. 教学重点和难点

重点:三角形全等条件的探索过程.

难点:在探索三角形全等条件及其运用的过程中,能够进行有条理地思考并进行简单地推理.

二、教学目标分析

知识与技能:掌握三角形全等的"边边边"的判定方法,了解三角形的稳定性,能用"边边边"初步解决一些问题;培养同学们的动手能力、推理能力、有条理地表达能力,积累数学活动经验.

过程和方法:学生在教师引导下,积极主动地经历探索三角形全等的条件过程,体会利用操作、归纳获得数学结论的过程.

情感态度与价值观:通过学生动手操作和探究活动,培养学生自主、合作学习的意识和探究的精神.

三、教法、学法分析

依据本节特点,我主要运用了与学生共同探究的教学方法,学生采取自主式、合作式、探讨式的学习方法,并充分利用多媒体、网络这些现代教学媒体进行辅助教学,增强知识的直观性和趣味性,激发学生学习兴趣.老师引导学生从研究简单的条件入手,让学生通过分类、归纳,从而得出判定三角形全等的方法.并给学生足够的时间自主探索、动手实践,培养学生的合作意识和探索精神.

四、教学过程分析

我设置的教学环节分别是复习、引入、探索交流、自主学习、课堂评价、课时小结、学习拓展、课外作业等.

下面我将就每个环节分别从教什么、怎么教、为何这样教等三个方面加以说明:

1. 复习导入

让同学们回顾上节学习的相关的两个三角形全等方面的小题,设计目的是为新课打下铺垫.

2. 引出课题

(根据新课标基本理念的要求:人人学有价值的数学)这样,由某同学在学习中会遇到的问题出发,激发学生的求知欲,引入课题.

3. 探索交流——探索三角形全等的条件

(新课标表明:要给学生提供探索与交流的空间,鼓励学生自主探索与合作交流)

创设情境提出问题:

怎样才能画一个三角形与原有三角形全等?我们知道全等三角形三条边分别对应相等,三个角分别对应相等.那么,是否一定需要这六个条件才能判断两个三角形全等呢?条件能尽可能得少吗?

建立模型探索发现:

在学生思考上述问题后,将学生分小组进行讨论交流.受教师启发,从最少条件开始考虑:一个条件、两个条件、三个条件……经过学生逐步分析,各种情况渐渐明晰,进行交流予以汇总、归纳.

按照三角形“边、角”元素进行分类,师生共同归纳得出:

(1)一个条件:一角;一边.

(2)两个条件:两角;两边;一角一边.

(3)三个条件:三角;三边;两角一边;两边一角(画线的两种情况以后接着研究).

按照以上分类顺序动脑、动手、画图、剪图、验证.教师收集学生的作品,组织学生加以比较,得出结论.

经过对各种情况的分析、归纳、总结,同时对学生渗透分类讨论的数学思想.

学生通过实践、自主探索、交流,获得新知:三边对应相等的两个三角形全等,简写为"边边边"或"SSS".

4. 自主学习

(新课标提出:自主学习是学生学习数学的重要方式)

我设计了三个方面的自主学习的内容:根据三角形元素分为三类情况,进行自主学习.

5. 课堂评价

(新课标提出:注重对学生数学学习过程的评价;评价方式要多样化)

(1)网络评价:课堂小测试(参加学校在线考试——利用校园网)检测学生对知识的掌握情况及应用能力.

(2)师评:学生做完当堂练习页,课后上交老师评价.

根据新课标基本理念的要求:学习评价要关注学生学习的结果,更要关注他们学习的过程;还要关注学生在数学活动中所表现的情感与态度.

(3)自评:帮助学生认识自我,树立信心.

(4)组评:小组内部同学互相评价,课后由小组长将评价结果上交,并将有关材料放入学生成长记录袋.

6. 反思小结,提炼规律

教师提出问题,引导学生反思本节课知识的研究探索过程.这样将主动性交给学生,更能提高学生的参与意识与进取精神.

7. 学习拓展

根据新课标基本理念的要求:不同的人在数学上得到不同的发展,给学生提供相关知识网站,让学生当堂上网查看有关信息,从而给学生留下广阔的思维空间,不断激发学生的探索精神.

8. 作业

(根据新课标基本理念的要求:人人学有价值的数学)通过作业也让学生进一步感受到数学就在我们身边.

板书设计.

探索三角形全等的条件(一)	(投影屏幕)	小组得分结果

五、学习评价分析

1. 理论依据

叶圣陶先生曾说过,课堂教学的最高艺术是看学生,而不是教师,看学生能否在课堂中焕发生命的活力.

2. 评价方式

根据新课标的理念:要注重对学生数学学习过程的评价;评价方式要多样化.

本节课的学习评价最主要的特点是采用多元化评价方式进行评价:网络评价——网络系统会自动给每个学生以分数的形式进行评价;老师评价——听课状况、回答问题、合作交流、探究情况;自我评价——便于老师及时掌握每个同学的学习情况;小组评价——小组内部同学互相评价,课后由小组长将结果上交给老师.(通过客观、主观等多种方式对学生进行评价,符合新课标评价多元化的要求.)

我的说课到此结束,谢谢大家!

(广东中山市坦洲实验中学　柳清泉)

六、说课、教学设计与教学实施

说课与教学设计的最大共同点在于对"教学"的理解,对教学活动都具有指导作用,是对教学活动的理性认识和理论上的把握.按照教育控制论学说,说课与教学设计是对教学六因素的影响与控制的方案.

说课与教学设计的区别是:目的有所不同,说课的目的是与他人——教师同行或专家交流,而教学设计一般就是为了自己的教学,是自己教学活动的"脚本"或"手记".所以,说课(稿)规范、全面,而教学设计不大规范,也有的地方是靠设计者的内在把握而没有外在形式.

说课与教学实施(上课)的区别:首先在于任务和对象不同,教学实施是教学设计的一部分——教学过程设计"实际"操作,是动态的、具体的施教过程,是教师与学生、学生与学生的双边活动,主体对象是学生;而说课是具体教学活动操作过程的理论阐述,是在教师同行之间开展的一项教学研究活动,其对象是教师.其次是目的不同,教学活动的目的是让学生学习知识,提高学生技能,培养学生的能力等;而说课是教师对具体教学操作从深层次上予以认识,从知其然到知其所以然,从而提高其教学水平与教育素养.第三,内容有区别.教学活动展示的是如何学和如何教,以及学什么或教什么;而说课所说的是为什么这么教和怎样指导学生怎样学的科学理论依据.

如果是对自己已实践过的教学设计进行交流说课时,教师能补上自己的教学反思和实际教学效果的说明,写出自己的教学体会、经验、教训、课堂上学生的反应情况,以及对本节课的自我评价,有利于教师自身的提高,更能使说课的作用发扬光大.

问题与课题

1. 数学教学设计应关注哪几个方面的问题?并简要论述.

2. 学科教学设计应主要关注哪几个方面的问题?请自选一学科,写出教学设计.

3. 分支教学设计主要关注哪几个方面的问题?试做出《方程、方程组》(七至九年级)的分支教学设计.

4. 学科和分支教学设计对教学的作用是什么?

5. 以二次函数为例,做出其单元教学设计.并说明单元教学设计应注意的问题.

6. 做出《三角形全等》的单元教学设计.

7. 试论述说课、教学设计、课堂教学之间的关系.

8. 请写出《分式的概念与性质》的说课稿.

第 12 章　课堂教学的设计与实施

数学课堂教学设计要遵循一定的程序,以恰当的教学素材为载体,开展教学活动设计.课堂教学设计是课堂教学活动的前提和基础,有道是"不打无准备之仗",教学设计直接决定教学实施的效果.

§12.1　课堂教学设计

数学课堂教学设计大致分为三个方面或层次:关于课堂教学总体考虑的宏观设计、对具体教学内容或教学活动环节的微观设计和创设学习氛围的情境设计.

一、课堂教学宏观设计

当一位数学教师准备上一节课时,他首先考虑的是什么呢?经验告诉我们,首先应考虑以下几方面:

(1)为什么要上这节课?通过对本课教学内容的地位与作用的思考(这在学科教学设计、分支教学设计或单元教学设计中都有所考虑),它适合承担什么样的教育任务?从而确定教学目的.即为什么学与教.

(2)本课的性质是什么?有什么特点?重点是什么?难点是什么?突破难点的关键在哪里?渗透哪些数学思想?即教、学什么.

(3)如何导入课题(开场)?设哪几个教学环节?结合学生情况,确定选用哪些教学措施(数学方法论因素),运用何种手段?采用什么教学方式?即如何教、学.

例 1　"平方差公式"一课的宏观设计.

通过"平方差公式"的教学,学生不仅要学到数学知识、技能(公式及应用),而且通过学习,可增强学生的观察、对比和创造性思维能力,而从中概括出"公式化思想",乃是人类求简、求快、求准的革新思想的一种体现,这里所发挥(潜移默化)的数学教育功能,所培养和增进学生的品质、素养,已超越数学(技能、思维…)本身.

通过若干个"两式和乘以两式差"的题目(类型多样,各种变式),要求学生迅速、正确地试做,并记时间,促使学生产生"找窍门"的念头,逐渐引向公式的发现和运用.从而渗透公式化思想和追求简易、规律化和数学美的意识.即运用竞争机制、美学机制、归纳、对比的方法和演绎法.

在教学过程中,既发挥教师的主导作用,又尊重和强化学生的主体意识,运用合作交流,把教师的教学过程和学生的学习过程统一在师生共同的探索研究中,同时在培养学生"浓厚的学习兴趣,强烈的学习愿望和科学的学习方法"方面有所作为.

宏观设计的前提是吃透教材,用"数学方法论"这把"解剖刀"弄清教学内容的性质、特点、纵横联系,不仅事半功倍,而且自然、连贯、巧妙,给人一种"奇妙"的艺术享受(参见例2).

二、课堂教学的微观设计

数学课堂教学的微观设计,也叫微型设计,即是对一个概念、命题、公式、法则或例题教学过程的设计,它是教学环节的具体化,是以具体实现课堂教学总体构想为任务,是实现宏观教学设计构想的载体.

按照数学方法论的观点,微观设计也是知识生长过程的设想,这是一个简化的、理想的(顺乎自然又有必要的歧路)探索、讨论、发现过程的安排(设想),像历史在戏剧中的重演.

在教学过程中,教师通过一系列的教学措施,如指导学生制作模型、画图、计算、网上搜集资料、运用图表整理资料、对资料进行观察、实验,提出问题,启迪思考、讨论,作出类比、联想、猜想,给出证明等.恰当安排教学活动,使学生动手、动口、动脑,打开通向大脑的六条通道(看、听、尝、触、思、做)中尽可能多的通道;开通全部六个智力中心(语言与逻辑、视觉、人际、音乐、内省、运动)中尽可能多的中心;参与知识的尽可能完整的生长过程(问题的提出过程、概念的建立过程、定理及其证明的探索发现过程、题目求解方案的制定、执行过程,对解答的检验、回顾、评价过程,对方法的归纳、综合整理过程等),使学生真正成为学习的主人.

例2 "平方差公式"一课的微型设计.

上课伊始,老师暂不写"课题",不说上什么课,先给学生出示以下题目(出示方式可以是"试卷"形式,也可以是用多媒体投影).

计算:

(1) $(a+b)(a-b) =$

(2) $(3m+2n)(3m-2n) =$

(3) $(x-6b)(x+6b) =$

(4) $(1-5y)(1+5y) =$

(5) $(5ab-1)(5ab+1) =$

(6) $(b^2-2a^3)(b^2+2a^3) =$

(7) $\left(-\dfrac{1}{2}x+2y\right)\left(-\dfrac{1}{2}x-2y\right) =$

(8) $102 \times 98 =$

(9) $9.9 \times 10.1 =$

(10) $(m+n)(m^2+n^2)(m-n) =$

教师引导:我们学过了"多项式乘法,现在举行一次'小小数学竞赛',看谁做得又准又快,做完后,请举手示意,现在开始".

给学生适当的时间,学生各自做题(活动).教师可巡视,观察学生活动(做题)情况,寻觅师生交流素材.估计大多数学生已做完时,问学生甲:你做的那么快,又正确,是怎么做的?

学生甲有可能这样回答:我做了(1)(2)(3),就发现乘出的四项中,中间两项总是互相抵消,所以后面就不再算这两项,只算首末两项.此回答可能得到大多数同学的认可,尽管有的同学是受甲的回答的启发而"发现"的.

也可能有同学说道:$102 \times 98 = \cdots$,如果没有学生提及,老师可问某同学乙(已做完),你是如何计算 $102 \times 98 =$ 呢?

同学乙可能说:拆项变形:

$$102 \times 98 = (100 + 2)(100 - 2) = 10\ 000 - 4 = 9\ 996.$$

老师再与其他同学交流,可能大同小异,与未做完或做题慢的同学交流,……

学生丙可能据实回答:我只是老老实实地算,没有想……

当课堂达到了预期的目的,学生发现并使用了"快速"算法,或者在别人的启发下理解了"快速"算法,并能实行"快速"算法.进入下一教学环节.

老师概括归纳,赋情言"义",甲、乙等同学运用"公式化思想",反映了人类对"简单省力"和"探求规律性"的追求,以美求真.反复干一件事,人们就找规律,求简洁,略去无用步骤.对于单调、繁复的工作,甚至要发明一种"机械"替人去完成,公式化思想也是一种对简洁美、统一美的追求.

而那种"老老实实"地"算",也是一种"美德",反映了同学的一种恒心和意志,但远非明智之举.因为"光算不想",既难以求快,也难以确保"正确",不是好"习惯".

哪位同学再把今天的题目归纳一下,找出一个统一公式?

有的同学可能要试试.

同学丁:这 10 个小题中,前 7 个都是"两数之和乘以两数之差",结构完全一样,因此,就预示着一个公式,可以用第一小题及其结果来表示:

$$(a + b)(a - b) = a^2 - b^2.$$

由于公式右边是两数的平方差,因此这个公式可叫做"平方差公式"(板书课题:平方差公式).这就是我们本节课的学习内容.

再与学生交流,(8)(9)(10)小题提示了平方差公式的活用.

再出几题,对平方差公式变式训练.

思考题:$(1)\,101^2 - 1 =$　　　　$(2)\,(a + 1)(a^2 + 1)(a^4 + 1)(a^8 + 1) =$
这两道题有点"难",可供同学课下思考.现在你能把公式用一般语言描述一下吗?能用日常语言描述$(1) \sim (7)$小题及其计算结果吗?……

布置作业:略.

作业提示:今天的作业主要是平方差公式的应用,要会正用,会逆用,还要会"变式"活用.

数学知识的生长过程,似乎早已消逝在茫茫的历史长河之中,我们哪里去找?

数学作为人类活动的"痕迹",它的实质,它的精神,它的周折故事,往往凝结在数学的对象、内容、方法和思想之中,在做数学教学设计时,我们应当像考古学家一样,把冰冷的数学形式溶化开来,用数学史、数学哲学和数学方法,作为"数学考古学","寻找回来的世界",化开凝固的历史,从数学概念、命题、法则、公式、"惯用手法"、基本数学符号等,推知事件的经过,要动中求静,死中觅活,硬中找软,虚中见实,概括追索消逝世界的许多高明策略和艺术手法,这就是微观教学设计的辩证法.

微观设计有时也隐含着宏观设计和情境设计的真知灼见.

三、课堂教学的情境设计

课堂教学情境设计的目的:服务于宏观设计和微观设计,创设学术境界,渲染课堂气氛,调动学生的情趣和学习数学的积极性.

对于体现同样的学习任务(目的)的学习内容,不同的表述方式以及不同的背景素材选取,所产生的学习效果是不一样的.

例3 对"大数感受"的情境设计.

为了研究较大的数(如指数)的位数,可以选取"2^{24}是几位数"这样的问题,但如果直接呈现上述问题,学生对此并不太关心,而换一个提法,效果就大不一样了.

谣言的传播速度

某人听到一则谣言(如某地水果有病毒等),一小时内传给了 2 个人,这两个人又在一小时内分别传给了另外 2 个人,……,如此下去,一昼夜能传遍一座一千万人口的大城市吗?

开始很多学生可能会认为这是办不到的,但通过认真计算发现,确能传遍,结论出人意料,但又在情理之中.通过这样的情境,不仅能引起学生的学习兴趣,还能产生"谣言猛于虎"的感受.此时老师因势利导,提出"谣言止于智者",作为个人不要"信谣、传谣",作为政府,要及时公开信息,消除不利于社会稳定的谣言滋生之环境.

1. 情境设计的主要任务

为了凭借数学本身的魅力,吸引学生的注意力,使学生聚精会神地投入数学学习,发挥和增进学生的聪明才智,创设宽松和谐、探索追求学术气氛,就要精心进行情境设计,主要任务有:

(1)激发学生学习兴趣.

例4 再谈感受大数.

100 万有多大?

为了感受"100 万有多大",有的教科书中的"读一读"设计了一个活动:估计 100 万粒大米的质量.如果让学生直接计算估计,学生恐怕难以入趣.为此,我们将"读一读"改进一下,设计成一个情境——改编成下面的故事和问题:

古时候,某个王国里有位聪明的大臣,他发明了国际象棋,献给了国王,国王从此迷上了下棋.为了对聪明的大臣表示感谢,国王答应满足他一个要求.大臣说"就在这个棋盘上放一些米吧,第一格放 1 粒米,第二格放 2 粒米,第三格放 4 粒米,然后依次放 8、16、32、……粒米,一直放到第 64 格为止".国王哈哈大笑:"你真傻,就要那么一点大米?"大臣说:"就怕您的国库里没有这么多米!算了,我只要第 21 格的大米,请允许我把它们带回家."同学们,你能帮助这位国王算一算,第 21 格上大约有多少粒米吗?它们有多重?如果你是这位大臣,你准备怎样把大米运回家?

这样,既激起了学生的学习兴趣,又使学生测量估计 100 万粒大米的质量成为问题解决的一个必然步骤,十分自然.

(2)烘云托月,呼唤主角,并预示着这"主角"的功能、性态、形象,出场的时机和方式等.这是许多艺术形式中所运用的高明手法.情境设计无法离开宏观与微观设计单独进行,而只能同前两种设计配合,情境设计是宏观与微观设计的深化.

在情境设计中,可运用戏剧、诗歌、音乐、相声、绘画的手法,烘托重点,设问激疑、创设冲突,穿插倒叙、设陷打伏等.

2. 情境创设的一些原则

所谓情境就是能够激起学生情感体验的问题背景,其目的是创设矛盾冲突、激发学生兴趣,烘云托月,呼唤"主角""数学"登场.因此,数学情境创设应遵循以下原则:

(1)现实性原则.数学情境的现实性原则一般表现在:

第一,现实的问题情境蕴含着大量的数学学习的对象,数学"好"问题尽量采自学生熟悉的事物,且具有一定的开放性,对于我们的学生和他们的现有知识来说,是不能解决和解决不好的,因而需要进行探索,或呼唤着某一新的概念、法则公式、命题的导入或发现,由此暗示导入新知识的必要性和发现某些定理、公式、法则的必然性,因而要求通过学生所学数学知识获得解决.这样的问题情境有利于提高学生的具体问题解决能力和数学应用能力,有利于激发学习的兴趣.

第二,现实的或数学自身的问题情境提供的亟待解决的问题,应设计好提法,即提法简明,富于趣味性、激励性、挑战性.如当前市场经济问题(物价、储蓄、股票、投资等)、环保问题(如节水、节能、污水处理、绿化等)、网络、交通、教育、文化等现实情境的各个方面等,情境设计可利用"问题—解决"和数学建模研究等手段.

例 5　"统计图的选择"现实情境.

可采用播放中央电视台有关艾滋病的新闻调查栏目中新闻录像片断,从中抽取要学习的统计图,包括条形统计图、扇形统计图、折线统计图等,从而引入对三种统计图的特征的分析和选择使用.

现实情境的创设,要做到有的放矢,谨防平铺直叙,切忌无病呻吟.

例 6　函数 $a\sin x + b\cos x$ 的现实情境.

在物理学中已经学习了这样一个结论:两个具有相同周期的波叠加在一起后还是一个波,而且这个波与原来两个波有相同的周期(可通过教具或多媒体手段动态演示).假设原来的两个波的波动方程分别是 $y = 2\sin\left(x + \dfrac{\pi}{3}\right)$ 和 $y = \sin\left(x + \dfrac{\pi}{4}\right)$(也可以是其他不同的波动方程,但必须是同周期),那么叠加后是怎样的波动方程呢?通过这样的问题情境,引发学生解决实际问题,进而研究如何将 $a\sin x + b\cos x$ 化为同一函数.

(2)情趣化原则.

学习的最大动力莫过于兴趣,能引起学生良好的情感体验:轻松和谐,富于情趣;完全投入,积极探索;活而不乱,紧扣主题.因此,情境的趣味性也是问题情境创设的一个原则,包括以下几个方面:

第一是设置悬念.如设疑激趣、打伏笔、创难设问、求变求新等.

第二是趣化题材.如模拟实际过程,揭示重大背景,内容的神秘化、戏剧化,引进竞争机制等.

第三是在"导入"上下功夫,可平铺直叙、开门见山;可引述一项重大科技领域或工农业工程,从中分析出……;可引起"忽然想到";也可以分析旧知识、旧问题、打下的伏笔中引申出来.好的开始等于成功的一半,在导入课题上多下一点功夫,是值得的.

例7　无理数的引入课.

(本节课的目的是为无理数概念的引入创设情景,让学生感受到现实生活中确实存在着不是有理数的数,数又不够用了!)

教学过程设计:

第一环节:开门见山,情境导入.

以前我们学习的数都是有理数,请同学们进行下面的操作活动:拼图游戏.

每人剪出两个边长为 1 dm 的正方形,并将这两个正方形剪剪、拼拼,设法得到一个大正方形.对学生的拼剪活动,要求四个学生为一组,边讨论边做,并进行交流展示.

活动目的的说明:为后续引入无理数提供活动素材.让学生感受到有理数不够用了.

活动的效果可能是:所有学生都成功地剪出了正方形(可能有的利用折纸,有的是在纸上绘制……).但学生剪得的正方形的边长各异.不管边长为多少,都可以看成单位长度,教师引导学生,单位长度具有人为规定性.

学生拼大正方形的方法很多,如图 12-1 所示.

 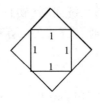

图 12-1

第二环节:创难设问,探究新识.

设大正方形的边长为 a,a 满足什么条件? a 是整数吗? a 是分数吗? 合作交流.

目的说明:引导学生探究所得大正方形的边长所满足的条件,初步感知无理数的客观实在性.

a 不是整数容易理解;对于 a 是否为分数,老师要引导发现:它不可能是分数.所以 a 不是有理数,是什么数? 欲言不能,欲罢不忍!

第三环节:秘而不宣,继续引导.

可用课件展示图形 12-2.教师提问:同学们对这个图形一定不陌生吧? 我们在学习勾股定理时用到过.若直角三角形的两直角边分别为 3 和 4,那么以其斜边为边的正方形的面积是多少?

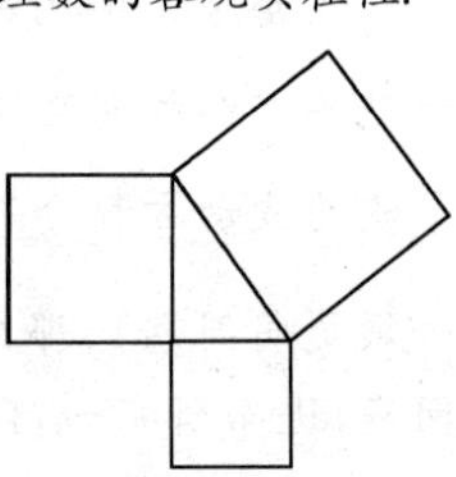

图 12-2

若直角边长为 1 和 2,以其斜边为边的正方形的面积是多少? 设该正方形的边长为 b,b 满足什么条件? b 是有理数吗?

通过以上两个实例的探讨,我们发现,实际生活中确实存在着"不少"不是有理数的数.我们今天的探索,在公元前 5 世纪就有科学家尝试了,当时他为真理付出了生命的代价.

第四环节:史海寻踪,以史引趣,以趣激情,以情励志.

课件展示:希伯索斯(Hippasus)的发现.

古希腊毕达哥拉斯学派有一个信条,"万物皆数",即"宇宙间的一切现象都能归结为整数或整数之比",也就是一切现象都可以用有理数去描述.

公元前 5 世纪,毕达哥拉斯学派的一个成员希伯索斯发现边长为 1 的正方形的对角线长不能用整数或整数值比来表示.这个发现动摇了毕达哥拉斯学派的信条,引起了信徒们的恐慌.据说,希伯索斯被其他成员抛入了大海,他为发现真理而献出了宝贵的生命.但真理是不可战胜的,后来,古希腊人终于正视了希伯索斯的发现,并给予了证明.

第五环节:自主探索,强化理解.

图 12-3 所示是由 16 个边长为 1 的小正方形拼成的,任意连接这些小正方形的若干个顶点,可得到一些线段,试分别找出两条长度是有理数的线段和两条长度不是有理数的线段.

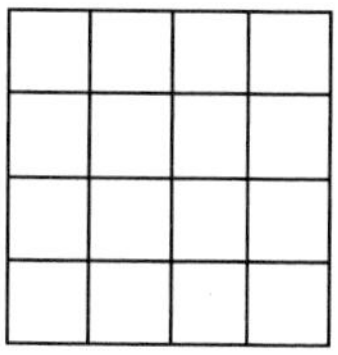

图 12-3

这个教学设计的最大作用是为无理数概念的学习(发现)埋下了伏笔.它使学生自己主动思考,感到有理数确实不够用了,为引入无理数的概念做好了情境铺垫,而不是硬性灌给学生无理数的概念.经过自己的探索,学生对无理数的理解会比较深刻.

(3)数学化原则.数学教学情境创设应遵循数学化原则,也可以说是数学一致性原则.简单说就是活而不乱,紧扣"数学"这一主题.

通过情境创设实施教学,我们应该记住弗赖登塔尔的话:"数学源于现实,寓于现实,用于现实,与其说学习数学,不如说学习数学化".[32] 这里数学化的含义是指:"人们运用数学的方法观察现实世界,分析研究各种具体现象,并加以整理组织,以发现规律,这个过程就是数学化;简单地说,数学地组织现实世界的过程就是数学化".[33]

事实上,数学一致性、现实性和情趣性也是现代课程理论的要求.现代课程理论有三大流派:学科中心论、儿童中心论和社会中心论.学科中心论要求教学内容符合数学学科本身的逻辑顺序,做到学习内容的数学性;儿童中心论要求学习内容符合儿童的认知实际,从而要求教学内容具有一定的趣味性,易于激发学生的学习积极性;社会中心论认为,教学内容应该符合社会未来发展的要求,要求教学内容具有一定的社会应用,让学生体会到学科学习的有用性.

理想的情境创设的素材应力求做到学科性、现实性和趣味性的统一.设计出同时满足这样几个原则的问题情境是教学中的一个永恒的追求目标.但要求每一个问题情境都同时满足这样几个性质未必现实,在具体情境设计时,应认真分析各个情境的作用,并据此确定选材时的侧重点;从整个课堂教学实践来看,应该寻求几者之间的一个恰当的平衡.数学方法论是把握这种"平衡"的有效砝码.

用数学方法论指导数学课堂教学设计,我们应当注意以下三点:

第一,因为我们实施的是数学教学,数学方法论作为数学教学设计的指导思想,在教学中是辅助的东西,只能在处理数学内容时"渗透和使用",在课堂教学过程中不必全部地把它们概括出来,毕竟数学教学不是数学思想的教学;但对于数学的基本思想方法作为数学知识的一部分,也需要学生领悟、掌握和运用,应直接教给学生.

第二,数学方法论指导数学教学的本质在于按照数学知识的形成和发展规律进行教学.由于数学知识的生长过程延续时间长,充满了曲折反复,不可能原原本本地搬到课堂上,但也不应当不顾这个过程,完全"删除"曲折弯拐,直出直入地搬用方法,获得结论,有时像"从帽子里突然变出一只兔子",而要"安排"必要的(确定可能发生的)波折歧路,设计自然可信的模拟过程,像历史在戏剧中的重演.教学情境创设一方面是通过具体的问题情境,引导学生联想和寻求数学学习对象,包括数学概念、法则、命题以及一些具体的方法等,从而解决情境中的问题,进而展开某个具体数学课题的学习;另一方面是通过有激励性的或有趣的问题,激发学生的学习兴趣.

初中数学学习中的几何体、平面图形、有理数和方程等概念,都来自对现实生活的抽象概括.对于这些抽象的概念,教学中应尽力创设现实情境,让学生感受到数学知识来源于现实,因而情境创设应更为关注情境的现实性和广泛性.一些数学命题和法则的归纳,应注意既要符合学生的认知状况,又要具有一定的现实意义,对于这样的问题情境的创设就应更为关注情境的现实性和熟悉性,而不必过于关注情境的广泛性.可对比较单一的背景进行多方位的挖掘,从而获得归纳所需要的各种情形,为学生的归纳提供必要的基础.但现实生活不是数学研究对象的唯一来源,有很多数学问题的研究并非是实际需要,而是出于理论上和追奇追美的需要,如三、四、五次方程的求根公式和虚数的研究.创设这样的问题情境,应更关注问题的挑战性、趣味性.这样的问题可以不要求学生能马上自行解决,甚至在教师指引下也难以一时解决,但是它可以成为指引学生的一个动机或方向,并通过一段时间的学习而最终获得解决,或未来才能解决.

第三,课堂教学设计的目的在于施用,而施用不是"照本宣科"——背教案,教教案.组织指导课堂活动,像指挥一场战斗或一场体育比赛,是对混沌行为的调控,讲究临场发挥,而临场发挥也不是不做课堂教学设计.

最后,向读者介绍如下"顺口溜",这是一线教师心血和经验的结晶,是静中求动、死中觅活、硬中找软、虚中见实的教学设计的辩证法:

教学设计虽不易,返璞归真寓教理.

吃透教材是关键,教学目标想仔细.

要想知道怎样教,数学方法论作向导.

数学哲学本一家,设计需用辩证法.

复杂之中抓简化,平凡之中抓奇异.

简单之中抓深刻,零散之中抓联系.

特殊之中抓一般,抽象之中抓具体.

结论之中抓过程,枯燥之中抓情趣.

演绎之中抓归纳,成功之中抓反思.

选择之中抓秀美,粗略之中抓精细.

推理之中抓动因,导入之中抓问题.

§12.2　课堂教学设计案例[34]

例1　函数的单调性(第一课时).

(一)教学目标

1.建立增(减)函数的概念.

2. 掌握用定义证明函数单调性的基本方法与步骤.

3. 通过使学生经历从直观到抽象、从图形—自然语言—形式化的数学语言理解增函数、减函数、单调区间概念的过程,体验数学概念的形成过程,同时使学生学习数学思考的基本方法,培养学生的数学思维能力,发展数学品质.

（二）教学重点、难点

重点:形成增（减）函数的形式化定义.

难点:形成增（减）函数概念的过程中,如何从图像升降的直观认识过渡到函数增减的数学符号语言表述;用定义证明函数的单调性.

（三）教学过程框图

（四）教学活动过程和情境设计

问　题	设 计 意 图	师　生　活　动
（1）由二次函数的图像,说出函数图像的变化有什么特点	启发学生由图像获取对函数性质的直观认识,引入新课	师:引导学生观察图像的升降变化,引入新课 生:看图,并说出自己的看法
（2）函数 $y=x$ 的图像变化有什么特点	感受函数 $y=x$ 的图像是上升的	师:引导学生从左至右看 $y=x$ 的图像如何变化 生:观察 $y=x$ 的图像从左至右的变化情况,并回答问题（图像变化的特点:是上升的）
（3）描述一下函数 $y=x^2$ 的图像的升降变化规律	体会同一函数在不同区间上的变化差异	师:启发学生获取函数 $y=x^2$ 的图像变化的升降特点,并将其与函数 $y=x$ 的特点进行比较 生:观察图像,发现函数 $y=x^2$ 的图像在 y 轴左侧是下降的,在 y 轴右侧是上升的.比较函数 $y=x$ 与 $y=x^2$ 的图像,指出它们的不同特点
（4）从上面的观察分析,能得出什么结论	学生回答后教师归纳:从上面的观察分析可以看出,不同的函数,其图像的变化规律不同.同一函数在不同的区间上变化规律也不同.函数图像的这种变化规律就是函数性质的反映.这就是我们今天所要研究的函数的一个重要性质——函数的单调性（引出课题）	
（5） $y=x^2$ 的图像在 y 轴右侧是上升的,如何用数学符号语言来描述这种"上升"的变化	指导学生经历从分析到定量分析,从直观认识到抽象认识的过程	师:指导学生完成 $y=x^2$ 对应值表,并观察表格中自变量 x 的值从 0 到 5 变化时,函数值 y 如何变化 生:填表并回答问题（自变量 x 的值增大,函数值 y 增大） 师:在 $(0,+\infty)$ 上,任意改变 x_1,x_2 的值,当 $x_1<x_2$ 时,是否都有 $x_1^2<x_2^2$ 生:随意给出一些 $(0,+\infty)$ 上的 x_1,x_2 的值,当 $x_1<x_2$ 时,验证是否都有 $x_1^2<x_2^2$（可以借助计算器） 师:由此你能得出什么结论 生:表述各自的结论 师:对学生得出的结论给予评价,然后提出,刚才我们所验证的是一些具体的、有限个的变量的值.那么,对于 $(0,+\infty)$ 上任意的 x_1,x_2 当 $x_1<x_2$ 时,是否都有 $x_1^2<x_2^2$ 生:思考如何验证教师提出的问题,并将自己的想法与同学交流 教师引导学生得出:函数 $y=x^2$ 在 $(0,+\infty)$ 上图像是上升的,用形式化的数学语言来表达就是对于 $(0,+\infty)$ 上任意的 x_1,x_2,当 $x_1<x_2$ 时,都有 $x_1^2<x_2^2$.即函数值随着自变量的增大而增大.具有这种性质的函数叫增函数

问　题	设 计 意 图	师　生　活　动
(6)如何定义增函数	从特殊到一般引出增函数的定义	师:对于一般的函数 $y=f(x)$,我们应当如何给出增函数的定义 引导学生讨论、交流,说出各自的想法,并进行分析、评价,补充完善后给出增函数的定义
(7)从函数图像上可以看到, $y=x^2$ 的图像在 y 轴左侧是下降的,类比增函数的定义,你能概括出什么结论	得出减函数的定义,培养学生在数学学习中的类比能力	教师引导学生观察 $y=x^2$ 的图像和在 $(-\infty,0)$ 上的对应值表,并思考:如何用形式化的数学语言描述"函数图像在区间 $(-\infty,0)$ 上下降" 学生通过观察、验证、讨论、交流后表述各自的结论 师生共同得出减函数的定义
(8)你能分析一下增(减)函数的要点吗	使学生加深对增(减)函数的认识	教师引导学生分析增(减)函数定义的数学表述,体会定义中的关键词"对于单调区间内任意两个自变量,都有……"的含义
(9)自学教材的例题并解决习题中的有关问题	巩固概念,并培养学生的自学能力	师:指导学生阅读教科书上的例子 生:阅读教科书上的例子,并完成习题中的有关问题
(10)进一步学习教科书上的其他例题,你能总结一下证明一个函数是某个区间上的增(减)函数的步骤吗	使学生熟悉用定义证明函数为增(减)函数的基本步骤	生:阅读其他例题 师:分析例题并板书证明 师:启发学生概括用定义证明函数为增(减)函数的一般步骤,注意给学生留有总结思考的时间 生:交流自己总结的步骤 师:板书证明步骤
(11)课堂练习:教科书上的练习题.练习的目的是启发学生利用单调函数的概念解决与递增(减)有关的简单实际问题		
(12)函数 $y=1/x$ 的定义域 I 是什么?它在 I 上的单调性是怎样的?你能用定义证明自己的结论吗	让学生进一步认识到函数的单调性是离不开区间的	生:写出函数的定义域,通过画出函数的图像得出函数的单调性 师:启发学生思考,函数是减函数吗 生:思考问题,发现函数 $y=1/x$ 的单调区间不能求并;用增(减)函数的定义证明自己得出的单调性
(13)课堂小结:教师提出下列问题让学生思考 ①增(减)函数的图像有什么特点? 如何根据图像指出单调区间 ②怎样用定义证明函数的单调性 ③通过增(减)函数概念的形成过程,你对数学概念和性质的学习有什么体会 师生共同就上述问题进行讨论、交流、总结,让学生充分发表自己的意见		

(五)几点建议

1. 本节课的容量大,建议适当使用信息技术创设教学情境,特别是验证"对于 $(0,+\infty)$ 上任意的 x_1、x_2 的值,当 $x_1<x_2$ 时,都有 $f(x_1)<f(x_2)$"时.

2. 应强调增(减)函数定义中的如下要点:

(1)增(减)函数是相对定义域内的某个区间(即局部)而言的;

(2) x_1、x_2 必须是区间内任意两个自变量的取值,而不是某些特殊值.

3. 可用下面的图表归纳一次函数、反比例函数和一元二次函数的单调性:

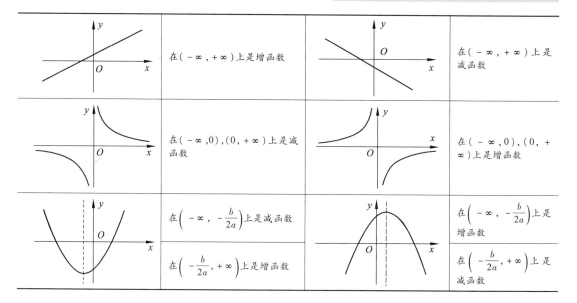

	在 $(-\infty,+\infty)$ 上是增函数		在 $(-\infty,+\infty)$ 上是减函数
	在 $(-\infty,0),(0,+\infty)$ 上是减函数		在 $(-\infty,0),(0,+\infty)$ 上是增函数
	在 $\left(-\infty,-\dfrac{b}{2a}\right)$ 上是减函数		在 $\left(-\infty,-\dfrac{b}{2a}\right)$ 上是增函数
	在 $\left(-\dfrac{b}{2a},+\infty\right)$ 上是增函数		在 $\left(-\dfrac{b}{2a},+\infty\right)$ 上是减函数

评析:

该设计较好地体现了数学方法论指导数学教学的理念,数学学习的着眼点不仅仅是知识的学习,还需在学习知识的同时学到数学的一般思考方式:几何直观—自然语言—符号化、形式化的数学语言.

具体体现在本例从学生熟悉的二次函数引入,并与熟悉的函数 $y=x$ 作比较,观察、分析它们图像变化的特点,并说出自己的认识和看法.再回到二次函数 $y=x^2$ 的图像,指导学生经历从定性分析到定量分析、从直观认识到抽象认识的过程,给出二次函数 $y=x^2$ 是增函数的定义,再从特殊到一般,给出增函数的定义.与此同时,还注重培养和发展学生的其他数学能力,如类比能力.该案例设计了相应的问题:从函数图像上可以看到, $y=x^2$ 的图像在 y 轴左侧是下降的.类比增函数的定义,你能概括出什么结论?

通过层层递进的问题,帮助学生形成对函数单调性的认识和理解,同时感受数学的一般思考方式.最后给出几点建议对教学也是有益的.

关于函数奇偶性的教学设计也可类似进行.

例 2　指数函数及其性质(第一课时).

(一)教学目标

1. 了解指数函数模型的实际背景,认识数学与现实生活、其他学科的联系.

2. 理解指数函数的概念,能画出具体指数函数的图像,探索并理解指数函数的单调性和特殊点.

3. 体会研究函数及其性质的过程中从特殊到一般、数形结合等方法.

(二)教学重点、难点

重点:指数函数的概念和性质.

难点:用数形结合的方法从特殊到一般地探索、概括指数函数的性质.

(三)教学过程框图

从实际背景引入指数函数的课题

↓

构建指数函数的概念

↓

画指数函数的图像

↓

探索指数函数的性质

↓

课堂小结与作业

(四)教学活动过程和情境设计

问　题	设　计　意　图	师　生　活　动
(1)生物体内碳14含量 P 与死亡年数 t 之间的对应关系为 $$P=\left(\frac{1}{2}\right)^{\frac{t}{5730}}$$ 据判断,从2000年起的未来20年内, x 年后我国的GDP值 y 为 1.073^{x} ,即 $$y=1.073^{x}(x\in\mathbf{N}^{+},x\leqslant 20)$$ 上述两个关系能否构成函数	用函数的观点分析碳14含量模型和GDP值增长模型中变量之间的对应关系,作为引出指数函数的背景实例	教师组织学生思考、分小组讨论所提出的问题,注意引导学生从函数的定义出发来解决两个问题中变量之间的关系 学生先独立思考、再小组讨论,推举代表解释这两个问题中变量间的关系能否构成函数,为什么
(2)这两个函数有什么共同特征	抽象概括出指数函数模型 $y=a^{x}$	教师注意引导学生把对应关系概括成 $y=a^{x}$ 的形式.注意提示 a 的取值范围.学生思考,概括共同特征
(3)给出指数函数的定义		
(4)你能根据指数函数的定义解决教科书上的练习(有关练习)吗	利用指数函数的定义求指数型函数的定义域,写出指数函数模型的函数解析式	生:独立思考,尝试解决教职工科书上的练习题,并且小组讨论、交流 师:课堂巡视,个别辅导,针对学生的共同问题集中解决
(5)如何画指数 $y=2^{x}$ 和 $y=\left(\frac{1}{2}\right)^{x}$ 的图像	会用描点法画这两个函数的图像	生:独立画图,同学间交流 师:课堂巡视,个别辅导,展示画得较好的部分学生的图像
(6)你能类比前面讨论函数性质时的方法,说一说研究指数函数性质的方法吗	给出研究指数函数的思路	教师引导学生需要研究指数函数的哪些性质,讨论研究指数函数性质的方法.强调数形结合,强调函数图像在研究函数性质中的作用,注意从特殊到一般的思想方法的应用,渗透概括能力的培养 学生独立思考,提出研究指数函数的基本思路
(7)从画出的图像中你能发现函数 $y=2^{x}$ 的图像和函数 $y=\left(\frac{1}{2}\right)^{x}$ 的图像有什么关系吗?可否利用 $y=2^{x}$ 的图像画出 $y=\left(\frac{1}{2}\right)^{x}$ 的图像	总结出两个指数函数图像关于 y 轴对称时其解析式的特点,并利用轴对称性画指数函数的图像	师:投影展示教科书上函数 $y=2^{x}$ 和 $y=\left(\frac{1}{2}\right)^{x}$ 的对应值表以及相应的图像 生:观察图像及表格,表述自己的发现 师:概括出根据对称性画指数函数图像的方法

续表

问　题	设 计 意 图	师　生　活　动
(8)你能利用指数函数的图像归纳出指数函数的性质吗	得出指数函数的性质	教师引导学生选取若干个不同的底数 $a(a>0$ 且 $a≠1)$ 画出 $y=a^x$ 的图像,并引导学生观察图像,概括出指数函数的性质 学生通过选取不同的底数 $a(a>0$ 且 $a≠1)$ 画出 $y=a^x$ 的图像,观察图像,发现性质,相互交流等活动,形成对指数函数性质的认识
(9)根据教科书相应的例题,让学生说出确定一个指数函数需要的条件	明确底数 a 是确定指数函数的要素	师:投影出教科书上的例题,并引导学生分析,当函数图像过哪个点时,该点的坐标满足该函数解析式 生:思考、叙述解决例题的步骤和过程
(10)通过本节课的学习,你对指数函数有什么认识	对本节课的知识进行归纳概括	生:思考,小组讨论,推举代表叙述,其他同学补充 师:根据学生回答的情况进行评价和补充

(五)几点建议

1. 在画指数函数图像时,应先用列表、描点的方法进行,目的是加深对函数概念的认识和理解.探索指数函数性质时,有条件的学校可以让学生利用计算器或计算机来进行.这样既可节约时间,又可以帮助学生自己去发现有关性质,增强学生学习的兴趣.

2. 在选取不同的底数 a 时,要注意底数 a 的代表性,既要有 $a>1$ 又要有 $0<a<1$ 的情况,在讨论指数函数的性质时,要引导学生按 $a>1$ 0 $<a<1$ 进行归类.

3. 分类有助于帮助学生处理大量繁杂的事物,进行有条理的思维.因此,在让学生观察指数函数图像并总结指数函数的单调性和特殊点时,建议引导学生按不同的底数进行适当的分类.

评析:

该设计从两个实际问题引入课题,并逐步深入地提出问题,构建指数函数概念,较好体现了数学模型化方法在数学教学中的指导作用.

在研究指数函数性质时,先让学生类比研究函数性质时的思路,给出研究指数函数性质的思路.并通过问题"你能利用指数函数的图像归纳出指数函数的性质吗?"引导学生选取若干个不同的底数 $a(a>0$ 且 $a≠1)$ 画出 $y=a^x$ 的图像,并引导学生观察图像,概括出指数函数的性质.体现了教学中注重数学思考和学习方法的基本理念.

本例中最后提出的几点建议抓住了指数函数教学中的关键点,对于把握好指数函数的教学是十分有益的.

关于对数函数概念和性质的教学设计也可类似进行.

例3　直线的倾斜角与斜率.

直线的倾斜角与斜率是从不同的角度刻画直线倾斜程度的概念,倾斜角是从几何角度入手,斜率是从代数角度入手.以往的教学非常重视刻画直线的斜率,倾斜角刻画得较少."数离形时少直觉,形离数时难入微".我们既要强调几何问题的代数化,也要强调代数结果的几何意义.因此,在设计直线的倾斜角与斜率时,倾斜角与斜率要同等重视.

(一)教学目标

1. 理解直线的倾斜角和斜率的概念.

2. 掌握过两点的直线斜率的计算公式.

3. 经历用代数方法刻画直线斜率的过程,初步感受几何问题代数化的方法.

(二)教学重点、难点

重点:直线斜率的计算公式及应用.

难点:用代数方法刻画直线斜率的过程.

(三)教学过程

1. 直线的倾斜角概念的引入.

(1)多媒体动画演示平面上过一点 O 有无数条直线,如图 12-4 所示,学生观察,可以反复演示几遍.

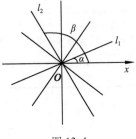

(2)提出问题:如何区分过同一个点 O 的直线 a 与直线 b 的位置? 用一个什么量来刻画它们?

(3)引导学生思考,能否用第三条直线 c 来帮助,用直线 l_1、l_2 分别与直线 c 的夹角来刻画.

(4)将直线 c 选为特定的直线 x 轴,获得直线的倾斜角的概念.

图 12-4

2. 直线的倾斜角概念的明确.

(1)学生利用计算机动手操作探讨倾斜角的取值范围.

(2)明确倾斜角如何刻画直线的位置,倾斜角的大小与直线的倾斜程度的关系.倾斜角 $\alpha = 0°$ 时,直线的位置如何? 倾斜角趋向于 $\alpha = 180°$ 时,直线的位置又如何?

(3)直线的倾斜角从几何角度刻画直线的倾斜程度.

3. 直线的斜率概念的引入.

(1)创设问题情境:平面内两点能够确定一定直线,那么能否用这两个点表示直线的倾斜程度呢?

(2)如图 12-5 所示,直线 l 由 P_1、P_2 两点确定,如果将直线 l 放在直角坐标系中,那么 P_1、P_2 的坐标就可以确定,分别是 (x_1, y_1)、(x_2, y_2). 能否用 P_1、P_2 的坐标表示直线的倾斜程度呢?

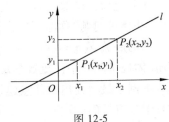

(3)动画演示日常生活中各种各样的倾斜的物体,如楼梯、斜坡等,引导学生联想到"坡度",将"坡度"进行数学加工获得

图 12-5

直线的倾斜率概念及计算公式 $k = \dfrac{y_2 - y_1}{x_2 - x_1}$ $(x_1 \neq x_2)$.

4. 直线的斜率公式的明确.

(1)直线的斜率可以由直线上任取两点来求得,需要注意的是这两点的横坐标不能相同.

(2)当直线平行于 x 轴时,直线上所有点的纵坐标都相同,横坐标不相同,此时 $k = 0$,即直线 $y = b$ 的斜率 $k = 0$.

当直线平行于 y 轴时,直线上所有点的横坐标都相同,纵坐标不相同,此时 k 不存在,即直线 $x = a$ 的斜率 k 不存在.

(3)将需要研究的直线放置在直角坐标系中,通过点的坐标的代数运算来刻画直线的几何特征,这种将几何问题转化为代数问题的方法是解析几何中重要的方法.

5. 直线的倾斜角和斜率的关系.

(1)直线的倾斜角和斜率都是用来刻画直线的倾斜程度的量.倾斜角从几何角度刻画,斜率从代数角度刻画.

(2)当直线的倾斜角时 $0°\leqslant \alpha \leqslant 90°$,其斜率 $k\geqslant 0$;当直线的倾斜角 $90°<\alpha <180°$时,$k<0$;当直线的倾斜角 $\alpha =90°$时,k 不存在.反之亦然.

6. 巩固与应用概念.

(1)由学生列举生活、生产和其他学科中的有关直线倾斜角和斜率的使用.

(2)给出 $2\sim 3$ 个简单的求直线斜率的问题.

7. 小结与布置作业.

评析:

有的解析几何课程安排在三角函数之后,所以直线的斜率是从直线的倾斜角的正切来引入的.本设计从学生熟悉的情境——"坡度"切入,将直线放置在直角坐标系中,由直线上两个点的坐标计算出直线的斜率,这种方法是解析几何的基本方法——坐标法.

本设计与以往教学的重要不同点是重视直线的倾斜角的教学,重视从几何的角度研究直线,这对于培养学生的几何直观能力、渗透数形结合的思想都非常有好处.

本设计采用多媒体动画演示直线的各种位置以及不同位置时倾斜角和斜率的变化,给学生以充分的感性认识,这不但有利于培养学生的学习兴趣和积极性,而且有利于引导学生探讨教师提出的问题.

例 4　概率的应用.

研究背景:在概率已获得社会的广泛应用、成为日常生活的普遍常识的今天,对它进行初步学习显得十分重要:可以使学生获得概率的一些基本知识,了解其中的一些基本观念和思考方法,运用它解决一些简单的实际问题.

但是学生在概率的学习过程中,很难用已获得的解决确定性数学问题的思维方法,去求得"活"的概率问题的解.因为概率所研究的对象具有不确定性等特点,这就决定了概率教学中教师的教学方式和学生的学习方式的转变.教师必须引导学生经历概率模型的构建过程和模型的应用过程,从中获得体验和感悟,才能应对"活"的概率问题.本内容就是在此想法下产生的,是在学生已经学习了一定的概率内容后的应用.

(一)创设情境,引发学生的学习兴趣

"数学太枯燥乏味了,我根本提不起兴趣去学好它,你说学这么多数学有什么用?"有些同学如是说.其实,有一部分的学生对数学的感觉就是如此.那么如何启发他们的学习热情,让他们感觉到学数学的乐趣呢? 我们不能空洞地说:"数学是很有用的,应用科学的基础就是数学.数学以及数学的应用在科学技术、经济建设、商业贸易和日常生活中所起的作用很大……",这些对于学生来说感觉太遥远了.我们可以在教学过程中,根据学生的生活、学习经验,创设丰富的问题情境,引导学生自己去生成概念、提炼模型.

问题 1　至少在多少个人中才能使"至少有两个人同一天过生日的概率"超过 0.5?

分析:课前先让学生统计一下自己班的同学有没有同一天过生日的.很不幸,我们班共40人,没有一个是同一天生日的.但一部分能力强的同学已经用概率的知识解决了这个问题.答案如下:

r/人	5	10	15	20	25	30	40	50	60
p	0.027	0.117	0.235	0.411	0.569	0.706	0.891	0.970	0.994

当答案给出的时候,我想还是有很多学生持怀疑的态度.他们其实忽视了一点,概率比较大的事件并不意味着事件肯定会发生(即大概率事件并不是必然事件).

接着,为了引发他们的兴趣,可以引入在《红楼梦》第62回中探春说的话"一年十二个月,月月有几个生日.人多了就这样巧,也有三个一日的,两个一日的".《红楼梦》虽写了几千人,但笔墨较多的也不过几十人,其中就给出好几对生日相同的人物:贾宝玉、薛宝琴、平儿、惠香、邢岫烟五人同一天,邢夫人和薛宝钗同一天,而林黛玉和袭人同一天等.这与理论上的结果是相吻合的.

(二)构建知识网络,引导学生把握各知识间的联系

学生能否准确迅速地运用概念和模型解题,重要的一方面取决于他们对概念和各模型之间的联系是否真正把握.因此,在概率的教学过程中,我们要随时引导学生将获得的新概念、新模型和已有的概念和模型进行比较,找出它们之间的联系和区别,优化自己的认知结构.

问题2 (掷骰子问题)同样引入《红楼梦》中的一段话.

在《红楼梦》中不止一次写到掷骰子游戏,如以下这段:宝玉生日之晚,诸钗为活跃气氛玩起掷骰子游戏.晴雯先摇四个骰子,掷出6点.芳官喝罢,宝钗掷出16点,该探春时,出了个19点,下面黛玉掷出18点,随后湘云掷出9点,麝月掷出10点,香菱掷出6点,黛玉又掷出20点.

在此提出一个绝妙的概率问题,即掷出四个均匀的骰子,求其点数和为某点的概率.

分析1:四个骰子,最小可掷出4点,最大可掷出24点,从对称性可以得知掷出14点的概率最大,利用古典概型,可求得其具体值.

易知该样本点数为$6^4 = 1\ 296$,而若点数之和为14,则有以下12种组合:

(1)四个骰子的点数分别为3,4,1,6;

(2)四个骰子的点数分别为2,3,4,5;

(3)四个骰子的点数分别为2,6,5,1;

(4)两个为2,一个为4,另一个为6;

(5)两个为5,一个为3,另一个为1;

(6)两个为4,一个为5,另一个为1;

(7)两个为3,一个为2,另一个为6;

(8)两个为2,两个为5;

(9)两个为1,两个为6;

(10)两个为3,两个为4;

(11)三个为3,一个为5;

（12）三个为 4，一个为 2.

注意：当四个骰子点数完全不同时，有 4！＝24 种情形；有两个相同而另两个不同时，有 $\frac{4！}{2！}$＝

12 种情形；有两个相同而另两个也相同时，有 $\frac{4！}{2！\cdot 2！}$＝6 种情形；有三个相同时，显然有四种

情形．综上可以求出掷出 14 点的有利场合数为 146.

代入古典概型计算公式求得其概率为 146/1 296≈0.1 12 7.

但是现在的学生有相当一部分存在这样的问题：他们似乎有点儿数不清数．如果利用这种方法计算，我想大部分同学都可能会漏掉几种情况．那么可以介绍下面的方法．

分析 2：将上述问题转化为：从 1～6 中有放回地任取四个数，求其总和为 14 的概率．而其又等价于"从 0～5 中任取四个数其总和为 10 的概率"．因而给出问题的另一种求法．

该问题实际上为把十个 1 分到四个房间的分法数，再减去某房间超过五个的分法数．计算如下：

将十个 1 分到四个房间有 $C_{10+4-1}^{4-1}=C_{13}^{3}=286$ 种情形．某房间有六个 1 其余三个房间有四个 1 的分法数为 $4C_{3+4-1}^{3-1}=4C_{6}^{2}=60$；某房间有七个 1 其余三个房间有三个 1 的分法数为 $4C_{3+3-1}^{3-1}=4C_{5}^{2}=40$；某房间有八个 1 其余三个房间有两个 1 的分法数 $4C_{3+2-1}^{3-1}=4C_{4}^{2}=24$；某房间有九个 1 其余三个房间有一个 1 的分法数为 $4\times3=12$；某房间有十个 1 其余三个房间没有 1 的分法数为 4．故其有利场合数为 286－（60＋40＋24＋12＋4）＝146.

故求得其概率为 146/1 296≈0.1 12 7.

（三）充分展示建模的过程，引导感悟模型提取的过程

概率问题求解的关键是寻求它的模型，只要模型一找到，问题便比较容易了．而概率模型的提取往往需要经过观察、分析、归纳、判断等复杂的思维过程．因此，在概率应用问题的教学中，教师应随时充分展示建模的思维过程，使学生从问题的情境中感悟出模型提取的过程，获取模型选取的经验，久而久之，感受多了，经验丰富了，建模也就容易了．

问题 3　"三个臭皮匠顶个诸葛亮"是在中国民间流传很广的一句谚语，尝试从概率的角度来分析一下它的正确性．

分析：先建立模型：刘备帐下以诸葛亮为首的智囊团共有 9 名谋士（不包括诸葛亮）．假定对某事进行决策时，每名谋士贡献正确意见概率为 0.7，诸葛亮贡献正确意见的概率为 0.85．现为某事可行与否而个别征求某位谋士的意见，并按多数人的意见做出决策，求做出正确决策的概率．

解：本题属于二项分布，$p=0.7$，$n=9$，所以做出正确决策的概率为

$$\sum_{k=5}^{9}C_{9}^{k}p^{k}(1-p)^{9-k}=C_{9}^{5}\cdot0.7^{5}\cdot0.3^{4}+C_{9}^{6}\cdot0.7^{6}\cdot0.3^{3}+C_{9}^{7}\cdot0.7^{7}\cdot0.3^{2}+$$

$$C_{9}^{8}\cdot0.7^{8}\cdot0.3^{1}+C_{9}^{9}\cdot0.7^{9}\cdot0.3^{0}$$

$$\approx0.901\ 2>0.85$$

问题 4　从概率的角度分析"真理有时候掌握在少数人的手中"．

分析：建立模型：刘备帐下以诸葛亮为首的智囊团共有 9 名谋士（不包括诸葛亮）．假定对

某事进行决策时,每名谋士贡献正确意见概率为0.3,诸葛亮贡献正确意见的概率为0.5.现为某事可行与否而个别征求某位谋士的意见,并按多数人的意见做出决策,求做出正确决策的概率.

解：本题属于二项分布,$p = 0.3$,$n = 9$,所以做出正确决策的概率为

$$\sum_{k=5}^{9} C_9^k p^k (1-p)^{9-k} = C_9^5 \cdot 0.3^5 \cdot 0.7^4 + C_9^6 \cdot 0.3^6 \cdot 0.7^3 + C_9^7 \cdot 0.3^7 \cdot 0.7^2 +$$

$$C_9^8 \cdot 0.3^8 \cdot 0.7^1 + C_9^9 \cdot 0.3^9 \cdot 0.7^0$$

$$\approx 0.098\ 8 < 0.5$$

仔细观察一下问题3和问题4,可以注意到这两种情况的结果是截然相反的,这是为什么呢?这主要是由于"多数人贡献正确意见的概率"的差异造成的.在二项式分布中有这样一个公式：

$$b(k;n,p) = b(n-k;n,1-p)$$

其中,$b(k;n,p)$ 表示 n 次独立重复试验中事件 A 恰好发生 k 次的概率,p 为一次试验中事件 A 发生的概率.

由这个公式我们可以得到

$$b(5;9,0.7) = b(4;9,0.3), b(6;9,0.7) = b(3;9,0.3)$$

$$b(7;9,0.7) = b(2;9,0.3), b(8;9,0.7) = b(1;9,0.3)$$

$$b(9;9,0.7) = b(0;9,0.3)$$

从而

$$\sum_{k=5}^{9} b(k;9,0.7) = 1 - \sum_{k=5}^{9} b(k;9,0.3)$$

即 $0.901\ 2 = 1 - 0.098\ 8$.

这说明在大多数人对某件事情都比较有把握时($p > 0.5$),征求大家的意见所做的决策的正确率会更高.而在大多数人对某件事情都没有把握时($p < 0.5$),征求大家的意见所做的决策的正确率反而会降低.

评析：

这个例子的最大特点是使教学设计有了研究的意味,这对于教师的专业成长是非常重要的.虽然没有给出详细的教学设计,但提出了对概率教学的思考,并设计了具体的例子.

教师思考了概率的应用、概率建模和提取模型的过程、知识之间的联系等方面,这也是概率教学中应关注的问题.确实,如果我们仅仅把概率教学处理成套用公式或者排列组合的技巧的活,那么学生将很难感受概率学习的价值和概率的广泛应用,学生将很难在解决实际问题过程中去提取模型.因此,按照数学方法论指导数学教学的理念,概率教学非常重视建立概率模型的过程、概率的实际应用.针对这些关键性问题,教师有了自己的思考,并且尝试运用一些例子体现在教学设计中,这一点是可贵的.

当然,本例中并不是所有的问题都比较合适,特别是有些问题的难度偏大;在问题解决中,也没有体现如何引导学生经历建立模型的过程.但只要教师对概率的方法有了比较全面的认识,肯于思考和研究,乐于不断收集地创造实例,他们一定会设计出既体现概率思想,又符合学生接受能力的活动,并引导学生投入到这些活动中.

例 5 立体几何中的向量方法.

平面向量能够将平面几何问题转化为向量问题,同样,空间向量能也够将立体几何问题转化为向量问题.使有些问题的几何证明转化为向量运算后,降低了学生学习的难度,这是教材中引入空间向量的重要目的之一.

(一)教学目标

1. 使学生能够用向量表示空间点、线和面.

2. 通过实例使学生体会向量方法在研究立体几何问题中的作用.

3. 使学生体会转化的思想方法.

(二)教学重点、难点

重点:向量方法在研究立体几何问题中的作用.

难点:立体几何问题转化为向量问题.

(三)教学过程

1. 用向量表示空间点、线和面.

(1)复习空间向量的概念和运算.

(2)用向量表示空间点、线和面.

2. 立体几何中的向量方法.

(1)选择 2~3 个立体几何问题,利用空间向量解决.示范如何将几何问题转化为向量问题,如何利用向量知识解决向量问题,如何将向量问题的结果转化为原来几何问题的结果.

(2)学生练习 3~4 个用向量方法解决的立体几何问题.

(3)师生共同总结如何利用向量方法于立体几何中:先将立体几何问题转化为向量问题,再利用向量的有关知识解决向量问题,最后将获得的结果转化为原几何问题的结果.

3. 小结与布置作业.

评析:

本设计先给出空间点、线和面的向量表示,为向量方法应用于立体几何准备好工具,然后重点是向量方法应用于立体几何的过程的教师示范,使学生体会向量方法在研究立体几何问题中的作用,接下来安排学生练习,自己亲自实践,用向量方法解决立体几何问题,进一步体会和感受向量方法的作用.整个设计思想清晰,条理性强,重点突出.

本设计的目的是使学生体会向量方法在研究立体几何问题中的作用,这个作用主要是通过具体问题的解决实现的,因此,例题和练习题的选择就非常重要.建议例题和练习不必太难,尤其是前一两个题目,如果题目太难,师生的精力都放在问题的解决上,这样会影响学生的体会和感受.当然,题目要有一定的层次,后面的题目可以适当加大难度.

§12.3 课堂教学实施

课堂教学是通过教师与学生的相互作用实现的,是在教师、学生和知识构成的一个复杂性适应系统中,以数学为中介,通过师生、生生之间的信息交流、碰撞,从而促进学生获得数学知识、技能,提高自身素养的过程.教学过程中影响教学的因素很多.教师的数学观、教学理念,教学活动的组织方式,在教学活动中学生主体性的发挥程度,教学内容的内在特征和教师对它的理解程度等,都是影响课堂教学实施的因素.数学课堂教学的实施,就是依据数学方法论指导数学教学的理论和原则,按照本课的教学设计,师生共同参与的一个教学研协调发展的过程.在这个过程中,有其内在的课堂特点,有其一般的外在程序,还有符合课堂教学实施的组织结构.

一、课堂教学特点

数学方法论指导数学教学,本质上是数学的启发式教学,充分贯彻学生为主体、教师为主导的方针,不限于一种教学形式,不固定于一种教学方法.这是由影响教学方法的因素决定的,因为从教学过程中信息的传输方向来看,有接受与发现之分,当然,接受应是有意义的接受;从学习过程中学生自主性的发挥程度来看,有自主与他主之分,当然这里的自主是指学生个体自主,而非群体自主;从学习过程中学生之间的相互作用水平来看,有合作学习与独立学习之分,当然合作学习与独立学习并存.

在这样的课堂上,教师着重发掘数学自身的规律,用于启迪学生思维,发掘数学美的因素,运用问题性,使数学富于情趣,富于激励性,师生共同参与,所实施的每项教学措施,安排的每个教学环节,都是给学生创造一种思维情境,一种动脑、动手、动口的机会,让他们在简化的、理想的、顺乎自然又有必要的波折歧路的氛围中,亲历知识的生长过程.在这个意义下,课本是剧本,学生是演员,教师是导演,摒弃了那种教师当演员,学生当观众的颠倒局面.在课堂教学实施过程中,应洋溢着宽松和谐的气氛,探索进取的气氛,不同见解的争论质疑,多端信息的传输反馈,学生在"知识市场"上,汲取知识、交流见解、提高能力,增长才干.

另外,像球场和战争一样,课堂教学往往呈现出一种混沌行为,那么教师就应实施混沌控制.

二、课堂教学一般程序

课堂教学大体上可以分为三个阶段,即课题的导入、课堂活动和归纳小结.

1. 课题导入

就是按教学设计和临场情况,简单自然地引导学生,进入学习情境.

例1　"数学归纳法"的课题导入.

导入方式(1):本章我们研究了数列,数列实际上是定义域为正整数的函数,因而数列的有关问题基本上都与正整数有关.这堂课我们就来研究一个证明有关正整数命题的常用方法——数学归纳法(这就是讲授法的情境设计).

所谓数学归纳法是指:要证明一个有关正整数的命题 $p(N)$ 成立,我们可以分两步走:首先证明 $p(1)$ 成立,然后证明"如果 $p(N)$ 成立,那么 $p(N+1)$ 也一定成立".这里第二步保证了命题的"传递性",只要前面成立,就可以保证后面的也一定成立,因而这个性质可以无限地传递下去,因此这一步十分重要,它是传递的依据;而第一步保证了初始的性质成立,它是传递的基础,否则第一步不对,也无法传递.下面我们就通过一个具体的例题来感受一下数学归纳法.

……

导入方式（2）：本章我们研究了数列，例如 $\{n^3-n\}$ 和 $\{4^n-1\}$，有人发现这两个数列的各项都是 3 的倍数，也就是说，对任意正整数 n，n^3-n 和 4^n-1 都是 3 的倍数，我们不妨算几个数试试，……

n	1	2	3	4	5	…
n^3-n	0	6	24	60	120	…
4^n-1	3	15	63	255	1 023	…

当 n 等于 1,2,3,4,5 时，它们是 3 的倍数，但是我们是否能够仅仅根据所算的几个数就断定它们是 3 的倍数？应该给它们以数学证明.

如果证明这个性质对于有限个正整数成立，那好办，可以一个一个地验证，至少理论上可以这样做. 可是现在要证明这个性质对所有的正整数成立，而正整数是无限的，显然不能一个一个地验证了. 为此，我们可以先看看正整数有什么性质. 我们可将正整数一个一个地"排"起来，也就是说，它有开始的第一个数 1，而且知道了一个数，就可以知道它后面的一个数. 那现在要证明一个命题对所有的正整数都成立，我们也可以类似地思考，只要能够保证这个命题对于第一个数成立，而且"当该命题对前一个正整数成立时，可以推知它对后一个正整数也成立"，这样，由 1 成立推出对 2 成立，由 2 成立推出对 3 成立，依此类推，这样该命题就对所有正整数都成立了. 这就好像多米诺骨牌一样.

因此，证明的步骤有两步：第一步，证明该命题对于 1 成立；第二步，证明由 $n=k$ 时成立推知 $n=k+1$ 时命题也成立.

下面……

导入方式（3）：请同学们阅读课本有关材料，并在阅读中思考下列问题，予以回答和交流：

数学归纳法与我们常说的归纳法有什么区别？

数学归纳法是一种证明方法还是一种发现方法？

数学归纳法一般用于解决什么样的问题？它的一般步骤是什么？

数学归纳法的几个步骤对于数学归纳法的作用是什么？如果缺少其中的某个步骤，得到的结论是否可靠？请举例说明.

你认为数学归纳法可能还会有什么样的变化形式？

导入方式（4）：本章我们研究了数列，如等差数列和等比数列等，大家还记得等差数列和等比数列的通项公式吗？还记得它们是怎么得来的吗？

（在学生回忆出有关公式及其归纳过程后）像这种由一系列特殊事例推出一般结论的方法叫做归纳法. 正是由于归纳法能帮助我们通过具体事例推出一般规律，因此在数学研究和发现中具有十分重要的作用. 例如，著名的哥德巴赫猜想就是归纳的结果（可适当介绍哥氏猜想的有关历史和研究进展），但要注意，归纳得出的结论未必正确. 下面，我们来观察数列 $\{(n^2-5n+5)^2\}$ 和 $\{7^n-2^n\}$ 的前四项，看看能否归纳出什么规律？

（在学生计算、归纳并汇报的基础上，教师点评和拓展）对于第一个数列 $\{(n^2-5n+5)^2\}$，如若有学生根据它的前四项都是 1，推想该数列的所有项都是 1，可以请其他同学进一步汇报自己的结论或者提醒学生再算几个试试. 若有同学说,刚才这名同学猜想出错的原因是,他算了 4 个,太少了. 那么应该算多少呢? 有人计算了当 n 等于 $1 \sim 35$ 时,$n^2 + n + 41$ 都是质数,35 个数够多了吧. 但无论你验证了多少个数,对于关于正整数的命题,仍然无法保证它的正确性.

对于第二个数列 $\{7^n - 2^n\}$,学生一般都会推出它是 5 的倍数. 这时教师可以进一步追问学生能否确信自己的结论,这样学生可能会利用计算器再多算几个数验证,但学生还是无法证实自己的结论,基于此,引导学生总结:归纳得到的有关所有正整数的命题 $p(N)$,无法通过一一验证的方法加以证明,因为正整数有无数个. 从而引导学生探究有关正整数的命题的证明方法——数学归纳法.

你对以上四种"数学归纳法的课题引入"设计有什么看法? 能否设计一个既说明必要性,又预示着寻找"数学归纳法"的途径的导入法(情境或问题)?

例 2　蚂蚁怎样走最近——圆柱面上的最短路线的引入课.

提出问题:有一只蚂蚁早晨锻炼回来,又累又饿,突然发现离它不远处有一个圆柱形盒子(无底无盖),盒子的上底边沿粘有一些蛋糕渣. 为了尽快吃到食物,请你帮它找出最短路线.

如图 12-6 所示(已知:圆柱等于 12 cm,底面半径为 3 cm),要求学生以小组为单位,拿出自己准备的圆柱,尝试从 A 点到 C 点有几条路线,你认为哪条最短?(此时,仅出示图(1)). 进行小组讨论,讨论后小组选派代表发言,进行全班交流.

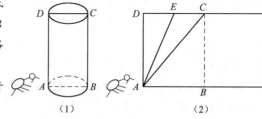

(1)　　　　　　(2)

图 12-6

……

教师引入课题时,要给学生留出足够的"空间",让学生弄清题意,回顾已知和拟订解决方案(可以提出不止一个方案),并采用适当方式尝试解决,从而进行有效地探索和良好的数学活动状态.

2. 探索与课堂活动

本阶段是教师根据实际情况,遵循教学设计原则,进入课堂教学过程. 教师可参与活动,但主要是主持和导向. 在这个过程中,教师要坚持渗透和选择使用、操作以下八个方面的数学方法要素.

(1)返璞归真. 密切联系实际、提倡问题解决;培养数学意识、提高应用能力.

由于数学是"量"及"量的关系"的科学,而"量"及"量的关系"是抽象的结果,抽象的思维总是遵循着人们认知的一般规律,因此要"返璞归真"——"去其外饰,还其本质". 就是按数学概念的产生、数学命题的形成和数学论证方法的发现、发明和创新等发展规律,主导或参与数学课堂活动,引导学生认识、模拟知识的"自然"生长过程.

(2)发现、发明. 揭示创造过程、再造心智活动;诱发数学机智、培育创新能力.

由于认识、模拟数学知识的生长过程,必然涉及数学创造活动中的心智过程,因此要以数学学习心理学理论为指导,以课堂活动的实际为依据,恰当"揭示"、准确"诱导",使课堂活动自然有序地进行.

（3）数学史志. 巧用数学史料，编制轶事趣闻；运用唯物史观，启发洞察能力.

由于数学的发展规律可以从丰富的数学发展中和丰富史料中归纳出来，因此数学史和数学教育史在指导课堂活动中的作用不容忽视.

（4）（数学家的）优秀品质. 介绍（数学家的）生平事迹、分析成败缘由；培育科学态度、增强竞技能力.

由于数学的形成和发展过程是知名的和佚名的数学家们在数学创造活动中所走过的路，所以数学课堂活动必然涉及数学家们的研究方法及其研究成果，对数学家成长规律进行一般性分析，用于激发学习数学、进行数学活动的情趣是很有意义的.

（5）以美启真. 引进审美机制，运用审美原则；掌握美的策略，提高用美创美能力.

由于数学的发现、发明和创造过程中，体现了人们的审美情趣和审美创造，所以课堂活动中，引导学生鉴赏数学美，以美启智，以美启真，充分发挥数学美在数学课堂活动中的有效指导作用，有利于数学活动的有序展开，提高课堂教学效率.

（6）合情推理. 教（学）猜想、教（学）发现，提高合情推理能力，掌握科学思维方式.

数学充分体现了数学思维的生动、机智和创造活力，在数学思维活动中应经常使用观察、实验、类比、联想、经验归纳和一般化、特殊化的合情推理方法. 因此，合情推理方法应是学生在数学课堂活动中应当掌握，并能够自觉使用的方法.

（7）演绎推理. 教（学）证明，教（学）反驳，提高逻辑推理能力和解决实际问题的能力.

从数学的抽象性和形式化的基本特征来看，数学的发展与完善，数学体系的建立，数学的应用（的广泛），必然走向抽象分析法、公理化方法和数学模型方法等数学演绎推理方法. 因此，数学教学活动，教师不仅要用这些方法去教，更要帮助引导学生有意识地运用这些方法去学习数学、研究数学，充分发挥以上方法在数学学习活动中的指导作用，并要通过数学活动，掌握并能自觉运用数学演绎方法.

（8）教（学）规则，教（学）策略，教（学）算法，教（学）应变，应用一般解题方法，提高综合应用能力.

学数学就要学习解题，从而与解数学题、证明数学命题结下不解之缘. 因此，在数学课堂活动中，要把广义的分析法、综合法、化归思想，"关系映射反演（MRI）原则"，波利亚一般解题方法研究所反映出来的解题策略和解题程序，通过例习题教学活动，有意识地引导学生去使用和掌握，提高学生的解题能力.

以上八个方面，在数学课堂实施的过程中，既具有一定理论的指导性，又具有较强的可操作性.

例 3　两个课堂教学案例.

（1）一元二次方程的求根公式（第 3、4 课时）[35].

师：前两节我们学习了一元二次方程的有关概念以及解数字系数的一元二次方程，本节我们学习一般的一元二次方程 $ax^2 + bx + c = 0$ 的解法，怎样下手？

由于 $a \neq 0$，先考虑 $b = 0$ 或 $c = 0$ 的情形：

$b = 0$ 时，方程为 $ax^2 + c = 0$……①

$c = 0$ 时, 方程为 $ax^2 + bx = 0$ ……②

生: 方程②很简单: $x(ax + b) = 0$, 则 $x = 0$ 或 $ax + b = 0$, 即 $x = -\dfrac{b}{a}$. 该方程有两个根, 解法中用了实数的性质: $AB = 0$ 时, 有 $A = 0$ 或 $B = 0$. 将②化为两个一元一次方程来解.

师: 非常好!

生: 方程①可化为 $x^2 = -\dfrac{c}{a}$ 的形式. 若 $-\dfrac{c}{a} \geq 0$, 由平方根的概念, $x = \pm\sqrt{-\dfrac{c}{a}}$ 也有两根.

师: 对于方程 $ax^2 + bx + c = 0$ 的根, 同学们有什么猜想呢? 也可联想上节课所解的数字系数的一元二次方程.

生: 从数字系数的一元二次方程的求解以及②式来看, 一般二次方程的求解过程中, 一般要经过 "开方" 步骤, …… 就是化成①的形式.

生: 那么, 方程②呢? 没有 "开方"!

师: (提示) 一是可以 "反过来想想", 设方程已化为 $(x + m)^2 = h$ 的形式, 如何用 a、b、c 表示 m、h; 二是令 $y = x + m, x = y - m$, ……, 请同学们试试看.

生: (一部分人) 用第一种方法: $x^2 + 2mx + m^2 - h = 0$ 与 $ax^2 + bx + c = 0$, 即 $x^2 + \dfrac{b}{a}x + \dfrac{c}{a} = 0$

对比, 有 $2m = \dfrac{b}{a}, m^2 - h = \dfrac{c}{a}$, 所以 $m = \dfrac{b}{2a}, h = m^2 - \dfrac{c}{a} = \dfrac{b^2}{4a^2} - \dfrac{c}{a} = \dfrac{b^2 - 4ac}{4a^2}$, 原方程可化为

$$\left(x + \dfrac{b}{2a}\right)^2 = \dfrac{b^2 - 4ac}{4a},$$

成功了!

生: (另一部分人) 用第二种方法: 设 $y = x + m$, 则 $x = y - m$, 代入 $ax^2 + bx + c = 0$ 可得

$$a(y - m)^2 + b(y - m) + c = 0,$$

$$ay^2 + (2am - b)y + am^2 - bm + c = 0,$$

消去一次项, 令 $2am - b = 0$, 则 $m = \dfrac{b}{2a}, am^2 - bm + c = \dfrac{4ac - b^2}{4a}$, 方程可化为 $ay^2 + \dfrac{4ac - b^2}{4a} = 0$, 即

$y^2 = \dfrac{b^2 - 4ac}{4a^2}$, 所以 $\qquad\left(x + \dfrac{b}{2a}\right)^2 = \dfrac{b^2 - 4ac}{4a^2}.$

师: 好极了! 殊途同归, 这里关键的一步是 $m = \dfrac{b}{2a}$, 那么上式的变化过程为:

$$x^2 + 2 \cdot \dfrac{b}{2a}x + \left(\dfrac{b}{2a}\right)^2 = \left(\dfrac{b}{4a}\right)^2 - \dfrac{c}{a},$$

这就是常说的配方法 (画龙点睛), 其中 $2 \cdot \dfrac{b}{2a}$ 是由 $\dfrac{b}{a}$ 变来的, $\left(\dfrac{b}{2a}\right)^2$ 是两边各加项. 好, 方程变为

$$\left(x + \dfrac{b}{2a}\right)^2 = \dfrac{b^2 - 4ac}{4a^2}.$$

下边继续做.

生: 若 $b^2 - 4ac \geq 0$, 两边开方, 得

$$x + \frac{b}{2a} = \pm \sqrt{\frac{b^2 - 4ac}{2|a|}},$$

$$x = -\frac{b}{2a} \pm \sqrt{\frac{b^2 - 4ac}{2|a|}}.$$

师:|a|中的绝对值符号怎么办?请大家看书,是如何"处理掉"的?

生:对于"$a < 0$",我们验算了一下.设 $a < 0$,则 $|a| = -a$,所以

$$x = -\frac{b}{2a} \pm \left(-\frac{\sqrt{b^2 - 4ac}}{2a} \right) = -\frac{b}{2a} \pm \frac{\sqrt{b^2 - 4ac}}{2a}.$$

教科书中"省略"了这个过程.可见,推导一元二次方程求根公式,要分 $a > 0$ 和 $a < 0$ 两种情况加以讨论,否则,就不严格!

不用讨论行吗? ——配方推导公式新解.

师:我们前面用配方法求出了方程 $ax^2 + bx + c = 0$ 的求根公式:$x = -\frac{-b \pm \sqrt{b^2 - 4ac}}{2a}$,并分 $a > 0$ 和 $a < 0$ 两种情况进行了讨论.本节课我们从求根公式变形入手,看看它与方程 $ax^2 + bx + c = 0$ 的关系.

生:

$$x = -\frac{-b \pm \sqrt{b^2 - 4ac}}{2a},$$

$$2ax + b = \pm \sqrt{b^2 - 4ac},$$

$$(2ax + b)^2 = b^2 - 4ac,$$

$$4a^2x^2 + 4abx + b^2 = b^2 - 4ac,$$

$$4a^2x^2 + 4abx + 4ac = 0,$$

噢,我想出来了……

生(抢着):我看出来啦,对于方程 $ax^2 + bx + c = 0$,我们可不必用 a 除方程两边,而用 $4a$ 乘以方程两边,再配方,化成 $(2ax + b)^2 = b^2 - 4ac$,再开方,就不存在 a^2 开方讨论的问题了.

生:实际上,在代换中,令 $y = 2ax + b$ 也可以绕开这个麻烦点.

师:(感慨地!)世上的事情就是有意思,略微变通一下,就会省去不少麻烦,条条大路通罗马.

生:(议论纷纷,各抒情怀)真是意味深长!

师:我们历经周折,终于推导出了一般一元二次方程 $ax^2 + bx + c = 0$ 的求根公式:

$$x_{1,2} = \frac{-b \pm \sqrt{b^2 - 4ac}}{2a} \quad (b^2 - 4ac \geq 0). \qquad (*)$$

为了正确地记忆和应用,要了解它的结构,还可以鉴赏、玩味一下……

生:在公式($*$)中,正好含有方程的三个系数,a 在分母上,反映了 $a \neq 0$ 的特点.同时也意味着 a、b、c 一定时,x 也就确定.

生:公式($*$)中,含有至今学过的加、减、乘、除、乘方、开方这六种运算,真是妙极了!

生:$b^2 - 4ac$ 处在二次根号内,说明只有 $b^2 - 4ac \geq 0$ 时,方程才有根(实数);当 $b^2 - 4ac < 0$

时,噢,对了,推不出这个公式.

生:当 a、b、c 均为有理数时,如果 b^2-4ac 是个平方数,则 x_1 与 x_2 都是有理数,否则,都是无理数:有理数部分相同,无理数部分互为相反数.

生:若 $b^2-4ac=0$,则 $x_1=x_2=-\dfrac{b}{2a}$.

……

师:如果方程 $ax^2+bx+c=0(a\neq0)$ 的系数按比例变化,比如:

$$kax^2+kbx+kc=0 \qquad (k\neq0). \qquad\qquad (**)$$

生:方程的根不变.因此,按公式按公式($*$)求出的结果也应该不变,可是……系数要经过加、减、……那么多"关",想不出它怎么消掉.

生:($**$)的根为 $x'_{1,2}$,则

$$x'_{1,2}=\frac{-kb\pm\sqrt{(kb)^2-4ka\cdot kc}}{2ka}=\frac{-kb\pm|k|\sqrt{b^2-4ac}}{2ka}=\frac{-b\pm\sqrt{b^2-4ac}}{2a}=x_{1,2}.$$

这就是我们想要的.

生:我想起来了,我们用"改进"的方法求根时,求的正是($**$)的根,其中 $k=4a$,这里对它是个补充"验证".

师:真是妙极了,公式经历了严峻的考验,我们揭示了它那么多美妙之处,说明"求根公式"确实是数学里一个神奇的艺术品,限于时间,讨论暂到这里,有兴趣的同学,还可以继续赏析,写成小论文,……事实上,公式还"预示"着很多东西.

课堂后记:本课例有以下几个特点:①直面"难点".在寻常的数学课堂教学中,为了推导公式,提前安排了形如 $x^2-c=0(c\geqslant0)$,$(x+h)^2=k(k\geqslant0)$ 的数字系数方程的解法,如再把 $(x+3)^2=2$ 展开,探索形如 $2x^2-7x+3=0$ 的方程向形如 $(x+h)^2=k(k\geqslant0)$ 的方程的转化之路,由此让学生"找到""配方法",正是这预先的搭桥铺路,把"难点"分散掉了,但也"分散"了探索配方法中学生应当亲历的有价值的步骤.实际上,数学的发现大多具有偶然性,有波折歧路,经历艰难验证,才会有乐趣.探索本身就是一种混沌行为,不同的人探索的方式有所不同(符合人类的认知规律),教师的帮助引导要适度,帮助过多,过于具体,则违背了"启发"的本质.我们提倡的是直面难点,突破难点.②通过以上"课堂实录"的教学,除了学会配方法之外,先特殊化再引向一般化的思想,(配方法就是作一个代换)公式化思想,联系和运用旧知识对思路和结果的猜想,对推导过程的审视、严格化,对结果与方程的玩味、赏析等,对研究、学习都很重要.③本课例既重视过程,又重视结果.不惜"时间",引导学生亲历公式探索推导、发现的过程,经历了种种困惑、解困、发现和处理漏洞,改进推导方法,"找到"配方法的过程,真是历尽周折;对于来之不易的公式,引导学生鉴赏它,像鉴赏一件艺术品,以调动和增进学生的审美情趣和审美能力,充分发挥了数学的育人功能.

(2)一道几何题的开发

师:我们研究过三角形的中位线定理,它的基本图形引导我们联想三角形的"中点三角形",如图 12-7,设 $\triangle DEF$ 是 $\triangle ABC$ 的中点三角形,你感觉到了什么?

生：把△ABC分成了四个全等的小三角形.

师：还能联想到什么？

生：……

生：可联想四边形：四边形的中点四边形会如何？

师：联想得好，对于任意四边形ABCD，其中点顺次连结得四边形，请同学们画图研究（可分组探讨）.

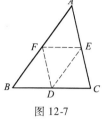

图 12-7

生：如图12-8所示，我们猜想：①四边形EFGH的对角线（相交于T）把原四边形ABCD分成四个等积四边形；②EG与FH互相平分；③EFGH是平行四边形、菱形或矩形.课堂讨论：①被否定；②可以作为③的推论；EFGH是平行四边形，一般不是菱形或矩形.

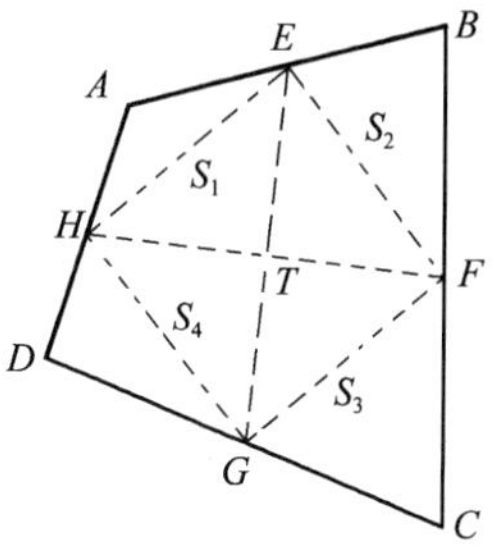

师：EFGH是平行四边形这个猜想，怎样证？困难在哪里？

生：按"四边形常通过对角线化为三角形来研究"的经验，应连结AC或BD，……

让学生自行写出证明的详细过程.

师：ABCD是任意四边形，如图12-9所示，大家是按图12-9（1）证的.请对照图12-9中的（2）（3）（4），看看证明过程是否合适？（待大家对完后，用铅丝制成活动的"四边形"，中间点套上橡皮筋，也可用计算机动画演示变化.）呃，证明过程完全适用，这意味着什么呢？这"预示"了：当四边形ABCD变成凹四边形（2）、蝶形（3）甚至空间四边形（4）时，其中点四边形仍是平行四边形，妙哉！妙哉！

图 12-8

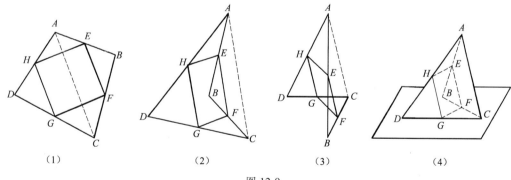

（1）　　　　（2）　　　　（3）　　　　（4）

图 12-9

生：变中有不变，无论ABCD变成什么四边形，"EFGH为平行四边形"不变.

师：继续观察上述证明过程，还能看出什么？

生：……

师：□EFGH的边、角与何有关系？

生：□EFGH的边与ABCD的对角线有关系：两组对边分别等于对角线之半.

生：□EFGH的内角等于对角线的夹角.

生：我明白了，由此可作出一系列推论：

① 若 $AC = BD$，则 $EFGH$ 为菱形，反之亦然．

② 若 $AC \perp BD$，则 $EFGH$ 为矩形，反之亦然．

③ 若 $AC \perp BD$ 且 $AC = BD$，则 $EFGH$ 为正方形，反之亦然．

生：矩形中点四边形为菱形，菱形中点四边形为矩形．

生："反之亦然"是否有问题？比如等腰梯形中点四边形也是菱形、中点四边形为矩形的四边形也可以是风筝形，如图 12-10 所示．

师：对了，一个四边形若两组邻边分别相等（像风筝），就叫做筝形．可以看做两个等底的等腰三角形拼接的结果．

生：中点四边形的周长等于原四边形两条对角线之和……（以下的讨论，可以作为课外活动的内容．）

师：有了 HF 与 EG 互相平分，对开始的猜想——四边形对边中点连线相交（于 T），把四边形分成四个等积四边形（见图 12-8），可做怎样的修改？就是设 S_1、S_2、S_3、S_4 一般不相等，它们之间有什么关系？

生：我猜想 $S_1 + S_3 = S_2 + S_4$，但 $ABCD$ 像是凸四边形．

生：怎样证呢？像图 12-8 那样连辅助线，似乎不行．

生：另一种作辅助线（见图 12-11），连 TA、TB、TC、TD，它们把每个小四边形分成了两个三角形，其面积记为：$S_1 = \triangle_1 + \triangle_1'$、$S_2 = \triangle_2 + \triangle_2'$、$S_3 = \triangle_3 + \triangle_3'$、$S_4 = \triangle_4 + \triangle_4'$，由于 E、F、G、H 是中点，所以 $\triangle_1' = \triangle_2$、$\triangle_2' = \triangle_3$、$\triangle_3' = \triangle_4$、$\triangle_4' = \triangle_1$，所以

$$S_1 + S_3 = \triangle_1 + \triangle_1' + \triangle_3 + \triangle_3' = \triangle_2 + \triangle_2' + \triangle_4 + \triangle_4' = S_2 + S_4.$$

生：这么简单！……似乎有问题．

生：这个证明中，没有用上"T 是 EG 与 HF 的交点"这个条件，所以证明中可能有漏洞．

生：也许，根本不用这个条件，即命题：T 为凸四边形内任一点，E、F、G、H 依次为 AB、BC、CD、AD 的中点，S_1、S_2、S_3、S_4 依次为 $AHTE$、$BETF$、$CFTG$、$DGTH$ 的面积，则 $S_1 + S_3 = S_2 + S_4$．上述证明可一字不差地搬用．

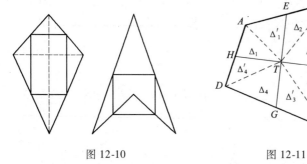

图 12-10　　　　　图 12-11

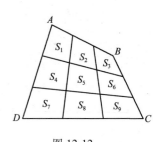

图 12-12

生：看不出来，这么漂亮．（像是发现了新大陆）又一个结果，又一个变中不变，也许还可以推广．比如，推广到偶数条边的凸多边形．如何推广？

师：好，这值得大家进一步研究，留作课外活动．

师:现在请大家考虑如下赛题,它是上面问题与中位线有关的推广:将凸四边形每边三等分,连接两组对边相应分点,如图 12-12 所示,将其分成 9 个四边形,面积依次记为:S_1、S_2、S_3、……、S_9. 求证:$S_5 = \dfrac{1}{9} S_{ABCD}$. 还有什么性质?(下略)

课堂后记:此例开发的虽是课本上一道不起眼的小题,但在数学教育史上,它却是一道了不起的保留"名题".多少人,多少次,用它传授知识,启迪思维,激发兴趣,讲述方法,提高见识.事实上,课本中,这类"隐居"的多功能题实在不少.

此例在引导学生运用合情推理方法上下了较大功夫,把"问题"作为载体,反复引导学生研究、探索,使学生亲历问题解决、数学发展的过程,享受一个又一个小小成功的乐趣.

此例自如操作典型的数学方法,其核心是:揭示创造过程,再造心智活动;引进审美机制,运用审美原则;教证明,教反驳;教猜想,教发现;教策略,教应变;……变化问题,其过程如图 12-13所示,是真正意义上的开发.

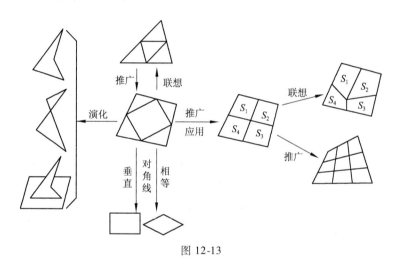

图 12-13

3. 归纳与小结

根据情况,可由学生或教师,对课堂活动的内容,包括结论、方法、思想和遗留问题诸方面做出小结.

课堂小结的方式有:

(1)归纳式小结.这是课堂小结的最常用方法.这样的结尾,是将本节课所学习的内容加以归纳、总结,打破学生学习过程中知识形成的条条块块,明确本节课的重难点,起到巩固、加深、强化的作用.这样能使学生对所学知识由零碎、分散变为集中,同时使学生的知识结构更加条理化和系统化.

(2)问题式小结.一堂课结束后,如何知道学生对本节课知识的掌握情况,可以设计一系列问题,通过这些问题来诊视,同时深化学生对课堂知识的理解,启迪应用的方法和途径.

(3)悬念式小结.在教学中,对于前后有联系的内容,一堂课内不能解释清楚的知识点,可以"设置"一个"欲知后事如何,且听下回分解"的悬念来结尾,它能激发学生的求知欲望,并告诉学生这些问题将在下节课中得到解决,学生为了探根究底,可能会提前预习,为下节课打下学习的基础.

(4)延伸式小结.在数学科学的研究发展中,还有许多问题未得到解决.在新课结束时,可联系与课堂教学有关的问题,用激励的话语来鼓励学生,以便为将来探求数学领域中的奥秘打好基础,将课内知识延伸到课外.

例4 线段定比分点公式.

第一环节:以趣激疑,创设情景.

师:有一个流行的趣题:如图 12-14 所示,P_1、P_2、Q_1、Q_2、M_1、M_2、N_1、N_2 分别是任意凸四边形 $ABCD$ 中四边形 AB、DC、BC、AD 的三等分点,连结 P_iQ_i、$M_iN_i(i=1,2)$,将 $ABCD$ 分成 9 个小四边形.面积如图所示,若 $S_{ABCD}=S$,则 $S_{22}=?$

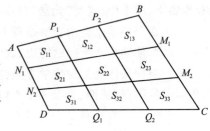

图 12-14

大家可以猜一猜结果,猜一猜"怎样解"?

生:(由繁思简,以简驭繁)如 $ABCD$ 是平行四边形,则 9 个小四边形亦然.故可猜想:$S_{22}=\dfrac{1}{9}S$.

生:(若有所思……)如果这样的话,那么应有 $S_{12}=\dfrac{1}{2}(S_{11}+S_{13})$,$S_{22}=\dfrac{1}{2}(S_{12}+S_{32})$……怎样证呢?

师:显然,如果猜想成立的话,前面的就可以证明.而后面的如何证呢? 试试看.

生:如图 12-15 所示,引辅助线并假定 P_1、P_2 和 T、U 分别是 AB 和 M_1N_1 的三等分点.易证:$S_{P_1P_2UT}=\dfrac{1}{2}S_{\triangle P_2M_1T}$. 又

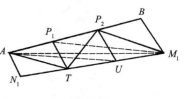

图 12-15

$S_{\triangle AN_1T}=\dfrac{1}{2}S_{\triangle ATM_1}$,$S_{\triangle M_1BP_2}=\dfrac{1}{2}S_{\triangle AM_1P_2}$,所以 $S_{\triangle AN_1T}+S_{\triangle M_1BP_2}=\dfrac{1}{2}S_{\triangle P_2M_1T}=S_{P_1P_2UT}$,所以 $3S_{P_1P_2UT}=S_{\triangle P_2M_1T}+S_{\triangle AN_1T}+S_{\triangle M_1BP_2}=S_{ABM_1N_1}$ 故 $S_{12}=\dfrac{1}{2}(S_{11}+S_{13})$.

师:T、U、K、L 都是等分点吗? 如果是,怎样证? 或者说:怎样由 $\dfrac{AP_1}{P_1B}=\dfrac{DQ_1}{Q_1C}=\dfrac{1}{2}$,$\dfrac{AN_1}{N_1D}=\dfrac{BM_1}{M_1C}=\dfrac{1}{2}$ 证明 $\dfrac{P_1T}{TQ}=\dfrac{1}{2}$,$\dfrac{N_1T}{TM_1}=\dfrac{1}{2}$,……? 请试一试.

生:总是不成功,这是因为"一般地"没有平行关系,也无全等或相似三角形.平面几何方法似乎无能为力!

第二环节:遇难思变,暴露本质.

师:欲善其事,必先利器.我们刚刚学习了坐标法,不妨一试.具体地说,就是由 A、B、C、D 的坐标,设法确定 T、U 等的坐标.即

$$\left.\begin{array}{c} A,D\rightarrow N_1 \\ B,C\rightarrow M_1 \end{array}\right\}\rightarrow T_1$$
$$\left.\begin{array}{c} A,B\rightarrow P_1 \\ D,C\rightarrow Q_1 \end{array}\right\}\rightarrow T_2$$

若 T_1 的坐标 与 T_2 的坐标 $\longrightarrow$ 同一 $\longrightarrow T$ 的坐标.

一般提法(一般截割定理)是:对凸四边形 $ABCD$,若 $\dfrac{AP}{PB}=\dfrac{DQ}{QC}=\lambda$,$\dfrac{AN}{ND}=\dfrac{BM}{MC}=\mu$. 设 PQ 与 MN 交于 T,则 $\dfrac{PT}{TQ}=\lambda$,$\dfrac{NT}{TM}=\mu$,如图 12-16 所示.

为此,先要做两件事:

①弄清概念,提出课题.

今天我们学习"线段定比分点".

定比分点概念:设 P 为有向线段 $\overrightarrow{AB}$ 上一点,记 $\dfrac{AP}{PB}=\lambda$(AP、PB 分别表示有向线段 $\overrightarrow{AP}$、$\overrightarrow{PB}$ 的数量),则 P 点的位置关系与 λ 的变化(见图 12-17)为:

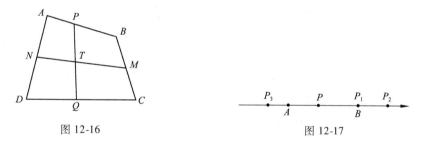

图 12-16　　　　　　　　　　　图 12-17

P 在线段 AB 内,$\overrightarrow{AP}$、$\overrightarrow{PB}$ 同向,$\lambda>0$. 特别的,P 为 AB 的中点时,$\lambda=1$. 反之亦然.

P 在线段 AB 的端点 A 处,$\lambda=0$;P 在端点 B 处,λ 不存在. 反之亦然.

P 在线段 AB 外,$\lambda<0$;当 P 在 AB 的延长线上,$\lambda<-1$;P 在 BA 的延长线上,$-1<\lambda<0$.反之亦然.

$\lambda\neq-1$.(为什么?)

②分散难点,逐步推进,推导定比分点坐标公式,如图 12-18 所示.

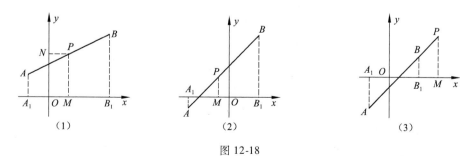

(1)　　　　　　　　　　(2)　　　　　　　　　　(3)

图 12-18

设 $A(x_1,y_1)$，$B(x_2,y_2)$，$P(x,y)$，请大家做（分组活动）.

生：（先处理横坐标的关系）设 A、B、P 在 x 轴的射影分别为 $A_1(x_1,0)$、$B_1(x_2,0)$、$P(x,0)$，（见图 12-18）由于射影线都平行于轴，"按平行线分线段成比例定理"（平行截割定理）有

$$\frac{|AP|}{|PB|}=\frac{|A_1M|}{|MB_1|} \qquad (*)$$

但是 P 在 AB 内时，M 在 A_1B_1 内；P 在 AB 或 BA 的延长线上时，M 也在 A_1B_1 或 B_1A_1 的延长线上；故 $\frac{AP}{PB}$ 与 $\frac{A_1M}{MB_1}$ 符号总是相同. 所以 $\frac{AP}{PB}=\frac{A_1M}{MB_1}$.

应用有向线段"数量公式"：$\overrightarrow{A_1M}=x-x_1$，$\overrightarrow{MB_1}=x_2-x_1$，得

$$\frac{x-x_1}{x_2-x}=\lambda \quad (\lambda \neq -1),$$

所以，

$$x=\frac{x_1+\lambda x_2}{1+\lambda}=\lambda \quad (\lambda \neq -1),$$

同理，

$$y=\frac{y_1+\lambda y_2}{1+\lambda}=\lambda \quad (\lambda \neq -1).$$

师：非常好！千呼万唤始出来，历尽周折，终于导出公式，来之不易.

第三环节，归纳小结，释疑解难.

第一，对公式赏析. 其结构是一个分式，分母为 $1+\lambda$，恰好 $\lambda \neq -1$；$\lambda=1$ 时，即为中点坐标公式；λ 可变动，A、B 不变，λ 变化时……；其用途既可求 x、y，也可求 λ，还可求 x_1 或 x_2；……

公式对 A、B 不"公平"，结构不对称，若令 $\lambda=\frac{n}{m}(m+n\neq -0)$，可导出"对称"的公式.

第二，回证"一般截割定理"，解决课始提出的问题.

第三，公式应用.

课堂后记：本课例从一个流行趣题出发，通过探索、猜想、分析，发现欲想完全解决，则缺少一般截割定理，从而呼唤一种新的方法和工具——坐标法和定比分点坐标公式.

本设计"知识的生长过程"的预想是自然的，有意义的，它不仅有波折歧路，而且预见到某些"难点"处，可能要反复几个"回合". 如果在课堂上导演得好，一定是一个充满热烈讨论、质疑、冷场、突破的局面，失望与希望一次次对决，成功与失败交替出现，是一个大争论、大思考、大收获的课堂.

图 12-19 中的辅助线，在课堂上也许会出现，果然如此，则问题的解决更简单. 取对角线 AM_1 的三等分点 K、L，连结 P_1K、KT、P_2L、LU，则 $P_1K \underset{=}{\parallel} \frac{1}{2}P_2L$，$LU \underset{=}{\parallel} \frac{1}{2}KT$，$\angle P_1KT=\angle P_2LU$，$S_{\triangle P_1KT}=S_{\triangle P_2LU}$.

所以 $S_{P_1P_2UT}=S_{P_1KTULP_2}$，易得 $S_{P_1KTULP_2}=\frac{1}{3}S_{ABM_1N_1}=S_{P_1P_2UT}$.

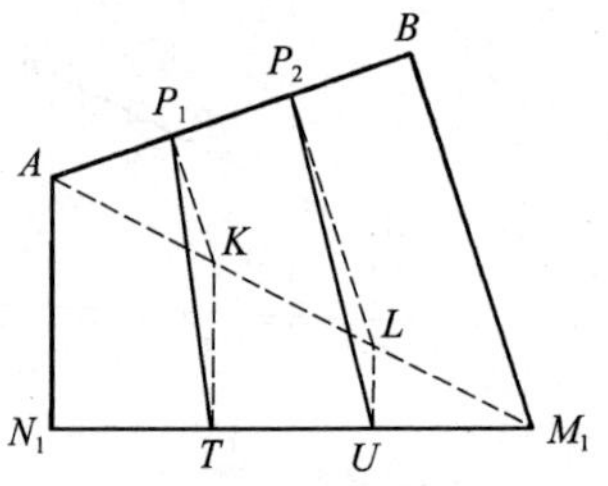

4. 教学设计与课堂教学实施的关系

图 12-19

教学设计只是在课堂教学实施之前教师对教学的一个预想. 但进行了比较充分的教学准

备,就能顺利完成教学任务吗? 实际上,课堂教学一般不可能像教师预设的那样顺利,因为每一个学生由于家庭背景和知识经验等多方面的差异,即使对同一个问题,也会有不同的思考,而这种思考可能就会超出教师的预设范围,课堂实施特别是采用讨论式教学的课堂,可能呈现出一种混沌行为,那么我们的教学就必须对它进行混沌控制.

什么是混沌?

伊恩·斯图尔特在《自然之数——数学想象的虚幻实景》一书中说:有种现象叫"对初始条件的敏感性",或更非正式地叫"蝴蝶效应"(当东京一只蝴蝶振翅时,可能导致一个月后佛罗里达的一场飓风),它与行为的高度不规则有关.

课堂实施中的混沌说明课堂教学具有生成性,教师应该正视课堂生成,关注每个学生的学习情况,以及学生在课堂活动中的状态,包括他们的学习兴趣、积极性、注意力、学习方法与思维方式,合作能力与质量,发表意见、建议、观点、提出的问题与争议乃至错误回答等,无论是以言语,还是以行为、情绪方式的表达,都是教学过程中的生成性资源.并在课前充分地考虑,设计具有弹性的教学方案,这种方案不要过于具体详细,要给学生留足自主自由的思维空间,临场充分发扬导引的艺术,实施恰当的混沌控制.

例5　意料之外——习题教学生成一例.

一零件的图形如图 12-20 所示,按规定应有 $\angle A = 90°$, $\angle B = 20°$, $\angle D = 30°$. 工人师傅量得 $\angle BCD = 142°$,就断定这个零件不合格. 你能说出理由吗?

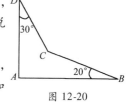

图 12-20

老师预想判定方法为:延长 DC 交 AB 于 E,利用三角形内角和定理,求出 $\angle BCD$ 的度数,问题迎刃而解. 但学生是刚入几何之门,对此题,如果不作辅助线解决可能有一定难度!

老师从反面引导:合格的度数是多少?

学生很快回答:应根据计算后决定.

继续引导:怎样计算? 大家先考虑、讨论,再探讨.

学生讨论热烈,课堂很吵!

"老师,我算出来了."学生甲红着脸,眼睛放着光芒,声音急促. 老师立刻"叫停"全班,学生甲走上讲台,拿起三角板,麻利地画了一条线:如图 12-21 所示,连结 BD,则 $\angle ADB + \angle ABD = 90°$,而 $\angle ADC + \angle ABC = 50°$,所以 $\angle CDB + \angle CBD = 90° - 50° = 40°$,所以 $\angle DCB = 180° - 40° = 140°$. 因此,合格"尺寸"应是 $140°$、$142°$不符合要求.

干脆利落,简单明了. 一阵掌声响起,大家认同.

出乎教师预料!

"我还有办法."一声清脆的女声,是唱歌不错的学生乙. 她的想法和老师的一样:如图 12-22 所示,延长 DC 交 AB 于 E,则 $\angle AED = 60°$,而 $\angle CEB = 180° - 60° = 120°$, $\angle BCE = 180° - 120° - 20° = 40°$,故 $\angle DCB = 180° - 40° = 140°$.

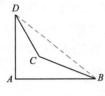

图 12-21

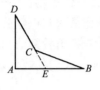

图 12-22

大家连声称赞:"这个方法好!"

以过两名同学的"爆炒",同学们头脑"发热",男生丙"腾"地站起来,"我有更简单的方法,什么线也不用连,因为 $ABCD$ 是四边形,内角和为 $360°$,$\angle A$ 所对的角为 $360°-30°-20°-90°=120°$,所以外面这个角是 $140°$。"

学生竟然能看出 $ABCD$ 是四边形,并知其内角和是 $360°$,这种凹四边形很少见。

观察全班,大部分人茫然。老师首先肯定了他的做法,并作了分析,学生们的眼神说明已明白,并佩服学生丙。

"老师,我还有一种方法。"

"老师,……"

此时,上课时间已过半,按计划老师还有两道题要讲解。可是这阵势,这气氛,这如林的渴望之手,……老师猛然意识到:打乱"计划"算什么,且让孩子们信马由缰吧,他们做得多好啊!

学生丁的做法:如图 12-23 所示,……

学生戊的做法:如图 12-24 所示,……

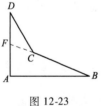

图 12-23

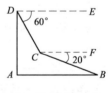

图 12-24

学生己的做法:因为 $142°$ 不是 $10°$ 的整倍数,……

……

整整一节课,只解决了一个问题,何等少矣!况且还打乱了老师的教学计划。

遗憾么?仔细一想,学生收获又何其多!他们畅游在数学世界里,勇敢而又大胆地表达思维结果,真诚地为同伴的聪颖而赞叹,这是多么可贵的精神!其意义又何止解一道题!

学生们光芒四射的活力挑战着老师的权威;他们头脑中跳动着聪慧和睿智,会在你任何不经意的时刻,猝不及防地跃然而出,令人惊喜之余欣然喟叹!这对老师驾驭课堂的能力提出了更高的要求。

三、课堂教学实施的组织

有效的数学学习活动不能单纯依赖模仿与记忆,动手实践、自主探索与使用交流是学生学习数学的重要方式. 数学课堂教学实施,不仅要有好的教学设计和老师的基本功,而且要合理组织学生.

1. 学生发展需要合作

合作学习起源于 20 世纪的社会心理学的研究,当代一位教育家认为:"从本质上讲,合作学习是一种教学形式,它要求学生们在一些由 4~6 人组成的异质小组中一起从事学习活动,共同完成教师分配的学习任务. 在每个小组中,学生们通常从事于各种需要合作和相互支持的学习活动." 课堂教学作为整个教学系统这复杂巨大系统的一个子系统,它本身也是由几十个子系统构成,按照整体原理,它必须服从系统论中的"整体原理":系统功能 S 往往并不等于各子系统功能的简单和 $\sum$,而是 $S = \sum + J$(系统功能 = 各子系统功能和 + 结构功能). "当 $J > 0$(三个臭皮匠,合成一个诸葛亮)时,$S > \sum$;当 $J < 0$(一个和尚担水吃,二个和尚抬水吃,三个和尚没水吃)时,$S < \sum$. 因为负结构的功能抵消了各子系统的功能之和".[37]

我们教学的目标,自然是要使每个学生都得到发展,学生整体得到最大的发展,即实现 S 的最大化. 因此,要对班级进行重组,采用小组合作学习的形式. 首先可以使学生成为学习真正的主人. 其次可以改善传统的师生单向交流的方式,促进学生之间的多向互动交流,使每个学生都有表达自己观点和了解他人想法的机会. 而同一年龄阶段的学生思维水平、认知能力等各方面都比较接近,因此教学中让他们通过有效的合作学习可以促进对问题的理解. 第三,由于合作学习把个体间的差异当作一种教学资源,在教学中让学生进行合作也可以达到集思广益、取长补短、共同进步、协同发展的目的. 特别在当今社会,由于个人能力的限制,很多工作需要团队协作方能完成,因此合作学习对于培养学生的合作能力、增强学生的团队精神尤为重要.

就数学发展而言,数学本质上是"数学共同体"共同建构的结果,每个人的数学知识、发现和发明,都必须经过这个共同体的确认、交流,数学学习需要合作.

"自主探索"与"合作交流"是两种不同学习形式,自主探索体现个人独立的一种单向静态的学习活动,而合作交流提供课堂平等交流的机会,培养与人交流、协作的能力,因此它是一种体现团体协作的多向动态的学习活动.

2. 合作的有效性

合作学习是指学生在小组或团队中为了完成共同的任务,有明确的分工的互助性学习. 因此,建立有效的小组就是实施合作学生的前提条件.

合作学习小组不能随意建立,首先要注重合理性. 因为每个学生的知识基础、兴趣爱好、学习能力、心理素质都存在差异,这为合作学习提供了基础,也是建立合作小组必须考虑的因素. 一般来说,合作小组的建立应遵循"组内异质,异质但和,组间同质,同质则平"有原则. "组内异质"可以增加合作小组成员的多样性,便于合作;"组间同质"有利于合作小组间的竞争. 具体实施中,小组人员一般不超过八人,可根据班级具体情况和所合作的内容来确定合作的人数和形式.

其次,要注意建立比较稳定的小组,且小组内每个都有分工,如谁组织、谁记录、谁承担小组发言人的角色,发言时其他成员做什么. 小组合作成员必须明白各自应承担的角色,明白各自为小组做什么,但角色最好不断轮换,使每个成员有机会担任不同角色,明白各个角色应承担的责任和义务,以此来增强合作者的合作意识和责任感,同时也让每个同学的能力得到多方面的发展.小组合作学习中各成员应形成一个利益共同体,发展为一个整合的群体,为共同的利益共同努力,最终达到共同进步.与此同时,也要努力争取实现阶段性个人目标,注意发展学生的个性.

3. 合作小组的组织

(1)把握合作的时机.

"数学学习"本质上是个人独立实施的,独立思考,独立完成作业等.因此,"合作"一定要在个人独立思考、充分准备的基础上实施,因为每个人都有"资本"、都做贡献,才能谈得上"合作".合作学习源于教学需要,合作学习次数也应视需要而定.需要合作时才合作,否则是多余的.合作的问题应具有一定的价值,存在一定的难度,且经合作可以在一定的"时空"内完成.

教师还要善于观察学生的表现,把握合作的时机、设计可以合作的问题,一般包括以下几个方面:

第一,学生个人独立操作时间和条件不充足的问题.数学学习不仅要求学生的演绎思维,也要求学生的归纳思维,而归纳思维的培养是建立在对大量个别材料的感知和经验的基础之上.此时采用小组合作是一个很好的时机,通过小组合作既保证了教学任务的完成,提高学习效率,也可以使学生真正体会合作的价值.

第二,学生独立思考会出现困难的问题.课堂教学中,要解决的某些数学问题往往具有一定的挑战性.学生在独立探索这些问题时出现困难是很正常的事,如果教师直接给出解法,学生即使当时明白,以后还会出现同样的解法障碍.这时宜采取小组合作学习,鼓励学生之间展开讨论,教师在适当的时候再给予指导,提供一些暗示、辅助工具或材料,使学生亲自经历发展和提出问题—提出假设—解决问题的思考过程,这样能够更有效地促进学生获得对数学问题的真正理解.

第三,学生提出的问题策略,但彼此之间不统一或有争议问题.在解决数学问题的过程中,不同的学生由于来自不同的文化背景,有各不相同的经历和思考问题的方式.因此,时常会出现这样的情况,即学生各抒己见,提出的解决策略各不相同,甚至有时还会因此彼此不同对方的观点或认为自己的解决方法更好等问题而发生争执,这时也是一个很好的开展小组合作的学习时机.通过小组讨论,课堂教学形散而神不散,但问题却越辩越明.可以收到很好的学习效果,同时学生的个性也得到尊重和发挥,有利于提高学生学习的积极性.

第四,以学生个人力量不能全面解决的问题.教学内容是较为抽象和深刻的,有时由于学生个人认识问题的局限性,单独某一学生往往回答不全面.这也可以考虑采取小组合作学习形式,让组内的几个成员充分发表意见.通过有意义的协商和共享,相互补充,并不断从别人的发言中受到启发,从而对数学问题的认识更加丰富和全面.数学中也有不少开放题,答案不唯一,但学生往往从自己理解的角度,对问题进行不同的心理表征,个人给出的答案都存在一定的局限性,这时也应安排小组合作学习,让学生从别的学生那里看到表征和解决问题的另外角度,培养学生全面考虑问题,扩展解题思路.

(2)教学生如何合作.

合作学习中学生必然要相互交流,否则仅是形合而"神"不合.然而合作有技巧,教师要引导.

第一,学会表述.在合作中,首先要求学生会表述自己的想法.可是学生在小组中要么不愿开口,要么开口不知道说什么,往往抓不住要点,东拉西扯;有时仅仅"嗯嗯"的口头禅比较多.教师可以从以下几个方面入手培养学生的口头表述能力:①合作之前要独立思考,充分准备自己说的内容.②要鼓励学生大胆地说出自己的想法,说错了也没有关系,可以再修改;如果说不出来也不要紧,听了再说.③教给学生一些基本的启动、推进、终止交流的话语形式.教师可这样提示:你有什么问题要与大家一起研究? 你想采用什么方法验证你的发现? 通过探索活动你得到了什么启示? 把你的想法在小组内交流一下.你还有别的想法吗? 学生可如此:我不同意他的看法;我补充一点;我猜想应该是这样的;我有一个问题要与大家一起研究;我想听听其他小组的意见.

第二,学会倾听和思考.合作时要特别注意倾听别人的意见,这样同学之间才能真正的交流起来.①在教学中,教师要引导学生注意听,可用问题"谁听懂了他的意思? 谁愿意来解释一下他的发言?"等,让学生感受听的重要.②教给学生听的方法.教师可以提示学生,要边听边想别人说的与我想的一样吗? 有补充意见吗? 想一想,他的想法与你不同在哪里? 重复一遍,用自己的话说一遍.让学生边听边思考.

(3)注意过程性评价.

要实现有效的小组合作学习,必须建立一种合理的小组合作学习评价机制.评价时要把学习过程评价与学习结果评价相结合,对小组成员评价与小组集体评价相结合,在此基础上,侧重于对过程评价和小组集体评价.把过程评价与结果评价结合起来,就可以使学生更关注合作学习的过程,使他们认识到对他们最有意义的是合作的过程,最重要的是从合作学习的过程中认识合作学习的方式、合作学习的精神.同时,对小组集体评价与小组成员个人的评价相结合,并侧重于集体评价.这样就会使小组成员认识到小组是一个学习的共同体,在小组评价时也要对小组个人有一个合理的评价,如个人对合作学习的参与度、积极性、独创性,通过这样的组内树立一个榜样,激发小组内的竞争,以此来调动其他成员的积极性,以免让学生形成一种依赖思想.

问题与课题

1. 课堂教学宏观设计的作用是什么? 举例说明.

2. 课堂教学微观设计与宏观设计的关系是什么?

3. 课堂教学情境设计的作用是什么?

4. 课堂教学情境设计的原则有哪些? 举例说明.情境设计各原则之间有什么关系?

5. 自选两个课时内容,作出教学设计.

6. 课堂教学设计与课堂教学实施有什么关系?

7. 课堂教学实施的一般程序是什么?

8. 课堂教学的组织应关注哪些问题?

9. 结合本章的学习,谈谈对数学研究的进行与认识.

附录 A　现代数学教学概述

一、现代信息技术与数学教学

随着时代的发展,特别是网络的进一步普及,学生的数学学习方式将会发生重大变革.在这样的历史背景下,计算机辅助教学(computer aided instruction,CAI),作为教师尝试使用现代教育技术手段进行教学改革成为时代之必然.

综观数学教育的发展历史,我们不难发现,决定数学教学手段的不外两个方面:一是数学工具的发展;二是传递信息手段的发展.数学工具又有计算工具和绘图工具两类;纸的发明,笔算术的发展,决定了我们的数学教学这种"课本+笔(或黑板+粉笔)"的基本教学手段,这已经历了漫长的历史年代.虽然在这个基础上,我们也有了许多改进,如构造图表、模型,以增加教学的"直观性",……但作为教学的基本体系,并没有本质的改变.也就是说,教师把教学信息传递给学生的基本模式(声音、符号、文字和离散、静态的图形等)没有改变,而我们关于数学教学设计的种种决策和研究,也都是建立在这个基础之上的.但有两点值得关注:

(1)科学技术的发展,促进了教学手段的发展,并提供了实现的可能性.

(2)教学的方式方法必须与相应的教学手段相适应.一种先进的数学教育方式,如能用现代教学手段加以辅佐,将会如虎添翼.

目前,现代信息技术主要在以下几个方面具有明显优势 :

(1)计算机可以直观地展示有关数学研究的对象和进程,帮助学生认同、理解有关概念.

例如,在空间图形的认识教学中,可在学生对周围环境中各种简单几何体感知的基础上,借助多媒体手段呈现更多的几何体或者简单几何体的组合,让学生进行识别或者分解,并可以在屏幕上将其分解与组合的过程呈现出来,既直观又有效地克服了课堂教学中教具的缺乏.

再如,平面图形的平移、旋转、翻折、反射等几何变换也可以在屏幕上直观地显示出来,从而促进学生对有关变换概念的理解.在"几何体的截面"一节中,在学生通过一定的亲身活动感受一些几何体的截面的基础上,教师可以制作有关课件,在计算机上呈现有关几何体,自主地选择某个平面去截该几何体,并将所截几何体分离开来,将所截面直面观众,看出内部结构、截口形状等.从而能克服许多构想于头脑中、语言难以描述、在黑板上画图粗糙烦琐、无法看出连续演变过程,以及构图迟缓、使课堂容量过小、效率低下的传统弊端.

(2)计算机、计算器等现代信息技术手段具有快速高效等优点,因而可以代替人们进行烦琐的计算、绘制图表、模拟实验等,从而节约教学时间,以有效地利用数学方法,从事更有价值的观察、归纳、联想、反思、猜测、探究、决策、推理、问题解决等实质性数学活动.

例如,在统计学习中可以利用计算机有关软件平台,快捷地对所收集的数据进行整理、表示与分析,这样可以将更多的时间用于对统计活动的设计和对统计结果的推断上;同样,也能够快速地产生大量的随机数据,并将数据直观地用统计表展示出来.计算机在模拟随机实验方面表现出独特的价值.

(3)计算器和计算机能把数、式、形三种形式有机地结合起来,为学生的探索和研究提供重要的工具,为转变学生的学习方式提供一定的条件.

例如,教师可以呈现一定的几何图形,让学生在常见的几何画板上对这个图形进行一定的操作,并在操作中自主地发现有关结论,进而尝试进行验证或者给予证明.也就是说,计算机软件平台为学生发现数学事实提供了便利条件.我们可以从下面的案例中获得某些启示.

案例1　探求轨迹

如图A1所示,A是定圆O内部的一个固定点,以A为顶点作矩形$ABCD$,使B、D两点在圆O上,求点C的轨迹.

这是高中解析几何中的一个问题,应该说单纯用解析几何的方法是可以解决的,但由于问题中B、D两点比较难确定,因而本题难度较大.

在教学中,如果让学生在计算机上借助于"几何画板"进行探索,则可能会收到较好的效果.

学生不难作出符合题目要求的图,如图A1所示.在这张图中,圆O和A是固定的,B、D在圆周上运动,当然,C、D是随着B的确定而确定,随着B的变化而变化的.因此,可以选择点C,并选择"显示追踪对象",这时拖动B时,就会留下C的轨迹.当然也可以直接作出点C的轨迹,如图A2所示.

图 A1　　　　　　　　　　　　图 A2

通过对图A2的观察,学生不难猜想C的轨迹和圆O是同心圆.当然,学生为了验证自己的猜想,还可以进一步测量OC的长度,并再次拖动B,观察OC的长度是否变化(见图A3).

通过各个位置时对OC长度的测量,学生进一步确信了自己的猜想.这样问题就转化为证明OC为定长了.这就为我们提供了一种解题的思路.既然要计算OC,可能会用到OA、OB、OD的长度以及它们与OC之间的关系,从而可以找到解题的一种方法.当然,教学过程中,还可以提示学生能否对这个问题进一步一般化,如A点在圆外或圆上时又会得到什么样的结论.

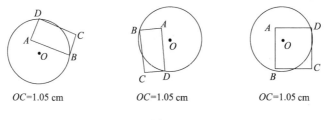

$OC=1.05\ cm$　　　　$OC=1.05\ cm$　　　　$OC=1.05\ cm$

图 A3

在上面的案例中,学生逐步经历了操作、猜想、验证、解释与证明这样一个解决问题的全过程,而且整个过程中结论的发现与证明完全是由学生自主完成的,这样的学习方式对于学生的未来发展具有重要的意义.应该说,这样的例子还有很多,如解析几何中有关轨迹的探求问题、代数中有关函数图像之间变换的探求问题(如三角函数图像的变换)、平面几何中有关结论的发现的学习都可以让学生借助于一定的软件平台进行探索.

网络的快速发展更是拓宽了学生的学习渠道.因此,借助网络环境进行数学学习也是一个亟待探索和研究的方向.

案例2　基于网络情景下的教学设计

七巧板[38]

一、教学目标

(1)知识方面:经历在操作活动中探索图形性质的过程,了解图形的分割与组合;了解线段、平行线、垂线、锐角、直角、钝角的有关性质.

（2）能力方面：学生通过操作确认的实践活动，加强对图形的认知和感受，丰富数学学习的成功体验，积累操作活动经验，发展有条理的思考与表达.

（3）思想方面：通过学生分组拼图，合作编写故事，培养学生的自主探究精神和合作精神.

二、教学重点、难点

重点：学生通过操作确认的实践活动，加强对图形的认知和感受，丰富数学学习的成功体验，积累活动经验，发展有条理的思考与表达；通过拼图合作，培养学生的自主探究精神和合作精神.

难点：培养学生协作精神与合作意识，激发学生创新意识.

三、教学用具

网络多媒体课件（网址：http://www.gymzzx.com/chentao/index.htm）、正方形硬纸板、剪刀、直尺、一幅三角板、水彩笔.

四、课堂结构流程图《有趣的七巧板》

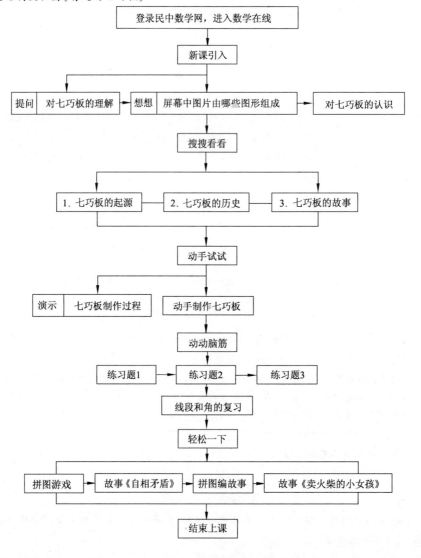

五、教学过程

步　骤	学　生　活　动	教　师　活　动	媒　体　展　示	实　现　目　标
新课引入	(1)登录贵阳市民族中学初中数学网,进入在线课堂.进入《有趣的七巧板》网络课堂 (2)回答教师所提出的问题,"东方魔板"是指中国的七巧板 (3)观察网页中展示的图形,思索图形是由哪些简单的图形所组成	提问: (1)同学们都玩过魔方吗? (2)同学们知道西方所指的"东方魔板"是什么吗 (3)请同学们观察课件首页的这些图形分别是用哪些图形拼成的	(1)登录贵阳市民族中学初中数学网,进入在线课堂 (2)展示用七巧板拼成的几个图形(房子、小鸟、人等)	激发学生学习兴趣,提高学习的积极性
搜搜看看	搜索有关七巧板的起源及历史的资料,了解七巧板起源于对矩的研究.古时称为"燕几"、"蝶几",清朝形成七巧板	指导学生搜索	搜索有关七巧板的起源和历史	了解七巧板的起源和历史
动手试试	学生自己动手制作七巧板	逐步用计算机演示如何制作七巧板	演示制作七巧板的过程	学会如何制作七巧板,加强动手能力
动动脑筋	(1)学生根据七巧板图形回答如何分类 (2)学生在网页直接填写有关线段与线段之间的关系(平行或垂直) (3)学生在网页中先选择所指出角的类型,并填写出具体的角的度数	(1)巡视学生做题情况 (2)用计算机监控学生做题答案,并做出指导	展示一个七巧板图形,并提出有关线段、角的问题	经历在操作活动中探索图形性质的过程,了解图形的分割与组合;了解线段、平行线、垂线、锐角、直角、钝角的有关性质
轻松一下	(1)学生点击网页中的七巧板游戏,尝试拼出有趣的图形 (2)点击网页中的故事1,观看《自相矛盾》的故事 (3)学生利用网页中提供的软件,分组合作拼出图形,并编排故事 (4)点击网页中的故事2《卖火柴的小女孩》,欣赏故事	(1)监控学生玩拼图游戏的情况,看谁拼得又快又好 (2)给学生演示用七巧板制作的小故事《自相矛盾》 (3)向学生提出一个要求:自己用七巧板拼出的图形编一个小故事 (4)再次演示另一个七巧板制作的小故事《卖火柴的小女孩》	(1)展示七巧板拼图游戏 (2)演示用七巧板制作的一个小故事《自相矛盾》 (3)学生分组拼七巧板,并编一个小故事 (4)再次演示另一个七巧板制作的小故事《卖火柴的小女孩》	学生通过操作确认的实践活动,加强对图形的认知和感受,丰富数学学习的成功体验,积累操作活动经验,发展有条理的思考与表达;通过拼图合作,培养学生的自主探究精神和合作精神

六、教学反思

通过利用多媒体和网络辅助教学,使我感受到其中的优势是:

(1)信息量大.可以增强课堂内容密度、强化学生思维整合度,对开拓学生的知识面和培养学生的发散性思维起了积极作用.

(2)调动面广.通过网络进行交流学习,每一名学生都必须思考编排故事,在短短的时间内让更多的学生积极思考.

(3)形象化好.能够把抽象概念具体化,因而能够较好地激发学生的学习兴趣,使学生在愉快中学习.

(4)参与性强.学生在这样的教学过程中,能积极参与学习活动,经过动手、动口、动脑等途径获取知识.

通过让学生画、剪、拼,培养学生动手操作技能和主动获取知识的能力.同时让学生体会数学与自然及人类社会的密切联系,了解数学的价值,增进对数学的理解和应用数学的信心,使学生在获得基本知识和技能的同时,在情感、态度、价值观和一般能力等方面都能得到发展.全课体现学生学习的个性化、自主化、协作化.学生通过自己操作计算机,浏览教师精心设置的各种文字、图像、动画和影片,初步形成一定的知识架构,并通过和其他同学的讨论及接受教师的个别辅导,来巩固加深所学知识.课堂保持一种探讨的气氛,始终活跃.

点评:

这节课也许还有很多值得改进的地方,但该教学设计中的探索是难能可贵的.它给我们提供了一个全新的视角,值得大家探讨、研究.

但我们也应认识到,现代信息技术手段不是万能的.

例如,上面提到利用计算机可以直观地呈现有关数学研究对象、过程或者进行模拟实验等,但一定的情况下,学生可能更易于相信自身的操作活动.如在上面"几何体截面"之中,计算机呈现切截的过程必须在学生切截活动的基础上,作为对学生亲身活动的补充,而不能脱离了学生的活动,完全用计算机代替;同样,在感受随机现象的有关实验中,只有经过了一定次数的亲手实验,学生才能相信随机现象背后的规律,才能相信计算机.也就是说,这里的计算机模拟实验只能作为在学生实验基础上的进一步佐证,而不可完全代替学生的实验.

因此,在教学实践中,一定要认真分析教学内容,并据此确定是否选用现代信息技术手段.并非每一节课都要应用现代信息技术手段.现在一些课堂教学的评比活动中将是否应用现代信息技术作为教学评价的一个重要指标,认为不使用现代信息技术就不是一堂优秀课的做法是十分片面的,这样造成了部分老师为了避免在课堂教学评比中被扣分,将教学中某个问题的具体求解过程用投影仪或者计算机呈现出来,认为这样就是使用了现代信息技术手段,这实在是一个误解.

事实上,任何教学形式都应服务于一定的教学任务.如果教学形式不利于完成教学任务,那么不管看似如何"现代",都可能是落后的.对于现代信息技术手段的应用也是这样.能否较好的服务于教学是选用的标准.

综上所述,现代信息技术与学科教学的整合,就是将现代信息技术手段融合到学科的学习中,以促进学生发展、理解各学科知识.促进学生发现、理解学科知识是其核心、本质,而现代信息技术只是其手段.正因为如此,如果学校的硬件条件欠缺,无法使用现代信息技术手段进行教学,那么只要我们抓住了促进学生发现、理解学科知识这一本质,同样可以取得很好的教学效果.

现阶段对现代信息技术与数学学科整合的一些思考:在现时对于现代信息技术,我们应持有什么样的态度呢? 我们认为,在教师尚不甚熟悉使用现代信息技术的情况下,不妨保持一个比较积极的心态,能够使用现代信息技术时,尽量使用现代信息技术,尽量创造这样的机会和条件使用新的技术手段.只有这样才能尽快地熟悉新的技术手段,提高自身对这个技术手段的理解和应用能力,从而更好地使它们为教学报务.

此外,针对具体内容是否使用新技术手段时,我们也应客观地评判其作用;如果认为它确实有助于学生理解教学内容,当然应大胆地使用;如果认为这样的活动可能冲淡了学生学习的主题,那么可以不使用;有时使用不使用信息技术手段,二者的差别并不明显,这时,作为新手,建议尽量尝试使用新的技术手段进行教学,大胆尝试.只有大胆尝试,才可能获得一些具体的经验,提高自身的认识.何况我们在未使用之前,又怎么能够感知新的技术手段的价值呢? 也许有时会起到一种意想不到的教学效果.

当然,随着自身技术的熟练,对现代信息技术手段与课程整合理解得比较深入时,如果认为是否使用现代信息技术手段对于某个教学内容的影响不大时,我们更应强调问题的本质,能不使用就不使用.也就是说,我们建议,在使用现代信息技术手段上,应逐步由"能用则用"向"能不用则不用"转变.

二、MM 与 CAI 实验中的几个原理[35]

MM 是数学方法论指导下的数学教育方式的简称.在 MM 方式的教学中,我们广泛使用了计算机,尤其是在平面几何中,更是用的得心应手,这都得益于北京朝阳区中学教研室郭璋老师从实践中归纳和概括的几个原理.

1. 连续运动原理

在几何学中,如果一个定理成立,那么当这个定理中所说的点(或线段、射线、直线、多边形、圆)在所给平面内按给定方式运动时,这个定理仍然成立,这就叫做连续运动原理.这个原理的涵义,就是把图形的性质看做图形的连续"函数"(即变化中的不变量或不变性).

例 1　求证:顺次连接四边形四边的中点,所得的四边形是平行四边形.(人教版几何第二册 P179 例 1)

证明:如图 A4 所示,证明过程略.

想一想　由于本题证明 *EFGH* 是平行四边形,仅仅用到 *E*、*F*、*G*、*H* 分别为所在边中点这个条件,而没有涉及四边形 *ABCD* 的形状,这意味着什么呢? 是不是说,我们可以使四边形 *EFGH* 的形状仍然保持呢?

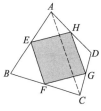

图 A4

【变化 1】

将基础四边形 *ABCD* 一般化后,研究顺次连接四边形四边中点所得的四边形 *EFGH* 的形状.

如图 A5 所示,在凸四边形的基础上,我们拖动点 *D* 做如图 A6 ~ 图 A10 所示的运动,可以证明中点四边形 *EFGH* 仍是平行四边形.证明过程与原问题的证明类似.

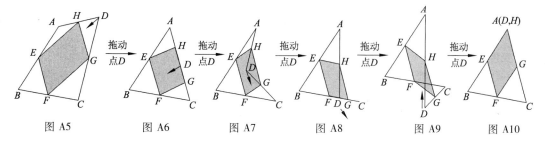

图 A5　　　　　图 A6　　　　　图 A7　　　　　图 A8　　　　　图 A9　　　　　图 A10

是什么决定了在上述情形里,中点四边形是平行四边形这个不变性呢?

关键是题目中"各边中点"这一条没有变,因此在上述各种情况下都可以使用三角形中位线定理——三角形中位线平行且等于第三边的一半.在上述各种情况下,相应线段的位置关系和角的等量关系未随图形的变化而变化,因此中点四边形的形状不变.

飘起来的四边形:在计算机屏幕上画出图 A4,让四边形 *ABCD* 的四项点在平面上任意运动,着色的四边形 *EFGH* 在平面上也相应运动,飘飘然如欲跃出纸面,充分展示了几何图形的动态美和变化美,它不但吸引了老师,也吸引了学生,对培养学生的数学审美能力十分有益.

【变化 2】

在凸四边形的条件下使基础四边形特殊化.

在教学中,学习四边形是沿着由一般到特殊的思路进行的:

因此,在进一步变化问题时,可以通过特殊化进行研究,探究其中四边形的特殊性质是由什么决定的.容易得到以下结论:

一般四边形的中点四边形为平行四边形,如图 A11 所示.

平行四边形的中点四边形仍为平行四边形,如图 A12 所示.(平行四边形自相对偶变化)

矩形的中点四边形为菱形,如图 A13 所示.

图 A11

图 A12

图 A13

菱形的中点四边形为矩形,如图 A14 所示.(矩形与菱形互相对偶变化)

正方形的中点四边形为正方形,如图 A15 所示.

等腰梯形的中点四边形为菱形,如图 A16 所示.

图 A14

图 A15

图 A16

中点四边形的形状与基础四边形的"什么"有关? 不难发现是两条对角线的长短和夹角. 当对角线相等时,中点四边形是菱形;当对角线垂直时,中点四边形是矩形;当对角线相等且垂直时,中点四边形是正方形. 因此,我们又可以将其一般化.

【变化 3】

基础四边形的一般化.

(1)对角线相等的四边形——其中点四边形是菱形,如图 A17 所示.

(1)

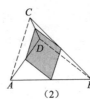
(2)

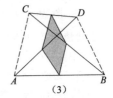
(3)

图 A17

(2)对角线垂直的四边形——其中点四边形是矩形,如图 A18 所示.

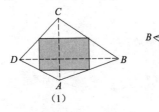
(1)

(2)

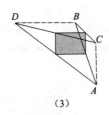
(3)

图 A18

(3)对角线相等且互相垂直的四边形——其中点四边形是正方形,如图 A19 所示.

(4)生活中我们常见的风筝是筝形——四边形的一条对角线被另一条对角线垂直平分的四边形,如图 A20 所示,它的中点四边形是矩形.

上述有的图形,如图 A17、图 A18(2)、图 A19(1)、(2)中,基础四边形可看做空间四边形,这是意味深长的.

我们还可以进一步研究:如果已知中点四边形的性质,怎样判断基础四边形的性质呢? 请读者仿照上面的研究自己试一试.

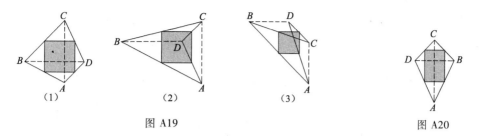

图 A19　　　　　　　　　　　　　　　　　　图 A20

说明: 例1是点运动而不改变图形性质的典型例题.

例 2 已知:如图 A21 所示,在 Rt△ABD 中,以直角边 AD 为直径作⊙O,交斜边 AB 于 E. 求证:$AE \cdot AB = AD^2$.

如图 A22 所示,平移图 1 中的 BD,试问 $AE \cdot AB = ?$ $(AE \cdot AB = AP \cdot AD)$

如图 A23 所示,平移 BD,试问 $AE \cdot AB = ?$ $(AE \cdot AB = AP \cdot AD)$?

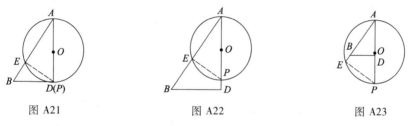

图 A21　　　　　　　　图 A22　　　　　　　　图 A23

如图 A24 所示,平移⊙O,使⊙O 与 BA 的延长线交于 E,与 DA 的延长线交于 P. 试问 $AE \cdot AB = ?$ $(AE \cdot AB = AP \cdot AD)$?

如图 A25 所示,以△ABD 的高 AD 为直径作⊙O,分别交 AB 于 E,交 AC 于 F. 求证:$AE \cdot AB = AF \cdot AC$.

如图 A26 所示,平移图 A25 中的 BC,试问 $AE \cdot AB$ 与 $AF \cdot AC$ 有什么关系? $(AE \cdot AB = AP \cdot AC)$

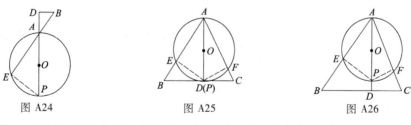

图 A24　　　　　　　　图 A25　　　　　　　　图 A26

如图 A27 所示,平移图 A25 中的 BC,试问 $AE \cdot AB$ 与 $AF \cdot AC$ 有什么关系? $(AE \cdot AB = AF \cdot AC)$

如图 A28 所示,平移图 A25 中的 BC(或⊙O),试问 $AE \cdot AB$ 与 $AF \cdot AC$ 有什么关系? $(AE \cdot AB = AF \cdot AC)$

如图 A29 所示,连结图 A25 中的 E、F,EF 与 AD 交于 Q,试证:$BD \cdot DC = AD^2 \dfrac{QD}{QA}$.

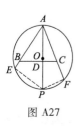 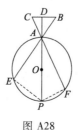 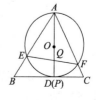

图 A27　　　　　　　　图 A28　　　　　　　　图 A29

如图 A30 所示,平移图 A29 中的 BC,试问等式 $BD \cdot DC = AD^2 \dfrac{QP}{QA}$ 还成立吗?

如图 A31 所示,平移图 A29 中的 BC,试问等式 $BD \cdot DC = AD^2 \dfrac{QP}{QA}$ 还成立吗?

如图 A32 所示,平移图 A29 中的 BC(或 $\odot O$),试问等式 $BD \cdot DC = AD^2 \dfrac{QP}{QA}$ 还成立吗?

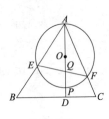
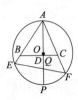
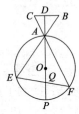

图 A30　　　　　　　　　　图 A31　　　　　　　　　　图 A32

由图 A21 ~ 图 A25 是一个飞跃,由图 A25 ~ 图 A29 又是一个飞跃,如果学生能循序渐进,是能够解决由图 A21 ~ 图 A32 所提出的问题的.

说明:例 2 是直线运动的典型例题.

例 3　已知:如图 A33 所示,$\odot O_1$ 和 $\odot O_2$ 相交于 M、N 两点,经过 M 点的直线 AB 与 $\odot O_1$ 交于 A,与 $\odot O_2$ 交于 B,经过 N 点的直线 CD 与 $\odot O_1$ 交于 C,与 $\odot O_2$ 交于 D. 求证:$AC \parallel BD$.

连结 MN,利用四点共圆可证明.

如图 A34 所示,$\odot O_1$ 和 $\odot O_2$ 由相交变成外切,结论依然成立.

如图 A35 所示,$\odot O_1$ 和 $\odot O_2$ 由外切变成外离,结论依然成立(点 M 是 $\odot O_1$ 和 $\odot O_2$ 的位似中心,即两条内公切线的交点).

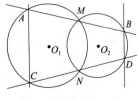
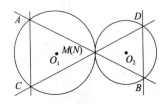
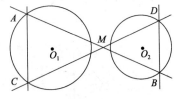

图 A33　　　　　　　　　　图 A34　　　　　　　　　　图 A35

如图 A36 所示,$\odot O_1$ 和 $\odot O_2$ 由相交变成内切,结论依然成立.

如图 A37 所示,$\odot O_1$ 和 $\odot O_2$ 由内切变成内含,结论依然成立(点 N 是 $\odot O_1$ 和 $\odot O_2$ 的位似中心).

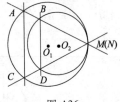
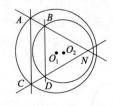

图 A36　　　　　　　　　　　图 A37

说明:例 3 是两圆运动变化的典型例题.

2. 分裂合并原理

如果一个几何题中的一点分裂成几个点(或几点并成一点)时,结论仍成立,就说它符合分裂合并原理,把点换成线段、射线、直线时，也可以这样表述：在几何学中，如果一个定理中所说的点（线段、射线、直线）在所给平面上分裂成两个点、三个点、……（或两条线段、三条线段、……两条射线、三条射线、……两条直线、三条直线、……）或变化相反时，这个定理仍然成立，或是这个定理的推广，那么这就叫做分裂合并原理.

例 4　已知：如图 A38 所示，在 $\triangle ABC$ 中，AD 为 $\angle BAC$ 的平分线. 求证：$\dfrac{AB}{AC}=\dfrac{BD}{BC}$.

如图 A39 所示，角平分线 AD 分裂为等角线 AD_1、AD_2（$\angle BAD_1=\angle CAD_2$），则结论变为 $\dfrac{AB^2}{AC^2}=\dfrac{BD_1\cdot BD_2}{CD_1\cdot CD_2}$.

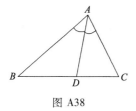

图 A38

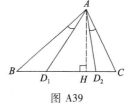

图 A39

在三角形中，等角线的性质是角平分线性质的推广.

下面给出关于图 A39 性质的证明.

证明：如图 A29 所示，过点 A 作 AH 垂直 BC 于 H，则

$$\frac{S_{\triangle ABD_1}}{S_{\triangle ABD_2}}=\frac{\dfrac{1}{2}AB\cdot AD_1\sin\angle BAD_1}{\dfrac{1}{2}AC\cdot AD_2\sin\angle CAD_2}=\frac{\dfrac{1}{2}BD_1\cdot AH}{\dfrac{1}{2}CD_2\cdot AH},$$

所以

$$\frac{AB\cdot AD_1}{AC\cdot AD_2}=\frac{BD_1}{CD_2}, \tag{1}$$

同理可证：

$$\frac{AB\cdot AD_2}{AC\cdot AD_1}=\frac{BD_2}{CD_1}, \tag{2}$$

（1）×（2）得，

$$\frac{AB^2}{AC^2}=\frac{BD_1\cdot BD_2}{CD_1\cdot CD_2}.$$

当 AD_1 与 AD_2 重合时，就变为角平分线的性质.

例 5　已知：如图 A40 所示，AB 为 $\odot O$ 的直径，E 为 $\odot O$ 上任一点，过 E 点的切线与过 A、B 两点所引 $\odot O$ 的切线的交点分别为 D、C. 求证：$AD\cdot BC$ 为定值.

证明：连结 AE、OE、BE.

根据切线性质，$\angle CEB=\angle EAO$（弦切角等于同弧圆周角），故 $\triangle AOE\backsim\triangle ECB$，同理可证 $\triangle AOE\backsim\triangle EOB$.

有

$$\frac{OE}{BC}=\frac{AE}{EB}, \qquad \frac{AD}{OE}=\frac{AE}{EB}.$$

所以

$$\frac{OE}{BC}=\frac{AD}{OE}.$$

故 $AD\cdot BC=OE^2$（OE 为 $\odot O$ 的半径，是定值）.

说明：　连 OD、OC 证来亦妙.

在计算机屏幕上画出图 A40，平移 DC，让切线 DC 变化为割线，割点在直径 AB 的同侧，可得：

【变化问题 1】

已知：如图 A41 所示，AB 为 $\odot O$ 的直径，在 AB 的同侧作 $\odot O$ 的切线 AD、BC，作 $\odot O$ 的割线，使它与 AD 及

BC 分别交于 D、C，与 $\odot O$ 交于 E、F，过 E、F 分别作 CD 的垂线交 AB 于 H、G．求证：$AD \cdot BC = EH \cdot FG$．

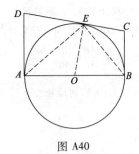
图 A40

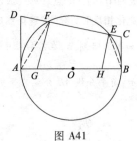
图 A41

提示：连结 AF、BE，证明 $\triangle AGF \backsim \triangle ECB$，$\triangle ADF \backsim \triangle EHB$．

在问题 1 变为问题 2 时，OE 分裂为 EH、FG．

让切线 CD 变为割线，割点在直径 AB 的异侧，可得：

【变化问题 2】

已知：如图 A442 所示，AB 为 $\odot O$ 的直径，在 AB 的异侧作切线 AD、BC，作 $\odot O$ 的割线，与 AD、BC 分别交于 D、C，与 $\odot O$ 交于 E、F，过点 E、F 作 CD 的垂线，交直线 AB 于 H、G．求证：$AD \cdot BC = EH \cdot FG$．

提示：连结 AF、BE，证明 $\triangle AGF \backsim \triangle ECB$，$\triangle ADF \backsim \triangle EHB$．

在图 A40 中，让直径 AB 变化为弦，则可得：

【变化问题 3】

已知：如图 A43 所示，AB 为 $\odot O$ 的弦，在 AB 的同侧作 $DA \perp AB$，$CB \perp AB$，E 为 AD、BC 所夹弧上任意一点，过 E 点作 $\odot O$ 的切线分别交 AD、BC 于 D、C，连结 OE 交 AB 于 O'．求证：$AD \cdot BC = O'E^2$．

提示：连结 AE、EB，证明 $\triangle AO'E \backsim \triangle ECB$，$\triangle ADE \backsim \triangle EO'B$．

让直径 AB 变化为弦，切线 CD 变化为割线，割线与 $\odot O$ 的交点在 AB 同侧，则可得：

【变化问题 4】

已知：如图 A44 所示，AB 为 $\odot O$ 的弦，在 AB 的同侧作 $DA \perp AB$，$CB \perp AB$，作 $\odot O$ 的割线，使它与 AD、BC 分别交于 D、C，交 $\odot O$ 于 E、F，过点 E、F 分别作 CD 的垂线，交 AB 于 H、G．求证：$AD \cdot BC = EH \cdot FG$．

提示：连结 AF、BE，证明 $\triangle AGF \backsim \triangle ECB$，$\triangle ADF \backsim \triangle EHB$．

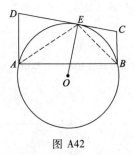
图 A42

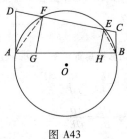
图 A43

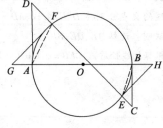
图 A44

让直径 AB 变化为弦，切线 CD 变化为割线，割线与 $\odot O$ 的交点在 AB 异侧，则可得：

【变化问题 5】

已知：如图 A45 所示，AB 为 $\odot O$ 的弦，在 AB 异侧作 $DA \perp AB$，$CB \perp AB$，作 $\odot O$ 的割线，使它与 AD、BC 分别交于 D、C，交 $\odot O$ 于 E、F，过点 E、F 分别作 CD 的垂线，交直线 AB 于 H、G．求证：$AD \cdot BC = EH \cdot FG$．

提示：连结 AF、BE，证明 $\triangle AGF \backsim \triangle ECB$，$\triangle ADF \backsim \triangle EHB$.

以上各种情况都是 $DA \perp AB$，$CB \perp AB$，则有 $AD \parallel BC$，保持 $AD \parallel BC$，并不要求 $DA \perp AB$，$CB \perp AB$，在计算机屏幕上画出图 A40，拖动点 D，使 $AD \parallel BC$ 不变，但 DA 不垂直 AB，则可得：

【变化问题6】

已知：如图 A46 所示，AB 为 $\odot O$ 的直径，在 AB 的同侧作 $AD \parallel BC$，E 为 AD、BC 所夹弧上任意一点，过 E 点作 $\odot O$ 的切线分别交 AD、BC 于 D、C. 求证：

（1）以 CD 为直径的圆与 AB 相切；

（2）设以 CD 为直径的圆与 AD 相切于 F，则 $AD \cdot BC = EF^2$.

提示：（1）利用面积法，可得 $O'C = DO' = O'F$.（2）通过证 O'、F、O、E 四点共圆，与 A、D、E、F 四点共圆，可得 $\dfrac{AE}{EB} = \dfrac{EF}{BC}$，$\dfrac{AE}{EB} = \dfrac{AD}{EF} \Rightarrow AD \cdot BF = EF^2$.

同原问题到变化问题5一样，由变化问题6也可以类似变化，得到一连串的变化问题，限于篇幅，请读者自己完成.

在计算机屏幕上画出图 A40，拖动点 A，让 A、B 两点的位置变化，保持 $\angle DAB = \angle CBA$，则还可得：

【变化问题7】

已知：如图 A47 所示，AB 为 $\odot O$ 一条直径所在直线上的两点，且 $AO = OB$，过 A、B 两点分别作 $\odot O$ 的切线 AD、BC，E 为 AD、BC 所夹弧上任一点，过 E 作 $\odot O$ 的切线分别交 AD、BC 于 D、C. 求证：$AD \cdot BC = AO^2$.

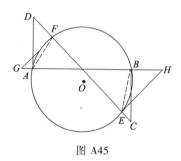
图 A45

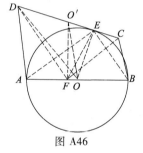
图 A46

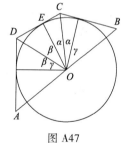
图 A47

用运动变化的方法研究几何问题，是一种重要的思想方法，即辩证法在几何中的具体应用，这不但使学生更深刻地认识几何图形，也受到辩证观点的教育，一题多得，在数学教学中应广泛使用.

3. 膨胀收缩原理

在几何学中，将一个命题中的某些点膨胀为圆（点看做半径为 0 的圆）或圆收缩为点，或者圆"膨胀"为直线，直线"收缩"为圆，经过这样的变化后，所给命题仍然成立，这就叫做膨胀收缩原理. 举例如下：

如图 A48 所示，在三角形中，三条边的垂直平分线交于一点，这点是三角形的外心.

如图 A49 所示，在这个命题中，使三角形的一个顶点膨胀成圆，就得到下列命题（D 分裂为 D_1、D_2，F 分裂为 F_1、F_2）：

已知：$\odot A$ 和圆外两点 B、C，过 B 和 C 分别作 $\odot A$ 的切线 BA_1、BA_2、CA_3、CA_4，A_1、A_2、A_3、A_4 为切点. 设这四条切线的中点分别为 D_1、D_2、F_1、F_2，直线 $D_1 D_2$，$F_1 F_2$ 与 BC 的中垂线三线共点.

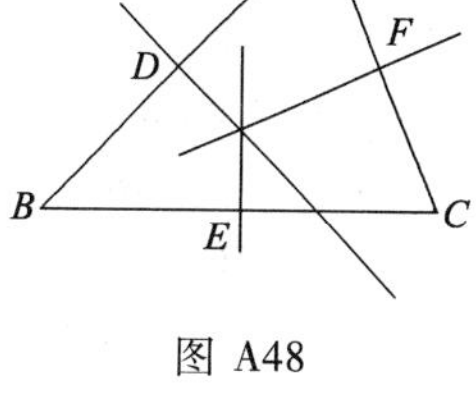

图 A50 所示是三角形的两个顶点膨胀为圆的情况（D、E、F 均分裂）.

图 A51 所示是三角形的三个顶点膨胀为圆的情况（D、E、F 均分裂）.

图 A48

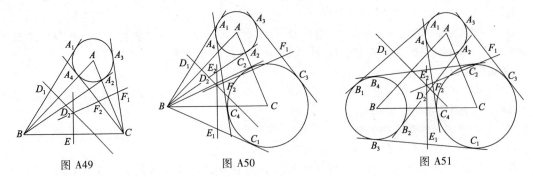

图 A49 图 A50 图 A51

你看,通过课件在计算机屏幕上变化图形,往往是顷刻之间的事,若用纸笔,则往往费时费力,效果也不理想.上述"原理"的第二款中,似乎隐含着一个"开放封闭原理",请深入研究.

三、MM 和 CAI 联手应用课例 [35]

课例 1 一次探究性活动

2000 年 3 月教育部颁布了九年义务教育全日制初级中学数学教学大纲(以下简称大纲).在新大纲中,要求每学年在数学课中搞一次探索活动,在活动中要激发学生学习数学的好奇心和求知欲,通过独立思考,不断追求新知,发现、提出、分析并创造性地解决问题,使数学学习成为再发现、再创造的过程,从而提高创新意识和实践能力.

下面是对一个几何问题的探究:

已知:如图 A52 所示,$AB // CD$. 求证:$\angle B + \angle D = \angle E$.

第一个要求:多证.

证法一:如图 A53 所示,过点 E 作 $EF // AB$,则 $\angle B = \angle BEF$.

因为 $AB // CD$,所以 $EF // CD$,所以 $\angle D = \angle DEF$,所以 $\angle B + \angle D = \angle BEF + \angle DEF$,即 $\angle B + \angle D = \angle BED$.

证法二:如图 A54 所示,过点 E 作 $EG // AB$,所以 $\angle B + \angle BEG = 180°$.

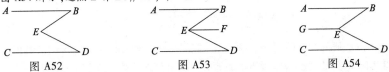

图 A52 图 A53 图 A54

因为 $CD // AB$,所以 $EG // CD$,所以 $\angle D + \angle DEG = 180°$,所以 $\angle B + \angle D + \angle BEG + \angle DEG = 360°$,所以 $\angle BED + \angle BEG + \angle DEG = 360°$,所以 $\angle B + \angle D = \angle BED$.

证法三:如图 A55 所示,过点 B 作 $BH // DE$,所以 $\angle EBH = \angle E$,即 $\angle ABH + \angle ABE = \angle E$.

因为 $AB // CD$,$BH // DE$,所以 $\angle D = \angle HBA$,所以 $\angle ABE + \angle D = \angle E$.

第二个要求:点 E 在平面内任意运动,$\angle B + \angle D = \angle E$ 还成立吗?(请注意:这时在角的概念上,会有所拓宽.)

如果相等,请证明;如果不等,请说明理由.

通过测算,$\angle B + \angle D = \angle E$ 依然成立.

如图 A56 所示,点 E 在 AB 上,请给出证明.如图 A57 所示,D、E、B 三点共线,请给出证明.

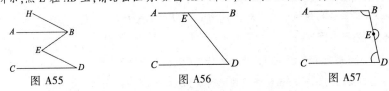

图 A55 图 A56 图 A57

如图 A58 所示，∠*BED* 为优角，请给出证明．如图 A59 所示，点 *E* 在两平行线 *AB*、*CD* 的外部，请给出证明，这时 ∠*B*、∠*E* 各是什么角？

如图 A60 所示，点 *E* 在两平行线的外部，且点 *D*、*E*、*B* 三点共线，此时 ∠*E* 为周角，请给出证明．如图 A61 所示，点 *E* 在两平行的外部，且 ∠*E* 大于周角，请给出证明．

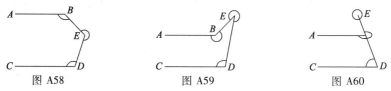

图 A58　　　　　　　　图 A59　　　　　　　　图 A60

第三个要求：点 *E* 分裂为两个点 E_1、E_2，探索 ∠*B* + ∠*D* 与 ∠E_1 + ∠E_2 的关系．如图 A62 所示，显然 ∠*A* + ∠*D* 不等于 ∠E_1 + ∠E_2，可以观察出 ∠*B* + ∠*D* < ∠E_1 + ∠E_2，那么 ∠*B* + ∠*D* 再加上多少度的角就等于 ∠E_1 + ∠E_2？

通过测算，∠*B* + ∠*D* + 180° = ∠E_1 + ∠E_2．如图 A63 所示，添加辅助线 $E_1F /\!/ AB$，$E_2G /\!/ AB$，通过推理即能得到：∠*B* + ∠*D* + 180° = ∠E_1 + ∠E_2．

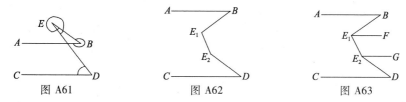

图 A61　　　　　　　　图 A62　　　　　　　　图 A63

第四个要求：点 E_1、E_2 在平面内任意运动，∠*B* + ∠*D* + 180° = ∠E_1 + ∠E_2 还成立吗？

如果相等，请证明；如果不等，说明理由．

通过测算，依然有 ∠*B* + ∠*D* + 180° = ∠E_1 + ∠E_2．

如图 A64 所示，点 *B*、E_1、E_2、*D* 四点共线，请给出证明．如图 A65 所示，∠E_1、∠E_2 为优角，请给出证明．

如图 A66 所示，点 E_1、E_2 在两平行线的外部，且均为优角，请给出证明．如图 A67 所示，点 E_1、E_2 在两平行线外部，点 E_1、*B*、*D*、E_2 四点共线，请给出证明．

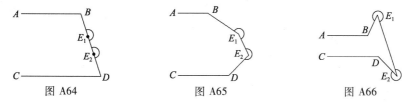

图 A64　　　　　　　　图 A65　　　　　　　　图 A66

如图 A68 所示，点 E_1、E_2 在两平行线的外部，请给出证明．如图 A69 所示，折线 BE_1、E_2D 形成锯齿形，请给出证明．

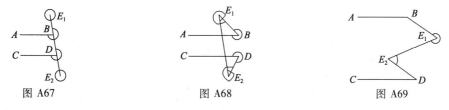

图 A67　　　　　　　　图 A68　　　　　　　　图 A69

如图 A70 所示，折线 BE_1、E_2D 成为环状，请给出证明．

第五个要求：点 E_2 分裂成两个点 E_2、E_3，也即平行线内有三个点，∠*B* + ∠*D* 与 ∠E_1 + ∠E_2 + ∠E_3 有什么关系？

如图 A71 所示,显然 $\angle B + \angle D + 180°$ 不等于 $\angle E_1 + \angle E_2 + \angle E_3$,那么再加上多少度的角就等于 $\angle E_1 +$ $\angle E_2 + \angle E_3$?

通过测算,$\angle B + \angle D + 2 \times 180° = \angle E_1 + \angle E_2 + \angle E_3$.如图 A72 所示,添加辅助线 $E_1 F /\!/ AB$,$E_2 G /\!/ AB$,$E_3 H /\!/ AB$,通过推理就能得到 $\angle B + \angle D + 2 \times 180° = \angle E_1 + \angle E_2 + \angle E_3$.

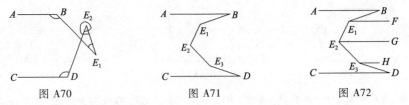

图 A70　　　　　　　图 A71　　　　　　　图 A72

如图 A73 所示,折线 $B E_1 E_2 E_3 D$ 形成锯齿形,请给出结论和证明.如图 A74 所示,折线 $BE_1 E_2 E_3 D$ 形成环状,请给出结论和证明.

第六个要求:点 E_3 分裂成两个点 E_3、E_4,也即平行线内有四个点,试猜想 $\angle B + \angle D$ 与 $\angle E_1 + \angle E_2 +$ $\angle E_3 + \angle E_4$ 有什么关系?

由以上的关系,可以猜想到:$\angle B + \angle D + 3 \times 180° = \angle E_1 + \angle E_2 + \angle E_3 + \angle E_4$.如图 A75 所示,添加辅助线 $E_1 F /\!/ AB$,$E_2 G /\!/ AB$,$E_3 H /\!/ AB$,$E_4 I /\!/ AB$,通过推理能得到 $\angle B + \angle D + 3 \times 180° = \angle E_1 + \angle E_2 + \angle E_3 + \angle E_4$.

第七个要求:让学生变化图 A75,并给出结论和证明.当然,学生可以画出如下图形(图 A76 ~ 图 A79).

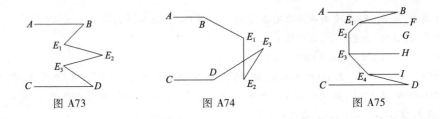

图 A73　　　　　　　图 A74　　　　　　　图 A75

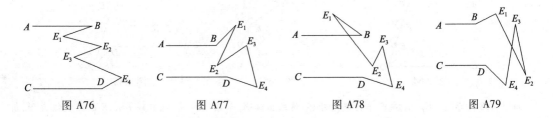

图 A76　　　　　图 A77　　　　　图 A78　　　　　图 A79

第八个要求:如图 A80 所示,两平行线内有 n 个点,E_1,E_2,$\cdots$,E_n,试想,有什么关系式成立?当然,学生可以猜想到 $\angle B + \angle D + (n-1) \times 180° = \angle E_1 + \angle E_2 + \cdots + \angle E_n$.

在图 A80 中,点 E_1,E_2,$\cdots$,E_n 在平面内可以任意运动,形成各种复杂的图形,但这个关系式都成立.这正是几何中运动变化中的不变关系.

从两条平行线内一个点变化到两点,再变化到三点,直至变化到 n 个点,这是从特殊到一般的变化,也是人们认识事物的一般方法之一.通过本题训练学生从特殊到一般的认识能力,这也是素质教育的重要内容.

第九个要求:证明下面的命题,并推广到 n 个点.

已知:如图 A81 所示,$AB /\!/ CD$.求证:$\angle B + \angle D + \angle E = 2 \times 180°$.

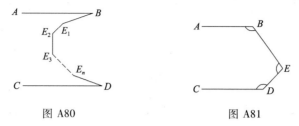

图 A80　　　　　　　　　图 A81

课例 2　一道有背景的几何题

人教版几何课本,经过了多次讨论和修改,它的例题和习题都是精选的,其中不乏优秀的几何题,有背景的几何题,有的本身就是名题,或名题的特殊情况.下面我们要讨论的就是一个著名几何定理的特殊情况.

已知:如图 A82 所示,点 C 为线段 AB 上一点,$\triangle ACM$、$\triangle CBN$ 是等边三角形.求证:$AN = BM$.(人教《几何》第二册 P115 第 13 题)

证明:因为 $\triangle ACM$ 是等边三角形,所以 $AM = CM$,$\triangle ACM = 60°$.

同理可得 $CB = CN$,$\angle BCN = 60°$.

所以 $\angle ACM + \angle MCN = \angle BCN + \angle MCN$,即 $\angle ACN = \angle MCB$.

所以 $\triangle ACN \cong \triangle MCB$,

所以 $AN = BM$.

以上是传统证法.在计算机上画出图 A83,拖动 $\triangle ACN$ 绕点 C 按顺时针方向旋转 60°.因为 $CA = CM$,$CN = CB$,$\angle ACN = \angle MCB$,所以旋转后,必与 $\triangle MCB$ 重合(见图 A83 和图 A84),故 $\triangle ACN \cong \triangle MCB$,$AN = BM$.

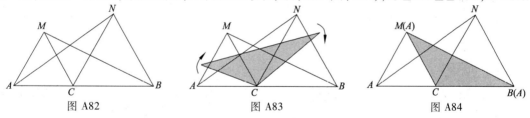

图 A82　　　　　　　　图 A83　　　　　　　　图 A84

通过旋转变换的证明,不但知道 $AN = BM$,还可以知道 AN 与 BM 所夹的锐角为 60°(见图 A85),它们(即 $\triangle ACN$ 与 $\triangle MCB$)对应的 AN 和 BM 边上的高相等,夹角 60°;角平分线相等,夹角 60°;中线相等,夹角 60°,即由顶点 C 和由两条对应线所形成的三角形都是等边三角形.(请在计算机上验证)

在图 A82 中,ACB 是线段,我们把它变为折线 ACB,依然有如上所给的性质,如图 A86 和图 A87.

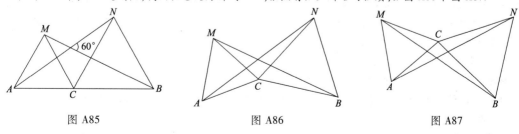

图 A85　　　　　　　图 A86　　　　　　　图 A87

实质上,本题是等边 $\triangle ACM$ 与等边 $\triangle CBN$ 有一个公共顶点 C,即这两个等边三角形绕点 C 任意旋转都有所给的性质,如图 A88 ~ 图 A93.

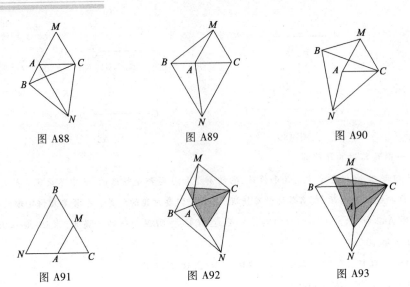

图 A88　　　　　图 A89　　　　　图 A90

图 A91　　　　　图 A92　　　　　图 A93

在图 A82(图 A86 或图 A87)中,让点 C 分裂成点 C 和 C',依次取线段 AN、BM、CC' 的中点 C_1、C_2、C_3,如图 A94 所示,试猜想 $\triangle C_1 C_2 C_3$ 是什么三角形? 可能会猜想是等边三角形,你能证明吗? 如果你能够证明,说明你的论证能力已经达到较高水平,因为你证明的就是爱尔可斯定理:

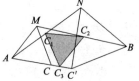

爱尔可斯定理:两个等边三角形对应顶点的连线的中点构成等边三角形.

因所证性质与两个等边三角形的位置无关,所以它们可在平面内任意运动,结论都成立,如图 A95 ~ 图 A98 所示.

图 A94

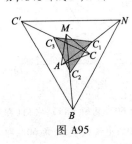
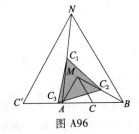
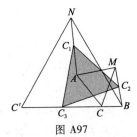
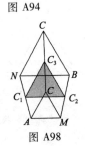

图 A95　　　　图 A96　　　　图 A97　　　　图 A98

课例 3　把具有方向的量引入几何

在初一我们就学过具有相反意义的量,如图 A99 所示,在天安门前的公路上选一点 O,向西走的方向为负,向东走的方向为正,某人向西走 5 km 后,又向东走 4 km,他离出发点多远? 如图 A99 所示 -1 km 的 A 处,因而离出发点 1 km.

图 A99

我们就是要把这样意义的量引入几何.

例题　已知:如图 A100 所示,从 $\square ABCD$ 的顶点 A、B、C、D 向形外的任意直线 l 引垂线 AA_1、BB_1、CC_1、DD_1,垂足分别为 A_1、B_1、C_1、D_1. 求证:$AA_1 + CC_1 = BB_1 + DD_1$.(人教版《几何》第二册,P193 第 20 题)

本题有多种证法,我们选一种比较简单的.

证明:如图 A101,连结对角线 AC、BD,交于点 O,作 $OO_1 \perp l$ 于 O_1. 在 $\square ABCD$ 中,$AO = OC$.

因为 $AA_1 \perp l$,$CC_1 \perp l$,$OO_1 \perp l$,所以 $AA_1 /\!/ CC_1 /\!/ OO_1$. 所以 $A_1 O_1 = O_1 C_1$,所以 $2OO_1 = AA_1 + CC_1$.

同理　$2OO_1 = BB_1 + DD_1$.

所以 $AA_1 + CC_1 = BB_1 + DD_1$.

在计算机屏上画出图 A100,拖动直线 l 向上平行移动,扫过 $\square ABCD$,试问关系式 $AA_1 + CC_1 = BB_1 + DD_1$ 有什么变化?

我们把具有方向的量引入本题,由上往下向直线 l 作垂线段为正,由下往上向直线 l 作垂线段为负,这样使本题的讨论极为简单.

如图 A102 所示,直线 l 过点 B,即垂线段 BB_1 退缩为 0,关系式变为 $AA_1 + CC_1 = DD_1$.

如图 A103 所示,直线 l 由线段 AB 之间通过,即 BB_1 的方向变为相反,关系式变为 $AA_1 + CC_1 + BB_1 = DD_1$.

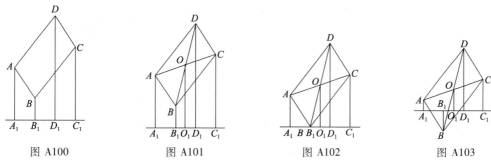

图 A100　　　　　　图 A101　　　　　　图 A102　　　　　　图 A103

如图 A104 所示,直线 l 过点 A,即垂线段 AA_1 退缩为 0,关系式变为 $CC_1 + BB_1 = DD_1$.

如图 A105 所示,直线 l 由线段 AO 之间通过,即 AA_1 的方向变为相反,关系式变为 $-AA_1 + CC_1 = -BB_1 + DD_1$.

如图 A106 所示,直线 l 过点 O,垂线段 OO_1 退缩为 0,根据对称性,AA_1 与 CC_1 长度相等,方向相反;BB_1 与 DD_1 长度相等,方向相反,关系式变为 $-AA_1 + CC_1 = -BB_1 + DD_1$.

根据对称性,如果继续平移直线 l,关系式将有对称的变化.

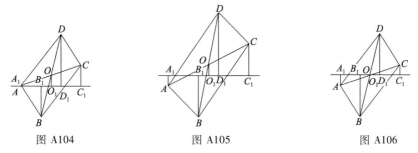

图 A104　　　　　　　　图 A105　　　　　　　　图 A106

课例 4　一道课本习题的变化和引申

已知:如图 A107 所示,由锐角 $\triangle ABC$ 向外面作正方形 $ABDE$ 和 $ACFG$. 求证:$BG = CE$.(人教版《几何》第二册 P192 第 13 题)

北京市数学实验教材对此题表述更明确、更灵活:

如图 A108 所示,$\triangle ABC$ 中,以 AB、AC 为一边,向三角形外各作正方形 $ABDE$ 和 $ACFG$. 证明:$BG = CE$,并回答当 $\triangle ABC$ 中 $\angle A$ 是钝角、直角、锐角时,上述结论是否都成立?

从问题的形式看,后者比较好,它能引起思考和发现问题的本质.下面我们不用常规的证明,而是用旋转变换.

证明:因为 $ABCD$ 和 $ACFG$ 为正方形,所以 $AE = AB$,$\angle EAB = 90°$;$AC = AG$,$\angle CAG = 90°$.

以点 A 为旋转中心, 把 $\triangle FAC$ 逆时针旋转 $90°$, 则 $\triangle AEC$ 与 $\triangle BAG$ 重合.

所以 $BG = CE$.

用这种证法, 我们还能得到一个新结论: 因旋转 $90°$, EC 与 BG 重合, 所以 $EC \perp BG$.

以上的证明没有用到 $\triangle ABC$ 的任何性质, 所以 $\triangle ABC$ 是什么三角形都可以, 其实质为正方形 $ABDE$ 和正方形 $ACFG$ 有一个公共的顶点 A, 如图 A109 所示, 既然如此, 只要有公共顶点, 其位置关系是可以变化的.

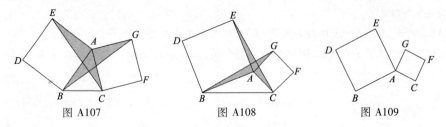

图 A107　　　　　　图 A108　　　　　　图 A109

在计算机屏上画出图 A109, 以点 A 为中心, 拖动正方形 $ACFG$ 绕点 A 旋转.

图 A110 ~ 图 A113 是正方形 $ACFG$ 绕点 A 旋转时的图形, 都具有结论 $BG = CE$, $EC \perp BG$.

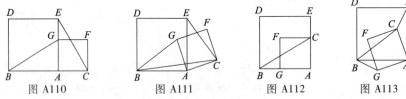

图 A110　　　　图 A111　　　　图 A112　　　　图 A113

我们引申和变化上述问题.

如图 A114 所示, 若正方形 $ABDE$ 和正方形 $ACFG$ 有公共顶点 A, O_1、O_2、O_3、O_4 分别为 EB、BC、CG、GE 的中点, 则 $O_1 O_2 O_3 O_4$ 为正方形. 只要我们利用原问题的结论证明是轻而易举的. (略)

图 A114 所示是有一个公共顶点的两个正方形, 这两个正方形都可以绕点 A 旋转. 在计算机屏上画出图 A114 所示, 以 A 点为中心拖动正方形 $ACFG$ 绕 A 点旋转, 即可欣赏这个在旋转中, 大小在变化而形状不变的图形 $O_1 O_2 O_3 O_4$. 下面的图 A115 ~ A119 就是旋转中的几个剪影, 其中 $O_1 O_2 O_3 O_4$ 都是正方形.

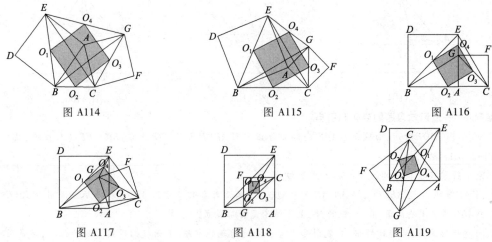

图 A114　　　　　　图 A115　　　　　　图 A116

图 A117　　　　　　图 A118　　　　　　图 A119

我们继续深挖有一个公共顶点的两个正方形的性质.

如图 A120 所示. 正方形 $ABDE$ 和正方形 $ACFG$ 有一个公共的顶点 A,

（1）若过点 A 的直线 AH 垂直于 BC，则 AH 平分 EG；

（2）若过点 A 的直线 AM 平分 EG，则 AM 垂直于 BC.

提示：如图 A121 所示，（1）作 EK∥AG，交 AM 的延长线于 K；（2）延长 AM 到 K，使 MK = AM. 都证 △EAK ≌ △ABC. 证略.

图 A120 是有一个公共点的两个正方形，与这两个正方形的位置无关. 不论这两个正方形绕公共点 A 怎样旋转都有上述性质.

在计算机屏上画出图 A120，以点 A 为中心，拖动正方形 ACFG 绕点 A 旋转，即可显示连续变化的情景. 下面图 A122 ～ 图 A126 是变化中的剪影.

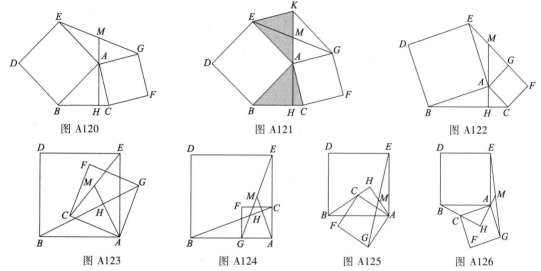

图 A120　　　　　　　　图 A121　　　　　　　　图 A122

图 A123　　　　图 A124　　　　图 A125　　　　图 A126

在图 A121 中，让点 A 膨胀为正方形 $A_1A_2A_3A_4$，即成为图 A127. 过点 A_2 用直线 $A_2M \perp BC$ 于 N，与 EG 交于点 M. 通过测算，有 EM = MG；反过来，当点 M 为 EG 的中点时，$A_2N \perp BC$. 以上说明把上面两个正方形的问题推广到三个正方形，结论依然成立. 显然，证明这个命题是比较复杂的. 如果学生能够独立完成，说明他们的论证能力是很强的. 图 A127 的本质是三个正方形两两有公共顶点，这些正方形都可以绕其公共顶点旋转，结论依然成立.

在计算机屏上，画出图 A127，再让三个正方形 A_1BDE、$A_1A_2A_3A_4$、A_3CFG 绕点 A_1、A_3 旋转. 下面的图 A128 ～ 图 A131 是旋转过程的剪影，都具有结论（1）和（2）.

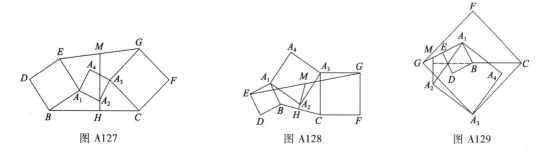

图 A127　　　　　　　　图 A128　　　　　　　　图 A129

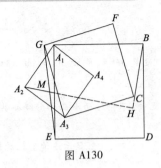

图 A130

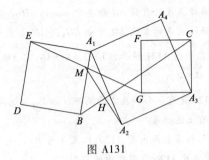

图 A131

当两个正方形时结论成立,我们把两个正方形推广为三个正方形,结论依然成立,我们猜想推广为四个正方形、五个正方形时,仍有如上结论.我们把四个和五个正方形的情况画入计算机屏,经过测算,结论不成立,如图 A132 和图 A133 所示.附加一些什么条件,结论才成立?

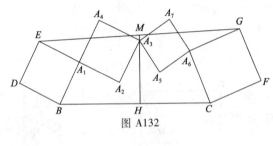

图 A132

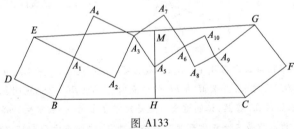

图 A133

由此可见,猜想有时对,有时错.但这并不影响我们使用合情推理——猜想,因为它是数学发现的一种重要的思想方法.只要有"证明"把关即可.正如著名数学教育家波利亚所说:"让我们教猜想吧."

课例 5 **梯形中位线定理的推广问题**

梯形中位线定理:梯形中位线平行于两底,并且等于两底和的一半.如图 A134 所示.

【推广 1】

如图 A135 所示,点 E、F 不再是 AB、CD 的中点,而是 $\dfrac{AE}{EB}=\dfrac{DF}{FC}=\dfrac{m}{n}$ $\Big($当 $m=n$ 时,$\dfrac{m}{n}=1$,可见这是原命题的推广$\Big)$,有什么结论呢?我们在计算机上画出图 A135,经过测算 $EF \,/\!/\, BC$,但是 EF 的长只是具体图中数据,而不能说明什么问题,类比梯形中位线定理的证明,推算出有如下关系:

已知:如图 A135 所示,在梯形 $ABCD$ 中,$AD \,/\!/\, BC$,$\dfrac{AE}{EB}=\dfrac{DF}{FC}=\dfrac{m}{n}$.求证:$EF \,/\!/\, BC$,$EF=\dfrac{mBC+nAD}{m+n}$.

【推广 2】

在计算机屏上画出图 A134,拖动点 D(见图 A136),保持 E、F 分别为 AB、DC 中点不变,使梯形 $ABCD$ 变为任意四边形.显然 EF 不平行于 BC.它和 AD、BC 的关系如下：

已知：四边形 $ABCD$ 中，E、F 分别为 AB、DC 的中点.求证：$EF \leqslant \dfrac{BC + AD}{2}$.

【推广3】

在计算机屏上画出图 A136，拖动点 E、F（见图 A137），使 $\dfrac{AE}{EB} = \dfrac{DF}{FC} = \dfrac{m}{n}$.求证：$EF = \dfrac{mBC + nAD}{m + n}$.

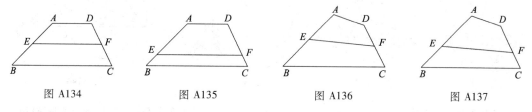

图 A134　　　　　　图 A135　　　　　　图 A136　　　　　　图 A137

课例6　一个基本图形的变化、引申、应用及联想

下面我们要作的是把课本中的一个例题(定理型例题，以下我们就把它称为定理)进行变化，然后引申发展，应用这个基本图形联想及证明重要定理.

例题　已知：如图 A138 所示，AD 是 $\triangle ABC$ 的高，AE 是 $\triangle ABC$ 的外接圆直径.求证：$AB \cdot AC = AE \cdot AD$.（人教版《几何》第三册 P94 例2）

分析：欲证 $AB \cdot AC = AE \cdot AD$，(把等积式化为等比式)须证 $\dfrac{AB}{AD} = \dfrac{AE}{AC}$，(由等比确定对应的三角形)连结 BE(见图 A139)，出现 $\triangle ABE$.须证 $\triangle ABE \backsim \triangle ADC$，须证 $\angle ABE = \angle ADC$，$\angle E = \angle C$，这是成立的.

从以上的分析过程，添加辅助线 BE，构成直径上的圆周角(直角)，是和谐自然的.

如果由 $AB \cdot AC = AE \cdot AD$ 转化为 $\dfrac{AB}{AE} = \dfrac{AD}{AC}$，连结 EC(见图 A140)，出现 $\triangle ACE$，须证 $\triangle ADB \backsim \triangle ACE$.这就是证明本题的第二种思路.一题多证也是在分析问题过程中产生的.

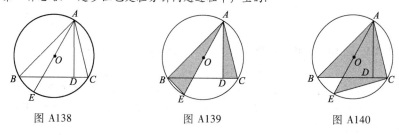

图 A138　　　　　　图 A139　　　　　　图 A140

1. 探索问题的变化

如图 A139 所示，因为 $\triangle ABE \backsim \triangle ADC$，则有 $\angle BAE = \angle DAC$.反之，若 $\angle BAE = \angle DAC$，则 $\triangle ABE \backsim \triangle ADC$，而不必要求 AD 为 $\triangle ABC$ 的高，AE 为 $\triangle ABC$ 外接圆的直径，大大减弱了条件.于是例题可以推广为：

(1)如图 A141 所示，若点 E 在 $\triangle ABC$ 外接圆的 $\overset{\frown}{BC}$ 上，点 D 在 BC 边上，且 $\angle BAE = \angle DAC$，则有 $AB \cdot AC = AE \cdot AD$.

在图 A141 所示中，因为 $\angle BAE = \angle DAC$，所以我们把 AE 和 AD 叫做 $\triangle ABC$ 的等角线.

(2)当等角线 AE 和 AD 重合时，如图 A142 所示，就成为如下的问题：

若 $\triangle ABC$ 的 $\angle BAC$ 的平分线交 BC 边于 D，交 $\triangle ABC$ 的外接圆于 E，则有 $AB \cdot AC = AE \cdot AD$.

(3)当等角线在 $\triangle ABC$ 的外部时，如图 A143 所示，若点 E 在 $\triangle ABC$ 的外接圆的 $\overset{\frown}{AB}$ 上，点 D 在 BC 边的延长线上，且 $\angle BAE = \angle DAC$，则有 $AB \cdot AC = AE \cdot AD$.

证明本题,要用到定理:圆内接四边形的外角等于内对角.

(4)当 AD 为 $\angle A$ 外角的平分线时,成为图 A144,此时结论仍然成立.

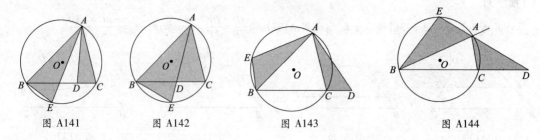

图 A141   图 A142   图 A143   图 A144

在计算机屏上画出图 A138,拖动点 E 在圆上任意运动,点 D 随之在直线 BC 上运动,会历经图 A145~图 A148 等,由此,我们观察到了一种奇异的现象:点 D 沿 BC 向无穷远去,当 $AD \parallel BC$(见图 A148)后,又从 CB 的延长线上的无穷远处慢慢回来.请注意,当点 E 与点 A 重合,即线段 AB 与 EB 重合,$AD \parallel BC$,此时的相似图形是什么?是相似三角形吗?不是,是一种奇异的图形,两条重合线段同由线段 AC 和以 A、C 为端点的两射线构成的带子 ACD(见图 A148)相似,这是我们所没想到的,计算机帮我们探索、发现、创新.

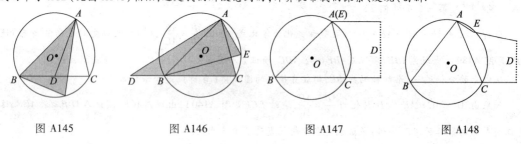

图 A145   图 A146   图 A147   图 A148

2. 定理的退化和推广

在图 A138 中,我们设 $AB = c$,$AC = b$,$BC = a$,$AE = 2R$,$AD = h_a$. 则 $AB \cdot AC = AE \cdot AD$,即 $bc = 2R \cdot h_a$.

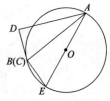

图 A149

如图 A149 所示,在图 A138 中,拖动 C 点,在圆弧上向点 B 运动.当点 C 与点 B 重合时,DB 成为 $\triangle ABC$(已退化成一条线段 AB)外接圆的切线,切点为 B. 此时,$AB^2 = 2R \cdot AD$. 我们把这种情况称为定理的退化情况.

推广定理 1 如图 A150 所示,四边形 $ABCD$ 内接于 $\odot O$,点 P 在 $\odot O$ 上,过点 P 向四边形 $ABCD$ 的四边及对角线作垂线,垂足分别为 P_1、P_2、P_3、P_4、P_5、P_6,则有 $PP_1 \cdot PP_3 = PP_2 \cdot PP_4 = PP_5 \cdot PP_6$.(怎样用语言表述?)且 P_1、P_5、P_2 三点共线(还有三组).

我们还可以把这个定理推广到圆内接 $2n$ 边形.

推广定理的退化:如图 A151 所示,在图 A150 中,四边形的一边 AB 变化为 $\odot O$ 的切线.此时,P_4 与 P_6 重合,则有 $PP_1 \cdot PP_3 = PP_2 \cdot PP_4$.

推广定理 2 如图 A152 所示,$ABCD$ 为圆内接四边形,过点 A、B、C、D 作圆的切线,点 P 为圆上任意一点,过点 P 向四边形 $ABCD$ 的各边作垂线,垂足分别为 P_1、P_2、P_3、P_4 及 Q_1、Q_2、Q_3、Q_4,则 $PP_1 \cdot PP_2 \cdot PP_3 \cdot PP_4 = PQ_1 \cdot PQ_2 \cdot PQ_3 \cdot PQ_4$.

还可以把推广定理 2 推广到圆内接 $2n$ 边形.

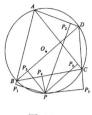

图 A150

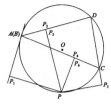

图 A151

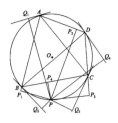

图 A152

3. 定理的应用

我们把图 A138 作为一个基本图形,把它的结论作为重要定理.现在应用它解下面的问题.

问题 1 在 $\triangle ABC$ 中,a、b、c 为三边长,R 为它的外接圆半径,求证:$S_{\triangle ABC} = \dfrac{abc}{4R}$.

提示: $bc = 2R \cdot h_a$,$abc = \dfrac{1}{2}ah_a \cdot 4R$.

问题 2 在 $\triangle ABC$ 中,P 为 BC 边上一点,$\triangle ABP$ 和 $\triangle APC$ 的外接圆半径分别为 R_1、R_2. 求证:$\dfrac{AB}{AC} = \dfrac{R_1}{R_2}$.

提示: 作 $AD \perp BC$ 于 D(见图 A153),$AB \cdot AP = AD \cdot 2R_1$,$AC \cdot AP = AD \cdot 2R_2$.

问题 3 已知:四边形 $ABCD$ 内接于 $\odot O$,且对角线 AC、BD 互相垂直,又 $OE \perp BC$ 于 E. 求证:$OE = \dfrac{1}{2}AD$.

提示: 作直径 BF,连结 FC,如图 A154 所示,$\angle ABD = \angle CBF$,$AD = CF$.

问题 4 已知:过 $\odot O$ 内任意一点 G 作互相垂直的弦 AC、BD. 求证:$AG^2 + BG^2 + CG^2 + DG^2$ 等于定值.

提示:(1)特殊化,让交点 G 与圆心 O 重合,猜想定值为 $4R^2$;(2)连结 AB、BC、CD、DA,作直径 AE,如图 A155 所示.

图 A153

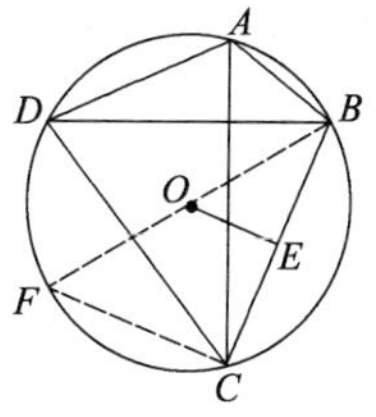

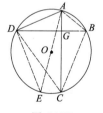

图 A154

图 A155

问题 5 已知:AD 和 BC 是 $\odot O$ 的两条弦,且 $AB^2 + CD^2 = 4R^2$,其中 R 为 $\odot O$ 的半径. 求证:$BC \perp AD$.

提示: 作直径 AE,连结 BE、AC,如图 a154 所示,逆用问题 4 即可.

问题 6 已知:$\triangle ABC$ 的外接圆的直径 AE 交 BC 于 D(见图 A157),求证:$\tan B \tan C = \dfrac{AD}{DE}$.

提示: 连结 BE、EC,作 $EF \perp BC$ 于 F,作 $AG \perp BC$ 于 G.

问题 7 (第 29 届 IMO 备选题 34,冰岛)如图 A4158 所示,设 ABC 为锐角三角形,三条直线 l_A、l_B、l_C 分别通过顶点 A、B、C 并以下列方式作出:设 H 是由 A 向 BC 作垂线的垂足,S_A 是以 AH 为直径的圆,S_A 与边 AB、AC 交于点 M 与 N,M 与 N 异于 A,l_A 为过点 A 与 MN 垂直的直线,直线 l_B、l_C 类似作出. 求证:l_A、l_B、l_C 共点.

提示: 观察图 A158 具有图 A157 的特征,猜想 l_A 过 $\triangle ABC$ 的外心,l_A、l_B、l_C 共点,这个点为 $\triangle ABC$ 的外心.

掌握课本中的典型图形是解答复杂问题和数学竞赛题的有效途径.

深入研究探讨课本中的例题,在此基础上提高,一定是受欢迎的,我们认为这是正确的提高之路.

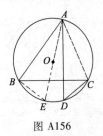
图 A156

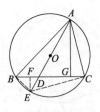
图 A157

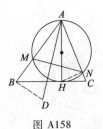
图 A158

4. 从例题的证明到托勒密定理

本课例(课例 6)中的例题我们给出了两个证明,第一个证明是连结 BE,由 $\triangle ABE \backsim \triangle ADC$ 来证明,第二个证明是连结 EC,由 $\triangle ADB \backsim \triangle ACE$ 来证明.

由 $\triangle ABE \backsim \triangle ADC$ 还可以得到 $\dfrac{AE}{AC} = \dfrac{BE}{DC}$,即 $AC \cdot BE = AE \cdot DC$,

由 $\triangle ADB \backsim \triangle ACE$ 还可以得到 $\dfrac{AE}{AB} = \dfrac{EC}{BD}$,即 $AB \cdot EC = AE \cdot BD$,

两式相加得:
$$AB \cdot EC + AC \cdot BE = AE \cdot BC.$$

如图 A159 所示,对四边形 $ABEC$ 来说,这正是圆内接四边形的托勒密定理"圆内接四边形对角线的积等于两组对边之积的和"的一种特例. 因为它的一条对角线是圆的直径.

对于例题的研究,我们知道,若给定 $\angle BAE = \angle DAC$,结论依然成立,这样我们就不要求 AD 为 $\triangle ABC$ 的 BC 边上的高,也不要求 AE 为 $\triangle ABC$ 外接圆的直径,从而我们可以证明托勒密定理的一般情况.

已知:如图 A160 所示,点 D 在 $\triangle ABC$ 的边 BC 上,点 E 在 $\triangle ABC$ 的外接圆上,且 $\angle BAE = \angle DAC$,求证:$AB \cdot EC + AC \cdot BE = AE \cdot BC$.

证明: 在 $\triangle AEB$ 和 $\triangle ACD$ 中,因为 $\angle BAE = \angle DAC$,$\angle BEA = \angle DCA$,所以 $\triangle AEB \backsim \triangle ACD$,$\dfrac{AE}{AC} = \dfrac{BE}{DC}$,即

$$AC \cdot BE = AE \cdot DC. \tag{①}$$

在 $\triangle ACE$ 和 $\triangle ADB$ 中,因为 $\angle AEC = \angle ABD$,$\angle BAE = \angle CAD$,$\angle BAE = \angle EAD = \angle EAD + \angle CAD$,$\angle BAD = \angle CAE$. 所以 $\triangle ACE \backsim \triangle ADB$,$\dfrac{AE}{AB} = \dfrac{EC}{BD}$,即

$$AB \cdot EC = AE \cdot BD. \tag{②}$$

①+②得:　　$AB \cdot BC + AC \cdot BE = AE \cdot BD + AE \cdot DC = AE(BD + DC) = AE \cdot BC.$

有人会问,在托勒密定理的条件中,并没有 $\angle BAE = \angle DAC$,这不是增加了条件吗? 其实这不过是证明过程中要作的辅助线,例题使我们发现了这条辅助线,突破了证明托勒密定理的最大的难点. 在图 A160 中,AD 画成虚线,也正是要表达这个意思.

在图 A160 中,$\angle BAE = \angle DAC$,我们把 AE、AD 称为 $\triangle ABC$ 的等角线,由于圆内接四边形中的三角形的等角线的位置不同,使我们有多种证明托勒密定理. 下面就是其中之一,为了行文方便,我们改为用一般常见圆内接四边形的方式叙述. 已知:如图 A161 所示,$ABCD$ 为圆内接四边形,求证:$AB \cdot CD + AD \cdot BC = AC \cdot BD$.

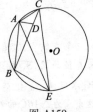
图 A159

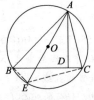
图 A160

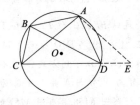
图 A161

证明: 以 A 为顶点,AD 为一边,作 $\angle DAE = \angle BAC$,E 为 CD 的延长线与 AE 的交点.

在 △ABC 和 △ADE 中，因为 ∠ADE = ∠ABC，∠DAE = ∠CAB，所以 △ABC ∽ △ADE，$\dfrac{AB}{BC} = \dfrac{AD}{DE}$，$AB \cdot DE =$ $AD \cdot BC$.

在 △ACE 和 △ABD 中，因为 ∠ACE = ∠ABD，∠CAE = ∠CAD + ∠DAE = ∠CAD + ∠CAB = ∠BAD，所以 △ACE ∽ △ABD，$\dfrac{AB}{AC} = \dfrac{BD}{CE}$，$AC \cdot BD = AB \cdot CE$.

所以 $AC \cdot BD = AB \cdot CE = AB(CD + DE) = AB \cdot CD + AB \cdot DE = AB \cdot CD + AD \cdot BC$.

从证明过程看，我们应用了两次相似，这是课本中的较高要求，但是这种较高要求不定期得和谐自然，没有一点生拉硬套之感.

从课本中的一道简单例题，我们发现了托勒密定理的特殊情况，经改进后，证明了托勒密定理的一般情况，从中发现证明托勒密定理添加辅助线的方法，使我们能利用多种方法证明托勒密定理.

课例 7　从角平分线到等角线

我们在计算机辅助几何教学的几何图形运动变化过程中，发现了一种重要的几何图形，让我们首先看一个例题.

例 1　已知：如图 A162 所示，AB 为 ⊙O 的直径，C 为 ⊙O 上一点，AD 和过点 C 的切线互相垂直，垂足为 D. 求证：AC 平分 ∠DAB.（人教版《几何》第三册 P108 例 2）

应用弦切角定理和互余角，证明并不难.

（1）平移图 A162 中的切线 DC，使它变为 ⊙O 的割线 DC_1C_2，切点 C 分裂为点 C_1、C_2，∠DAB 的平分线 AC 分裂为 AC_1、AC_2，如图 A163 所示.

观察图 A163，有没有相等的角？如果没有，说明理由；如果有，请证明.

通过测算，我们发现 ∠DAC_1 = ∠BAC_2（或 ∠DAC_2 = ∠BAC_1）.

应用四点共圆性质，证来似很容易.

由图 A162 变化为图 A163，∠DAB 的平分线 AC 分裂为 AC_1 和 AC_2，且使 ∠DAC_1 = ∠BAC_2. 我们把 AC_1 和 AC_2 称为 ∠DAB 的等角线. 如果从图 A163 变化为图 A162，则 ∠DAB 的等角线 AC_1 和 AC_2 重合为 ∠DAB 的平分线. 由此可以看出一个角的等角线是它的平分线的推广，角平分线是等角线的特殊情况.（本章曾两次提到它）

（2）继续平移图 A163 中的割线 DC_1C_2，使它和直径相交，如图 A164 所示.

观察图 A164，除直角外，还有没有相等的角？如果没有，说明理由；如果有，请证明.

通过推理，我们证明依然有 ∠DAC_1 = ∠BAC_2（或 ∠DAC_2 = ∠BAC_1）. 证明的方法与上面关于图 A163 的证明相同.

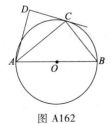
图 A162

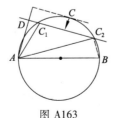
图 A163

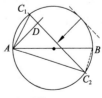
图 A164

在图 A163 中，AC_1 和 AC_2 在 ∠DAB 的内部，我们称 AC_1 和 AC_2 为 ∠DAB 的内等角线；在图 A164 中，AC_1 和 AC_2 在 ∠DAB 的外部，我们称 AC_1 和 AC_2 为 ∠DAB 的外等角线.

通过例 1 及其运动变化，我们发现，角的平分线和它的等角线在运动变化过程中相互联系，相互转化，体现了辩证的观点.

这类几何图形是偶然碰到的吗？还有吗？请看例2.

例2 已知:如图 A165 所示,$\triangle ABC$ 内接于 $\odot O$. 直线 $MN /\!/ BC$ 且与 $\odot O$ 相切于点 M,与 CA 的延长线交于 N. 求证:AM 是 $\angle BAN$ 的平分线.

提示: 连结 MB、MC.

说明: MA 是 $\triangle ABC$ 的 $\angle BAC$ 外角的平分线.

(1)平移图 A165 中的 $\odot O$ 的切线 MN,使它变为割线 NM_2M_1,与 CA 的延长线交于 N,如图 A166 所示.求证:$\angle BAM_1 = \angle NAM_2$.

提示: 连结 BM_1、BM_2、CM_1.

说明: AM_1 和 AM_2 是 $\triangle ABC$ 外角 $\angle BAN$ 的等角线.

(2)继续平移图 A166 中的割线 NM_2M_1,使 N 与 A 重合,此时,点 M_2 也与点 A 重合,M_2A 变为 $\odot O$ 的切线,记为 $M_2'A$,如图 A167 所示.求证:$\angle BAM_1 = N'AM_2'$.

提示: $\overset{\frown}{M_1B} = \overset{\frown}{AC}$,利用弦切角定理.

说明: AM_1 和 $AM_2'A$ 是 $\triangle ABC$ 外角 $\angle BAN'$ 的等角线.

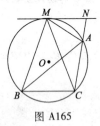
图 A165

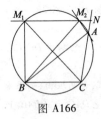
图 A166

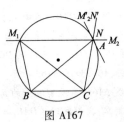
图 A167

(3)继续平移图 A167 中 $\odot O$ 的割线 M_2NM_1,使它与 AC 交于 N,如图 A168 所示,求证:$\angle BAM_1 = \angle NAM_2$.

提示: $\overset{\frown}{M_1B} = \overset{\frown}{M_2C}$.

说明: AM_1 和 AM_2 是 $\angle BAC$ 的外等角线.

4)继续平移图 A168 中 $\odot O$ 的割线 M_2NM_1,使它与 AC 的延长线交于 N,如图 A169 所示.求证:$\angle BAM_1 = \angle NAM_2$.

提示: $\overset{\frown}{M_1B} = \overset{\frown}{M_2C}$.

说明: AM_1 和 AM_2 是 $\angle BAC$ 的内等角线.

(5)继续平移图 A169 中 $\odot O$ 的割线 NM_2M_1,使它与 $\odot O$ 相切,切点为 M,与 AC 的延长线交于 N,如图 A170 所示.求证:$\angle BAM = \angle NAM$.

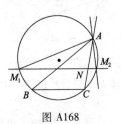
图 A168

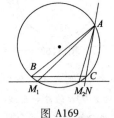
图 A169

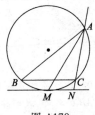
图 A170

提示: $\overset{\frown}{BM} = \overset{\frown}{CM}$.

说明：AM 为 $\angle BAC$ 的平分线.

通过例 2，可使我们更加深刻地认识平分线和等角线的关系.

例 3　已知：如图 A171 所示，锐角 $\triangle ABC$ 的顶角 A 的平分线交 BC 于 L，交三角形外接圆于 N，过 L 分别作 AB 和 AC 的垂线 LK 和 LM. 求证：四边形 $AKNM$ 的面积等于 $\triangle ABC$ 的面积.（第 28 届国际数学竞赛题）

证明：如图 A171 所示，连结 KM、BN，由已知可得 $AN \perp KM$.

因为 $\angle ANB = \angle ACL$，$\angle 1 = \angle 2$. 所以 $\triangle ANB \backsim \triangle ACL \Rightarrow AB \cdot AC = AN \cdot AL$.

$$S_{\triangle ABC} = \frac{1}{2} AB \cdot AC \cdot \sin A\; \frac{1}{2} AN \cdot AL \cdot \sin A.$$

因为 A、K、L、M 四点共圆，且 AL 是这个圆的直径，所以 $AL \sin A = KM$（正弦定理），$\frac{1}{2} AN \cdot AL \cdot \sin A\; \frac{1}{2}$

$AN \cdot KM = S_{AKNM}.$

所以 $S_{\triangle ABC} = S_{AKNM}$.

下面我们把图 A172 所示中 $\angle BAC$ 的平分线 AN 分裂为 $\angle BAC$ 的等角线 AN 和 AL，推广这道国际数学竞赛题.

推广问题 1　如图 A172 所示，$\triangle ABC$ 内接于圆，点 N 在 $\overset{\frown}{BC}$ 上，点 L 在 BC 上且 $\angle BAN = \angle CAL$，过 L 分别作 AB 和 AC 的垂线 LK 和 LM. 求证：四边形 $AKNM$ 的面积等于 $\triangle ABC$ 的面积.

提示：连结 KM、BN，证明思路与原题相同.

说明：推广问题 1 是把 $\angle BAC$ 的平分线分裂为 $\angle BAC$ 的内等角线.

推广问题 2　如图 A173 所示，$\triangle ABC$ 内接于圆，点 N 在 $\overset{\frown}{BC}$ 上，点 L 在 BC 的延长线上，且 $\angle BAN = \angle CAL$，过 L 分别作 AB 和 AC 的垂线 LK 和 LM，与 AB 交于 K，与 AC 的延长线交于 M. 求证：凹四边形 $AKNM$ 的面积等于 $\triangle ABC$ 的面积.

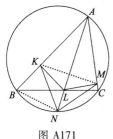
图 A171

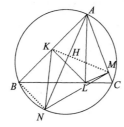
图 A172

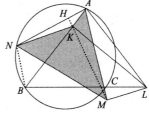
图 A173

提示：连结 BN、MK 并延长与 AN 交于点 H，证明思路与原题相同.

说明：推广问题 2 是把 $\angle BAC$ 的平分线分裂为 $\angle BAC$ 的外等角线.

通过把角平分线问题推广为等角线问题可以培养学生的探索精神和创造能力.

由于种种原因，我们在上面举的仅是在平面几何教学中 MM 与 CAI 联手应用的课例，但是无论如何，已展示了它的广阔前景和基本精神. 作为范例，它有一般性，我们认为，这种集中、系统地展示在教学的一大块（平面几何）中两者的关系，比在多学科都是蜻蜓点水式的展示更有益于读者理解和研究.

参 考 文 献

[1] 恩格斯.反杜林论[M].北京:人民出版社,1997.

[2] 马克思,恩格斯.马克思恩格斯全集[M].中共中央马克思恩格斯列宁斯大林著作编译局,编.北京:人民出版社,1963.

[3] 杨振宁.磁学极、纤维丛和规范场[J].自然杂志第2卷,1979,1.

[4] 罗素.罗素自选文集[M].北京:商务印书馆,2006.

[5] M·克莱因.古今数学思想(第二册)[M].上海:上海科学出版社,1979.

[6] 徐利治.论数学方法学[M].济南:山东教育出版社,2001.

[7] 恩格斯.自然辩证法[M].北京:人民出版社,1971.

[8] 洪双义,杨世明,王光明.一种新型的教育方式:GH—对"MM教育方式的实验探索"[M].中国教育出版社,2006.

[9] 李士锜.PME:数学教育心理[M].上海:华东师范大学出版社,2001.

[10] 张顺燕.数学的思想方法和应用[M].北京:北京大学出版社,1997.

[11] 周春荔.张景斌.数学学科教育学[M].北京:首都师范大学出版社,2000.

[12] 齐民友.数学与文化[M].长沙:湖南教育出版社,1991.

[13] 莫里兹.数学家言谈录[M].南京:高等教育出版社,1990.

[14] 格涅坚科.当代数学家和数学教育[M].前苏联:莫斯科出版社,1985.

[15] 王德坤,李慎莫.意识活动和最优化[J].自然杂志,1998,2.

[16] 张光鉴.相似论:关于思维科学[M].上海:上海人民出版社,1986.

[17] [日]米山国藏.数学的精神、思想和方法[M].成都:四川教育出版社,1986.

[18] 阿达玛.数学发明心理学[M].南京:江苏教育出版社,1989.

[19] [德]Rolf Biehler,等.数学教育理论是一门科学[M].唐瑞芳,译.上海:上海教育出版社,1998.

[20] 徐利治.数学方法论选讲[M].武汉:华中工学院出版社,1993.

[21] 叶泽军.深入挖掘教材,开展实验研究[J].数学通报,2008,1.

[22] 徐献卿,杨世明.数学知识的2种形态与数学教学[J].数学教育学报,2002,2.

[23] 马克思.数学手稿[M].北京:人民出版社,1975.

[24] 王之明.数学是什么[M].南京:东南大学出版社,2003.

[25] 朱德祥,朱继宗.初等几何研究[M].2版.北京:高等教育出版社,2004.

[26] 郑毓信.数学教育哲学[M].台湾:九章出版社,1998.

[27] 杨世明.关于数学方法论的教育方式:在全国P·MII会议上的报告[R].上海师大,1992,10.

[28] 徐沥泉.教学·研究·发现:MM方式演绎[M].北京:科学出版社,2003.

［29］联合国教科文组织民部.教育:财富蕴藏其中［M］.联合国教科文组织总部中文科译.北京:教育科学出版社,1996.

［30］义务教育数学课程标准(实验稿)［M］.北京:北京师范大学出版社,2001.

［31］张占亮等.数学教学技能训练教程［M］.东营:中国石油大学出版社,2007.

［32］［荷兰］汉斯·弗赖登塔尔.数学教育再探:在中国讲学［M］.上海:上海教育出版社,1999.

［33］唐瑞芬.数学教育理论选讲［M］.上海:华东师范大学出版社,2001.

［34］钱珮玲,马波,郭玉峰,等.高中数学新课程教学法［M］.北京:高等教育出版社,2007.

［35］杨世明,周春荔,徐沥泉,等.MM教育方式理论与实践［M］.香港:香港新闻出版社,2002.

［36］王坦.论合作学习的基本理念［J］.教育研究,2002,2.

［37］杨世明.MM教育方式教学实施问题初探［J］.中学数学,1997,10.

［38］马复,章飞.初中数学新课程教学法［M］.长春:东北师范大学出版社,2004.

［39］李文林.数学史概论［M］.2版.北京:高等教育出版社,2002.

［40］罗增儒.数学解题学引论［M］.西安:陕西师范大学出版社,1997.

［41］［美］R·柯朗,H.罗宾.什么是数学［M］.上海,复旦大学出版社,2006.